大型低扬程泵站理论与实践

Theory and Practice of Large-scale Low-lift Pumping Station

戴景 戴启璠 郑源 著

镇江

图书在版编目(CIP)数据

大型低扬程泵站理论与实践 / 戴景，戴启璠，郑源著. — 镇江 ：江苏大学出版社，2020.11
ISBN 978-7-5684-0694-9

Ⅰ. ①大… Ⅱ. ①戴… ②戴… ③郑… Ⅲ. ①水泵—研究 Ⅳ. ①TH38

中国版本图书馆 CIP 数据核字(2020)第 200289 号

大型低扬程泵站理论与实践
Daxing Diyangcheng Bengzhan Lilun Yu Shijian

著　　者/戴　景　戴启璠　郑　源
责任编辑/孙文婷
出版发行/江苏大学出版社
地　　址/江苏省镇江市梦溪园巷 30 号(邮编：212003)
电　　话/0511-84446464(传真)
网　　址/http://press.ujs.edu.cn
排　　版/镇江市江东印刷有限责任公司
印　　刷/扬州皓宇图文印刷有限公司
开　　本/718 mm×1 000 mm　1/16
印　　张/22
字　　数/409 千字
版　　次/2020 年 11 月第 1 版　2020 年 11 月第 1 次印刷
书　　号/ISBN 978-7-5684-0694-9
定　　价/100.00 元

如有印装质量问题请与本社营销部联系(电话:0511-84440882)

作者简介

戴　景　男，1992年7月生，江苏淮安人，中共党员，江苏大学流体机械工程技术研究中心动力工程及工程热物理专业硕士，河海大学水利水电学院水利水电工程专业博士研究生。主要研究方向为大型低扬程泵站水力设计及选型设计。参与完成国家科技支撑项目子课题1项、国家自然科学基金项目1项。参与江苏省水利厅科技项目4项。2016—2017年在江苏省水利勘测设计研究院有限公司设计二处从事水机设计工作，参与完成新孟河延伸拓浚工程界牌枢纽、刘老涧一站、泗阳二站、淮安一站等大型泵站水机选型设计工作。参与引江济淮、江水北调等多个大型泵站的模型试验研究工作。开发的水力模型与泵站进、出水流道已成功应用于淮阴一站改造工程、淮安一站改造工程、新建秦淮新河泵站等多座大中型泵站工程中。发表学术论文14篇，其中核心期刊收录10篇；获授权发明专利1件，获授权实用新型专利1件；获江苏省水利科技进步二等奖1项，江苏省水利科技进步三等奖1项，江苏省力学学会科学技术奖特等奖1项。出版著作1部。具有较为丰富的大型低扬程泵装置水力设计和研究经验。

戴启璠 男，1964年4月生，江苏淮安人，中共党员，工学硕士，研究员级高级工程师。1983年毕业于华东水利学院河川系水电站动力设备专业，获工学学士学位。1983年8月至1986年8月在水电部西北勘测设计院工作，参与黄河上游龙羊峡水电站施工设计、拉西瓦水电站可行性研究设计、李家峡水电站初步设计。1989年毕业于中国科学院水利水电科学研究院机电所水力发电专业，获工学硕士学位，参与云南漫湾水电站水轮机密封装置研究。1989年至今，在江苏省灌溉总渠管理处工作，1998年获淮安市"五一建功奖章"。为主参与淮河入海水道一期通讯设施工程建设、南水北调东线一期淮阴三站工程建设、淮安一站加固改造工程建设、淮安二站加固改造工程建设、淮安三站加固改造工程建设、淮安站变电所加固改造工程建设、总渠小水电增效扩容工程建设，长期从事大型低扬程泵站运行管理和技术改造工作。发表学术论文37篇，其中核心期刊收录21篇。出版著作《大型泵站运行与维护》1部。获授权发明专利1件，获授权实用新型专利3件。主持江苏省水利厅科技项目10余项，获江苏省科技进步三等奖1项，江苏省力学学会科学技术奖特等奖1项，江苏省水利科技进步二等奖1项，江苏省水利科技进步三等奖8项。

郑　源　男，1964 年生于山东日照，河海大学教授、博士生导师，河海大学创新研究院副院长，江苏省“333 工程”和“六大人才高峰”高层次人才，国家精品课程负责人，宝钢教育奖获得者。

研究方向：水电站、泵站水力学，水轮机、水泵性能分析，水力机械测试与诊断，可再生能源利用。

兼任中国水利学会量测分委会副主任委员，中国电机工程学会水电设备专业委员会副主任委员，江苏省工程热物理学会常务理事，国家水电可持续发展研究中心技术委员会委员，IAHR 会员，中国水力发电学会水力机械专业委员会委员，中国能源学会理事，中国可再生能源海洋专业委员会委员，全国水力机械委员会委员，南京太阳能学会副理事长，排灌机械工程学报、南水北调与水利科技、江苏省绿色能源及水力机械杂志委员等。

主讲水轮机、抽水蓄能电站、水力机组过渡过程等课程。主持“水轮机”课程于 2010 年获全国高等学校精品课程、2014 年获国家资源共享课程水轮机负责人，主持编写的《水力机组过渡过程》被评为普通高等学校“十一五”国家规划教材，主编的《水轮机》被评为高等学校“十一五”规划精品教材、高等学校统编精品规划教材，主编的《风力发电工程技术丛书》(共 35 本)被评为“十二五”“十三五”国家重点图书。

主持“十一五”国家科技支撑计划专题“近海风电场运行维护及电力输送技术研究”，主持国家自然科学基金和重点基金专项 3 项，主持水利部“948”项目“大型泵站测试与诊断研究与应用”，主持国家海洋局可再生能源专项，主持南水北调东线等国家重大项目及其他各类项目 100 余项。近年来获省部级一等奖 1 次、二等奖5次；发表学术论文450余篇(其中EI,SCI检索120余篇)，申请专利110余项；主编教材(专著)11部；曾赴美国、英国、瑞典、荷兰和韩国等进行学术交流。

指导研究生、博士生、博士后140余名，已毕业110余名。其中，有8名博士生获国家留学基金委资助分别赴英国曼彻斯特大学，美国伊利诺伊大学、密西根大学和明尼苏达大学，芬兰赫尔辛基大学和意大利帕多瓦大学等进行联合培养；有5位学生的研究生论文获江苏省优秀学位论文，几十位学生获国家奖学金；指导的大学生获全国大学生节能减排大赛一等奖，指导的本科生获江苏省优秀毕业论文二等奖。

前　言

江苏是全国唯一同时拥有大江、大河、大湖、大海的省份，也是上游来水面积最大、过境洪水最多、设计洪水位以下面积占比最大的省份。全省面积10.26万km^2，其中平原面积占68.9%，丘陵山区面积占14.3%，水域面积占16.8%。江苏水域、平原面积占比之大，丘陵山区面积占比之小均居全国各省区之首。江苏独特的自然条件使得低扬程泵站在江苏泵站工程中得到了广泛的应用。江都水利枢纽4座大型低扬程泵站，安装33台轴流泵，总流量473 m^3/s，总装机4.98万kW。淮安水利枢纽4座大型低扬程泵站，安装16台轴流泵，总流量395.6 m^3/s，总装机3.236万kW。淮安二站安装了2台国内最大的轴流泵，水泵叶轮直径4.5 m，单机流量60 m^3/s，总装机1万kW。江苏皂河泵站安装了2台国内最大的立式混流泵，水泵叶轮直径5.7 m，单机流量100 m^3/s，总装机1.4万kW。国家南水北调东线一期工程在江苏境内沿京杭大运河修建了13个梯级提水工程，新建的21座泵站均为大型低扬程泵站，其中19座为轴流泵站，2座为混流泵站，增加调水能力200 m^3/s，新增装机容量20.66万kW。

大型低扬程泵站和特低扬程泵站还广泛应用于城市防洪工程和水环境治理工程。界牌水利枢纽是新孟河延伸拓浚工程中的入江口门控制性枢纽，单泵流量33.4 m^3/s，总装机流量300 m^3/s，泵站为立式双向运行泵站，有引水和排水两种运行工况，引水工况净扬程范围为0～3.47 m，设计净扬程为1.16 m，设计流量为300 m^3/s；排水工况净扬程范围为0～3.33 m，设计净扬程为2.75 m。瓜洲泵站是扬州市城市防洪工程，是江苏省城市圈内容量和规模最大的城市排涝泵站，设计流量为170 m^3/s，单泵设计流量28.5 m^3/s。南通市九圩港泵站安装竖井式贯流泵5台，总流量150 m^3/s，单泵设计流量30 m^3/s。在自流引江不能满足区域用水需求时，泵站抽引长江水，以满足南通地区生产生活和沿海滩涂开发用水需要；提高内河通航保证率；促进水体流动，改善区域水环境，满足区域生态环境用水需求。

本书以大型低扬程泵站为研究对象，采用理论分析、数值计算、模型试验和现场试验相结合的方法开展研究，主要研究内容有：大型低扬程泵站的现状和基本理论；大型低扬程泵站的三维数值计算；大型低扬程泵站性能优化；大型低扬程泵站进出水流道、辅助设备、电气系统；大型低扬程泵站的工程实例。

本书既有理论研究，也有工程实例，具有广泛的适用性。既可作为从事泵站设计、运行、管理和科研工作人员的参考书，也可作为有关院校水泵和泵站学科的教学参考书。

在本书的编写过程中，江苏省水利勘测设计研究院有限公司谢伟东教授级高级工程师提出了宝贵的意见，江苏省灌溉总渠管理处万景红、杨燕同志绘制了大部分插图，在此谨向他们致以衷心的感谢。在本书的编写过程中，参考和引用了有关文献，在此向这些文献的作者表示感谢。向参与本书审稿的专家表示真诚的感谢。

由于作者水平所限，本书一定存在许多不足之处，热忱欢迎广大读者批评指正。

目录

1 低扬程泵站概论

1.1 低扬程泵站建筑物的构成

低扬程泵站由进水建筑物、泵房、机电设备、出水建筑物、变电站、交通建筑物和附属建筑物等组成，按其承担的任务可分为灌溉站、排涝站、灌排结合站及调水、航运、水环境治理等综合利用的泵站。具有泄洪任务的泵站枢纽，泵房与泄洪建筑物之间应当有分隔设施。具有航运任务的泵站枢纽，泵房与通航建筑物之间应当有足够的安全距离和安全设施。泵房与铁路、高压输电线路、地下压力管道、高速公路及一、二级公路之间的距离应当不小于 100 m。泵站枢纽建筑物布置应当根据站址的水文、地质、交通、征地拆迁、环境等条件经技术经济比较选定。

由多个泵站及其配套的水闸组成的泵站枢纽可以兼具调水、排涝等多种功能，下面介绍几个典型的泵站枢纽工程。

江都水利枢纽工程如图 1-1 所示。

江都水利枢纽工程由 4 座大型抽水站和 13 座水工建筑物构成，主要作用是：① 打开江都西闸，关闭江都东闸、芒稻闸，抽引江水北送至京杭大运河，提供大运河航运所需水源，为扬州、淮安、盐城及淮北地区提供水源。② 关闭芒稻闸，打开江都西闸、江都东闸，通过配套工程，自流引江水至里下河地区灌溉，补充沿海垦区冲淤保港和改良盐碱的水源。③ 打开芒稻闸、江都东闸，关闭江都西闸，抽排里下河地区涝水。④ 当淮水丰沛时，可利用江都三站反转发电的功能反向发电。

淮安抽水站工程如图 1-2 所示，主要作用是：① 打开沙庄引江闸，抽引江都抽水站的水向北送，为淮北地区提供水源。当抽水量较大时，可同时打开新河北闸、新河东闸，实现淮安抽水站 2 路进水。② 关闭沙庄引江闸，打开新河北闸、新河东闸，抽排白马湖地区涝水入灌溉总渠，涝水可通过运东闸入海，也可通过运西分水闸、芒稻闸入江。③ 当灌溉总渠泄洪时，运西分水闸可分泄洪水 300 m^3/s。④ 当淮水丰沛时，可利用运西分水闸电站、淮安三站发电，同时满足京杭大运河航运需要。

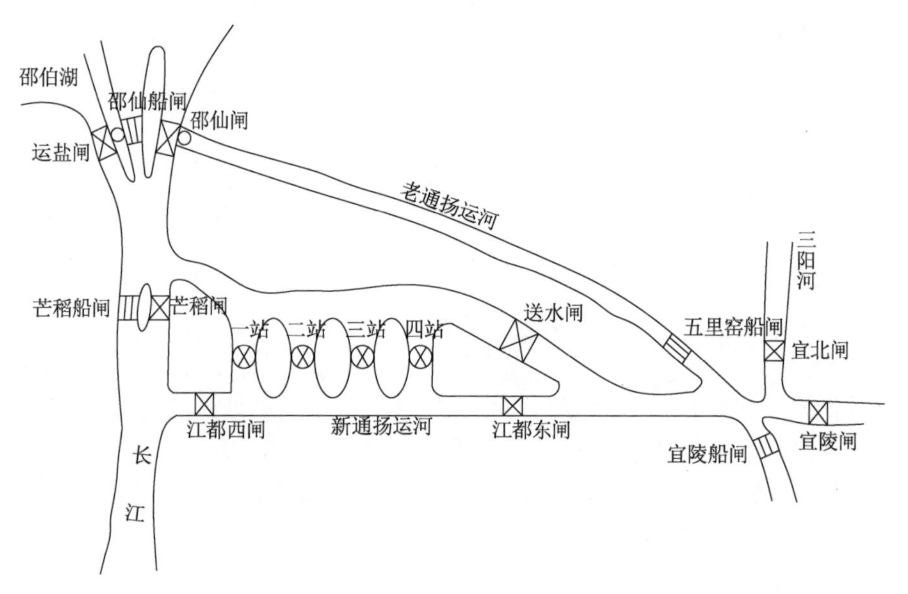

图 1-1　江都水利枢纽工程示意图

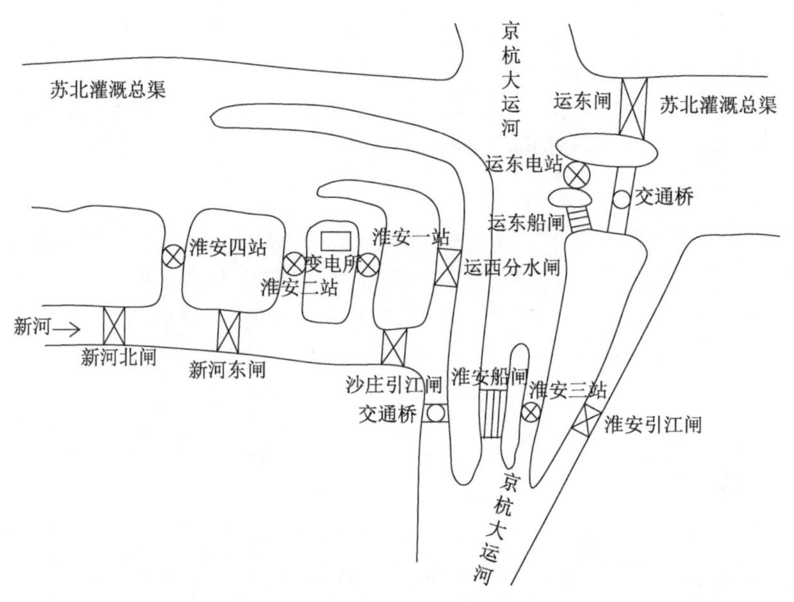

图 1-2　淮安抽水站工程示意图

图 1-3 是淮阴抽水站工程布置图。淮阴抽水站位于淮安市清江浦区和平镇，建成于 1987 年，抽引淮安抽水站的来水入二河北送，是江苏省江水北调的第三梯级站，特殊干旱年份，也可经二河闸向洪泽湖补水。2008 年，在淮阴抽水站南侧建成淮阴抽水三站，共同组成国家南水北调的第三梯级。

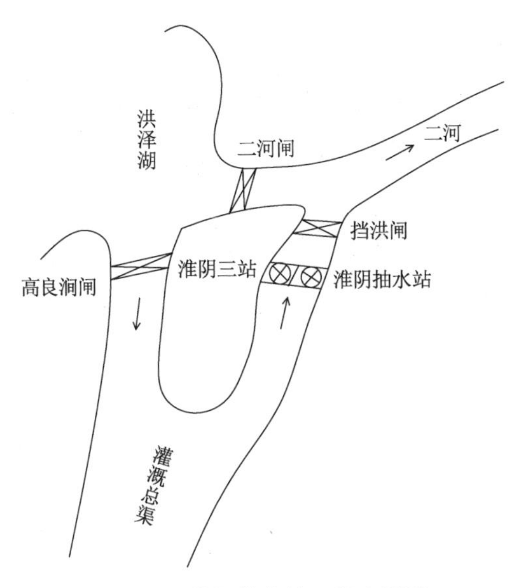

图 1-3　淮阴抽水站工程布置图

江都水利枢纽和淮安水利枢纽都是利用配套的水闸实现调水和排涝的功能，这种方式投资大，占用土地多，但是泵站效率高。当水位变幅不大或扬程较低时，可采用双向流道的泵站布置方式，无须另建节制闸，即可实现提排提灌和自流排灌。但采用这种布置方式的泵站结构复杂，进出水流道对水泵性能的影响很大，装置效率较低。灌排结合的泵站布置型式很多，现以望虞河常熟泵站为例进行介绍：常熟泵站安装有 9 台叶轮直径为 2 500 mm 的立式开敞式轴流泵，采用 X 型开敞式双向进、出水流道（见图 1-4）。

这种型式的泵站在水泵转动方向不变的情况下，利用 X 型开敞式双向进、出水流道出口的闸门配合实现长江侧、望虞河侧双向抽水，也可以利用底层流道实现自流引排水。

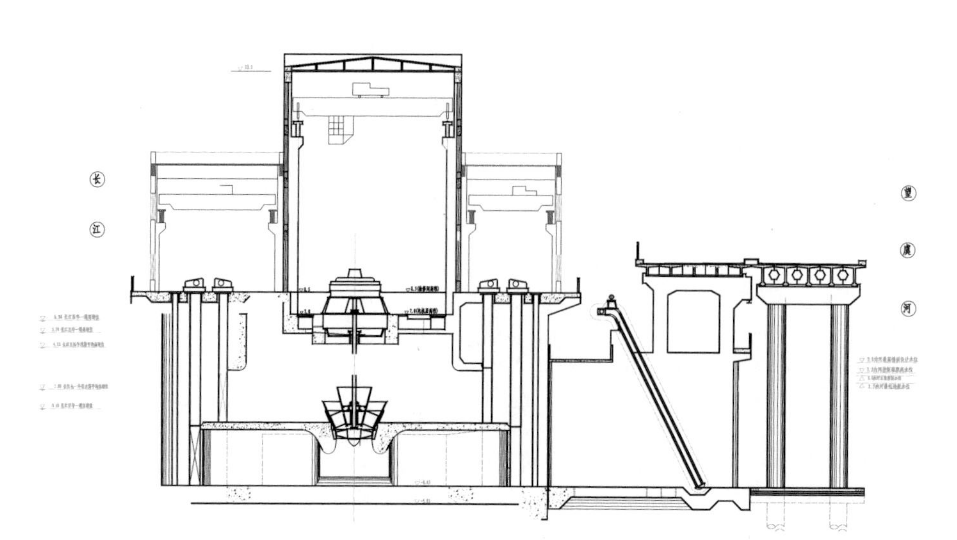

图 1-4　常熟泵站工程示意图

1.2　泵站规模与等级

泵站的规模根据流域地区规划所规定的任务，以近期目标为主，考虑远景发展要求，综合分析确定。根据设计流量与装机容量，确定泵站及其建筑物的等级，如表 1-1、表 1-2 所示。

表 1-1　泵站等级指标

泵站等级	泵站规模	等级指标	
		设计流量/(m^3/s)	装机容量/万 kW
Ⅰ	大(1)型	⩾200	⩾3
Ⅱ	大(2)型	50～200	1～3
Ⅲ	中型	10～50	0.1 ～1
Ⅳ	小(1)型	2～10	0.01 ～0.1
Ⅴ	小(2)型	<2	<0.01

表 1-2　泵站建筑物等级划分

泵站等级	永久性建筑物等级		临时性建筑物等级
	主要建筑物	次要建筑物	
Ⅰ	1	3	4
Ⅱ	2	3	4
Ⅲ	3	4	5
Ⅳ	4	5	5
Ⅴ	5	5	—

永久性建筑物是指泵站运行期间使用的建筑物，根据其重要性分为主要建筑物和次要建筑物。主要建筑物是指失事后造成灾害或严重影响泵站运行的建筑物，如厂房、进水闸、进出水池和配电设施。次要建筑物是指失事后不造成灾害或对泵站运行影响较小的建筑物，如挡土墙、护坡等。临时性建筑物是指泵站施工期间使用的建筑物，如导流建筑物、旗围堰等。对于位置特别重要的泵站，其主要建筑物失事后损失重大，或站址地质结构复杂，或采用实践经验较少的新型结构，经论证后可以提高其级别。

1.3　进、出水建筑物

进水建筑物包括进水闸、引水渠、前池、进水池等。其主要作用是将水顺畅地引到泵房，为水泵工作创造良好的水力条件。在任何条件下，都必须有足够的进水能力和良好的进水流态，防止产生漩涡。在总体布置上，应合理安排进水建筑物的位置和高程。对于多泥沙水源，还要采取防止泥沙淤积的措施。进口前池用来衔接引水渠和泵房，使水流均匀地流入泵房，为水泵提供良好的吸水条件。当水泵流量改变时，前池的容积可以起一定的调节作用，减小前池和引水渠的水位波动。前池底宽最好做成与引水渠底宽相等，如因机组台数较多，前池宽度较大，则前池中心扩散角一般为 20°～40°，扩散角过小则前池太长，增加造价；扩散角过大则水流不顺，影响运行。为了保证引水渠不冲不淤，前池和进水池应当有良好的水力条件，在地形条件允许的情况下，应当尽量把引水渠布置成直线形，或在水流进入前池前，保持一定长度的直线段，其长度为泵房长度的 3～5 倍。在地形条件不允许的情况下，或因布置上的需要，采用弯曲形式时，亦可采用侧面进水的形式，此时应当控制弯曲半径大于 5 倍的引水渠水面宽度，前池应有足够的宽度和容积，使水流弯度不大，能均匀地进入流道。有条件时可在引水渠或前池中增设整流装置，使水流进入前池时，能保证流速均匀分布。不论正面取水还是侧面取水，前池两侧翼墙收缩角都不宜太大，一般选用15°～20°，临水面宜做成垂直的并有一定长度，顶高应超出各种运行水位。

出水建筑物应当有足够的泄水能力，在各种运行工况下，河道都不应该产生淤积和冲刷。出水建筑物有出水池和压力水箱两种形式。出水池为开敞式，用于连接泵站出水流道和出水河道，主要起消能和稳流作用，将从出水流道出来的水平顺均匀地引入河道，避免冲刷河道。当出水河道的水位变幅较大时，如采用出水池，则出水池挡墙较高，会增加出水池工作量；如用压力水箱代替出水池，可避免建较高挡水墙。

1.4 泵房

泵房是安装机电设备的建筑物，其作用是为水泵机组和运行人员提供良好的工作条件。

泵房结构与泵房的性质、地形、地质和所承担的任务及机组的性能等条件有关，也与主机泵的类型及结构形式，上、下游水位，地下水位的高低和变幅大小及站址地质条件等有关。根据泵房位置是否可以变动，泵房可分为固定式和移动式两大类。移动式泵房通常用于小型泵站。固定式泵房根据基础不同又可分为四种：

① 分基型泵房：泵房的基础与机组的基础分开建筑，这种泵房无水下结构，是中小型排灌站常用的一种泵房结构形式。

② 干室型泵房：泵房底板和洪水位以下的侧墙用钢筋混凝土整体浇筑，建成一个不透水的地下室，机组安装在地下室内，适用于进水池水位变幅较大或水泵吸程较低，或地下水位较高的泵站。

③ 湿室型泵房：进水池和泵房合并建筑，进水池位于泵房下部。

④ 块基型泵房：大型泵站因机组大，对基础的整体性和稳定性要求高，为了解决这一问题，通常将机组的基础和泵房的基础结合起来，共同浇筑成一个钢筋混凝土整体，进水流道即封闭在这一整体内，通称这种形式为块基型泵房。块基型泵房水泵的基础进水流道和泵房底板用钢筋混凝土浇筑成一块整体，构成整个泵房的基础。它适用于口径大于1 200 mm的大型机组，是低扬程大流量泵站常用的结构。这种泵房重量大，抗浮、抗滑和结构整体性较好。

块基型泵房按其是否直接挡水及与堤防的连接关系可分为堤身式和堤

后式两种。

a. 堤身式泵房。建于堤防处且地基条件较好的泵站,宜采用堤身式(河床式)布置。堤身式(河床式)泵站是整体结构,与左右翼的堤防相连,直接承受上、下游水位差产生的水平推力和渗透压力。堤身式泵房出水流道短,建筑物等级高,一般与防洪标准一致。因挡外河水位,通风采光受到一定限制;又因破堤建站,跨越汛期时,施工应有安全度汛措施。根据国内已有经验,扬程在 5 m 以下时,采用堤身式泵房是比较经济的。江都一、二站和淮安一、二站均采用这种型式。

图 1-5 是淮安一站站身剖面图。

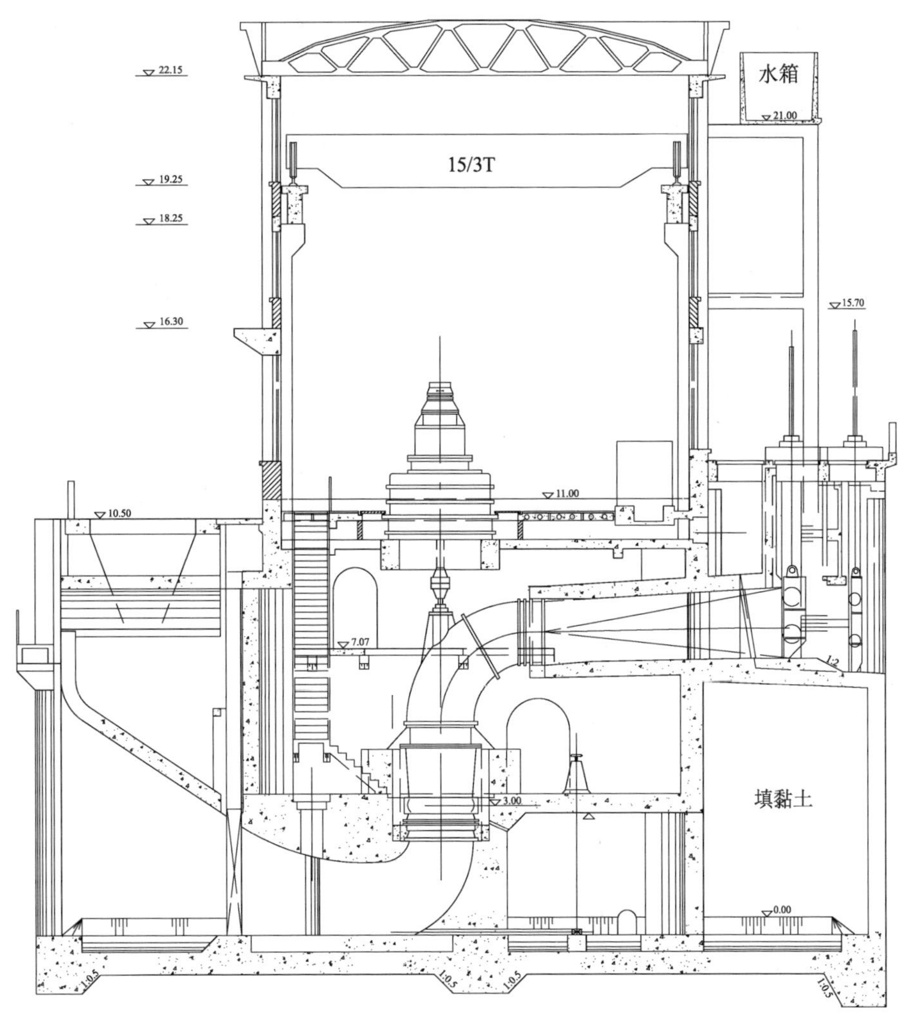

图 1-5 淮安一站站身剖面图

堤身式泵房又因其出水流道的不同而分为堤身虹吸式、堤身直管式和堤身屈膝式。堤身虹吸式泵房，流道弯道多，断面复杂，施工比较困难，断流方式用真空破坏阀，运行安全可靠，检修容易。堤身直管式泵房，出水流道最短，没有弯道，断流方式依靠出口拍门或快速闸门，拍门阻力损失大，冲击力也大，特别是大型拍门，启闭操作平衡装置，均非常复杂。屈膝式用拍门断流，运用方式与直管式同，此种形式是介乎堤身虹吸式泵房和堤身直管式泵房之间的一种形式，称为堤身屈膝式泵房。

b. 堤后式泵房。扬程较高、内外水位差较大或建于重要堤防处的泵站，宜采用堤后式布置。堤后式泵站靠堤防挡水防洪，泵站不直接承受上、下游水位差产生的水平推力和渗透压力。因泵房建在堤后，无防洪要求，建筑物级别可以低于堤防标准，又因水平推力小，地基应力均匀，容易满足稳定和抗渗的要求。出水流道可与泵房分开浇筑，施工较易安排，工程质量较易保证。堤后式泵房出水流道较长，根据国内已有经验，扬程在 10 m 以上时较堤身式泵房经济。

江都三、四站均采用这种型式，如图 1-6 所示。

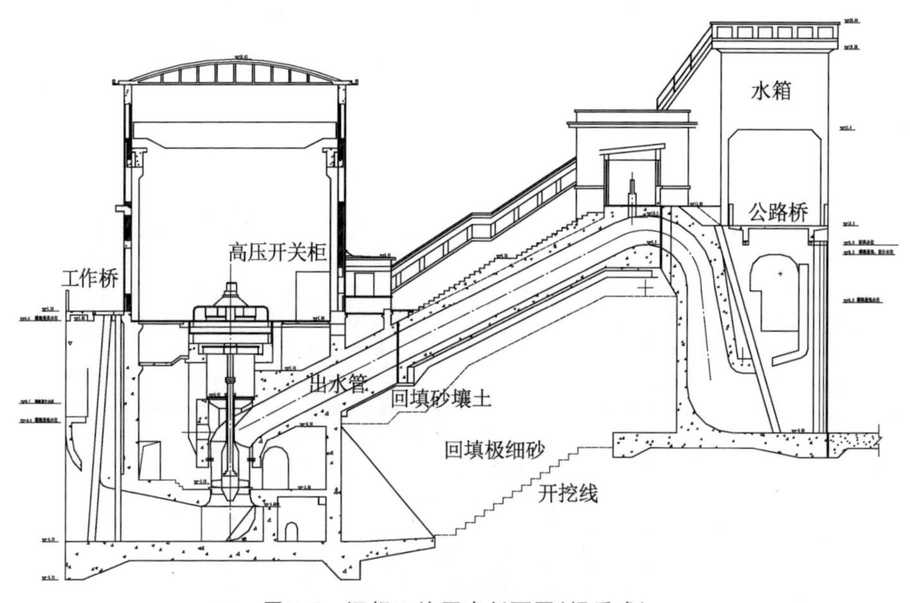

图 1-6　江都三站厂房剖面图(堤后式)

堤后式泵房也可分为堤后虹吸式和堤后直管式，二者的断流方式和技术要求，基本上与堤身虹吸式和堤身直管式相同。堤后虹吸式泵房的出水流道铺设在土堤的堤坡上，管道长，工程量大，施工比较困难，但无洪水威胁。堤后直管式泵房的出水流道埋在土堤下，需要破堤施工，质量要求严格，但工程量较省，施工较容易。

1.5 低扬程泵站的分类和特点

低扬程泵站按照机组结构分为立式泵站、斜式泵站和卧式泵站，三种泵站型式如图 1-7 所示。

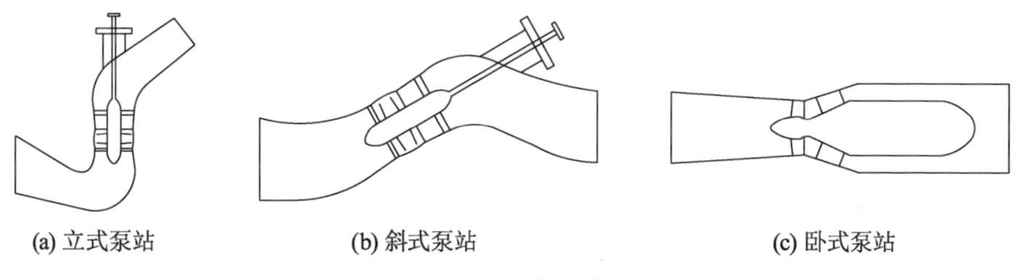

图 1-7 三种泵站型式

立式泵站按进出水流道分类，斜式泵站按倾斜角度分类。立式泵站的进水流道按水流方向可分为单向进水流道和双向进水流道，出水流道按水流方向可分为单向出水流道和双向出水流道。立式泵站是大型泵站应用最多的一种型式，江都排灌站的 4 座泵站都是单向立式泵站。斜式泵站的倾斜角度有 15°，30°，45°和 75°四种。江苏新厦港泵站安装斜 15°的斜式泵，上海张家塘安装斜 30°的斜式泵，内蒙古红圪卜安装斜 45°的斜式泵。卧式泵站有贯流式、轴伸式、竖井式。贯流式有全贯流式、前置灯泡式、后置灯泡式。轴伸式有前轴伸式和后轴伸式，还有立面轴伸式和平面轴伸式。竖井式有前置竖井式和后置竖井式。图 1-8 是全贯流式泵示意图。图 1-9 是淮安三站后置灯泡贯流泵示意图。

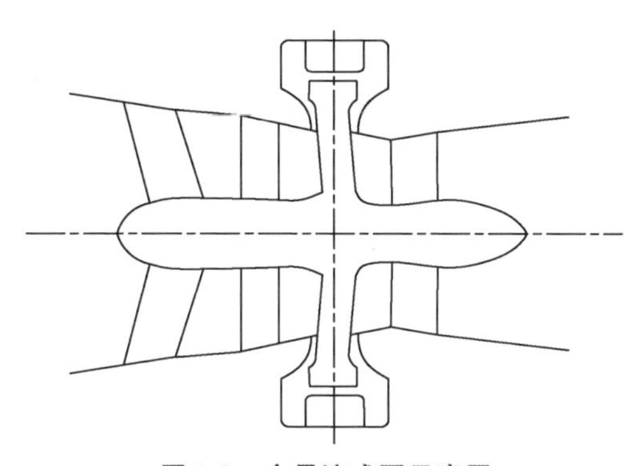

图 1-8 全贯流式泵示意图

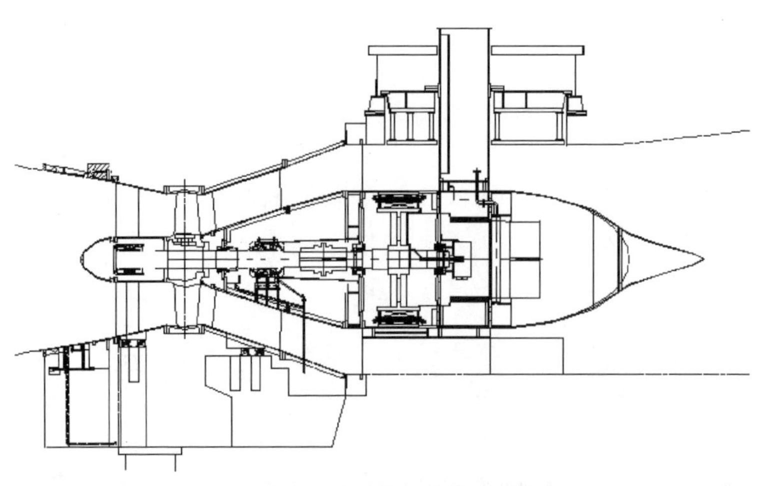

图 1-9　淮安三站后置灯泡贯流泵示意图

不同型式的泵站具有各自的优点和缺点。立式泵站具有电机工作环境好,水泵导轴承荷载较小,安装检修相对方便,设计和制造技术成熟等优点,但水流从立式泵站进水流道入口到出水流道出口,有 2 个接近 90°的转弯,水流流向的改变容易引起水流脱流,不均匀的流速分布可能会产生漩涡、涡带等。立式泵站的高度较高,不适合用于特低扬程的大型泵站。斜式泵站具有构造简单紧凑,开挖量较小,厂房高度低,泵房底板受力均匀等优点。相对于立式泵站而言,斜式泵站的进水流道水流转向角度小于 90°,阻力损失小,其出水流道转角也小于 90°,水力性能相对较好。斜式泵站机组的电动机位置较高,具有与立式泵站类似的通风良好的优点。卧式泵站的进、出水流道比较平顺,水流条件好,水力损失小,装置效率高,土建开挖量小,但结构复杂,造价也比立式泵站、斜式泵站高。双向泵站可分为双向流道泵站和双向叶轮泵站。双向流道泵站通过双层流道 4 个闸门的启闭来调节水流的方向,达到双向抽引抽排的目的,如江苏常熟望虞河泵站就是双向流道泵站;双向叶轮泵站则通过叶轮的正反向运行来实现泵站抽引抽排的功能,如江苏新沟河遥观北枢纽泵站采用 S 型叶轮双向泵,以满足正反方向双向引水的需要。

1.6　泵房布置

泵站厂房包括主厂房和副厂房,主厂房又分主机间和安装场。主泵机组布置在主机间内,而机组的组装和检修一般在安装场上进行,机电辅助设备则需根据不同情况分别布置在主厂房及副厂房内。

根据立式机组的结构,常将主机间沿高度方向自下而上布置成水泵层、联轴层和电机层。较大的机组在水泵层和联轴层间设有人孔层，以满足对设备运行维护的需要。

水泵层位于主机间的最下层，主泵布置在该层的中部，四周应有足够的工作场地，以便对机组进行监视和安装检修。叶轮外壳和墙的净距应有1.5 m以上的净宽，而且不宜小于叶轮外壳外径的一半，以便使叶轮外壳打开后能方便地在机坑内工作。沿厂房进水侧和出水侧应有宽度不小于1.5 m的贯通全层的巡视通道。水泵各大件的吊运装卸采取侧面吊装方式时，应将其中一侧的通道扩宽，以便设备运输。

联轴层靠近水泵出水弯管上部。水泵主轴伸出流道处的填料密封位于大轴联轴器下方，通常布置在联轴层以便于检修，联轴层也是电动机下部结构等运行监视和安装检修的场地。

电机层上布置的主要设备为主电动机，20世纪90年代以前建设的泵站多数都将配电装置布置在电机层上，一般有长列布置和单元布置两种方式。所谓长列布置是将所有的开关柜、动力屏、保护屏、直流屏和励磁屏等呈一字长列式布置在电机层的一侧。所谓单元布置是将开关柜、励磁屏和电机保护屏按单元布置在主厂房各自机组附近。配电装置长列式布置时，应尽量考虑机电分侧，以免相互干扰，电气设备和主机之间应有2.0 m以上的安全距离。20世纪90年代以后新建的泵站中，配电装置通常集中布置在控制楼中，主厂房现场只布置少量的现场控制箱和动力箱。

供机组调节叶片操作用的油压装置，大多数泵站都将其布置在电机层上，巡视管理比较方便。

1.7 泵站机电设备

机电设备包括水泵、电动机、辅助设备和配电设备。

辅助设备主要包括油、气、水系统，以及启闭机、闸门和清污机等金属结构，根据厂房的具体情况布置在厂房内外。

配电设备包括变压器、高低压系统、直流系统、安全自动装置等。

如果泵站的负荷较小、接线方式比较简单，一次设备可以布置在泵站的控制楼内；否则，就要设立专用变电站。

泵站厂房的特征参数如表1-3所示。

表 1-3　泵站厂房的特征参数

泵站名称	叶轮直径/m	机组台数	叶轮中心高程/m	底板高程/m	水泵层高程/m	联轴层高程/m	电机层高程/m	行车高程/m	厂房高程/m	机组间距/m	主厂房长度/m	主厂房宽度/m
皂河站	5.70	2	16.00	9.00	22.50	23.257（联轴器高程）	28.86	35.43	43.05	18.80	40.21	21.68
沙集站	1.80	5	10.50	6.30	9.77	18.00	21.50	30.30	35.60	5.50	31.60	12.50
刘老涧一站	3.10	4	13.00	8.00		20.35	23.47	33.70	38.20			12.40
淮安一站	1.65	8	3.00	−0.46	3.25	7.07	11.00	19.25	22.15	5.50	44.00	10.40
淮安二站	4.50	2	1.63	−5.57	0.34	9.62	14.47	24.33	31.90	13.10	26.20	15.90
淮阴站	3.10	4	3.00	−2.60	2.00	10.50	14.73	23.80	29.40	7.90	33.40	15.50
淮安三站	3.10	2	1.50	−1.13～−0.98				17.60	22.20	7.80	31.50	16.40
泗阳一站	3.10	6	6.75	−0.15	5.80	14.75	19.50	30.00	34.20	2.60	56.42	38.50
泗阳二站	2.80	2	7.90	−1.50	7.00		20.20	29.80	34.30	8.90	17.80	12.40
江都一站	1.75	8	−2.05	−5.50	−1.80	2.68	6.44	18.50	23.54	7.35	20.50	10.40
江都二站	1.75	8	−2.05	−5.50	−1.80	2.68	6.56	16.50	21.04	6.00	20.50	10.40
淮阴二站	3.10	3	5.70	−1.10	4.70	13.90（联轴器高程）	17.50	27.00	31.50	8.00	25.40	12.70
高港泵站	3.00	9	−3.45	−6.85	−2.00	4.95（联轴器高程）	8.50	21.80	29.60	9.80	90.00	20.50
常熟泵站	2.50	9	−1.15	−4.65			7.00	19.05	23.50	7.60	71.10	12.50
梅梁湖泵站	2.00	5	0.00	−1.00	2.10	2.10	2.10		13.50	5.50	35.00	10.40
大浦抽水站	1.60	6	−0.55	−4.30	−0.30	5.13	7.43	16.45	19.75			8.00
茭陵抽水一站	1.60	12	2.50	−1.95	2.50	6.40	9.46	17.00	22.50	5.50	65.25	12.56
宝应抽水站	2.95	4	−3.00	−8.90	−4.00		9.92			8.00	32.92	7.29
红山窑泵站	1.75	5	0.00	−2.81	0.25	5.50	8.50	18.20	20.90	5.50	27.50	12.00

2 低扬程泵装置的基本理论

泵是把动力机的机械能转换为所抽送液体的机械能的机械，按照工作原理，泵可分为三大类。① 叶片泵，它是利用叶片的旋转运动来输送液体的。根据适应的流量和扬程不同，叶片泵又可分为离心泵、轴流泵和混流泵三大类。② 容积式泵，它是靠工作室容积周期性变化来输送液体的。它通常又分为往复式泵和回转式泵两种。往复泵是利用活塞在泵缸内做往复运动来改变工作室的容积而输送液体的，如拉杆式活塞泵。回转泵是利用转子做回转运动来输送液体的，如螺杆泵。③ 其他类型的泵，它是指除叶片式和容积式泵以外的特殊泵。例如，射流泵、管道泵。由于低扬程泵站都是使用叶片泵，因此，本章所涉及的泵知识都是与叶片泵相关的。

2.1 低扬程泵站的特征参数

低扬程泵站的特征参数包括设计流量、特征水位和特征扬程。

2.1.1 设计流量

灌溉泵站设计流量应当根据设计灌溉保证率、设计灌水率、灌溉面积、灌溉水利用系数及灌区内调蓄容积等综合分析计算确定。排水泵站设计流量应当根据排涝标准、排涝方式、设计暴雨、排涝面积及排涝区内调蓄容积等综合分析计算确定。供水泵站设计流量应当根据设计水平年、设计保证率、供水对象用水量、供水时的变化系数、日变化系数和调蓄容积等综合分析计算确定。

2.1.2 特征水位

灌溉泵站进水池水位：从河流、湖泊或水库取水时，设计运行水位应当取历年灌溉期满足设计灌溉保证率的日平均或旬平均水位。从渠道取水时，设计运行水位应当取渠道通过设计流量时的水位。从感潮河口取水时，设计运行水位应按历年灌溉期多年平均最高潮位和最低潮位的平均值确定。从河流、湖泊、感潮河口取水时，最高运行水位应当取重现期 5～10 a 一遇洪水的日平均水位。从水库取水时，最高运行水位应当根据水库的调蓄性能论证确定。从渠道取水时，最高运行水位应当取渠道通过最大流量时的水位。从河流、湖泊或水库取水时，最低运行水位应当取历年灌溉期水源保证率为95%～97%的最低日平均水位。从渠道取水时，最低运行水位应当取渠道通过单泵流量时的水位。从感潮河口取水时，最低运行水位应当取历年灌溉期水源保证率为 95%～97%的日最低潮水位。从河流、湖泊、水库或感潮河口取水时，平均水位应当取灌溉期多年日平均水位。从渠道取水时，平均水位应当取渠道通过平均流量时的水位。上述水位应当扣除从取水口到进水池的水力损失。

灌溉泵站出水池水位：当出水池接输水河道时，最高水位应当取输水河道的防洪水位。当出水池接输水渠道时，最高水位应取与泵站最大流量相应的水位。设计运行水位应取按灌溉设计流量和灌区控制高程的要求推算到出水池的水位。最低运行水位应取与泵站最小运行流量相应的水位。有通航要求的输水河道，最低运行水位应取最低通航水位。

排涝泵站进水池水位：最高水位应取建站后重现期 10～20 a 一遇的内涝水位。排区内有防洪要求的，最高水位应同时考虑其影响。设计运行水位应取由排水区设计排涝水位推算到站前的水位。最高运行水位应取按排水区允许最高涝水位的要求推算到站前的水位。最低运行水位应取按调蓄区允许最低水位的要求推算到站前的水位。平均水位应取与设计运行水位相同的水位。

排涝泵站出水池水位：防洪水位应按泵站建筑物的防洪标准确定。设计运行水位应取承泄区重现期 5～10 a 一遇洪水的排水时段平均水位。最高运行水位应取重现期 10～20 a 一遇洪水的排水时段平均水位。最低运行水位应取承泄区历年排水期最低水位。平均水位应取承泄区多年日平均水位。

2.1.3 特征扬程

设计扬程应按泵站进、出水池设计运行水位差，并计入水力损失确定。在设计扬程下，应满足泵站设计流量要求。平均扬程应按泵站进、出水池平均水位差，并计入水力损失确定。最高扬程宜按泵站出水池最高运行水位与进水池最低运行水位之差，并计入水力损失确定。当出水池最高运行水位与进水池最低运行水位遭遇概率较小时，经技术经济比较后，可适当降低最高扬程。最低扬程宜按泵站出水池最低运行水位与进水池最高运行水位之差，并计入水力损失确定。当出水池最低运行水位与进水池最高运行水位遭遇概率较小时，经技术经济比较后，可适当提高最低扬程。

2.2 叶片泵的性能参数

叶片泵性能参数是用来表示水泵性能的一组数据，包括流量、扬程、转速、功率、效率和空化余量等。

(1) 流量

流量是指水泵在单位时间内所抽送的水量。流量通常用符号 Q 来表示，单位为 m^3/h 或 m^3/s。

(2) 扬程

扬程是指被抽送的单位重量的液体从水泵进口到出口所增加的能量。扬程通常用 H 表示，单位为 m。

(3) 转速

转速是指水泵叶轮每分钟转动的次数，通常用符号 n 表示，单位为 r/min。

(4) 功率

功率是指水泵在单位时间内做功的大小，通常用符号 N 表示，单位为 kW。

水泵的功率可分为有效功率、轴功率和配套功率三种。

① 有效功率

有效功率是水流从水泵获得的功率，也是水泵传递给水流的功率和水泵的输出功率，用 P 表示。

② 轴功率

轴功率是原动机传给水泵轴的功率，用 $P_{轴}$ 表示。

③ 配套功率

配套功率是指一台应当选配的动力机的功率，用 $P_{配}$ 表示。为了保证水泵能正常运行，配套功率一般取轴功率的 1.1～1.3 倍。

(5) 效率

泵的有效功率与轴功率之比称为水泵的效率，通常用 η 表示。

由于水泵存在机械、容积和水力等各种损失，所以水泵的有效功率总比轴功率小。

(6) 空化余量

水流从水泵进口流入叶轮至最低压力处总有不可避免的压力下降，有可能产生空化。为了使水泵不发生空化，在泵进口处，必须具有超过饱和汽化压力水头的最小能量，称之为必需空化余量，通常用 HS 或 NPSH 表示，单位为 m。

2.3 叶片泵的基本工作原理

(1) 离心泵

单级单吸离心泵的基本结构如图 2-1 所示。它由叶轮、泵轴、泵体等零件组成。离心泵在启动前应充满水，当原动机通过泵轴带动叶轮旋转时，叶轮中的水由于受到离心力的作用，由叶轮中心流向叶轮外缘并汇集到泵体内，流向出水口沿出水管输送到出水池。同时，叶轮进口处产生真空，而作用于进水池水的压强为大气压强，进水池中的水便在此压强差的作用下，通过进水管被吸入叶轮，叶轮不停地旋转，水就源源不断地被吸入和吐出，这就是离心泵的基本工作原理。

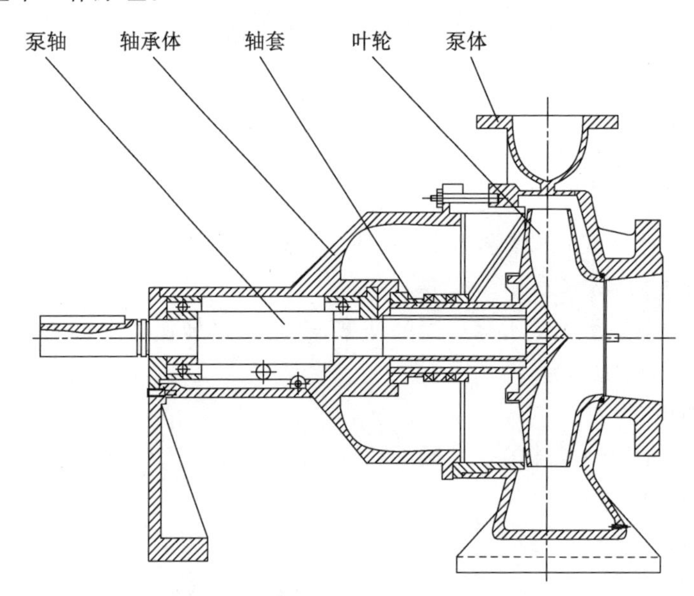

图 2-1 单级单吸离心泵基本结构图

离心泵的类型很多，按级数可以分为单级和多级；按吸入方式可以分为单吸和双吸，叶轮仅一侧有吸入口的称为单吸，叶轮两侧均有吸入口的称为双吸；按泵轴的方向可以分为卧式、立式和斜式；还有按泵体部分形式分类的;等等。

(2) 轴流泵

立式轴流泵的基本结构如图2-2所示。它由进水喇叭管、动叶外圈、叶轮体、导叶体、泵轴、出水弯管等部件组成。立式轴流泵的叶片安装在进水池的最低水位以下,当原动机通过泵轴带动叶片转动时,叶片对水产生升力,使水得以提升,水流经导叶后沿轴向流出,然后通过出水弯管送至出水池。

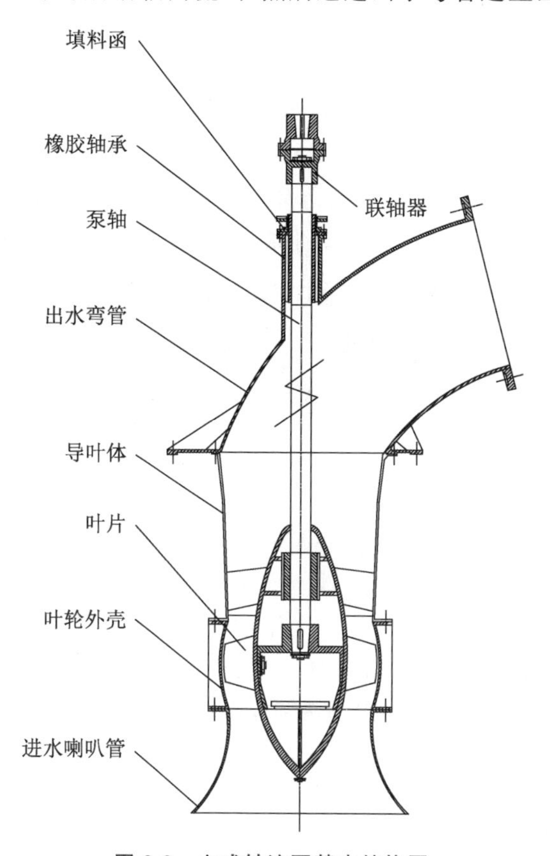

图2-2 立式轴流泵基本结构图

根据叶片在轮毂体上能否转动,轴流泵的形式分为固定式、半调节式和全调节式。固定式轴流泵的叶片和轮毂体铸为一体,轮毂体为圆柱形或圆锥形,一般泵的出口直径在250~300 mm以下的小型轴流泵为固定式。半调节式轴流泵的叶片安装在轮毂体上,用定位销和螺母固定,在叶片的根部刻有基准线。当使用工况发生变化、需要调节时,卸下叶轮,松开定位销和螺母,转动叶片,改变叶片定位销的位置,使叶片的基准线对准轮毂上某要求的角度线,然后拧紧螺母,装好叶轮。一般泵的出口直径在700~1 000 mm以下的中小型轴流泵为半调节式。全调节式轴流泵的叶片，通过机械或液压调节机构来改变叶片的安放角，它可以在只停机而不拆卸叶轮或不停机的情况下进行调节，一般泵的出口直径在700～1 000 mm以上的大中型轴流泵为全调节式。

如果用一个与泵轴同心的圆柱面切割轴流泵叶轮，将所切得的截面展于平面上，就能得到等距离排列的一系列翼栅，如图2-3所示。翼型的前端圆钝，后端尖锐；上表面(叶片工作面)曲率小，下表面(叶片背面)曲率大。当水流绕过翼栅时，在翼型的前端处分离，在翼型的后端处汇合。由于沿翼型下表面的流速比沿翼型上表面的流速大，相应的翼型下表面的压力要比上表面小，因而水流对翼型产生方向向下的作用力。根据反作用力原理，翼型将对水流产生一个反作用力，即儒可夫斯基升力。水流在这个升力的作用下沿泵轴上升，叶轮不停地旋转，水就不断地被提升，这就是轴流泵的工作原理。

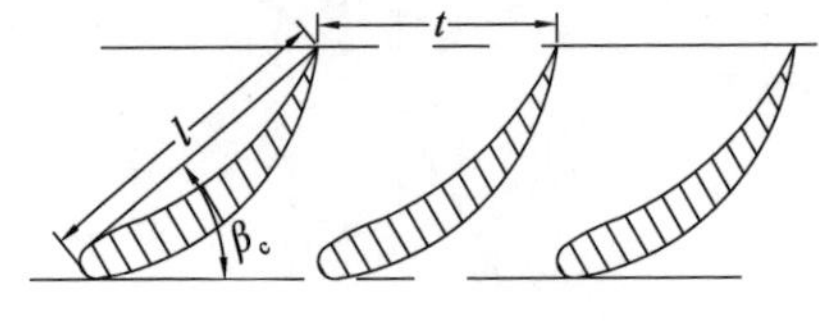

图2-3　翼栅示意图

(3) 混流泵

混流泵中水流的运动介于离心泵和轴流泵之间。叶轮旋转时，水流受到惯性离心力和升力的共同作用。混流泵的结构形式可分为蜗壳式和导叶式两种，蜗壳式混流泵有卧式和立式两种，中、小型泵多为卧式，立式用于大型泵。卧式蜗壳式混流泵的结构与单级单吸离心泵相似，只是叶轮形状不同，混流泵叶片出口边是倾斜的，叶片数少，流道宽阔。导叶式混流泵有立式和卧式两种，其结构与轴流泵相似。

混流泵的特点是流量比离心泵大，但较轴流泵小；扬程比离心泵低，但较轴流泵高。泵的效率高，且高效率区比较宽广。流量变化时，轴功率变化较小。

2.4　叶片泵的基本方程

由于水流在水泵叶轮内的运动非常复杂，为了便于研究，可以先对叶轮中的水流运动作两个假设：① 叶轮中的水流是恒定流；② 叶片数有无穷多，水流是均匀的。基于上述假设，应用动量矩定理或伯努利方程可以把叶轮对水流所做的功与进、出口水流运动的变化联系起来，从而推导出叶片泵的基

本方程，即

$$H\eta=(u_2C_{u2}-u_1C_{u1})/g$$

式中：u_2 为出口水流的牵连速度；C_{u2} 为出口水流绝对速度的圆周分速度；u_1 为进口水流的牵连速度；C_{u1} 为进口水流绝对速度的圆周分速度；η 为水泵效率。

引入环量 Γ 的概念，$\Gamma=2\pi rC_u$，则叶片泵的基本方程又可表示为

$$H\eta=\omega(\Gamma_2-\Gamma_1)/(2\pi g)$$

叶片泵的基本方程也称为欧拉方程。

叶片泵的基本方程是一个非常重要的公式，应用叶片泵的基本方程可以解释水泵设计、制造及运行中的许多实际问题。

① 基本方程与叶片泵进、出口速度三角形有关，与叶片形状无关，它适用于一切叶片泵。

② 基本方程适用于一切流体。对同一台泵，抽送不同的流体时所产生的理论扬程是相同的，但因为流体的密度不同，泵所产生的压力不同，这就解释了为什么安装在进水池面以上的泵，在启动前必须排除空气，否则，开机后所抽空气柱折合成水柱相当微小，进水池中的水吸不上来。

③ 运用基本方程可以定性分析一些水流现象对水泵运行的影响。例如，泵站的进水池中出现漩涡时，会使水泵速度三角形中的水流绝对速度的圆周分速度增大或减小，从而使得水泵的扬程增大或减小，使得水泵的工况发生变化。因此，不稳定的漩涡不但会引起水泵扬程随时间变化，造成水泵运行不稳定，降低水泵效率，严重时还会产生振动。

④ 运用基本方程可以分析叶片泵叶片的形状变化。

2.5 空化与空蚀

在流动的液体中，当局部区域的压力因某种原因而突然下降至与该区域液体温度相应的汽化压力以下时，部分液体汽化，溶于液体中的气体逸出，形成液流中的气泡（或称空泡），这一过程称为空化。空泡随液流进入压力较高的区域时，失去存在的条件而突然溃灭，原空泡周围的液体运动使局部区域的压力骤增。如果液流中不断形成、长大的空泡在固体壁面附近频频溃灭，空泡在溃灭过程中对壁面产生电化学腐蚀、机械冲击，从而引起材料的疲劳破损甚至表面剥蚀，这就叫空化剥蚀，简称空蚀。水泵作为把叶片的机械能转化成水流动能的水力机械，其过流部件也不可避免地存在空化与空蚀。

一台泵在工作中发生空化，在完全相同的条件下，更换另一台泵，就可能

不发生空化，说明泵是否发生空化与泵本身的抗空化性能有关。同一台泵在某种条件下（吸上高程 8 m）发生空化，在另一种条件下（吸上高程 5 m）就不发生空化，说明泵是否发生空化与使用条件也有关系。所以，水泵是否发生空化是由泵本身的性能和泵的装置高程决定的。为此，用泵的临界空化余量 NPSHr 来表示泵本身的空化性能，用 NPSHa 来表示由泵安装高程决定的有效空化余量（也称装置空化余量）。为了计算方便，假定水泵进口处的压力是最低的，如果水泵进口处不发生空化，则整个水泵都不发生空化。临界空化余量是指在水泵吸入口处，单位重量液体所具有的超过汽化压力的富余能量，单位用 m 标注。

临界空化余量 NPSHr 一般是在水泵模型试验台上测量，试验时，通过系统抽真空的办法使水泵发生空化，通常认为效率下降 1%时，水泵发生空化，这时测得的水泵进口能量称为临界空化余量 NPSHr。在实际使用中，为了保证一定的富余量，通常称（1.1～1.3）NPSHr 为许用空化余量[NPSH]。

由此可见，临界空化余量 NPSHr 越小，水泵抗空化性能越好。装置空化余量 NPSHa 越大，水泵越不容易发生空化。

2.6 相似理论

从直观上看，水泵的结构比较简单，但是，水流在水泵内部的流动却非常复杂。由于现有理论计算方法还不完全成熟，至今还不能完全用数值计算的方法准确地确定水泵在不同工况下的性能，通过理论计算得到的水泵性能与实际还有一定的差距，如果直接按照通过理论计算设计的水泵图纸制造原型泵，会有极大的风险。为了解决这个问题，可以先制造尺寸较小的模型泵在试验室中进行模型试验，然后把模型试验的结果换算到原型泵上。要进行换算，就需要相似理论。

原型泵与模型泵的流体动力学相似，必须满足几何相似、运动相似和动力相似。几何相似就是原型泵与模型泵的部件之间线性尺寸成正比例，角度相等。由于水泵内部的水流速度比较大，水流的雷诺数很高，处于阻力平方区，水流的摩擦阻力只随表面粗糙度而变化，与雷诺数无关。所以，在原型泵和模型泵之间的换算中，不必考虑动力相似，只需要考虑几何相似和运动相似（速度三角形相似），运动相似又称为工况相似。几何相似是前提条件，只有几何相似，才有运动相似。

下面介绍相似理论中非常有用的 3 个无量纲参数：单位转速 n'_1，单位流量 Q'_1，比转速（又称比转数）n_s。

$$n'_1=\frac{nD_1}{\sqrt{H}}\quad Q'_1=\frac{Q}{D_1^2\sqrt{H}}\quad n_s=3.65\frac{n\sqrt{Q}}{H^{0.75}}$$

单位转速 n'_1 就是水泵直径 1 m、净扬程 1 m 的转速。

单位流量 Q'_1 就是水泵直径 1 m、净扬程 1 m 下通过叶轮的流量。

同系列的水泵在相似的工况下，单位转速 n'_1 和单位流量 Q'_1 是相等的，这就为原型泵和模型泵之间的参数换算提供了极大的方便。

根据相似理论，可以推导下列模型泵与原型泵各参数值之间的换算公式：

① 原型水泵流量 Q：

$$Q=Q_M\left(\frac{n}{n_M}\right)\left(\frac{D}{D_M}\right)^3$$

② 原型水泵扬程 H：

$$H=H_M\left(\frac{nD}{n_M D_M}\right)^2$$

③ 原型水泵轴功率 $P_{轴}$：

$$P_{轴}=\frac{1\ 000QH}{102\eta_M}$$

④ 原型空化余量 NPSH：

$$\mathrm{NPSH}=\mathrm{NPSH}_M\left(\frac{nD}{n_M D_M}\right)^2$$

⑤ 单位流量 Q_{11}：

$$Q_{11}=\frac{Q}{D^2\sqrt{H}}$$

⑥ 功率与转速的关系：

$$\frac{P_{轴M}}{P_{轴}}=\left(\frac{n_M}{n}\right)^3$$

⑦ 扭矩与转速的关系：

$$\frac{M_M}{M}=\left(\frac{n_M}{n}\right)^2$$

式中：D 为原型泵叶轮直径，mm；D_M 为模型泵叶轮直径，mm；H 为原型泵扬程，m；H_M 为模型泵扬程，m；n 为原型泵转速，r/min；n_M 为模型泵转速，r/min；η_M 为模型泵水力效率，%；Q 为原型泵流量，m^3/s；Q_M 为模型泵流量，m^3/s；$P_{轴}$ 为原型泵轴功率，kW；Q_{11} 为单位流量，L/s；M_M，M 分别为模型泵、原型泵扭矩，N·m。

在设计制造水泵时，为了将具有各种流量、扬程的水泵进行比较，将某一台泵的实际尺寸几何相似地缩小为标准泵，此标准泵设计流量为 75 L/s，扬程为 1 m。此标准泵的转速就是实际水泵的比转速(又称比转数)n_s。比转速是水泵的一个综合性参数,它表示流量、扬程、转速之间的相互关系。

同一台水泵,在不同的工况下有不同的比转速,一般取最高效率工况时的比转速为水泵的比转速。从比转速的公式可以看出,大流量低扬程的泵,比转速高;小流量高扬程的泵,比转速低。低比转速的水泵,叶轮出口宽度较小,随着比转速的增加,叶轮出口宽度逐渐增大,以适应大流量的情况。比转速标志着流量、扬程、转速之间的相互关系,也决定着叶轮的形状。

一般情况下,比转速相等的泵,是几何相似和运动相似的。但不能说比转速相等的泵就一定几何相似。比转速为 400 的泵,可以是蜗壳式的,也可以是导叶式的;同一低比转速泵的叶轮可以用 6 枚叶片,也可以用 7 枚叶片,这些几何形状不相似的泵,比转速可能相等。但是,对于同一种形式的泵而言,比转速相等时,为了得到较好的水力性能,其几何形状必定符合客观流动规律,相差不会太大,一般来说,是几何相似的。

2.7 模型试验

如 2.6 节所述,水泵模型试验对于泵的理论发展、性能确定、设计水平提高具有重要意义,是提高泵技术水平的重要手段。

2.7.1 试验种类

泵的模型试验包括:① 内特性试验:流场测定、叶片表面压力测定和压力脉动测定等;② 外特性试验:运转试验、效率测定、空化试验和噪声振动试验等;③ 强度试验:轴向力测定、径向力测定、水力矩测定和可靠性试验等;④ 其他试验项目:密封试验、材料试验等。

在现有的技术条件下,要准确地完成泵内特性试验还比较困难。能量试验和空化试验能够在原型泵和模型泵之间进行比较准确的换算。其他试验,要么原型泵和模型泵之间不好进行比较准确的换算,要么难度较大。所以,常规的水泵模型试验项目主要是能量试验和空化试验,压力脉动试验的结果仅供参考。

2.7.2 试验装置

图 2-4 是闭式水泵模型试验台示意图。

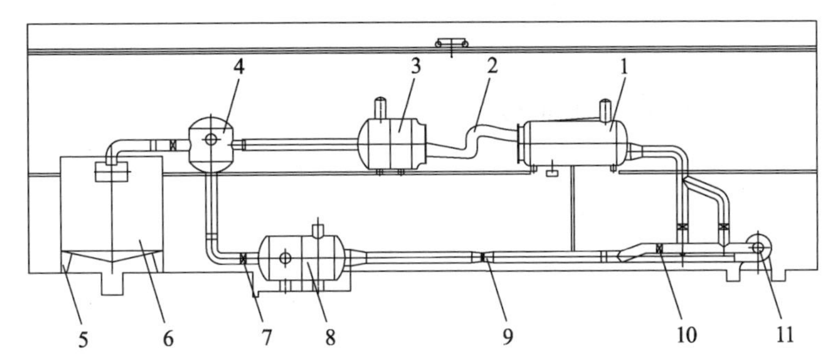

1—进口水箱;2—模型泵装置;3—出口水箱;4—转接水箱;
5,6—流量标定装置;7—工况调节阀;8—稳流水箱;
9—电磁流量计;10—系统正反向运行控制阀;11—辅助泵

图 2-4 水泵模型试验台示意图

进口水箱、出口水箱、模型泵装置构成模型泵装置试验段,进口水箱下面有导轨,可在水平方向上移动,以保证试验台有较好的适应性。模型泵的叶轮直径应当不小于 300 mm,系统容积应当大于模型泵 1.5 min 的流量,通常约为 50 m^3。由于低扬程泵扬程低,难以克服试验装置系统阻力,需要辅以增压泵在大流量测试时克服系统阻力,增压泵的流量应与模型泵相当。

2.7.3 试验方法

为了保证必要的模拟条件,模型试验的雷诺数

$$Re=\frac{D\sqrt{2gH}}{\nu}\geqslant 5\times 10^6$$

式中:D 为叶轮直径,m;H 为试验扬程,m;ν 为水的运动黏度,m^2/s。

在水泵能量特性试验之前,模型泵应在额定工况运转 30 min 以上,排除系统中的游离气体,其间应检查泵装置的轴承、密封、噪声和振动等。测定叶片不同安放角的装置性能,确定装置扬程、轴功率、效率和流量的关系。测量点合理分布在整个性能曲线上,两个工况点之间有足够的稳定时间,待稳定后同时测取流量、扬程、转速和轴功率数据。所有能量特性试验应在相同的有效空化余量条件下进行。

在完成能量特性试验后,进行空化试验,空化试验按照效率下降 1%进行,测出每个不同运行条件相应的临界空化余量、初生空化,并给出空化曲线。测定叶片不同安放角的空化余量。

飞逸特性试验测定模型泵作水轮机工况反转且输出功率为零时的转速;在电机尚未脱开时,测定叶片不同安放角的飞逸转速。飞逸特性试验在相同

的有效空化余量条件下进行。

2.8 叶片泵的性能曲线

水泵的性能曲线，就是水泵在一定转速下运行时，它的流量与扬程、流量与轴功率、流量与效率、流量与允许吸上真空度或空化余量之间相互关系的变化规律所绘成的曲线。在绘图时，一般用流量 Q 作为横坐标，用扬程 H、轴功率 $P_{轴}$、效率 η 和允许吸上真空度 H_s 或空化余量 Δh 作为纵坐标。

表 2-1 为离心泵、轴流泵及混流泵性能曲线形状和特点。

表 2-1　不同类型水泵性能曲线形状和特点

<table>
<tr><th colspan="2">水泵类型</th><th>性能曲线形状</th><th>扬程-流量
曲线特点</th><th>功率-流量
曲线特点</th><th>效率-流量
曲线特点</th></tr>
<tr><td rowspan="3">离心泵</td><td>低比转速</td><td> 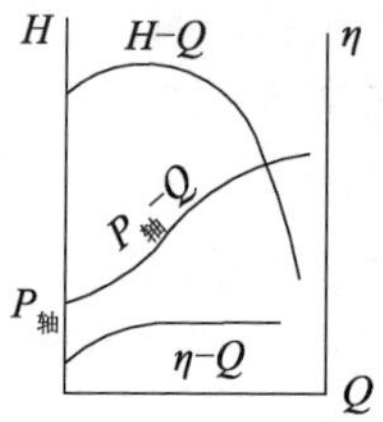H　H-Q　η
P轴-Q
P轴
η-Q
Q</td><td rowspan="3">1. 关死扬程为设计工况的 1.1～1.3 倍
2. 扬程随流量增加而逐渐减小（低比转速离心泵在小流量时可能增加），曲线变化比较平</td><td rowspan="3">1. 关死点功率较小
2. 轴功率随流量增加而上升</td><td rowspan="3">比较平坦</td></tr>
<tr><td>中比转速</td><td> 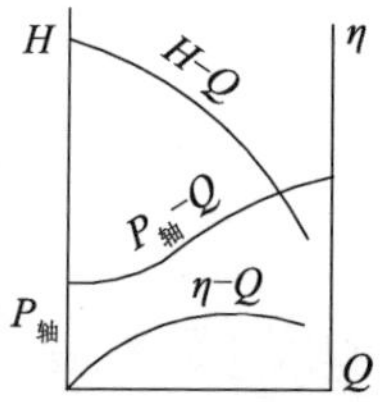H　H-Q　η
P轴-Q
η-Q
P轴
Q</td></tr>
<tr><td>高比转速</td><td> 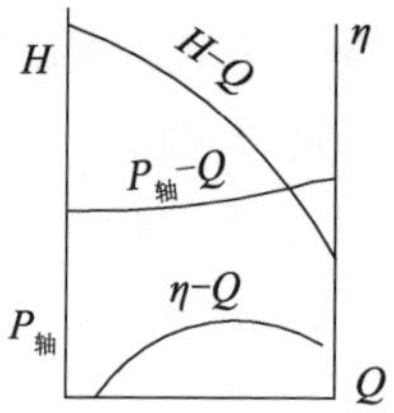H　H-Q　η
P轴-Q
η-Q
P轴
Q</td></tr>
</table>

续表

水泵类型	性能曲线形状	扬程-流量曲线特点	功率-流量曲线特点	效率-流量曲线特点
轴流泵	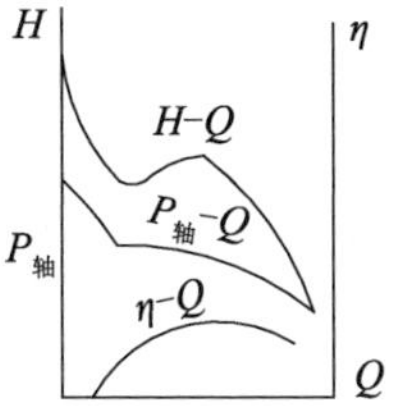 H η H-Q $P_{轴}$-Q $P_{轴}$ η-Q Q	1. 关死扬程为设计工况的2倍左右 2. 随着流量增加，扬程的变化为：先迅速减小，然后增加，接着又迅速减小，曲线变化呈S形	1. 关死点功率最大 2. 随着流量增加，功率的变化为：先迅速减小，然后在设计工况附近变化较小，以后又减小，曲线呈S形	急速上升后又急速下降，高效率范围较窄
混流泵	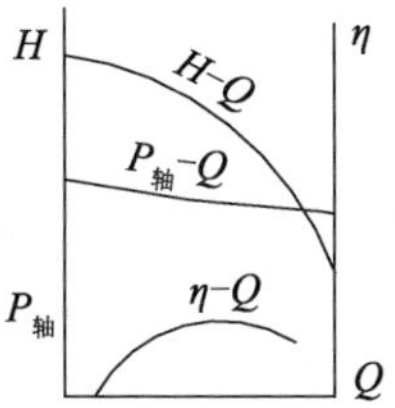 H η H-Q $P_{轴}$-Q $P_{轴}$ η-Q Q	1. 关死扬程为设计工况的1.5～1.8倍 2. 扬程随流量增加而减小，曲线变化较陡，有的出现S形曲线	流量变化时，轴功率变化较小	比轴流泵平坦

2.9 水泵选型

2.9.1 水泵选型的基本原则

根据泵站的设计流量确定装机台数和单泵设计流量，装机台数一般以4～8台为宜。装机台数太少，运行保证率低；装机台数过多，运行成本高。根据泵的特征扬程和设计流量选择合适、成熟的水力模型，且满足设计扬程下达到设计流量，在平均扬程下，水泵能够在高效区运行。如果现有的水力模型不能满足泵站设计要求，应当设计新的水力模型。新设计的水力模型应当进行泵段试验，轴流泵和混流泵还应当进行装置模型试验。水泵的安装高程应当满足最不利工况下水泵必需空化余量要求，基准面的最小淹没深度不小于0.5 m，出水流道出口顶部的最小淹没深度亦不小于0.5 m，且进水池内不应产生有害的漩涡。

2.9.2 传统的选型方法

由于泵装置比泵段多了进出水流道，进出水流道的影响使得泵装置最高效率区与泵段最高效率区存在差异。在泵站设计时，需要把模型泵段的综合

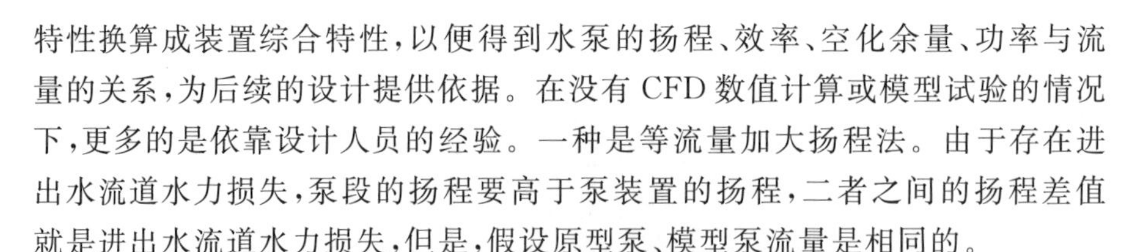

特性换算成装置综合特性，以便得到水泵的扬程、效率、空化余量、功率与流量的关系，为后续的设计提供依据。在没有 CFD 数值计算或模型试验的情况下，更多的是依靠设计人员的经验。一种是等流量加大扬程法。由于存在进出水流道水力损失，泵段的扬程要高于泵装置的扬程，二者之间的扬程差值就是进出水流道水力损失，但是，假设原型泵、模型泵流量是相同的。

泵装置效率等于水泵泵段效率乘以流道效率：

$$\eta_{装置}=\eta_{水泵}\cdot\eta_{流道}$$

其中，流道效率可由下式计算：

$$\eta_{流道}=\frac{H_{装置}}{H_{装置}+h_{流道}}\times 100\%$$

式中：$H_{装置}$为泵装置扬程；$h_{流道}$为流道总水力损失。

但是，从工程实践来看，随着进出水流道水力损失占水泵总水力损失的比重增加，泵装置效率降低，最高效率点的流量将减小，也就是说，事实上是不可能等流量的。

还有一种是等扬程加大流量法。就是泵装置最高效率点的扬程与最高效率点的泵段扬程基本一致。为保证泵装置运行在高效率点，所选用泵的扬程应与泵站净扬程相当，但是，流量必须加大。至于流量究竟加多少，与进出水流道的型式有关，增加的比例从 10%到 35%不等。

不论是等流量加大扬程法，还是等扬程加大流量法，都是建立在设计者经验的基础上，难免与实际产生偏差。现在流行的 CFD 数值计算有效地弥补了这一缺陷。

2.9.3 参数化选型方法

在多年的工程实践中，已经有若干套水力模型在工程中得到成功应用，设计者可以利用这些水力模型的综合特性曲线，依据待设计泵站的特征参数，在这若干套水力模型中选择一个比较合适的水力模型。由于有了 CAD 技术，人们已经把这若干套水力模型的综合特性曲线处理成 CAD 格式的文件。采用 Visual Basic 6.0（简称 VB）对这些 CAD 格式的文件进行二次开发，可以将泵站水机选型设计、分析等多目标融为一体，提高了泵站水机选型的效率。

（1）算法思想与技术路线

程序设计采用分治的算法思想，利用程序代码从事先建立的数据库中调取相应的文件，并绘制出用户希望的综合特性曲线。图 2-5 为程序设计所采用的技术路线。

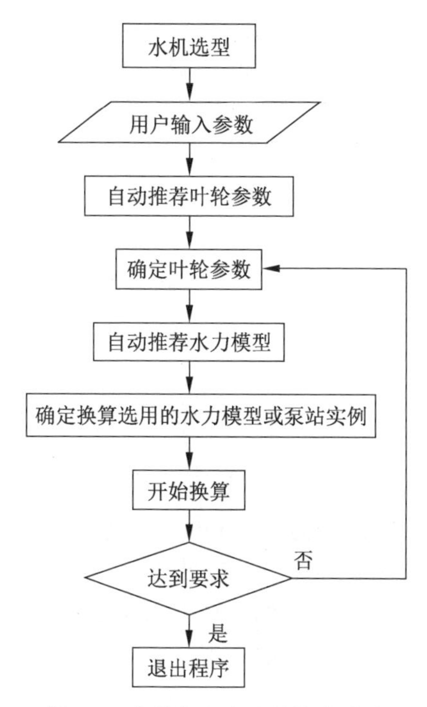

图 2-5　参数化程序设计技术路线

(2) 建立关联

在 VB 不同的控件事件(Form_Load,Command_Click 等)中添加相应的代码,实现 VB 与 CAD 之间的通信,添加的代码如图 2-6 所示。

```
Private Sub Command1_Click()
On Error Resume Next
Set acadapp = GetObject(, "Autocad.Application")
If Err Then
Err.Clear
Set acadapp = CreateObject("Autocad.Application")
If Err Then
MsgBox ("不能运行")
Exit Sub
End If
End If
acadapp.Visible = True
End Sub
```

图 2-6　VB 与 CAD 之间的关联

通过在不同的控件事件中添加上述代码即可利用 VB 打开 CAD。

(3) 关键代码

在 CAD 中绘图时,始终离不开点、线、文字等元素。VB 将这些元素定义为变量,通过对变量的声明,就可以很方便地用代码来控制绘图。图 2-7 为部分变量的声明。

```
Private Sub Command1_Click()
Dim pline As AcadLWPolyline  '定义直线变量
Dim point As AcadPoint  '定义点变量
Dim text As AcadText  '定义文字变量
```

图 2-7　部分变量的声明

(4) 叶轮转速与直径的自动推荐

对于一个给定特征参数的泵站，需要确定叶轮的直径与转速，这是泵站水机选型设计中很重要的一步，程序基于水力机械相似定律实现叶轮转速与直径的自动推荐。

$$Q_P = Q_M\left(\frac{n_P}{n_M}\right)\left(\frac{D_P}{D_M}\right)^3$$

式中：Q_M 为模型泵的流量，同台测试泵的设计流量均为 350 L/s 左右；D_M 为模型泵叶轮直径，同台测试值为 300 mm；n_M 为模型泵转速，同台测试值为 1 450 r/min；Q_p 为用户给定原型泵装置的流量；n_pD_p 为原型泵装置的 nD 值（同台测试值为 435，后续需要调整）。由此即可算出原型泵叶轮直径 D_p。之前假设了 nD 值为 435，故可以立即求出转速 n_p 的值，但此时的 n_p 值并不是最终的值，水泵的转速应为一个标准值（直联、工频），因此最终确定的 n_p 值应为小于 3 000 除以磁极对数（磁极对数为偶数）的第一个值，n_p 值取小一些有利于降低 nD 值。

(5) 水力模型的自动推荐

在相似定律的基础上，如果泵之间的比转速相等，那么这些泵是几何相似和运动相似的。比转速的计算公式如下：

$$n_s = \frac{3.65 \times n \times \sqrt{Q}}{H^{0.75}}$$

因此，程序可以根据用户给定的设计参数计算得到泵的比转速，然后在某一范围内推荐出一个或几个合适的备选水力模型。

(6) 水泵选型

程序设计采用等效率换算的选型方法，图 2-8 为水泵选型程序的用户操作界面(GUI)。

如图 2-8 所示，首先输入“流量”与“扬程”的值，单击“自动推荐”按钮，程序即会根据用户给定的参数自动推荐叶轮转速与直径的参考值；然后确定叶轮的转速与直径，并确定机组是立式轴流泵还是卧式轴流泵，单击“确定”按钮之后，程序即会自动推荐某个或某几个合适的水力模型；最后单击绘制泵段或泵装置综合特性曲线的按钮即可在 CAD 中绘制出换算后的综合特性曲线。

图 2-8　水泵选型程序 GUI

(7) 工程实例

① 泵站概况

泗阳第二抽水站(简称泗阳二站)位于江苏省泗阳县,与南水北调东线泗阳一站、泗阳节制闸、泗阳复线船闸共同组成中运河泗阳水利枢纽工程。工程于 1995 年 2 月 17 日动工,1996 年 12 月 5 日投入抽水试运行,1997 年 3 月 8 日正式投入抽水运行。作为江苏省淮水北调第一梯级、江水北调第四梯级,该站的主要作用是抽引由二河闸下泄的淮水或淮阴站转送的江水,以满足泗阳以北徐淮区工农业生产、生活及中运河航运用水之需要。泵站装设 2.8ZLQK - 7.0 液压全调节轴流泵,配套 TL2800 - 40/3250 立式同步电动机 2 台套,单机流量 33 m^3/s,设计扬程 6.3 m,总装机容量 5 600 kW。

② 泵站特征水位参数

泗阳二站改造工程拟采用 2 台套立式全调节轴流泵,单机设计流量 33.00 m^3/s,总装机流量 66.00 m^3/s。泗阳二站改造工程特征水位参数如表 2-2 所示。

表 2-2　泗阳二站改造工程特征水位参数

参数		单位	数值
净扬程	设计	m	6.3
	最小	m	2.8
	最大	m	7.0

③ 初选成果

图 2-9 为程序换算后的泵段综合特性曲线。

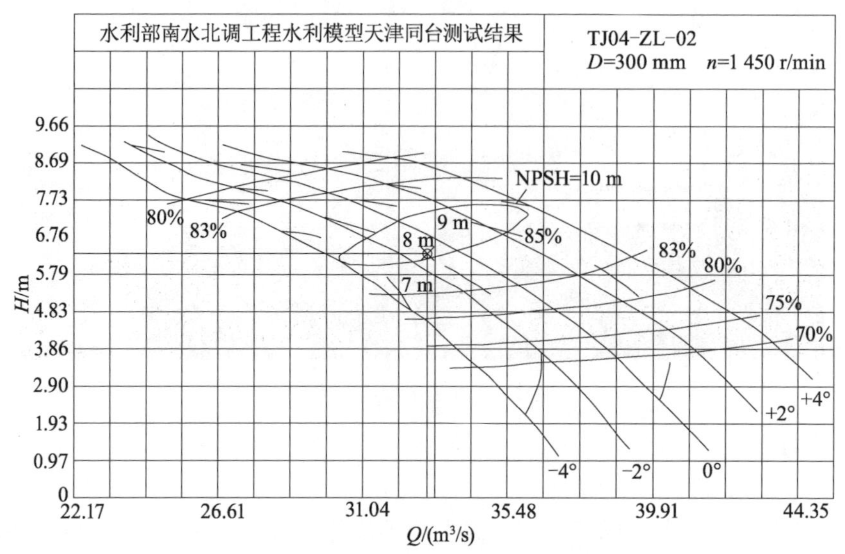

(a) 泗阳二站原型泵段综合特性曲线（换算水力模型：TJ04-ZL-02）

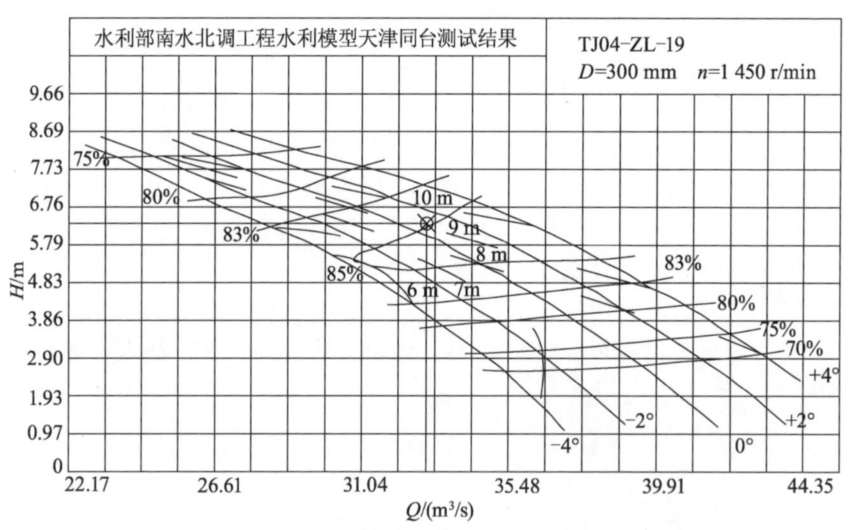

(b) 泗阳二站原型泵段综合特性曲线（换算水力模型：TJ04-ZL-19）

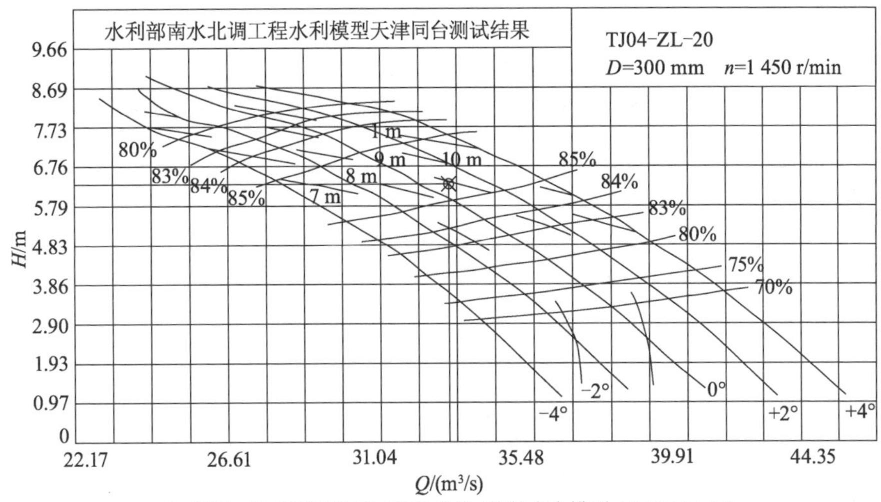

(c) 泗阳二站原型泵段综合特性曲线（换算水力模型：TJ04-ZL-20)

图 2-9 泵段综合特性曲线

从图 2-9 中可以发现：三种水力模型均能满足泗阳二站改造工程的设计要求；根据南水北调东线泵站的工程实践，泵段与泵装置的综合特性曲线之间相差约 2 个叶片角度，从泵段综合特性曲线上可以看出，对于原型泵装置 TJ04－ZL－02 叶片安放角约为 0°，TJ04－ZL－19 与 TJ04－ZL－20 叶片安放角为 ＋3°～＋4°；TJ04－ZL－20 设计工况点的效率略高于 TJ04－ZL－19，TJ04－ZL－20 相比于 TJ04－ZL－19 更加合适。综合对比分析，拟选择 TJ04－ZL－02 与 TJ04－ZL－20 水力模型作为泗阳二站泵装置备选水力模型。

④ CFD 数值计算

A. 三维建模与网格划分

泗阳二站泵装置分为肘形进水流道、导水帽、叶轮、导叶、出水流道五个计算域。其中，叶轮与导叶在 ANSYS-TurboGrid 中进行三维建模与网格划分，两种水力模型三维图如图 2-10 所示。

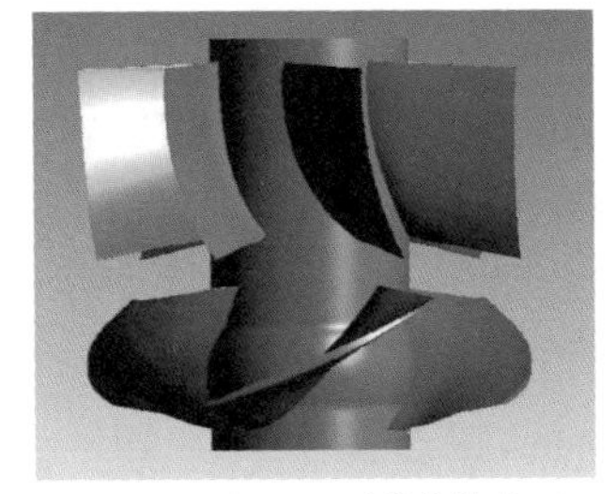

(a) TJ04-ZL-02(叶片安放角0°)

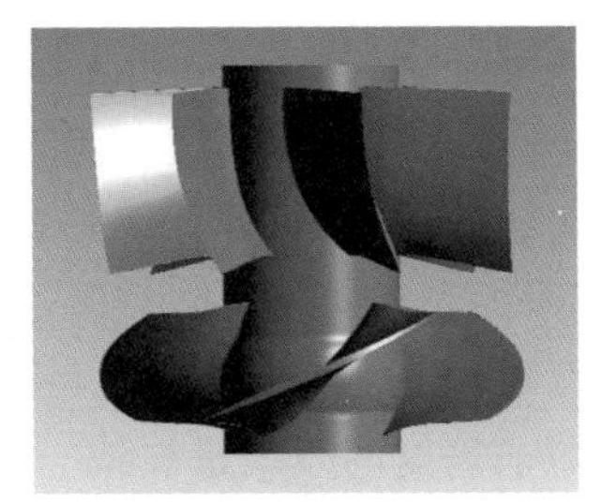

(b) TJ04-ZL-20(叶片安放角+3°)

图 2-10 水力模型三维图

进水流道、导水帽、出水流道在 Creo 3.0 中进行三维建模；进水流道与出水流道在 ICEM-CFD 中进行六面体核心非结构网格划分，导水帽在 ICEM-CFD 中进行六面体结构网格划分。经过网格无关性分析，最终确定整个计算域网格总数为 9 887 930(TJ04 - ZL - 02)、9 630 378(TJ04 - ZL - 20)。泗阳二站泵装置三维图如图 2-11 所示。

图 2-11　泗阳二站泵装置三维图

B. 泵装置能量特性对比分析

图 2-12 为使用两种不同水力模型，泗阳二站泵装置能量特性对比。

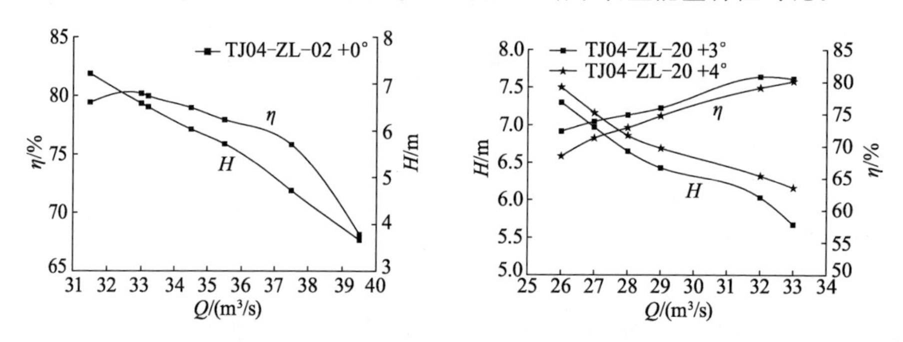

图 2-12　不同水力模型泵装置能量特性对比

从图 2-12 中可以发现：两种水力模型均可以满足工程设计要求；两者在设计工况点的效率差别不大；为了满足设计工况点的要求，TJ04 - ZL - 20 叶片安放角达到了+4°左右，而叶片安放角向正角度偏转过大将使叶轮的空化性能明显下降；从 TJ04 - ZL - 20 的流量-扬程曲线上可以看出，在最大扬程附近时泵装置处于马鞍区附近，容易引发强烈的水力激振；TJ04 - ZL - 02 的流量-扬程曲线在最大扬程附近时，曲线走势平缓，未见马鞍区曲线的特征；在设计工况点时，TJ04 - ZL - 02 的叶片安放角约为 0°，在需要加大流量时，可以有很充足的正角度调节余量。综合对比分析，拟选择 TJ04 - ZL - 02 水力模型作为泗阳二站改造工程的水力模型(下述的数值计算分析均以 TJ04 - ZL - 02 为研究对象)。

C. 泵装置内流场

图 2-13 为泗阳二站泵装置的三维流线图。

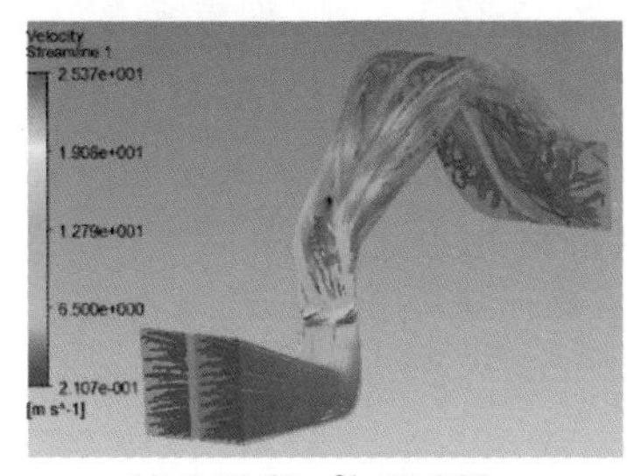

(a) Q=31.50 m³/s, H=7.22 m

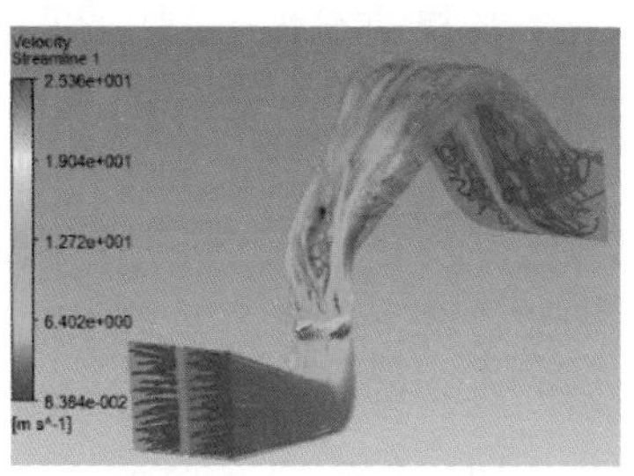

(b) Q=33.20 m³/s, H=6.50 m

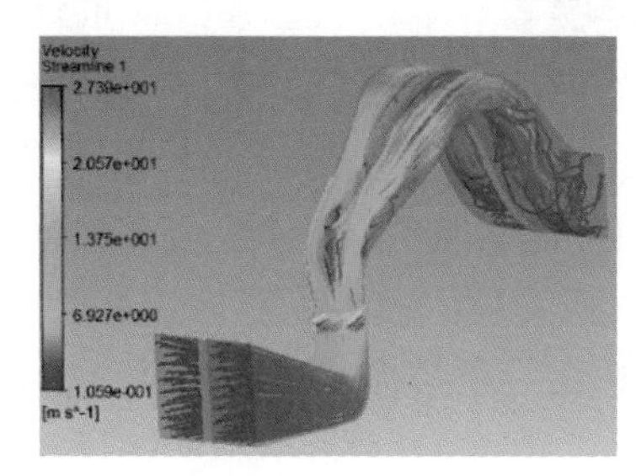

(c) Q=39.50 m³/s, H=3.67 m

图 2-13 泗阳二站泵装置流线图

从图 2-13 中可以发现：不同工况下，肘形进水流道内的流线分布基本一致；随着流量的增加，泵装置内流场的流速也在增加；三种不同工况泵装置的内流场中，均在弯管与主轴处产生了漩涡、回流等不良流态，这主要是由主轴对水流的阻碍造成的，随着流量的增加，这种不良流态有所改善；不同工况泵装置出水流道内流态较为紊乱，这是导叶出口剩余环量与隔板共同作用的结果，但未见漩涡、回流等不良流态。

D. 结论

a. 利用 VB 对 CAD 进行二次开发，编写出参数水泵选型程序，程序能够自动推荐水泵转速、叶轮直径、适合的水力模型。实践表明，通过改变不同的参数，得到不同的水泵综合特性曲线，用户根据该程序换算的特性曲线能够高效、快捷地选出合适的水力模型。

b. 通过水泵选型程序换算的综合特性曲线，缩小了水泵选型范围，为后续的数值模拟提供了更为准确的水力模型方案。

c. 通过 ANSYS CFX 数值模拟，对比 TJ04－ZL－02 与 TJ04－ZL－20 两种方案泵装置的外特性，TJ04－ZL－02 更适合于泗阳二站改造工程的实际需求。

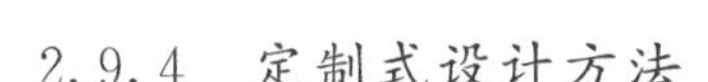

2.9.4 定制式设计方法

传统上泵装置的水力设计是采用“分离式”设计方法，即根据泵站的特征水位的要求设计出相应的流道，再选取较为合适的水力模型(泵段)组合成泵装置。此种设计方法沿用多年并广泛地应用于各大中型泵站工程中，然而此种设计方法并没有考虑到系统中各部件之间的耦合性问题，优秀的水力模型与优秀的流道组合而成的并不一定是优秀的泵装置。鉴于此，可以采用“定制式”设计方法，根据不同的泵站工程一对一地设计出泵装置，即流道与泵段均是根据不同工程需求一对一设计，在水力设计时充分考虑到各部件之间的耦合性问题，如在设计叶轮时充分考虑到进水流道出口断面处速度加权平均角的影响，并根据叶轮旋转对速度加权平均角产生的影响反过来再修改叶片进口角，如此才能使各过流部件发挥出最优秀的水力性能，进而使泵装置获得最优秀的水力性能。在最优工况下，CFD 数值计算结果与模型试验结果的误差可以控制在 1%范围内。这样，就有可能运用 CFD 数值计算设计不同的水力模型方案进行比选，选出一个最佳的方案再进行模型试验验证。

(1) 设计流程

基于 ANSYS WorkBench 搭建水力模型水力设计流程，新型水力模型的研发设计流程如图 2-14 所示。

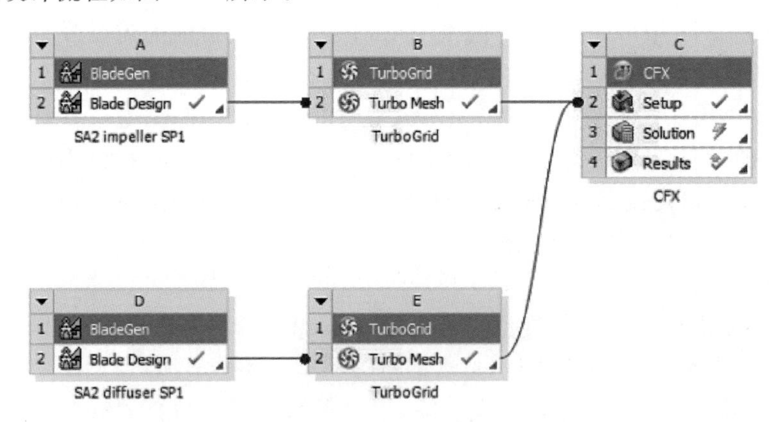

图 2-14 新型水力模型研发设计流程

(2) 工程实例

下面以淮阴站为例进行介绍：

① 工程概况

淮阴抽水站(简称淮阴站)位于江苏省淮安市清浦区和平镇境内，于 1983 年 10 月开始兴建，1987 年 9 月竣工验收，安装有 4 台直径 3.1 m 的立式轴流泵，设计总流量 120 m^3/s，单泵设计流量 30 m^3/s，是江苏省江水北调工程的第三级站，也是南水北调东线第三梯级站，其主要作用是从灌溉总渠抽引淮安抽水站转送来的江水，经二河向北调送，补给中运河航运及徐淮连地区工农业用水水源，特殊干旱年份，也可向洪泽湖补库，是一项综合利用工程。淮阴抽水站运行水位组合表如表 2-3 所示。

表 2-3　淮阴抽水站运行水位组合表　　m

特征水位		站下	站上	净扬程
调水	设计扬程	8.82	13.10	4.28
	最低扬程	9.32	10.60	1.28
	最高扬程	8.32	13.10	4.78
		8.82	13.60	4.78
	规划平均扬程	8.82	11.88	3.06
	多年平均扬程			2.05

淮阴抽水站设计扬程 4.28 m，规划平均扬程 3.06 m，现状多年运行平均扬程 2.05 m。设计扬程与现状多年运行平均扬程相差较大，目前适合这一扬程段的现有叶轮难以满足从 2.05 m 到 4.28 m 范围内都保持较高效率的要求。在近 20 年新开发的水力模型中，选用 TJ04－ZL－06 水力模型进行换算，原型泵段性能曲线见图 2-15。

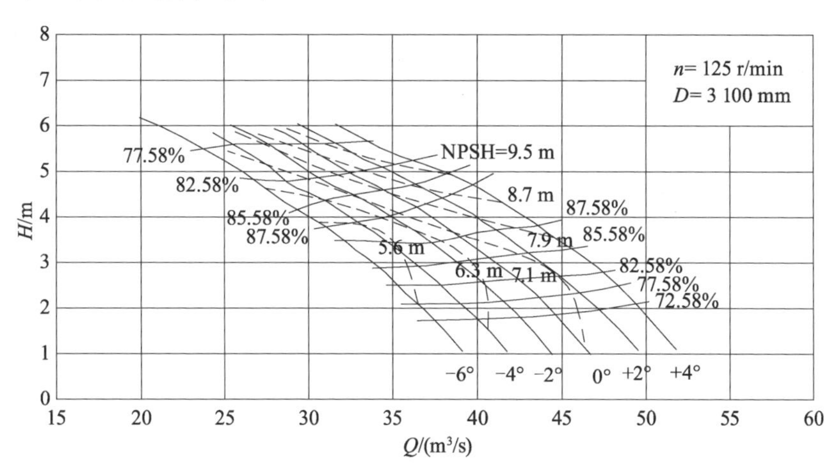

图 2-15　TJ04－ZL－06 原型泵段性能曲线

考虑原泵站进出水流道损失约 0.6 m，在满足设计扬程达到设计流量时，叶片安放角为－2°，泵站在调水平均扬程 3.66 m 时，装置效率为 73.2%；在多年平均扬程 2.65 m 时，装置效率为 64.21%；在设计扬程 4.88 m 时，装置效率为 71.92%。多年平均扬程时效率相对较低。

② 设计方法

水泵叶轮与导叶叶片的设计均在 BladeGen 中完成，将设计完成的叶片直接导入 TurboGrid 中进行结构网格划分，再将泵段划分好的网格导入 ANSYS CFX 中与之前导入的进、出水流道网格共同构成淮阴站泵装置的计算域。整个计算域的网格总数约为 1 000 万(翼型修改时会略有不同)。

③ 设计方案

各方案均为原型泵装置，见表 2-4～表 2-24。

表 2-4　方案 1(3 叶轮叶片+5 导叶叶片)

名称	转速/(r/min)	流量/(m^3/s)	效率/%	扬程/m
参数	125	30	41.4	2.42

表 2-5　方案 2(3 叶轮叶片+5 导叶叶片)

名称	转速/(r/min)	流量/(m^3/s)	效率/%	扬程/m
参数	125	30	53.1	2.90

表 2-6　方案 3(3 叶轮叶片+5 导叶叶片)

名称	转速/(r/min)	流量/(m^3/s)	效率/%	扬程/m
参数	125	30	53.7	3.54

表 2-7　方案 4(3 叶轮叶片+5 导叶叶片)

名称	转速/(r/min)	流量/(m^3/s)	效率/%	扬程/m
参数	125	30	66.5	3.65

表 2-8　方案 5(3 叶轮叶片+5 导叶叶片)

名称	转速/(r/min)	流量/(m^3/s)	效率/%	扬程/m
参数	125	30	66.3	3.73

表 2-9　方案 6(4 叶轮叶片+5 导叶叶片)

名称	转速/(r/min)	流量/(m^3/s)	效率/%	扬程/m
参数	125	30	56.6	3.75

表 2-10　方案 7(4 叶轮叶片+5 导叶叶片)

名称	转速/(r/min)	流量/(m^3/s)	效率/%	扬程/m
参数	125	30	67.2	3.99

表 2-11　方案 8(4 叶轮叶片+5 导叶叶片)

名称	转速/(r/min)	流量/(m^3/s)	效率/%	扬程/m
参数	125	30	69.0	4.28

表 2-12　方案 9(4 叶轮叶片+5 导叶叶片)

名称	转速/(r/min)	流量/(m^3/s)	效率/%	扬程/m
参数	125	30	69.5	4.27

表 2-13　方案 10(4 叶轮叶片+7 导叶叶片)

名称	转速/(r/min)	流量/(m^3/s)	效率/%	扬程/m
参数	125	30	68.4	4.33

表 2-14　方案 11(4 叶轮叶片+7 导叶叶片)

名称	转速/(r/min)	流量/(m^3/s)	效率/%	扬程/m
参数	125	30	70.0	4.11

表 2-15　方案 12(4 叶轮叶片+7 导叶叶片)

名称	转速/(r/min)	流量/(m^3/s)	效率/%	扬程/m
参数	125	30	69.5	4.35

表 2-16　方案 13(4 叶轮叶片+7 导叶叶片)

名称	转速/(r/min)	流量/(m^3/s)	效率/%	扬程/m
参数	125	30	69.8	4.29

表 2-17　方案 14(5 叶轮叶片+7 导叶叶片)

名称	转速/(r/min)	流量/(m^3/s)	效率/%	扬程/m
参数	125	30	51.4	3.79

表 2-18　方案 15(5 叶轮叶片+7 导叶叶片)

名称	转速/(r/min)	流量/(m^3/s)	效率/%	扬程/m
参数	125	30	51.9	3.88

表 2-19　方案 16(5 叶轮叶片+7 导叶叶片)

名称	转速/(r/min)	流量/(m^3/s)	效率/%	扬程/m
参数	125	30	55.8	4.55

表 2-20　方案 17(5 叶轮叶片+7 导叶叶片)

名称	转速/(r/min)	流量/(m^3/s)	效率/%	扬程/m
参数	125	30	61.1	4.53

表 2-21　方案 18(5 叶轮叶片+7 导叶叶片)

名称	转速/(r/min)	流量/(m^3/s)	效率/%	扬程/m
参数	125	30	68.6	4.31

表 2-22　方案 19(5 叶轮叶片+7 导叶叶片)

名称	转速/(r/min)	流量/(m^3/s)	效率/%	扬程/m
参数	125	30	70.5	4.29

表 2-23　方案 20(5 叶轮叶片+7 导叶叶片)

名称	转速/(r/min)	流量/(m^3/s)	效率/%	扬程/m
参数	125	30	71.1	4.12

表 2-24　方案 21(5 叶轮叶片+7 导叶叶片)

名称	转速/(r/min)	流量/(m^3/s)	效率/%	扬程/m
参数	125	30	70.9	4.21

经过比较，最后选择方案 19 为最终方案。

为区别于天津同台测试的“TJ”系列水力模型，河海大学开发的系列轴流式水泵水力模型命名为“标准”系列轴流泵水力模型(Standard Axial Flow Pump，以下简称 SA)，SA 后面的阿拉伯数字表示系列轴流泵水力模型的编号，不同的编号水力模型之间的水力性能有较大差异，后半部分的 Block 后面的罗马数字则表示在基本型的基础上根据不同的水力性能要求进行的第几次改型。比如，SA3－BlockⅡ意为“标准”系列轴流泵水力模型的 3 号模型在基本型的基础上根据水力性能要求进行第 2 次改型所得到的最终满足某工程要求的水力模型。

本次开发的新型水力模型命名为 SA6。

④ 泵装置内、外特性分析

图 2-16 为淮阴站泵装置三维图。

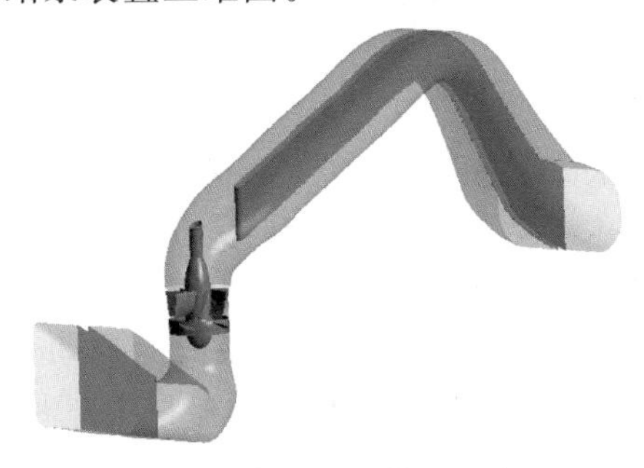

图 2-16　淮阴站泵装置三维图

SA6 水力模型的特点是高效率区范围较宽，不同叶片安放角时均可获得较高的装置效率。在扬程 2.05 m 时，装置效率 72.5%；在扬程 2.55 m 时，装置效率 74.1%；在扬程 3.06 m 时，装置效率 73.9%；在扬程 4.28 m 时，装置效率 70.5%，且流量均能满足要求。

⑤ 泵装置内部流场分布

图 2-17 为淮阴站泵装置内部流场流线分布图。小流量工况时，在虹吸式出水流道内可以观测到漩涡、回流等不良流态的存在。随着流量的增加，这种不良流态逐渐得到改善。设计流量及大流量工况时，未在整个流道内观测到明显的漩涡、回流等不良流态。

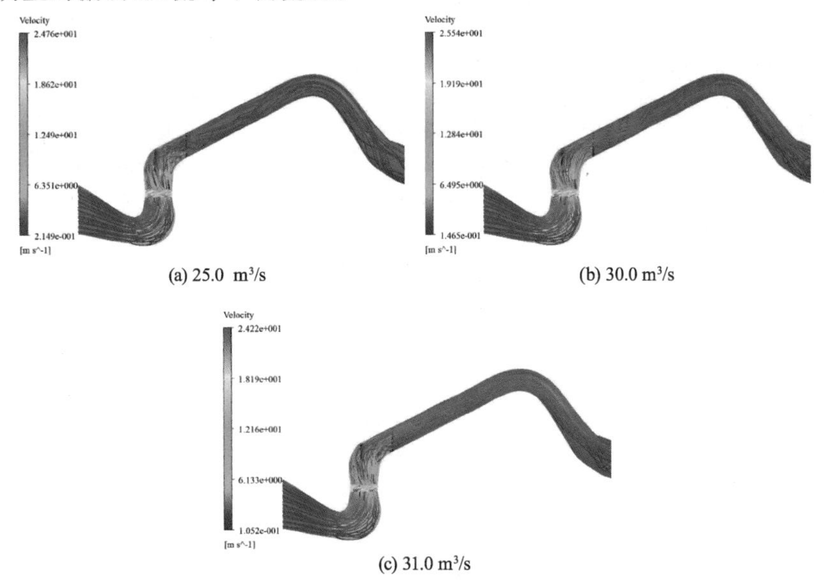

(a) 25.0 m^3/s　(b) 30.0 m^3/s

(c) 31.0 m^3/s

图 2-17　流线分布图

⑥ 泵段叶道压强分布

叶片上截取的流线位置如图 2-18 所示。图 2-19 为淮阴站泵装置在不同工况时叶轮与导叶叶道压强分布云图。不同流量下叶轮与导叶的内部流动情况明显不同:小流量工况时,叶轮叶片工作面的高压区分布与压强值明显高于设计工况与大流量工况,叶片背面存在大范围的低压区,叶轮叶片工作面与背面的压差值较大,水泵极易发生空化;小流量工况时,在导叶的叶道内,压强场分布极不均匀,在导叶叶片进水边的背面发生了流动分离,并在整个叶道内形成了漩涡;设计工况时,导叶叶道内的流动分离现象明显得到改善,仅在部分叶片背面的中后部出现脱流;大流量工况时,导叶叶道内流线平顺,未见漩涡、脱流等不良流态。

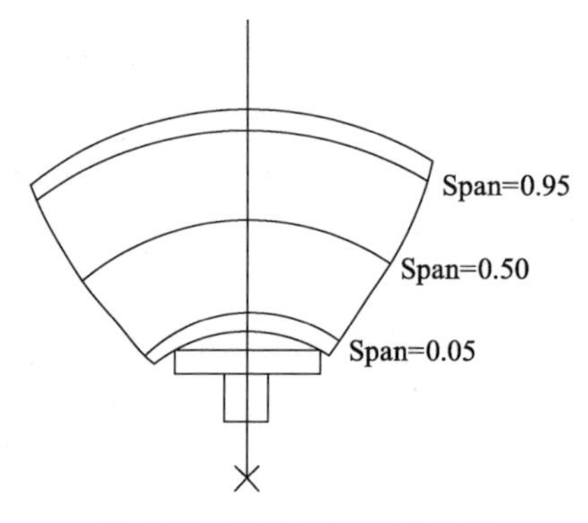

图 2-18 叶片表面流线位置

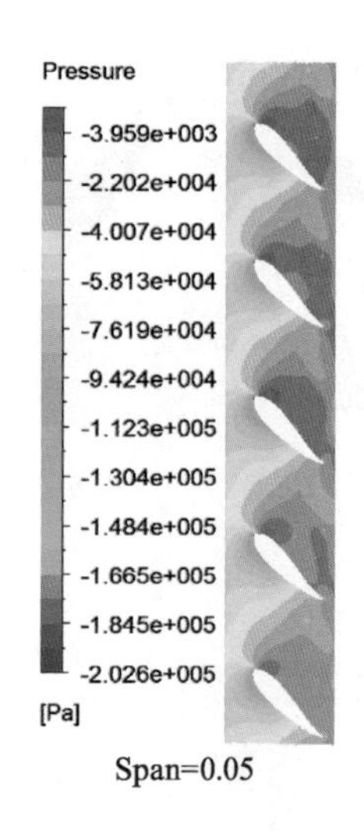

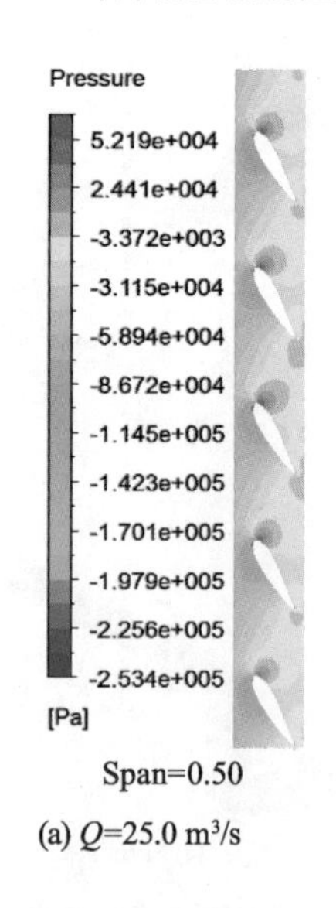

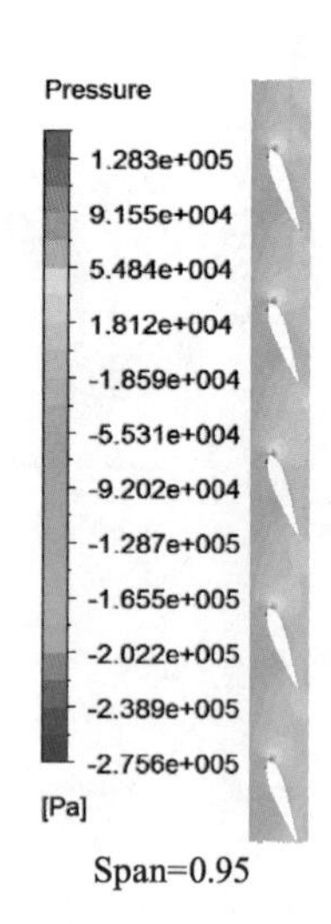

(a) Q=25.0 m^3/s

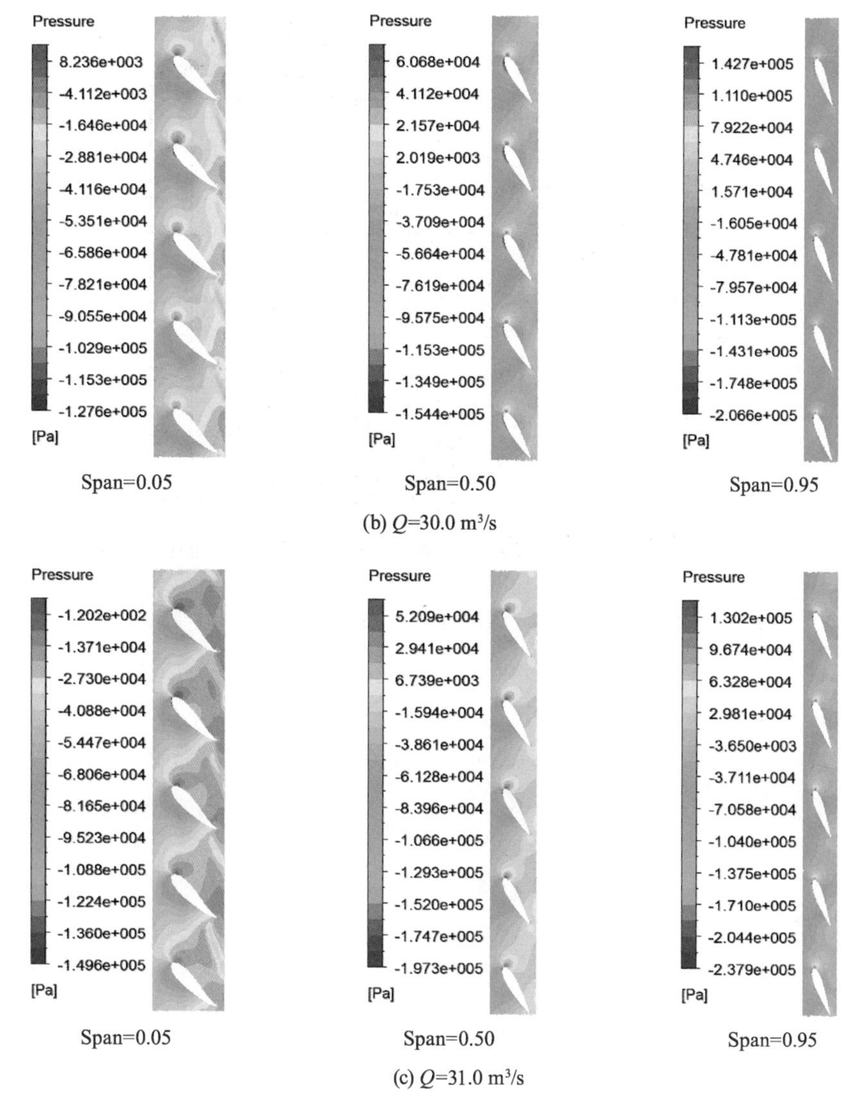

(b) Q=30.0 m³/s

(c) Q=31.0 m³/s

图 2-19　叶片压强分布云图

⑦ 模型试验

新开发的 SA6 水力模型在江苏航天水力设备有限公司的试验台上进行了装置模型试验，其装置模型综合特性曲线见图 2-20。

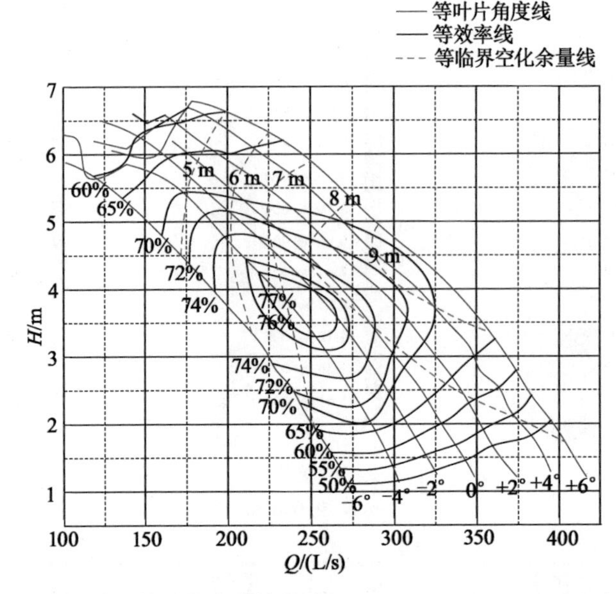

图 2-20 泵装置模型综合特性曲线(D=300 mm,n=1 291.7 r/min)

试验结果表明:

a. 在扬程 2.05 m 时,叶片安放角选择−4°,装置效率不低于 71%;在扬程 2.55 m 时,叶片安放角选择−6°,装置效率不低于 73%;在扬程 3.06 m 时,叶片安放角选择−6°,−4°或−2°,装置效率不低于 72%;在扬程 4.28 m 时,叶片安放角选择−6°,−4°,−2°,0°,+2°或+4°,装置效率不低于 70%。

b. 四种特征扬程工况下,满足原型流量达到 30 m^3/s 的叶片安放角为+4°和+6°。

c. 在扬程大于 5.5 m 时,水泵运行过程中会进入小流量工况,可能导致流态不稳和机组强烈振动,建议避免在非设计工况下运行。

d. 模型泵装置最大空化余量发生在叶片安放角为+6°时,临界空化余量为 9.46 m,对应扬程 H=2.55 m;在设计扬程 4.28 m 时,不同叶片安放角下临界空化余量范围为 6.40~8.56 m,满足淮阴站水泵现有安装高程要求。

e. 叶片安放角为−6°、扬程为 4.78 m 时,原型泵最大飞逸转速为 170.05 r/min(1.36 倍额定转速);叶片安放角为+6°、扬程为 4.78 m 时,原型泵最大飞逸转速为 140.17 r/min(1.12 倍额定转速);7 个不同叶片安放角下,最高扬程内的最大飞逸转速均未超过额定转速的 1.4 倍。

2.10 低扬程泵装置的结构型式

低扬程泵水力模型有多种型式，低扬程泵站进出水流道也有多种型式，它们之间的相互组合，构成了不同型式的低扬程泵装置(见图 2-21～图 2-32)。

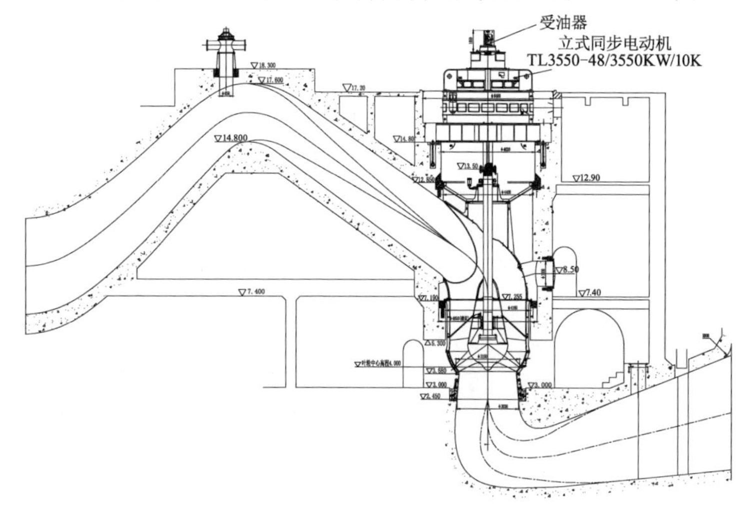

图 2-21 南水北调洪泽站泵站剖面图

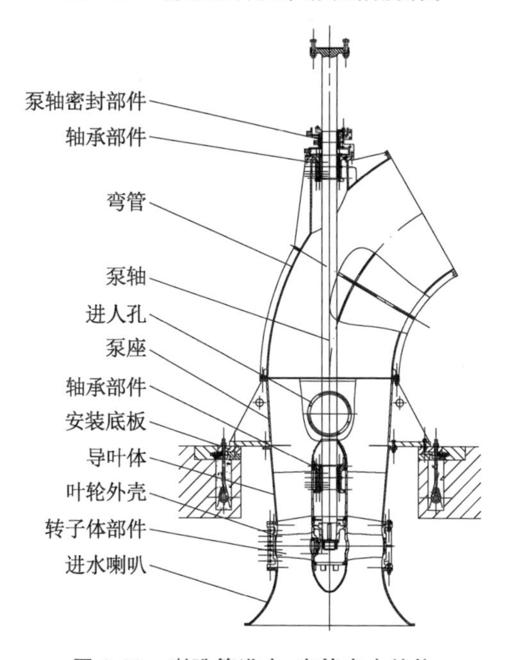

图 2-22 喇叭管进水、弯管出水结构

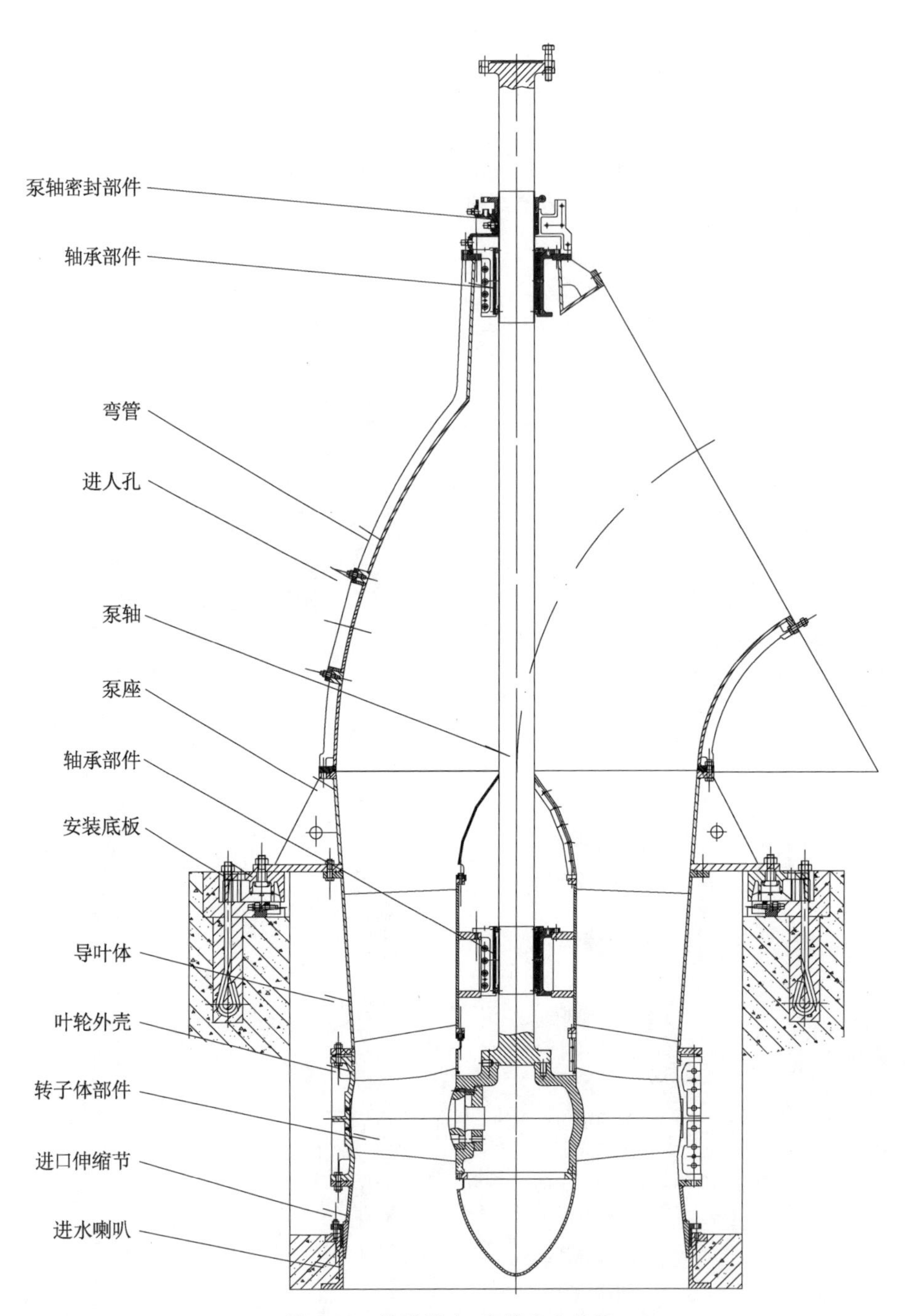

图 2-23　流道进水、弯管出水结构

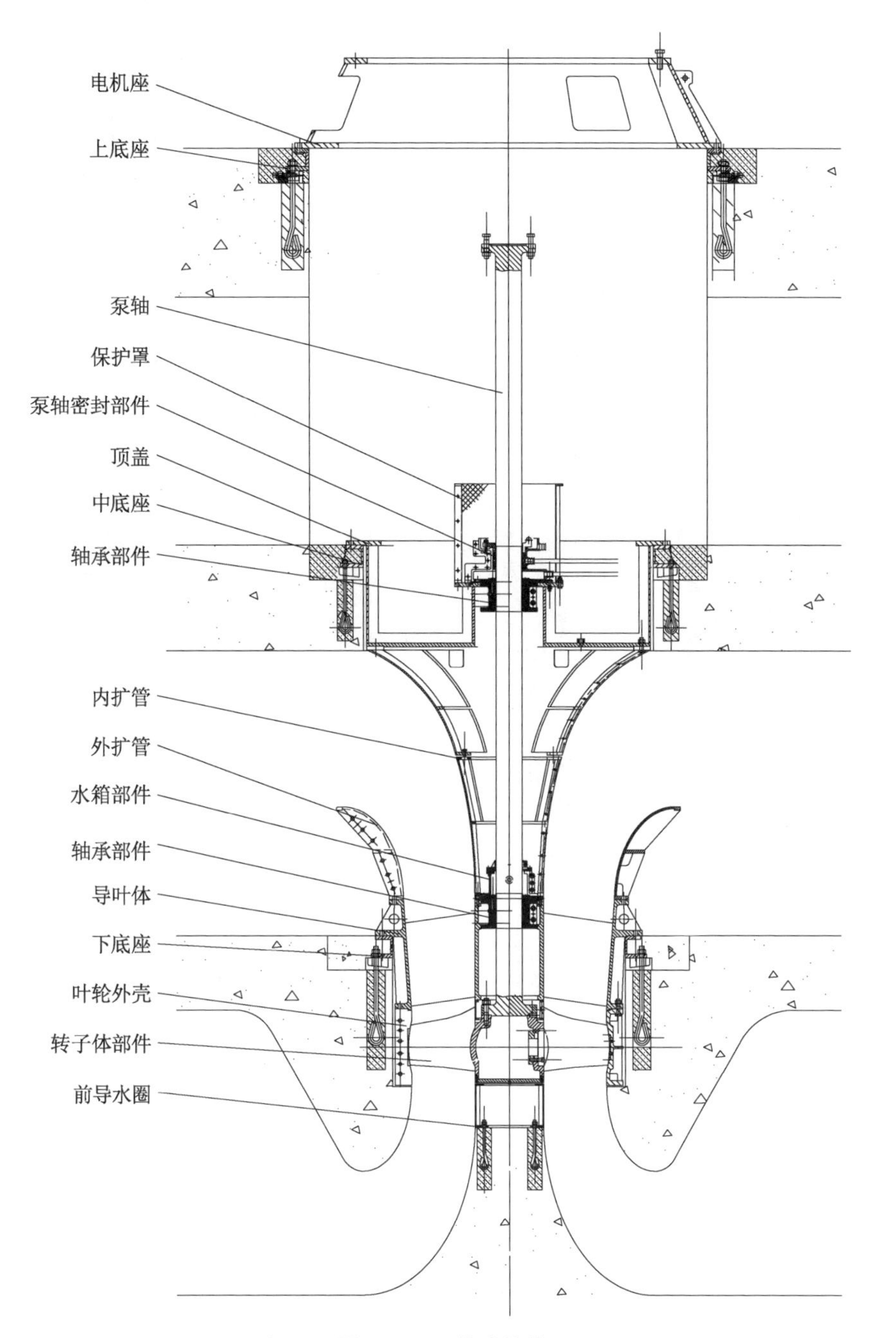
电机座
上底座
泵轴
保护罩
泵轴密封部件
顶盖
中底座
轴承部件
内扩管
外扩管
水箱部件
轴承部件
导叶体
下底座
叶轮外壳
转子体部件
前导水圈

图 2-24 开敞式结构

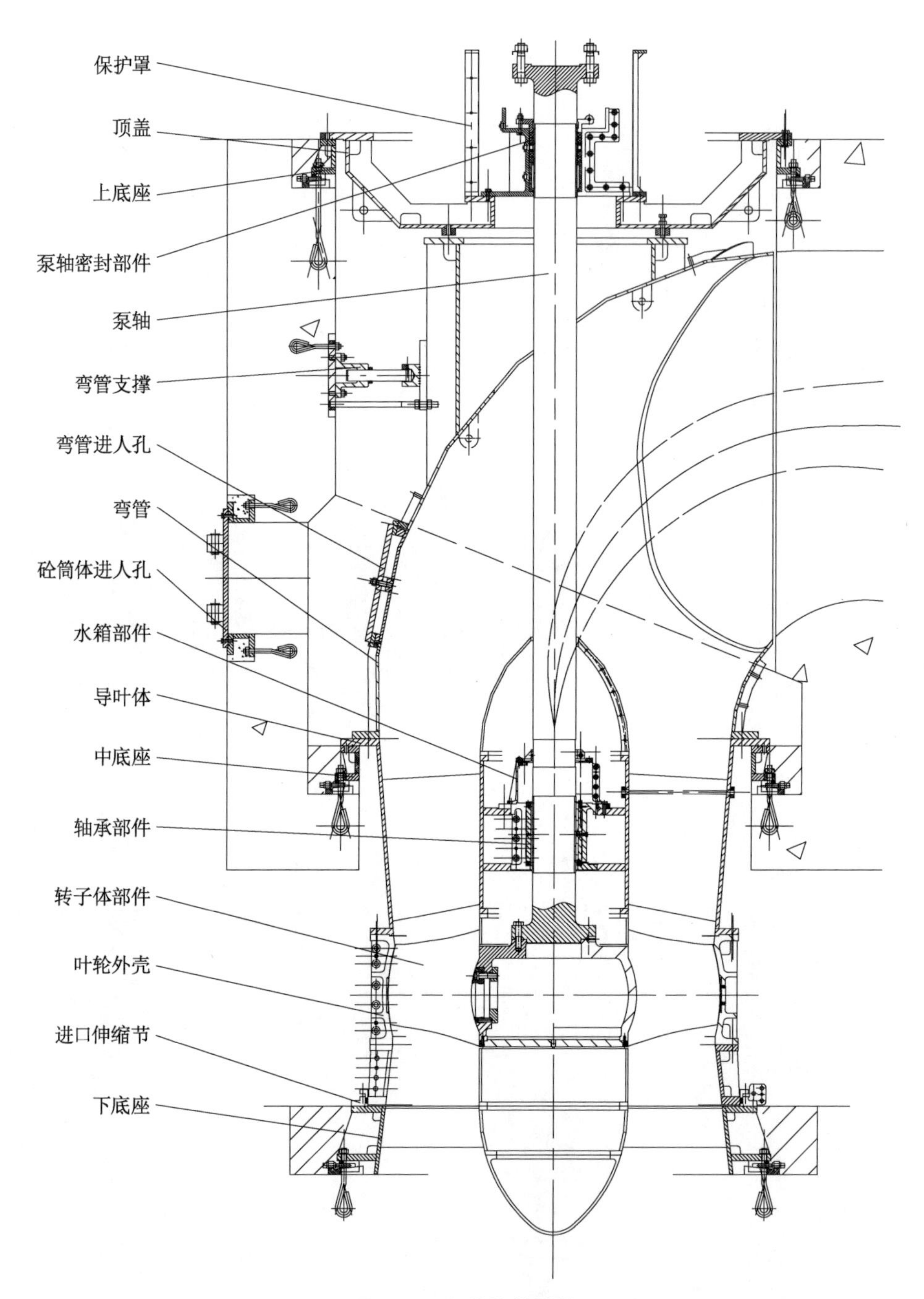
保护罩
顶盖
上底座
泵轴密封部件
泵轴
弯管支撑
弯管进人孔
弯管
砼筒体进人孔
水箱部件
导叶体
中底座
轴承部件
转子体部件
叶轮外壳
进口伸缩节
下底座

图 2-25 竖井筒体结构

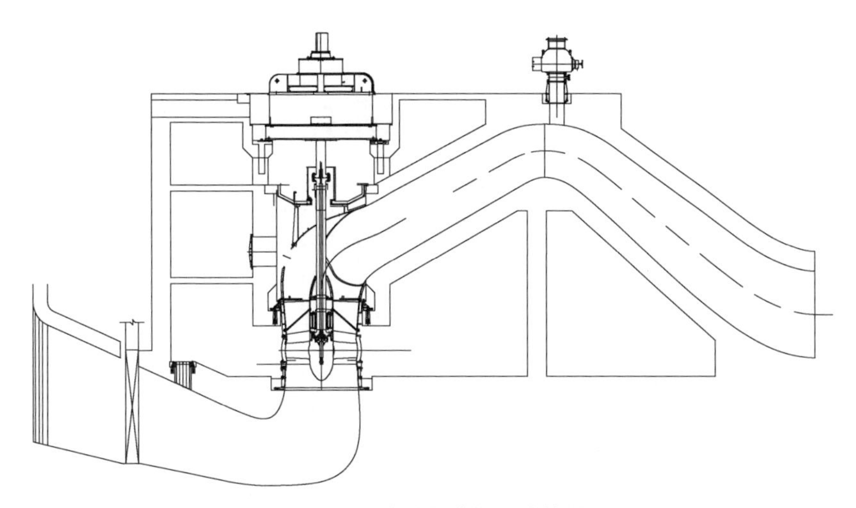

图 2-26　瓜洲泵站机组结构图

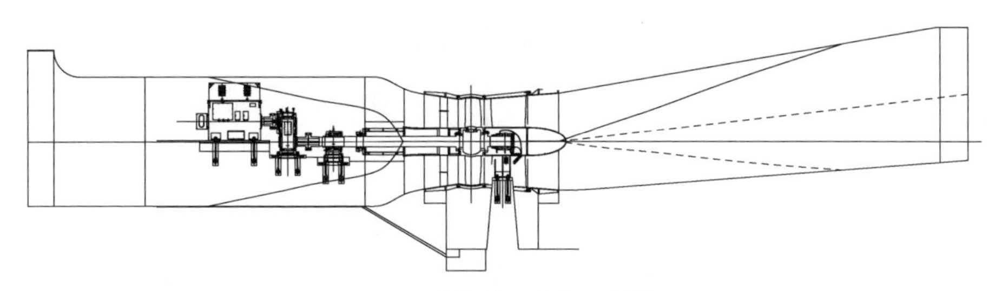

图 2-27　九圩港泵站机组结构图

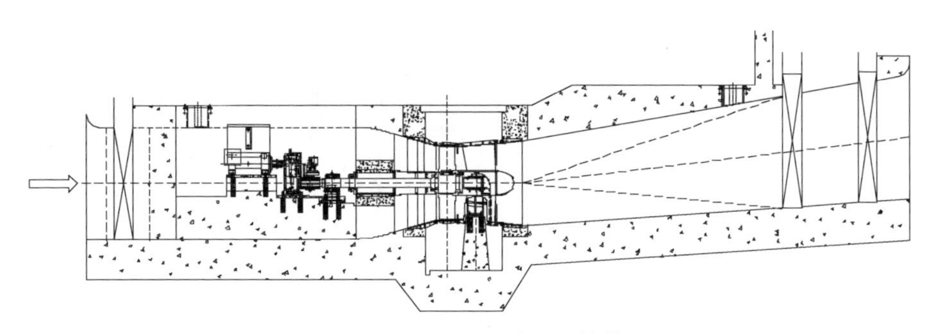

图 2-28　通吕运河泵站机组结构图

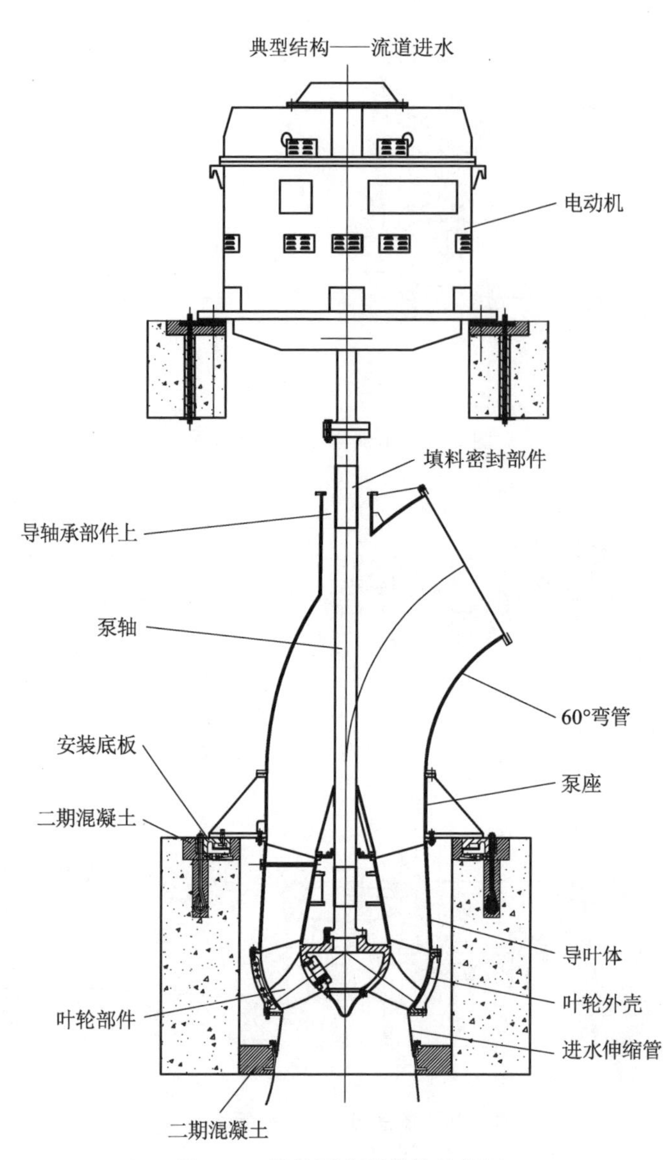

图 2-29 混流泵典型结构示意图

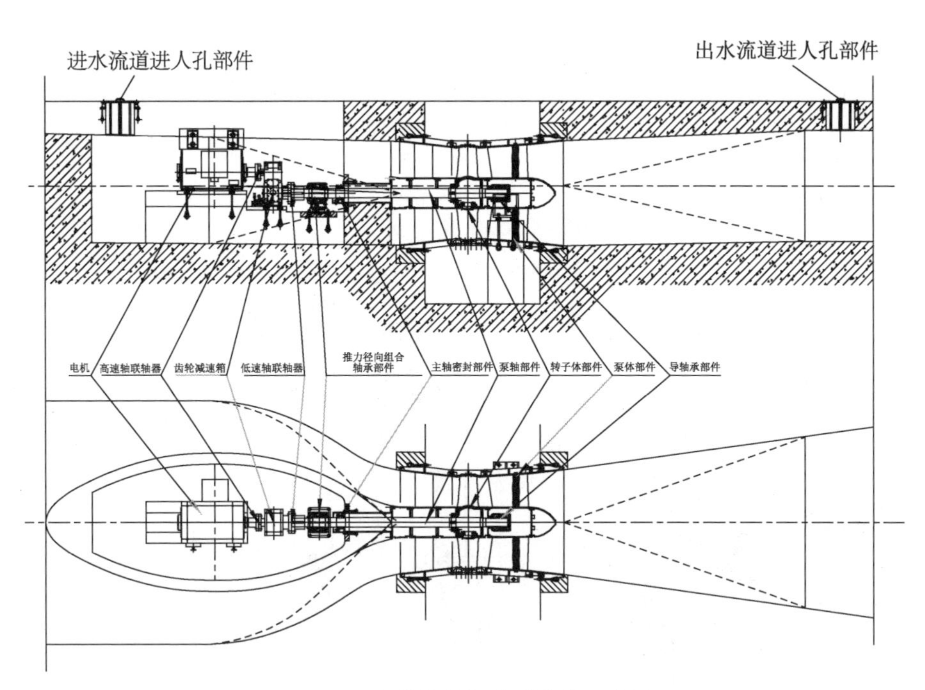

图 2-30　竖井贯流泵典型结构示意图

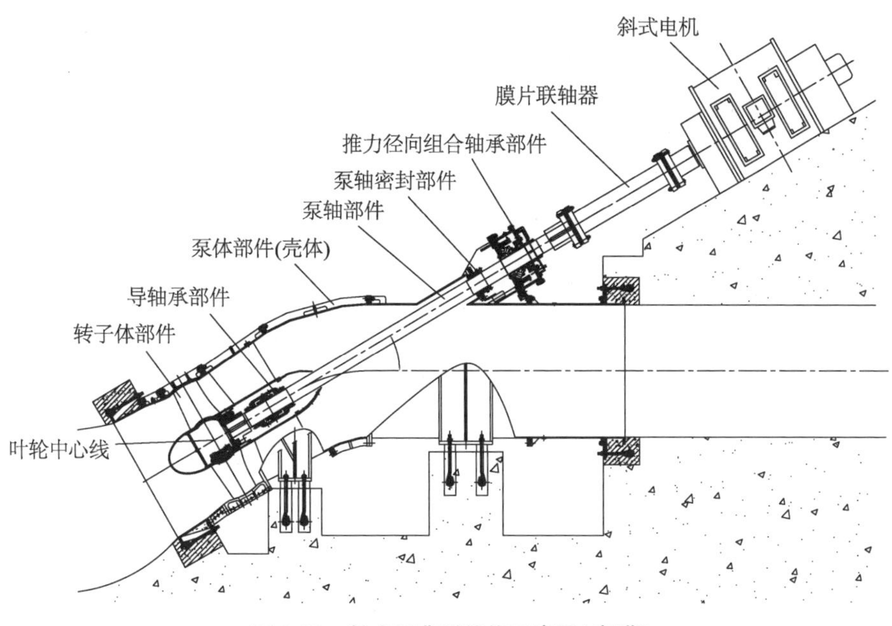

图 2-31　斜式泵典型结构示意图(直联)

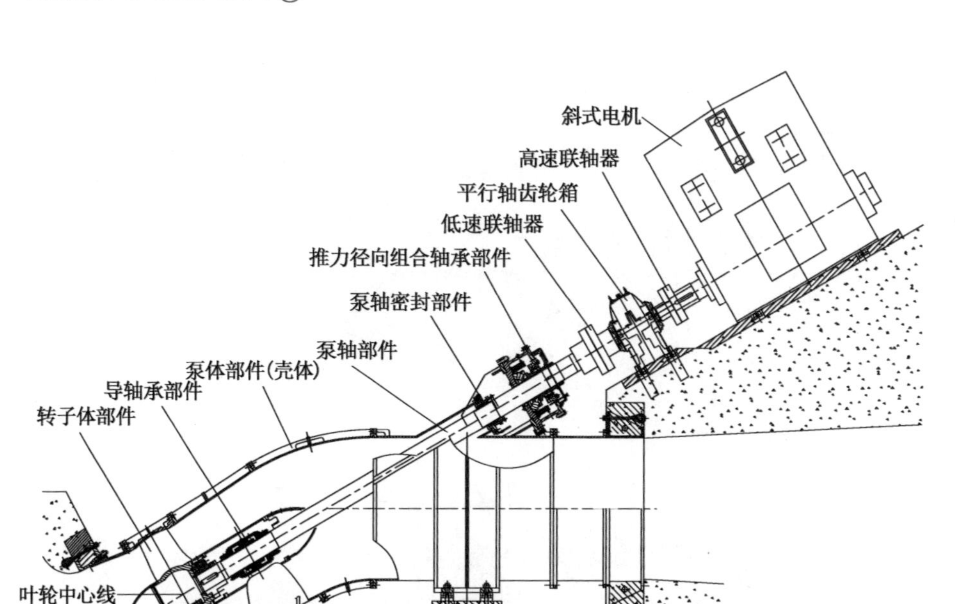

图 2-32 斜式泵典型结构示意图

3 低扬程泵装置的三维数值计算

3.1 水泵数值模拟计算方法

随着计算机技术以及计算流体力学(Computational Fluid Dynamics, CFD)等新学科的飞速发展,数值模拟和理论分析、试验研究一起构成了研究流体流动的重要方法。数值模拟以其自身的特性和独特的功能,逐渐成为研究泵站内部流动问题的主要手段。CFD 计算结果越来越多地被泵设计人员所使用,一方面可以节省试验的资源,另一方面它可以揭示不能从试验方法中得出的流动特性的细节。借助 CFD 技术可以得到泵站内任意位置的流动细节如速度、压力、能量损失、压力脉动、湍动量和漩涡等,从而可进行水泵的特性预测及性能优化。

3.2 泵站三维数值计算的数学模型

由于水流存在黏滞性,水流运动具有两种不同的型态,即层流和湍流。湍流流动是自然界常见的流动现象,在多数工程问题中流体的流动往往处于湍流流态,湍流特性在工程中占有重要地位。水泵内部水流流动的型态在绝大多数情况下都属于湍流,其雷诺数大于 10^4。纳维-斯托克斯方程(即 N-S 方程)是描述黏滞性流体的基本方程,不仅适用于层流,也适用于湍流。从数学的观点来看,求解湍流问题与求解层流问题并无本质上的差别,从理论上来说,运用数值计算的方法完全可以求解纳维-斯托克斯方程。但是,由于湍流运动单元远远小于流动区域的尺度,如果要用数值计算的方法求解湍流单元的运动要素,数值计算的网格必须比湍流单元的尺度更小,在三维情况下,为了覆盖流动区域所需要的网格将相当惊人,远远超过现代计算机的承受能力，并且由于网格数的增加，所需的计算时间是令人难以接受的。直接数值模拟方法目前仍只能限于一些低雷诺数的简单流动，不能用于工程实际问题。

湍流内部细节对于泵站工程并无十分重要的意义，因而可以运用湍流模型对湍流计算进行简化，即非直接数值模拟方法。非直接数值模拟方法，分为大涡模拟和雷诺平均法。雷诺平均法是目前针对湍流数值模拟使用最为广泛、最为全面的方法。雷诺平均法通过求解时均化的雷诺方程来进行数值计算，而不直接求解瞬时的 N－S 方程。因此，雷诺平均法绕开了直接数值模拟方法(DNS)大量重复计算的问题，对数值算法进行了有效的修正，提高了计算效率。不同的湍流模型有各自的优缺点，适用的范围也不同。目前泵站流动分析大多采用 $k-\varepsilon$，RNG $k-\varepsilon$ 和 SST $k-\omega$ 三种湍流模型。

3.3 数值计算方程的离散化

在对指定问题进行 CFD 计算之前，首先要将计算区域离散化，即对空间上连续的计算区域进行划分，把它划分成许多个子区域，并确定每个区域中的节点，从而生成网格。通过数值的方法把计算域内有限数量位置(即网格节点)上的因变量值当作基本未知量来处理，从而建立一组关于这些未知量的代数方程组，即建立离散方程组，然后在计算机上求解离散方程组，得到节点的解。而节点之间的近似解可以用插值法确定。一般认为，当网格节点很密时，离散方程的解将趋近于相应微分方程的精确解。

由于因变量在节点之间的分布假设及推导离散方程的方法不同，就形成了有限差分法(Finite Difference Method，FDM)、有限元法(Finite Element Method，FEM)和有限体积法(Finite Volume Method，FVM)等不同类型的离散化方法。下面介绍有限体积法。

有限体积法(FVM)的优点是计算效率高。它的基本思路是：将计算区域划分为网格，并使每个网格点周围有一个互不重复的控制体积；将待解的微分方程对每一个控制体积积分，从而得出一组离散方程。其中的未知数是网格点上的因变量 Φ，在寻求控制体积的积分时，必须假定 Φ 值在网格点之间的分布。从积分区域的选取方法来看，有限体积法属于加权余量法[当 n 有限时，定解方程存在偏差(余量)。取权函数，强迫余量在某种平均意义上为零。采用使余量的加权积分为零的等效积分的“弱”形式，来求得微分方程近似解的方法称为加权余量法]中的子域法；从未知解的近似方法来看，有限体积法属于采用局部近似的离散方法。在有限体积法中，插值函数只用于计算控制体积的积分，得出离散方程之后便可忽略插值函数；如果需要，可以对微分方程中的不同项采取不同的插值函数。

在使用有限体积法建立离散方程时，必须要将控制体积界面上的物理量及其导数通过节点物理量插值求出，引入插值方式的目的就是为了建立离散方程，不同插值方式对应于不同的离散结构，称之为离散格式。常用的插值方式可分为低阶离散格式和高阶离散格式。其中，中心差分格式(CDS)、一阶迎风格式(US)、混合格式(HS)、指数格式(ES)、乘方格式(PLS)为低阶离散格式，而二阶迎风格式(SUS)和 QUICK 格式则属于高阶离散格式。一般来说，低阶离散格式计算效率高，易收敛，但易引起精度差、假扩散，假扩散的存在会使数值解的结果偏离真解的程度加剧。而高阶离散格式可以消除或减轻数值计算中的假扩散。二阶迎风格式是通过上游最近一个节点值和另一个上游节点值来确定控制体积界面的物理量。在二阶迎风格式中，实际上只是对流项采用了二阶迎风格式，而扩散项仍采用中间差分格式。QUICK 格式是在扩散项采用中心差分格式的基础上增加了二阶迎风的修正项，使插值结果更准确。对于与流动方向对齐的结构网格而言，QUICK 格式将可产生比二阶迎风格式更精确的计算结果，因此，QUICK 格式是针对结构化网格，即二维问题中的四边形网格和三维问题中的六面体网格提出的，但是在 FLUENT 中，非结构网格计算可以使用 QUICK 格式选项。在非结构网格计算中，若选用 QUICK 格式，则非六面体(或四边形)边界点上的值使用二阶迎风格式计算。

3.4 流场数值解法

流场计算的基本过程是在空间上用有限体积法或其他类似方法将计算区域离散成许多小的体积单元，在每个体积单元上对离散后的控制方程组进行求解，这就产生了流场数值解法，其一般可分为分离式解法和耦合式解法两大类，各自又根据实际情况扩展成具体的计算方法，如图 3-1 所示。

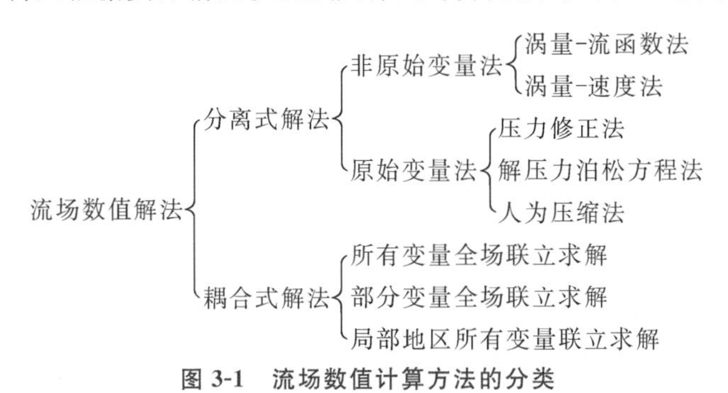

图 3-1 流场数值计算方法的分类

耦合式解法同时求解离散方程组，联立求解出各变量，其求解过程如下：

① 假定初始压力和速度等变量，确定离散方程的系数及常数项等；

② 联立求解连续方程、动量方程、能量方程；

③ 求解湍流方程及其他标量方程；

④ 判断当前时间步上的计算是否收敛。若不收敛，返回第二步，迭代计算；若收敛，重复上述步骤，计算下一时间步的物理量。

当计算中流体的密度、能量、动量等参数存在相互依赖关系时，采用耦合式解法具有很大优势，但是，耦合式解法计算效率较低、内存消耗较大。

分离式解法不是直接求解联立方程组，而是顺序地、逐个地求解各变量代数方程组。分离式解法中应用最广泛的是压力修正法，其求解过程基本如下：

① 假定初始压力场；

② 利用压力场求解动量方程，得到速度场；

③ 利用速度场求解连续方程，使压力场得到修正；

④ 根据需要，求解湍流方程及其他标量方程；

⑤ 判断当前时间步上的计算是否收敛。若不收敛，返回第二步，迭代计算；若收敛，重复上述步骤，计算下一时间步的物理量。

目前工程中使用最为广泛的是压力修正法，它的实质是迭代法。压力修正法有多种实现方式，其中，压力耦合方程组的半隐式方法（SIMPLE 算法）应用最为广泛，也是各种商用 CFD 软件普遍采纳的算法。

SIMPLE 意为“求解压力耦合方程组的半隐式方法”，是一种主要用于求解不可压流场的数值解法。它的核心是采用“猜测—修正”的过程，在交错网格的基础上来计算压力场，从而达到求解动量方程（N－S 方程）的目的。

SIMPLE 算法的计算步骤如图 3-2 所示。

SIMPLE 算法的基本思想可描述为：对于给定的压力场，求解离散形式的动量方程，得出速度场。由于此处压力场是假定的，这样得到的速度场一般不满足连续方程，因此必须对给定的压力场加以修正。修正的原则是：与修正后的压力场相对应的速度场能满足这一迭代层次上的连续方程。据此原则，把由动量方程的离散形式所规定的压力与速度的关系代入连续方程的离散形式，从而得到压力修正方程，由压力修正方程得到压力修正值，再根据压力修正值求出新的速度场，接着检查速度场是否收敛，若不收敛，则用修正后的压力值作为给定压力场进行下一次的迭代计算，如此反复，直至获得收敛的解。

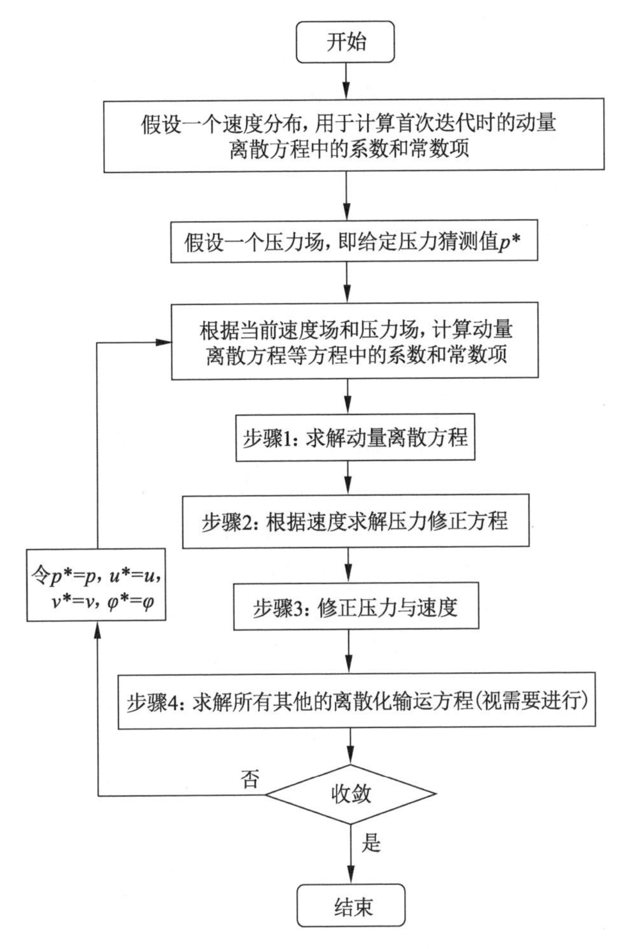

图 3-2　SIMPLE 算法流程图

SIMPLE 算法还有许多改进的算法，如 SIMPLER 和 SIMPLEC 算法等。SIMPLEC 是英文 SIMPLE Consistent 的缩写，意为协调一致的 SIMPLE 算法。它与 SIMPLE 算法的不同之处是在原式两边减去了 $\sum a_{nb}u'_{nb}$ 项，推导出新的速度修正方程和压力修正方程。这种算法计及了相邻点的影响，比完全不计相邻点的影响更为合理。这样做虽然增加了相邻点影响的计算量，但其良好的收敛性使迭代次数相比 SIMPLE 算法减少了，从而降低了总运算量。

3.5　边界条件

所谓边界条件，是指在求解域的边界上所求解的变量或其一阶导数随地点及时间变化的规律。通过给定合理的边界条件,计算出流场的解。常用的边界条件类型有流动(速度、压力、质量)进口边界、流动(速度、压力、质量)出口边界、壁面边界、对称边界和周期性边界等。

流动进口边界是指在进口边界上指定流动参数的情况。速度进口边界是在给定进口边界上指定速度的大小和方向,用于不可压流动。压力进口边界就是给定进口边界上的总压力。质量进口边界即规定进口的质量流量,进口边界上质量流量固定,而总压等可变,常用在可压流动中。

流动出口边界条件是指在指定出口位置给定流动参数,一般选在离几何扰动足够远的地方来施加。在这样的位置,流动是充分发展的,沿流动方向没什么变化。

壁面边界是流动问题中最常用的边界。在壁面边界上离散控制方程时,除压力修正方程外,各离散方程的源项需要作特殊处理。对于层流和湍流两种流态,离散方程的源项是不同的。对于层流流动,流动相对比较简单,而对于湍流流动,就需要区分近壁面流动和湍流核心区流动。壁面函数法是一种用半经验公式将自由流中的湍流与壁面附近的流动连接起来的壁面流动求解方法。壁面函数法的基本思想是:对于湍流核心区的流动使用已选用的模型求解,在壁面区不进行求解,直接使用半经验公式将壁面上的物理量与湍流核心区内的求解变量联系起来。它需要把第一个节点布置在对流层,第一个节点的值由公式确定,这样不需要对壁面内流动进行求解就可以得到与壁面相邻控制体积的节点变量。

紊流模型不适用于壁面边界层内的流动,所以对壁面需进行处理才能保证模拟的精度。泵装置的进出水流道、叶轮的轮毂、外壳及导叶体均设置为静止壁面,应用无滑移条件,近壁区采用壁面函数。

3.6 模型建立及网格划分

3.6.1 GAMBIT 简介

GAMBIT 软件是面向 CFD 的专业前处理器软件,它包含全面的几何建模能力,既可以在 GAMBIT 内直接建立点、线、面、体几何,也可以从主流的 CAD/CAE 系统如 PRO/E, UGII, IDEAS, CATIA, SOLIDWORKS, ANSYS,PATRAN 等导入几何和网格,GAMBIT 强大的布尔运算能力为建立复杂的几何模型提供了极大的方便。GAMBIT 具有灵活方便的几何修正功能,当从接口中导入几何时会自动地合并重合的点、线、面;GAMBIT 在保证原始几何精度的基础上通过虚拟几何自动地缝合小缝隙，这样既可以保证几何精度，又可以满足网格划分的需要。GAMBIT 功能强大的网格划分工具，可以划分出包含边界层等 CFD 特殊要求的高质量的网格。GAMBIT 中专有的网格划分算法可以保证在较为复杂的几何区域可以直接划分出高质量的六面体网格。GAMBIT 中的 TGRID 方法可以在极其复杂的几何区域中划分出与相邻区域网格连续的完全非结构化的网格，GAMBIT 网格划分方法的选择完全是智能化的，当选择一个几何区域后，GAMBIT 会自动选择最合适的网格划分算法，使网格划分过程变得极为容易。GAMBIT 可以生成 FLUENT 5，FLUENT 4.5，FIDAP，POLYFLOW，NEKTON，ANSYS 等求解器所需要的网格。

3.6.2　网格划分

网格是 CFD 模型的几何表达形式，也是模拟与分析的载体，网格质量对 CFD 计算精度、计算效率及收敛性有重要的影响。各种生成网格的方法在一定条件下都有其优越性和弱点，各种求解流场的算法也各有其适应范围。

(1) 网格类型

网格分为结构化网格、非结构化网格和混合网格三大类。结构化网格是指网格节点之间的连接规则、有序且稳定不变，除边界节点外，所有内部节点周围的网格数目相同，即当给出一个节点的编号后，可立即得到相邻节点的编号。结构化网格利用自身的几何体形状规则的特点，在计算过程中组织较为方便。结构化网格具有实现容易、生成速度快、网格质量好、数据结构简单等优点，但缺点是不能实现复杂边界区域的离散。非结构化网格是指节点以一种不规则的方式分布在流场中，其内部节点之间与单元之间的连接及编号均为无序且无规则可循，各节点周围的网格数目不尽相同。简单来说，就是节点位置无法用一个固定的法则予以有序地命名。正是这些特点导致非结构化网格具有储存信息量大的优点，虽然网格生成过程比较复杂，但却具有极大的适应性，对复杂边界的流场计算问题特别有效。混合网格是结构化网格与非结构化网格的混合。

(2) 网格单元的分类

单元是构成网格的基本元素。在结构网格中，常用的二维网格单元是四边形单元，三维网格单元是六面体单元。而在非结构网格中，常用的二维网格单元还有三角形单元，三维网格单元还有四面体单元和五面体单元，其中五面体单元还分为棱锥形单元和金字塔形单元等。

常用网格单元结构见图 3-3 和图 3-4。

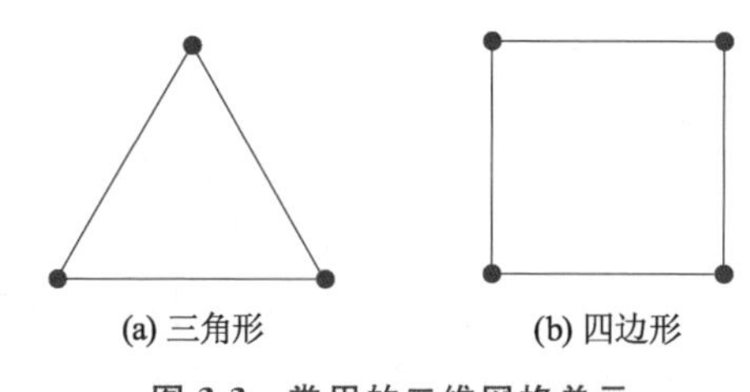

图 3-3 常用的二维网格单元

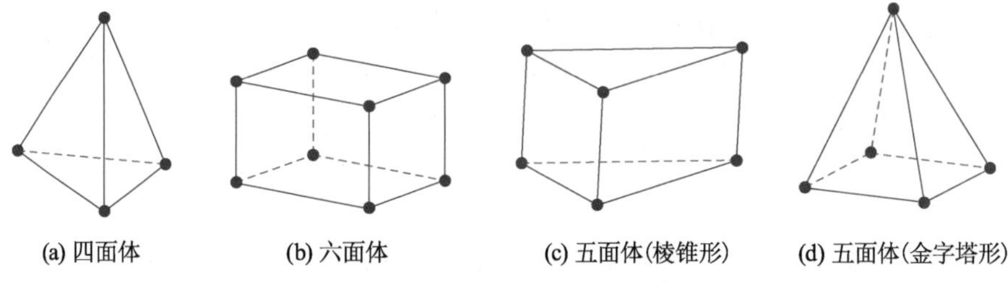

图 3-4 常用的三维网格单元

(3) 网格生成的技术和方法

网格生成技术的基本思想是根据求解物理问题的特征,构造合适的网格布局,且将原物理坐标的基本方程变换到计算坐标内的网格上进行求解,以提高计算精度。

结构化网格生成方法主要分为两种:单块结构网格生成和分区结构网格生成。对于简单的形体,单块结构网格生成方法比较适用,其主要包括代数方法、保角变换方法(仅适用于二维问题)、微分方程法和变分原理方法。对于外形复杂或由多块组成的形体,如果能够划分成结构化网格,则分区结构网格生成方法比较适用,它的基本思想就是根据整体外形的特点,先将整个计算域分成若干个子域,然后在每个子域内分别生成网格并进行计算,各子域间的信息传递通过边界处的耦合条件来实现。

非结构化网格的生成方法,可以根据应用领域的不同分为应用于差分法的网格生成技术和应用于有限元方法中的网格生成技术。前者目前从技术角度实现困难一些,后者比较容易实现。基于有限元方法的网格生成技术主要包括四叉树/八叉树方法、Delaunay 方法和阵面推进法。

常用的网格生成软件有 Gridgen, Gambit, ICEM-CFD, Hypermesh 和 TGrid 等。

在 ICEM-CFD 中生成四面体网格需要设定 Mesh Type(网格类型)为 Tetra/Mixed。Tetra/Mixed 是一种广泛应用的非结构化网格类型,在默认情况下自动生成四面体网格(Tetra),通过设定可以创建三棱柱边界层(Prism),

也可以在计算域内部生成以六面体单元为主的体网格(Hexcore),或者生成既包含边界层又包含六面体单元的网格。

ICEM-CFD具有多种四面体网格生成方法,Mesh Method(网格生成方法)主要有以下几种可供选择:

① Robust(Octree):此方法使用八叉树方法生成四面体网格,是一种自上而下的网格生成方法,即先生成体网格,然后生成面网格。对于复杂模型,不需要花费大量时间用于几何修补和面网格的生成。

② Quick(Delaunay):适用于Tetra/Mixed网格类型,此方法生成四面体网格是一种自下而上的网格生成方法,即先生成面网格,然后生成体网格。

③ Smooth(Advancing Front):适用于Tetra/Mixed网格类型,此方法生成四面体网格是一种自下而上的网格生成方法,即先生成面网格,然后生成体网格。与Quick方法不同的是,近壁面网格尺寸变化平缓,对初始的面网格质量要求较高。

④ TGrid:适用于Tetra/Mixed网格类型,此方法生成四面体网格是一种自下而上的网格生成方法,能够使近壁面网格尺寸变化平缓。

3.7 淮安一站水泵三维数值计算

3.7.1 工程基本参数

淮安一站水泵叶轮直径1 640 mm,转速250 r/min,单泵设计流量11.2 m^3/s。泵站特征参数见表3-1。

表3-1 泵站特征参数 m

工作情况		下游水位	上游水位	净扬程
灌溉期	最高扬程	4.52	9.97	5.45
	设计扬程	5.60	9.70	4.10
	最低扬程	6.50	8.50	2.00
排涝期	最高扬程	4.53	11.20	6.67
	设计扬程	4.63	9.52	4.89
	最低扬程	6.74	8.50	1.76

3.7.2 三维建模与网格划分

本次计算选择TJ04-ZL-02水力模型作为淮安一站泵装置的水力

模型。

淮安一站泵装置包括进水流道、出水流道、导水帽、叶轮、导叶五个计算域。其中，叶轮与导叶在 TurboGrid 中对 TJ04－ZL－02 水力模型进行三维建模与结构网格划分；进水流道、出水流道、导水帽在 Creo 3.0 中进行三维建模。为了能够画出高质量的结构网格，将出水流道分解为弯管段（内含水泵主轴）与直管段，进水流道、出水流道、导水帽均在 ICEM-CFD 中完成网格划分，弯管段划分为四面体非结构网格，其余均为结构网格。经过网格无关性分析，最终确定整个计算域的网格总数为 8 763 152。各计算域网格如图 3-5 所示。

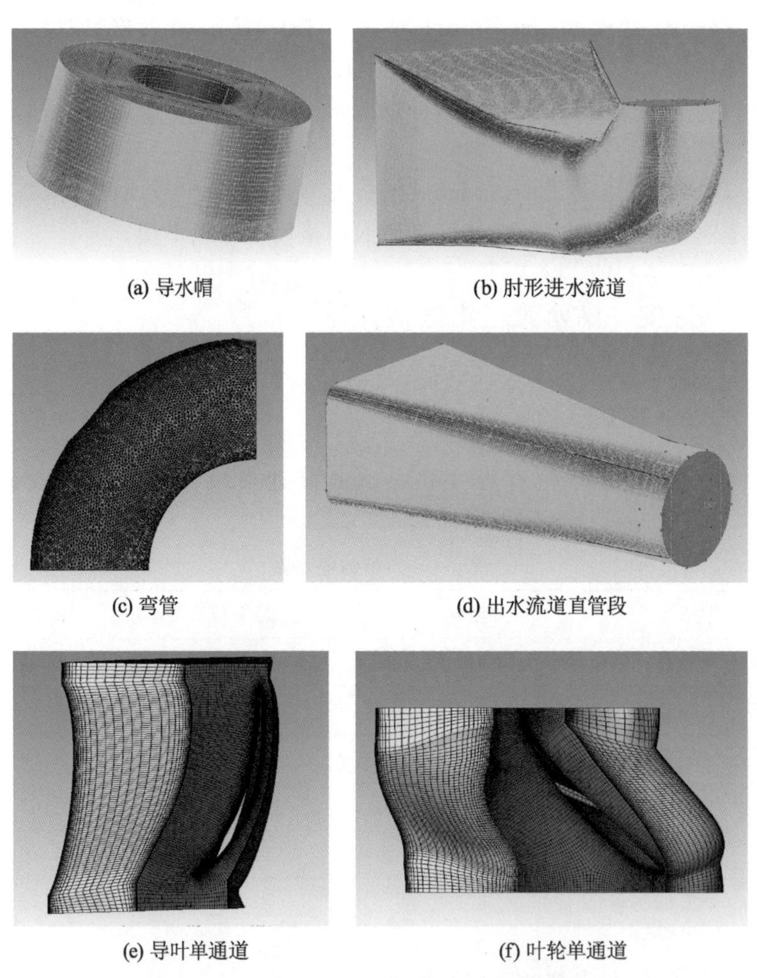

(a) 导水帽　(b) 肘形进水流道

(c) 弯管　(d) 出水流道直管段

(e) 导叶单通道　(f) 叶轮单通道

图 3-5　淮安一站泵装置各计算域网格划分

淮安一站泵装置三维图如图 3-6 所示。

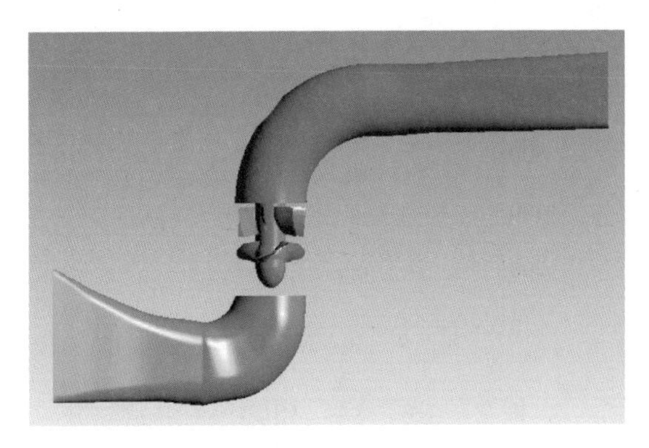

图 3-6　淮安一站泵装置三维图

3.7.3　边界条件

进口边界采用质量流量(Mass Flow Rate)边界条件。出口边界采用自由出流(Opening Outlet)边界条件。固体表面上满足黏性流体的无滑移条件，因此，在近壁面区域上采用标准壁面函数的边界条件。

动-静、静-静计算区域的交界面上均采用 GGI 的网格拼接技术。

数值模拟软件是 ANSYS CFX。叶顶间隙 1.09 mm，叶根间隙 1.09 mm。

3.7.4　CFD 数值模拟分析

(1) 泵装置的能量特性

不同叶片安放角下泵装置的能量特性如图 3-7 所示。

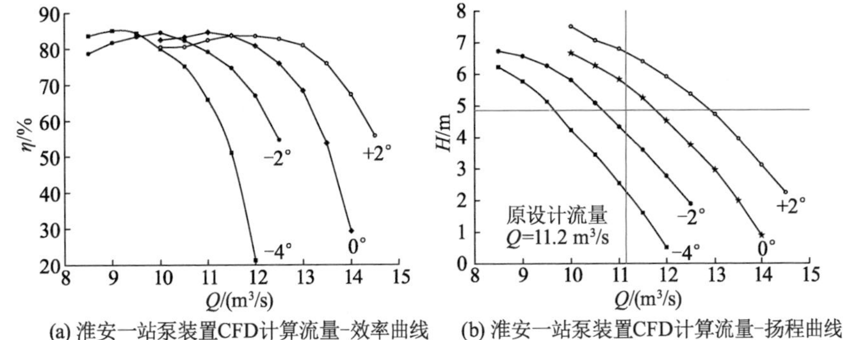

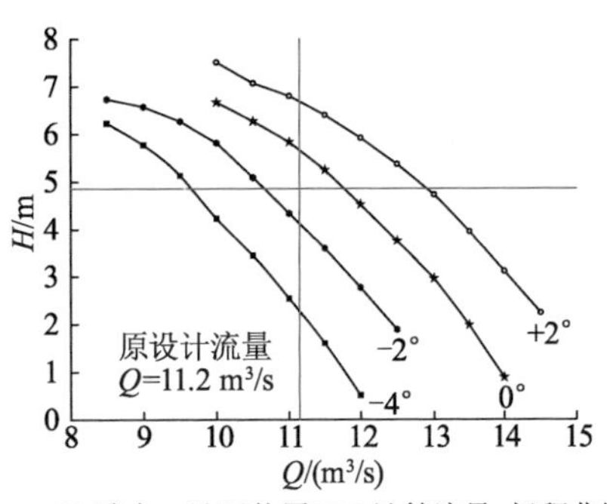

(a) 淮安一站泵装置CFD计算流量-效率曲线　(b) 淮安一站泵装置CFD计算流量-扬程曲线

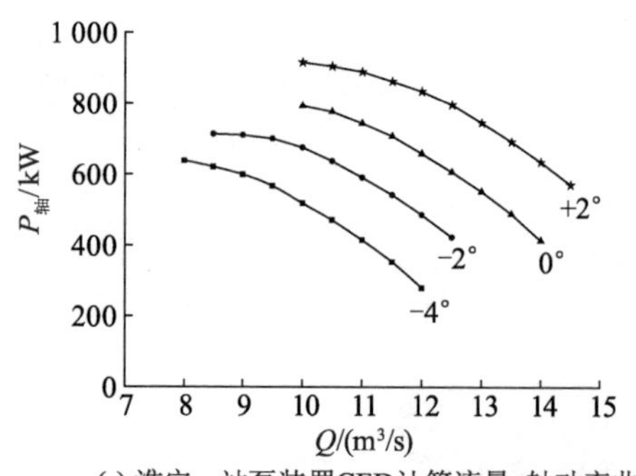

(c) 淮安一站泵装置CFD计算流量-轴功率曲线

图 3-7 不同叶片安放角下淮安一站泵装置的能量特性

从图 3-7 中可以看出:选用 TJ04－ZL－02 水力模型后,设计扬程(4.89 m)下泵装置的流量满足要求。设计工况点附近泵装置的效率均在 80%以上。从流量-扬程曲线上可以看出当泵装置在最高扬程(6.67 m)时,+2°的扬程曲线处于马鞍区,这就意味着在最高扬程运行时机组有可能进入不稳定区。−4°,−2°,0°的流量-扬程曲线虽然在计算时未计算到马鞍区,但从曲线上可以发现扬程随流量变化的趋势已经符合了马鞍区的流量-扬程变化规律,因此该泵装置在运行时应避免在高扬程工况下运行。淮安一站配有额定功率 1 000 kW 的同步电机,从流量-轴功率曲线上可以看出泵装置基本都在安全范围之内;但+2°高扬程时轴功率达到了 916.17 kW,机组有超功率的风险,因此泵装置在实际运行时应避免在+2°时运行。

(2) 进水流道水力性能分析

表 3-2 为叶片安放角为 0°时进水流道出水断面轴向速度分布均匀度与速度加权平均角。

表 3-2 轴向速度分布均匀度与速度加权平均角

流量/(m^3/s)	轴向速度分布均匀度/%	速度加权平均角/(°)
11.00	80.220	78.131
11.50	79.940	78.250
12.00	79.838	78.292
12.50	79.740	78.337
13.00	79.615	78.391
13.50	79.501	78.440
14.00	79.423	78.471

从表 3-2 中可以发现：淮安一站进水流道的水力性能不太理想，轴向速度分布均匀度与速度加权平均角的值均低于新建的泵站（南水北调东线新建的泵站肘形流道的轴向速度分布均匀度的值可达 90%以上）。轴向速度分布均匀度与速度加权平均角的变化规律符合肘形流道的一般规律。

（3）出水流道水力损失比

图 3-8 为叶片安放角为 0°时出水流道与平直管的水力损失比。

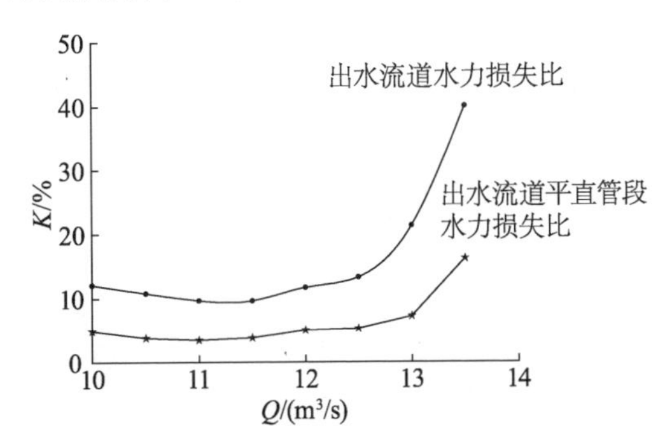

图 3-8　出水流道与平直管的水力损失比

从图 3-8 中可以看出：出水流道与平直管的水力损失比的变化总体趋势是随着流量的增加而增加，但中间有部分局域并不符合这一大趋势，这主要是由出水流道水力损失中的环量损失造成的；沿程损失与局部损失具有一般规律，而环量损失则与泵装置的运行工况密切相关，环量损失的不确定性造成了出水流道水力损失比的不规则波动（但大趋势是随着流量的增加而增加）。总体上看，出水流道水力损失比与平直管水力损失比的趋势完全一致；两者的水力损失比较为理想。

（4）泵装置内流态分析

图 3-9 为叶片安放角为 0°时淮安一站泵装置的内流场的流线图。

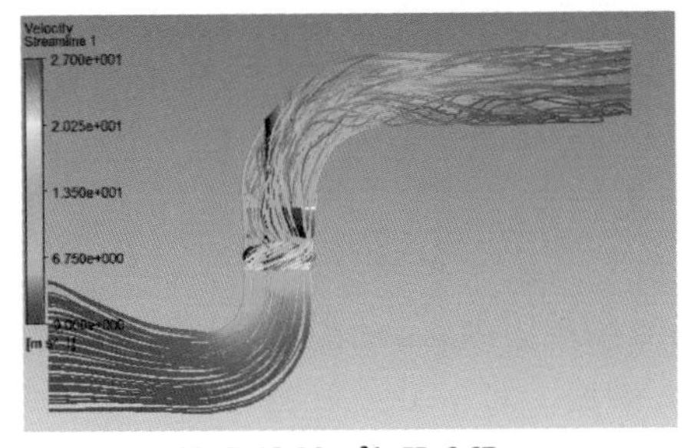

(a) Q=10.00 m³/s,H=6.67 m

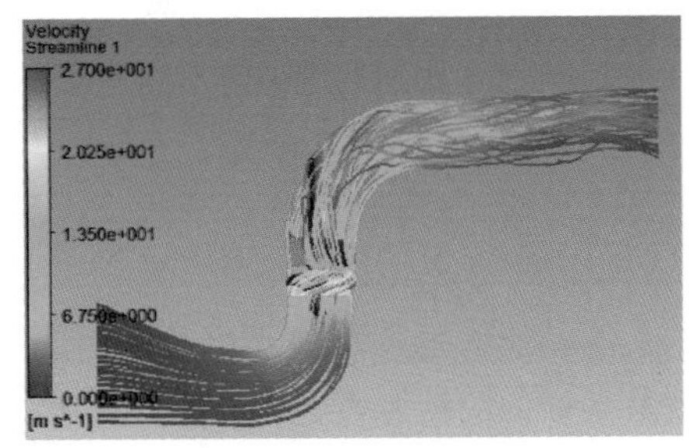

(b) Q=10.50 m³/s,H=6.27 m

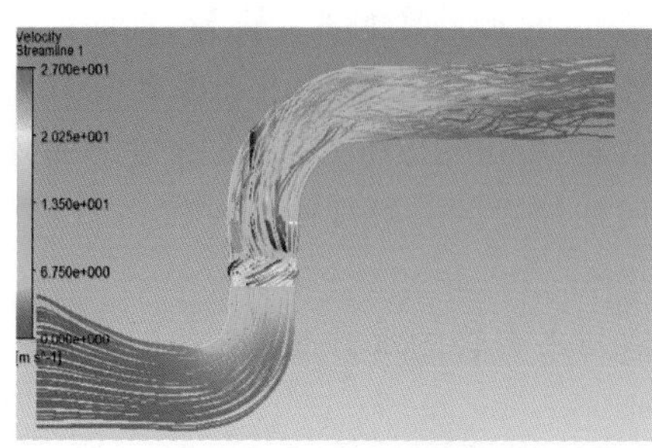

(c) Q=11.00 m³/s,H=5.84 m

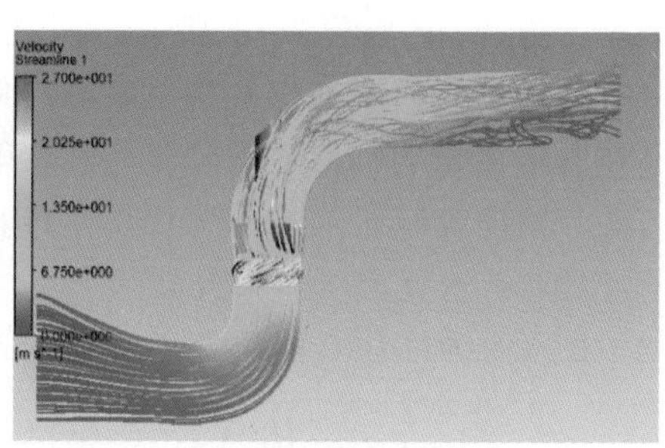

(d) Q=11.50 m³/s,H=5.25 m

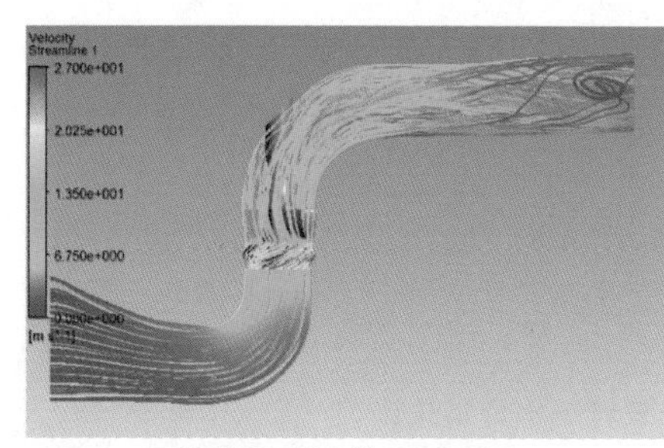

(e) Q=12.00 m³/s,H=4.52 m

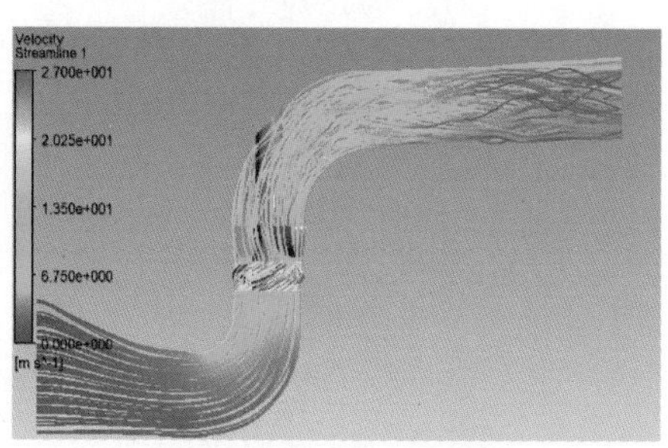

(f) Q=12.50 m³/s,H=3.75 m

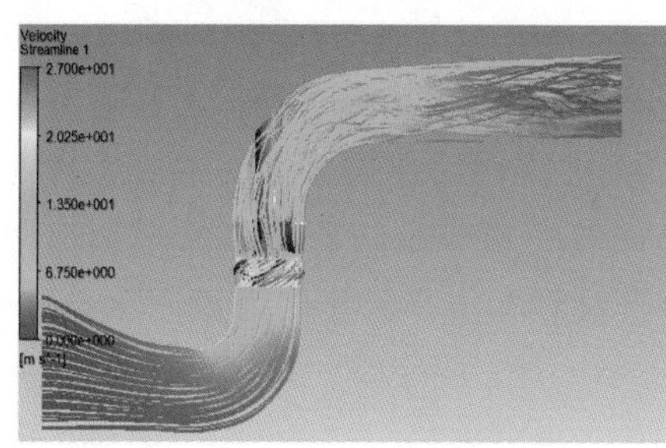

(g) Q=13.00 m³/s,H=2.96 m

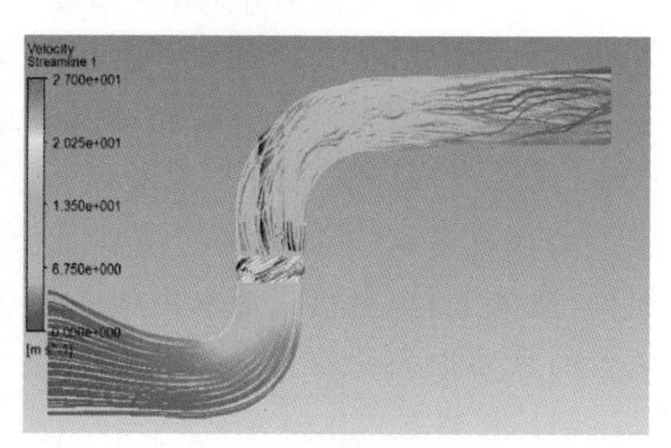

(h) Q=13.50 m³/s,H=1.98 m

图 3-9　泵装置流线图

从图 3-9 中可以看出:不同流量下,泵装置的内流场流态较好,未发现明显的脱流、漩涡等不良流态;大流量工况时,在弯管内壁转弯处易产生脱流;设计工况附近时,泵装置整个流道内的流态较好。

(5) 弯管处湍动能分析

湍动能的强度反映了泵装置内流场的湍流强度,湍动能过大的直接影响就是某处的湍流强度过大,容易引起水力激振。对于采用弯直管式出水流道的立式轴流泵站而言,弯管处极易产生脱流,因此有必要对弯管处的湍动能进行分析。图 3-10 为弯管处的湍动能分布。

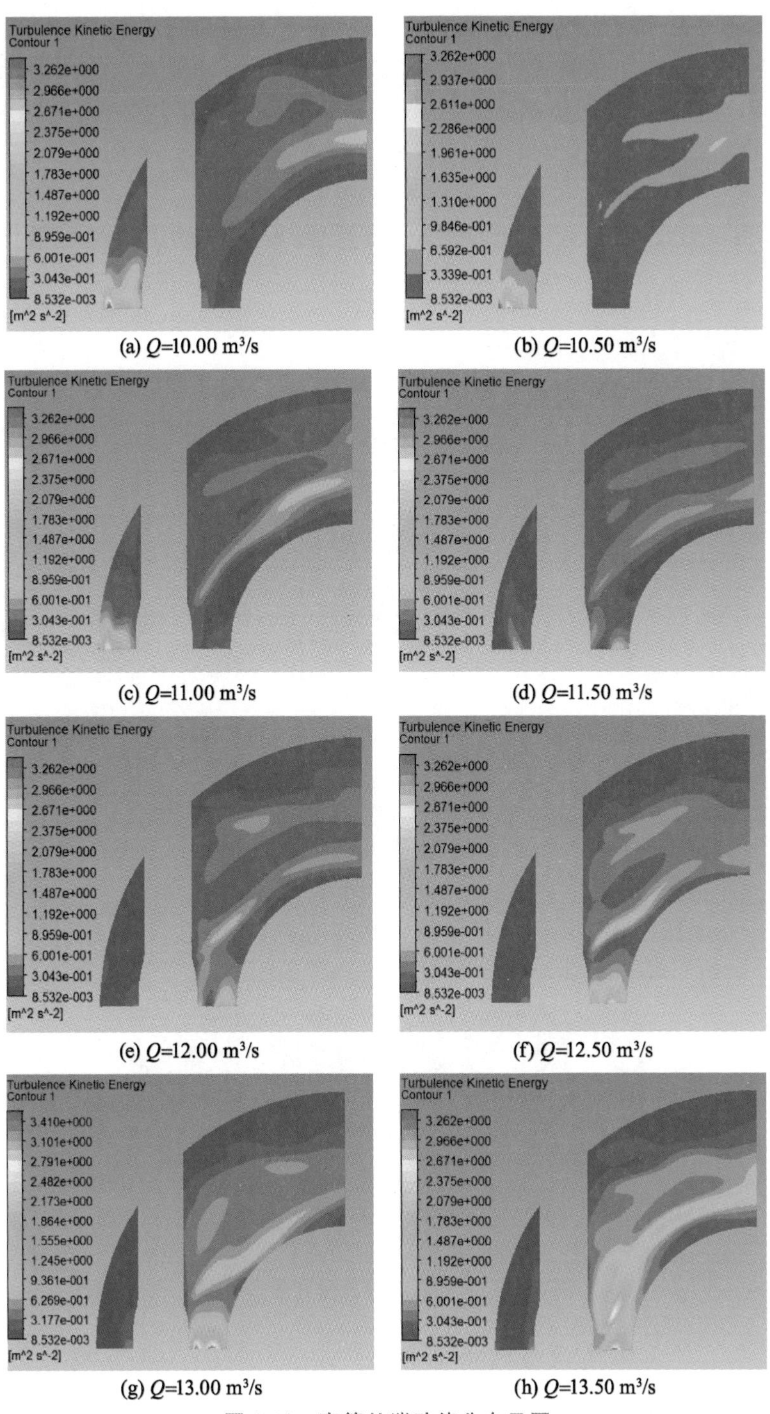

(a) Q=10.00 m³/s (b) Q=10.50 m³/s

(c) Q=11.00 m³/s (d) Q=11.50 m³/s

(e) Q=12.00 m³/s (f) Q=12.50 m³/s

(g) Q=13.00 m³/s (h) Q=13.50 m³/s

图 3-10 弯管处湍动能分布云图

从图 3-10 中可以发现：设计工况附近时，弯管处的湍动能分布较为均匀，且湍动能值较低，此时弯管处的内部流动较为良好；当泵装置运行在大流量工况时，弯管内壁处的湍动能值明显上升，且存在分布不均匀性，此时泵装置极易引发水力激振。总体上看，弯管处的湍动能分布较为理想。

3.8 江苏省新孟河延伸拓浚工程界牌泵站水动力特性数值计算

3.8.1 工程基本参数

泵站特征参数见表 3-3。

表 3-3 泵站特征参数

运行工况	特征参数	净扬程/m
引水工况	最低扬程	0
	设计扬程	1.16
	最高扬程	3.47
排水工况	最低扬程	0
	设计扬程	2.75
	最高扬程	3.33

利用 ANSYS CFX 对该泵站原型机组进行三维全流场数值计算。该泵站采用 ZM25 水力模型，叶轮直径 3 450 mm，额定转速 100 r/min，计算时考虑 1.50 mm 的叶顶间隙。计算区域包括进水流道、喇叭管、叶轮、导叶、出水流道。泵站三维图如图 3-11 所示。

图 3-11 双向立式轴流泵装置三维图

3.8.2 三维建模与网格划分

进水流道、出水流道、喇叭管均在 Creo 3.0 中进行三维建模。出水流道在 ICEM-CFD 中进行结构网格划分；进水流道与喇叭管结构较为复杂，在 ICEM-CFD 中采用正交性、适应性较好的六面体核心非结构网格划分。叶轮与导叶均在 ANSYS-TurboGrid 中进行三维建模与结构网格划分，ZM25 水力模型(叶片安放角为−3°)三维图如图 3-12 所示。经过网格无关性分析，最终确定整个计算域网格总数为 9 117 300。

(a) 叶轮

(b) 导叶

图 3-12　ZM25 水力模型三维图

3.8.3　边界条件

进口边界采用质量流量(Mass Flow Rate)边界条件。出口边界采用自由出流(Opening Outlet)边界条件。固体表面上满足黏性流体的无滑移条件，因此，在近壁面区域上采用标准壁面函数的边界条件。

动-静、静-静计算区域的交界面上均采用 GGI 的网格拼接技术。

3.8.4　数值计算值与模型试验值对比

为了验证 ANSYS CFX 数值模拟的准确性，将模型试验结果换算至原型并与数值计算结果进行对比。对比结果如图 3-13 所示。

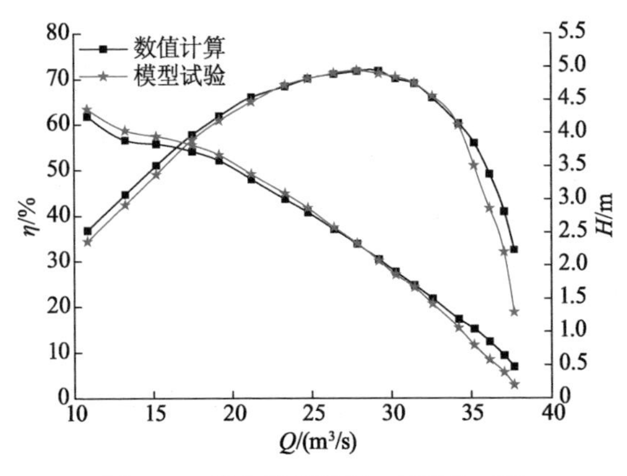

图 3-13　数值模拟结果与试验值对比

对比结果表明：在设计工况附近时，泵装置效率、扬程数值模拟结果与试验值之间的相对误差均小于 1%。在偏离设计工况时，由于流态紊乱等因素的影响，数值模拟的结果与试验值偏差较大，但总体趋势与试验值相一致。ANSYS CFX 数值模拟的结果对该特低扬程双向立式轴流泵装置性能的预测准确、可靠。

3.8.5 数值计算结果分析

(1) 轴向速度分布均匀度与速度加权平均角

轴向速度分布均匀度与速度加权平均角计算断面为进水流道与叶轮室交接处(距离叶轮中心 0.133D)，轴向速度分布均匀度与速度加权平均角计算公式如下：

$$V_{u+} = \left[1 - \frac{1}{\bar{v}_a}\sqrt{\frac{\sum_{i=1}^{N}(v_{ai} - \bar{v}_a)^2}{m}}\right] \times 100\%$$

$$\bar{\theta} = \frac{\sum_{i=1}^{N}\left(90° - \arctan\frac{v_{Li}}{v_{ai}}\right)v_{ai}}{\sum_{i=1}^{N}v_{ai}}$$

式中：$\bar{v}_a$ 为出口断面轴向速度算术平均值；v_{ai} 为出口断面第 i 个网格节点的轴向速度；v_{Li} 为出口断面第 i 个网格节点的横向速度。

轴向速度分布均匀度与速度加权平均角的值直接决定了叶轮的吸入流态，图 3-14 为不同流量下该断面上的轴向速度分布均匀度与速度加权平均角。

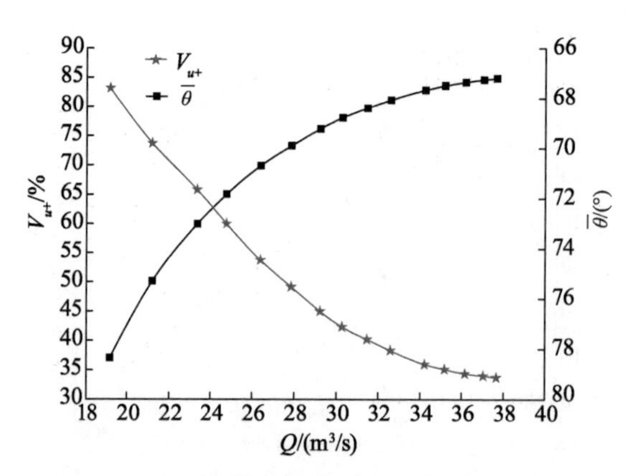

图 3-14 轴向速度分布均匀度与速度加权平均角

从图 3-14 中可以发现：轴向速度分布均匀度与速度加权平均角的变化趋势均是随着流量的增加而增加；小流量工况时轴向速度分布均匀度与速度加权平均角的值较为不理想，说明此时叶轮的吸入流态较差，吸入流态的不良将会直接导致泵装置的水力激振；随着流量的增加，叶轮的吸入流态迅速改善，但随着流量的继续增加，在大流量工况时，叶轮的吸入流态并未随流量的变化而发生较大的变化。总体上看，该特低扬程双向立式轴流泵装置在设计工况附近时叶轮的吸入流态较好。

(2) 进水流道断面的流速分布

沿水流方向依次选取平行于泵装置进口的 7 个断面，定义通过叶轮中心的截面为参考断面，泵装置进口方向为正方向，各断面与参考断面之间的距离换算为相对叶轮直径的无量纲数，则断面 1～7 的无量纲数依次为 4.638D，2.319D，0.870D，0.000D，－0.870D，－2.319D，－4.638D。图 3-15 为不同流量下 7 个断面上的流速分布云图。

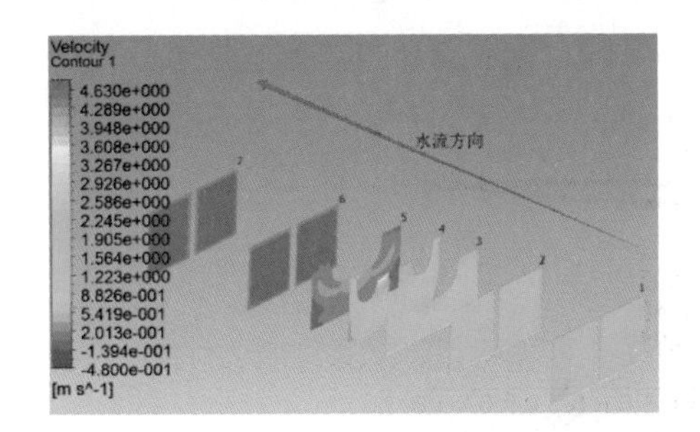

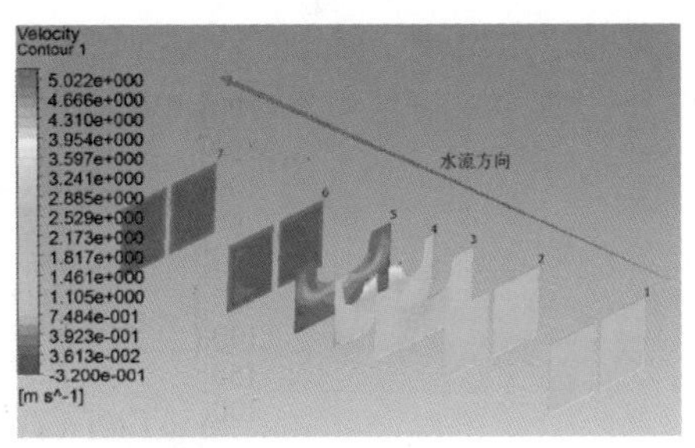

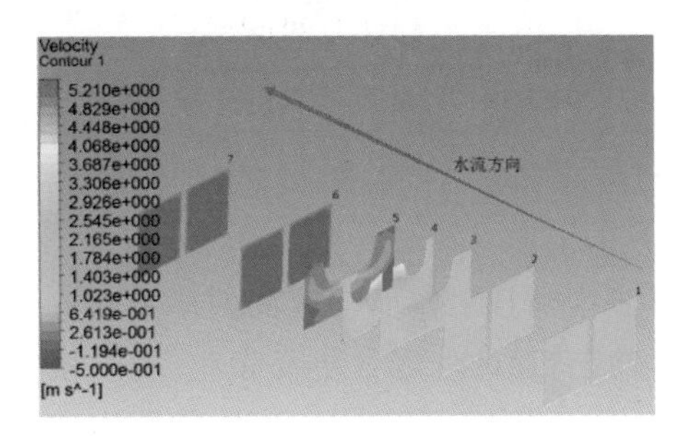

图 3-15　断面流速分布

从图 3-15 中可以发现：不同工况下进水流道不同断面上的流速分布情况基本一致，但具体的值之间存在不同；断面 4 为通过叶轮中心的截面，该截面上的流速分布呈现出明显的“条块”状分布，即沿着 Z 轴方向有规律、均匀地增加，但在出口处的外缘明显存在一块高速区，且导水锥两侧的流速分布略有不同，并不完全是轴对称分布；三种不同的工况下，在进水流道相对于进口区域的另一侧流速分布中存在着团状低速区,说明在该断面上存在着漩涡等不良流态。

(3) 叶轮与导叶叶片表面载荷分布

图 3-16 为 Span=0.95,Span=0.50,Span=0.05 翼展截面上叶轮叶片工作面与背面的载荷分布。

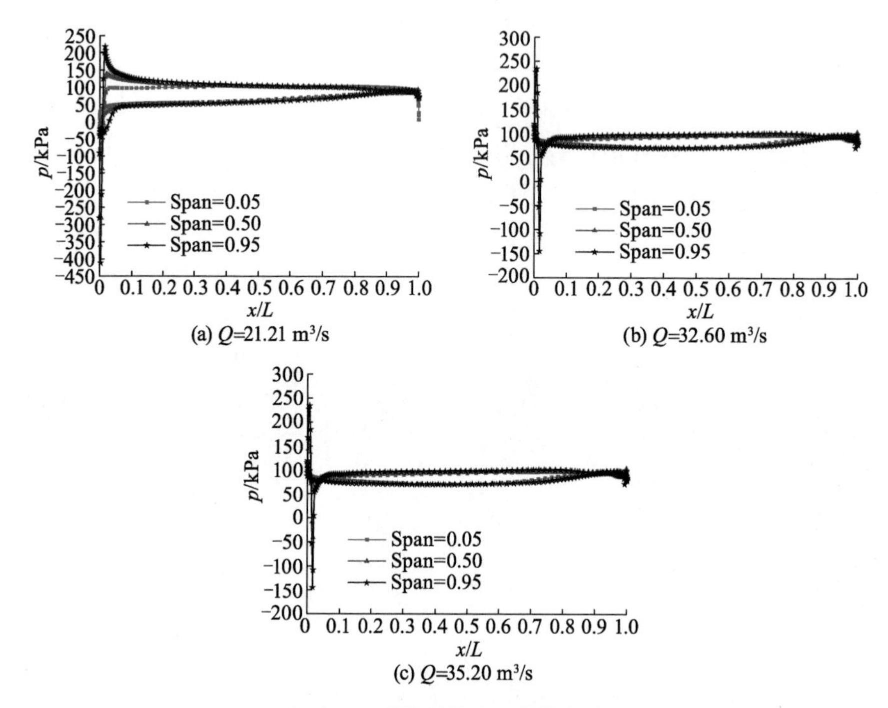

图 3-16 叶轮叶片表面载荷分布

从图 3-16 中可以发现:同一流量下,叶轮叶片背面载荷分布在不同的弦向位置上较为一致,差别主要是在叶片的工作面,随着半径的不断增加,叶片工作面上的载荷在逐步增加且工作面与背面的压差在逐渐增加,对于同一个流量工况而言,叶轮叶片背面的外缘处更易发生空化;随着流量的增加,叶片工作面的载荷在下降,背面的载荷在上升,工作面与背面之间的压差在减小;三个工况下,叶轮叶片工作面与背面载荷曲线较为平缓,未发现有明显的突变,说明该特低扬程双向泵装置在不同流量下叶轮叶道内未发生明显的流动分离;在大流量工况时,不同叶轮叶片半径上工作面与背面的压差差别不大,这主要是由于在大流量工况时,泵装置的流量已经远远大于叶轮设计流量,叶轮的做功能力也在下降。

图 3-17 为 Span=0.95,Span=0.50,Span=0.05 翼展截面上导叶叶片工

作面与背面的载荷分布。

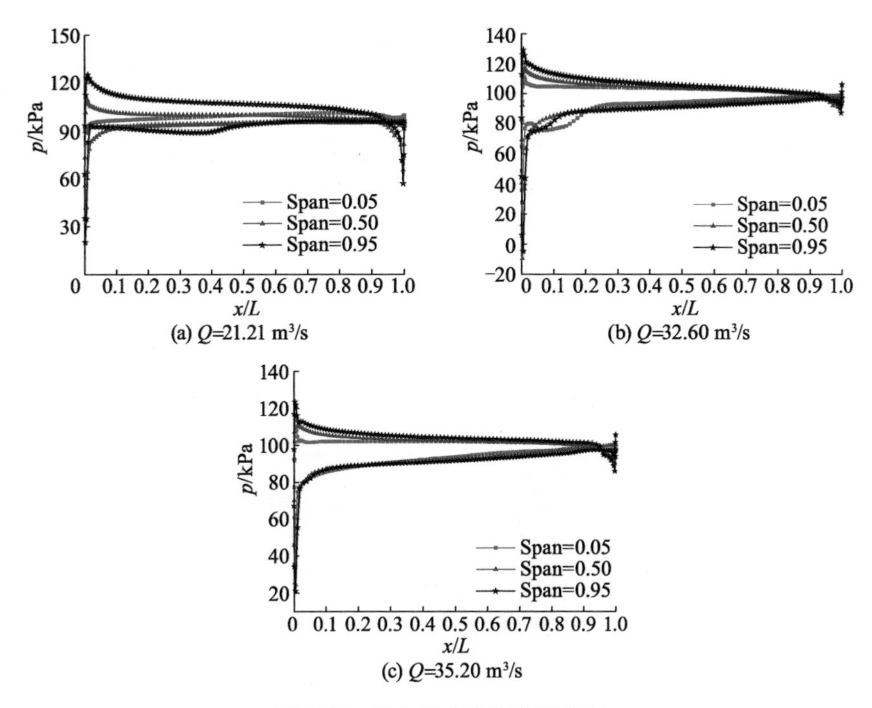

图 3-17 导叶叶片表面载荷分布

从图 3-17 中可以发现：不同工况下，导叶叶片表面载荷的最值差别不大；随着流量的增加，导叶叶片工作面与背面的压差在逐渐减小，说明此时导叶体回收能量的能力在下降；小流量工况时，导叶叶片表面载荷分布曲线（尤其是叶片背面）存在突变，说明此时在叶片背面存在着脱流、二次回流等不良流态，随着流量的上升，这种载荷突变逐渐减小，大流量工况时完全消失；相同流量下，导叶叶片表面载荷分布差值沿叶片半径方向逐渐减小，说明导叶叶片轮毂侧截面回收能量的能力优于叶片外侧。

(4) 叶轮与导叶的内部流动

图 3-18 为叶轮与导叶在 Span＝0.50 翼展截面展开图的压强云图与导叶流线图。

从图 3-18 中可以发现：不同工况下叶轮与导叶的内部流动情况明显不同；小流量工况时，叶轮叶片工作面的高压区分布与压强值明显高于设计工况与大流量工况，叶片背面存在着大范围的低压区，叶轮叶片工作面与背面的压差值较大，水泵极易发生空化；小流量工况时，在导叶的叶道内，压强场分布极不均匀，在导叶叶片进水边的背面发生了流动分离，并在整个叶道内形成了漩涡；设计工况时，导叶叶道内的流动分离现象明显得到改善，仅在部分叶片背面的中后部出现脱流；大流量工况时，导叶叶道内流线平顺，未见漩涡、脱流等不良流态。

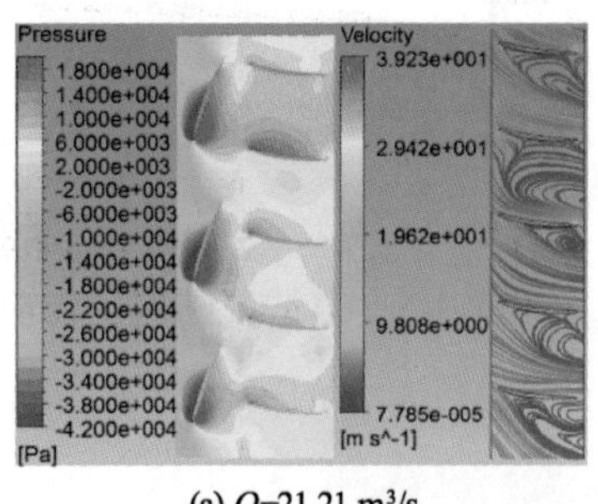

(a) Q=21.21 m³/s

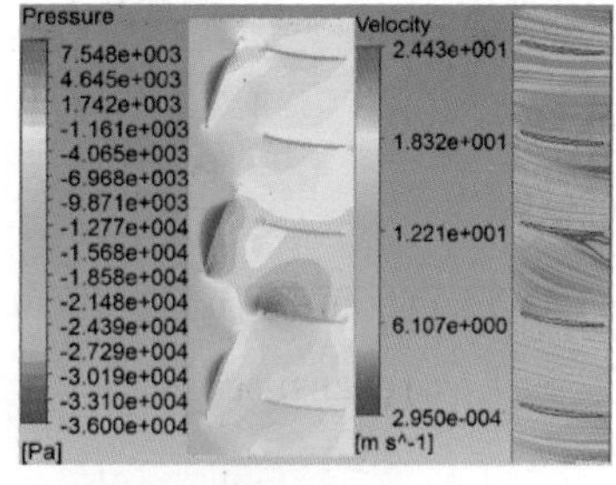

(b) Q=32.60 m³/s

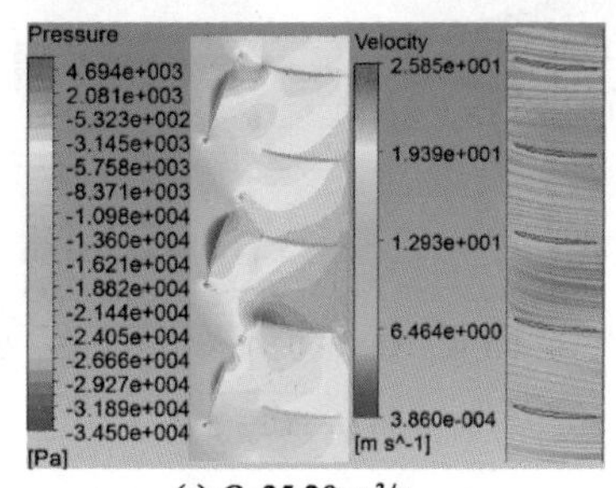

(c) Q=35.20 m³/s

图 3-18　叶轮与导叶的内部流动

3.8.6　结论

① ANSYS CFX 数值模拟结果与模型试验换算至原型的结果相比在设计工况附近时基本一致，能够准确地预测泵装置的性能。

② 进水流道中，在泵装置进口侧至导水锥处纵剖面上流速分布较为理想，未发现明显的漩涡等不良流态；但在导水锥至进水流道封闭侧纵剖面上则存在着漩涡等不良流态。

③ 叶轮叶片在小流量运行时，叶片表面载荷分布曲线存在突变，且工作面与背面压差较大，在最高扬程运行时可能会出现空化。

④ 叶轮室的内部流动中未见明显的流动分离现象，但在小流量工况时导叶叶道内存在着漩涡等不良流态，因此该泵站在最高扬程运行时可能存在水力激振问题。

⑤ 在设计工况下，该轴流泵站性能能够满足工程需求。

3.9 大型低扬程泵站非定常三维数值计算

3.9.1 泵站非定常状态的阐述

相对于泵站的定常状态，泵站的非定常状态是指机组从一个定常状态过渡到另一个定常状态所经历的过程，也就是水力机械过渡过程。大量的工程实践证明，水利工程的事故往往出现在水力机械的过渡过程中。过渡过程的研究早期是以水电站为研究对象，根据泵站过渡过程的不同性质大致上可以分为以下五类。图 3-19 为结合低扬程泵站实际工程情况绘制的过渡过程历程。

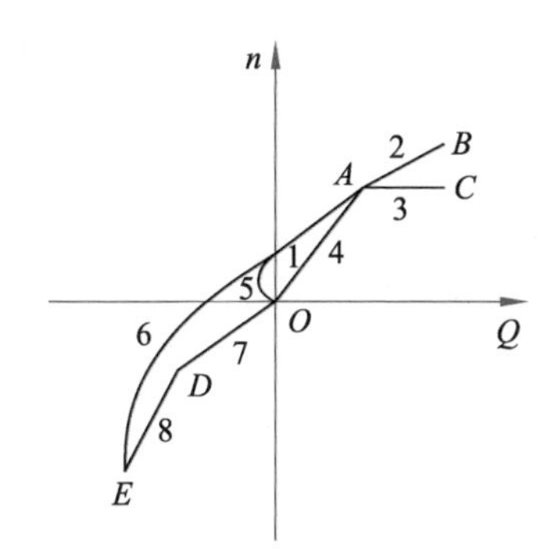

图 3-19 水泵四象限特性

(1) 水泵启动过渡过程

水泵启动过渡过程是指机组从静止状态到某扬程下的稳态运行的过程，在图 3-19 中对应的是 $O \to A$ 这一过程。启动过渡过程中水泵叶轮从转速为 0 r/min 开始在电机电磁力矩的作用下逐渐加速直至达到亚同步转速，随后投励磁将机组牵入同步转速，叶轮加速过程完成，但此时泵装置的截流闭锁装置可能并未完全开启，因此泵站的启动过渡过程应以泵装置进入稳态运行为终点。

(2) 水泵变工况过渡过程

水泵变工况方式主要有两种：变速与变叶片安放角。对于转桨式水力机械(轴流泵、导叶式混流泵)大多采用调节叶片安放角的方式来实现机组工况的改变，在图 3-19 中对应的是 $A \to C$，但此过渡过程中水泵叶轮的转速始终不变。对于定桨式水力机械(离心泵、轴流定桨式)则采用变转速的方式来实现机组工况的改变，在图 3-19 中对应的是 $A \to B$，此过渡过程中需要采用变频器来实现机组转速的改变。

(3) 水泵停泵过渡过程

停泵过渡过程是一种广义的表述，具体的包括正常停泵过渡过程与事故停泵过渡过程。正常停泵过渡过程是以水泵稳态运行工况点 A 为起点，在机组断电后截流闭锁装置的作用下以水泵停止状态点 O 为终点的过渡过程，在图 3-19 中表现为 $A \to O$。事故停泵过渡过程是泵站的一种严重的事故，是指机组断电后由于某些原因导致截流闭锁装置并没有正常工作，此时水泵叶轮在出水池与进水池之间的压差作用下开始反向加速并最终达到该水头下的飞逸工况，在图 3-19 中表现为 $A \to E$。

(4) 泵站反向发电机组启动过渡过程

与大型水轮发电机组启动方式不同，泵站反向发电机组的启动是在泵装置为静止状态时人为开启截流闭锁装置，使水流从出水池向进水池方向流动冲击水泵叶轮，此时水泵叶轮是不受人为控制的，通过对转速的检测，当转速达到水轮机工况额定转速附近时人为投励磁，利用电网的巨大容量将机组强行牵入同步转速并网发电，在图 3-19 中表现为 $O \to D$ 这一过程。

(5) 泵站反向发电机组甩负荷过渡过程

泵站反向发电机组甩负荷过渡过程以泵站水轮机工况稳态运行点 D 为起点，此时机组突然抛弃全部负荷，在水力矩的作用下不断加速最终达到该水头下的飞逸转速点 E 为止，在图 3-19 中表现为 $D \to E$ 这一过程。

3.9.2 研究背景

自俄罗斯萨扬水电站“817”事故后，过渡过程复核计算在全世界范围内引起重视。对于泵同样如此，在泵变工况时，叶轮转速快速变化，泵段前后压力脉动现象明显，容易引发振动事故，严重时会导致整个厂房振动毁坏。随着计算机资源的发展，对数值模拟的要求越来越高，流固耦合这一分支应运而生。流固耦合这一领域是将流体场与固体场相结合，迭代计算，流体场将所受压力传递给固体场，固体场因此产生变形；固体场再将变形传递给流体场，计算出下一迭代步的压力，反复迭代计算，直至产生收敛结果。

低扬程泵站作为大型基础水利设施，由于其低扬程、大流量这一泵型特点，在排涝防洪、抗旱救灾及农田灌溉中得到广泛应用，在国内的大型跨流域调水工程——南水北调工程中发挥了极其重要的作用。而随着对调水工程、抗洪排涝工程的要求越来越高，难度系数越来越大，对泵自身性能的要求也就越来越高。我国泵站工程的建设进入了一个新的发展时代。大型泵站因为其大流量、低扬程的特点已经成为我国排涝、灌溉的主力，同时也是我国用来抵御自然灾害的重要保障。因此，如何提高大型泵装置的稳定性与可靠性，使其长久有效地运行已经成为泵站稳定性与可靠性研究的重要课题。南水北调东线泵站工程中的水泵，扬程低、流量大、比转速高，使得水泵的单机容量提高，机组尺寸也增大。受进出水水位变化的影响，很多泵站的扬程变化幅度较大，流量和轴功率也将随着扬程变化而不断地变化。这对水泵装置安全运行的稳定性提出了更高的要求。

随着我国泵站向大型化发展，泵站的稳定性问题越来越多，对大型泵装置的稳定性研究显得尤为重要和迫切。泵站过渡过程是泵站运行过程中的重要环节，其特性对泵站安全、可靠、稳定运行有着重大的影响。泵站过渡过程稳定性问题的一个重要表现形式就是泵装置过渡过程中水力瞬变特性和瞬态水力激励结构动态响应问题。真机在工作过程中将产生非常复杂的水力瞬变，启停机过程中，来流速度快、流量大，机组转速及压力变化快，因而会对机组本身构成极大威胁。特别是在启动过程中，泵的启动过程迅速，转速上升过快，流量上升猛烈，导致启动附加扬程过高，严重时可使电机因超载而烧毁，泵机组不能正常启动。机组水力振动引起其他部件破坏的事例也时有发生。在水泵装置过渡过程中，转速、流量、扬程、压力脉动等流场特征发生剧烈变动，动载荷将加载到水泵装置上，这样就会对水泵装置附加动态应力及振动。有时，由于过渡过程的品质过低，导致机组承受很高的动态附加力矩，引起构件的振动和破坏。而由于长期运行过程中的振动，导致机组出现多方面隐患，严重影响机组的正常工作。

3.9.3 国内外研究进展

泵装置水力过渡过程是非稳态运行过程中的一种，它涉及多维度机械运动、水力特性波动等多个学科，涉及范围广，影响因素复杂且相关理论复杂多变。泵装置过渡过程水力激振与其内部瞬变流态密切相关，对泵装置过渡过程内部流态分布规律和水力瞬变机理的研究，可为探究减小机组振动、提高机组稳定性提供依据。1597 年，Joukowski 发表了经典报告——《水击理论》，第一次较完整地建立了水锤基本方程；1858 年，Menabre 通过能量分析法证明了水击的基本理论，从此奠定了水击的理论基础。而计算机技术和计算方法的发展，为旋转机械过渡过程一维、三维数值模拟计算提供了新的可能和实现手段。Wylie 和 Streeter 最先提出一维特征线法，该方法创造性地沿特征线将涉及管路摩阻的水锤偏微分方程转化为常微分方程，以此作为数值计算的条件。此方法容易进行编程，使用计算机计算稳定且精度高。目前，国内外学者采用特征线法的过渡过程研究成果不计其数。巴西的 B. Petry 等通过描述过渡过程方程式，建立了数学模型，并将该模型运用到原型机中，同时将真机的试验结果与数学模型所仿真的结果进行比较,用以验证。P. Thanapandi 等研究了离心泵启停机时的水力特性;武汉大学刘梅清等对长管道泵系统中空气阀的水锤防护特性进行了模拟分析;河海大学郑源等结合六个不同水头的抽水蓄能电站计算实例,研究了不同水头对抽水蓄能电站大波动过渡过程的影响,同时探索了抽水蓄能电站可逆机组导叶关闭规律。上述研究大多采用基于外特性的特征线法进行。1995 年,常近时、白朝平首次发表了针对拥有高水头的抽蓄机组过渡过程进行参数计算的全新策略,也就是现在常用的基于抽蓄机组内特性解析理论的一维特征线法。刘延泽等将该方法应用到灯泡贯流式水轮机装置甩负荷过渡过程的研究和计算当中,并与实测数据对比,验证了数值计算的精度。从该方法诞生至今,其在解决水电站、泵站等水力系统过渡过程问题中起到了重要的作用。但是上述计算方法主要偏重于计算基本参数变化情况,无法反映水流的精细流动。近年来,随着计算机技术的发展和计算流体动力学(CFD)在各行各业得到广泛应用,部分学者尝试将三维湍流数值模拟方法应用到水力机械过渡过程研究中,将原来仅限于一维研究的方法拓展到三维领域,取得了一定的成果。俄罗斯的 S. Cherny 和 D. Chirkov 等采用三维数值模拟方法对水电站飞逸过程进行计算,但是三维几何模型仅限于导叶、叶轮和尾水管,蜗壳部分的流动特征用水力损失代替。加拿大的 J. Nicolle 和 J. F. Morissette 等对水电站启动过程进行研究,指出导叶运动造成网格质量变差是该研究面临的最大困难之一,并分析了启动过程中发生的若干流动现象。周大庆、吴玉林等采用该方法对轴流式水轮机模型飞逸过程进行研究,对机组最大飞逸转速值、达到最大转速时需要的时间及流量变化、力矩随时间变化等参数曲线进行了获取及分析。李金伟、刘树红等利用该方法对混流式水轮机飞逸过渡过程进行了模拟,并将计算得到的外特性与试验结果对比,发现吻合良好。杨建东等研究了计算流体动力学方法确定阻抗式调压井阻抗系数的可行性。程永光等联合一维特征线法与三维数值计算方法对抽水蓄能机组进行了过渡过程计算,在保证计算精度的前提下缩短了计算时间,但存在对边界条件的简化。

对水力机械进行过渡过程动态试验不仅仅是丰富研究机组过渡过程安全运行的重要手段,也是验证对比数值模拟计算精度的重要方式。国内外科研院所的许多学者对水力机械的静、动态试验做了大量工作,积累了丰富的经验。中国水科院、清华大学、华中科技大学、江苏大学、扬州大学等对我国多座大中型水电站、泵站的水轮机、水泵开展了全面广泛的模型试验及真机测试,得到了丰富的实测数据,并结合理论分析结果指导了水电站与泵站的安全运行。武汉大学"抽水蓄能电站过渡过程物理试验平台"、浙江富安水力机械研究所“水力机械试验台”等平台在过渡过程试验中的精度都已达到国内领先、国际同类试验台的先进水平；同时河海大学“水力机械动态试验台”作为国家211工程项目中的一员，先后对白石窑灯泡贯流式机组、葛洲坝轴流转桨式机组、潘家口抽水蓄能机组等项目的过渡过程进行研究分析，取得了十分显著的成果。

3.9.4 动网格与三维过渡过程的数值计算方法

过渡过程是指机组从一个稳态过渡到另一个稳态所经历的过程。大量的工程实践证明，水电站、泵站事故往往出现在机组的过渡过程中。过渡过程的研究早期是以水电站为研究对象，根据过渡过程的不同性质，如表3-4所示大致上可以分为三类。

表3-4 水力机组过渡过程的种类

过渡过程名称	内容
正常运行过渡过程	泵启动、水轮机启动、泵转水轮机、水轮机转泵
非正常运行过渡过程	水轮机工况机组甩负荷、水泵断电
紧急过渡过程	水泵断电快速门拒动(真空破坏阀失效)、水轮机工况并网合闸失败

(1) 过渡过程的研究方法

水力机组过渡过程的研究方法同其他自然科学基本一致，都是采用了理论与实践相结合的研究方法，但不同于水力机组外特性的研究方法，过渡过程的研究主要以理论分析计算为主，这主要是由试验的复杂性与安全性所造成的，在过渡过程中，存在着模型与原型不相似的问题，通过模型试验并不能对原型进行完全的预测。同时由于有些过渡过程的试验对机组具有一定的破坏作用，因此在原型机组上也不可能进行相关的试验。因此，目前主要是通过理论分析计算的方法来对水力机组的过渡过程进行预测、评价。

理论研究方法主要包括基础理论与计算，对于基础理论部分前人已经做了大量的工作并且取得了丰硕的成果，基础理论体系的构架已经基本形成。计算主要包括解析计算与数值计算。在计算机技术还不发达的年代，解析计算成为过渡过程计算的主要方法。近年来随着计算机软、硬件技术的飞速发展，三维数值计算方法被广泛地应用于过渡过程的计算中，相比于解析计算，三维数值计算可以对机组过渡过程的内、外特性进行较为准确的预测。

(2) 动网格方法的应用

在三维过渡过程数值计算中，有不少的实际问题涉及边界的运动、边界的变形、边界条件的变化，这些问题的求解都离不开动网格技术的支持。动网格问题的处理通常包括几何体运动方式的描述与网格的处理这两大类。

（3）滑移网格

滑移网格是动网格中的一种，两者均可以模拟瞬态问题，与广义上的动网格不同的是，滑移网格需要建立多个相对独立的计算域，是一个域内所有网格一起运动，并不存在计算域内部的网格运动。滑移网格不会对网格质量、网格数量产生影响，计算误差往往出现在计算域与计算域之间的交界面上。对于一些计算域整体运动的问题，完全可以用滑移网格来实现，滑移网格的合理运用可以大大简化计算的复杂性，提高计算速度。

（4）CFX 动网格

CFX 动网格技术相对较弱，仅能处理一些较为简单的计算问题。图 3-20 即为在 CFX-Pre 中激活相应计算域的动网格功能。

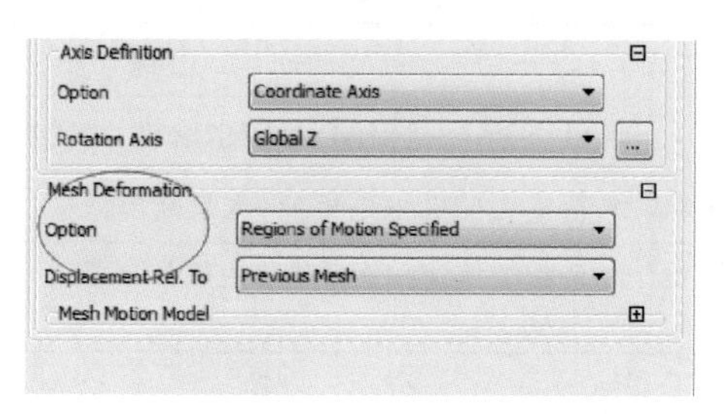

图 3-20　CFX 动网格的激活

CFX 在处理滑移网格问题时，可以利用自身的 CEL 语言来实现。但当出现网格变形时则力不从心，例如在双向流固耦合计算时，流体域的网格变形通过“弹簧”来实现，即网格之间被压缩或拉伸，并不具备网格重构的功能。如果要实现网格重构则须依赖于 ICEM-CFD，通过 ICEM-CFD 制作的. rpl 脚本实现网格重构。计算的复杂程度与效率不理想。

但是，当 CFX 处理与网格变形无关的动网格问题时上述的弊端则不存在，CFX 动网格在处理域运动方面的问题时应用较多。

（5）Fluent 动网格

相比于 CFX 动网格技术，Fluent 动网格技术则更加成熟、强大。Fluent 动网格主要分为三类：Layering（铺层）、Spring Smoothing（弹性光顺）、Local Remeshing（局部重构）。这三类基本上涵盖了所有的动网格问题。Fluent 网格运动主要依靠 Profile 文件或者 UDF 程序来实现。

UDF（User Defined Function）是一种基于 C 语言编写的可以嵌入 Fluent 中的程序代码。UDF 的引入可以极大地方便用户自定义边界条件、运动规律、物理模型等。UDF 大体上可以分为解释型与编译型,编译型 UDF 必须预装 VS 并设置相应的环境变量才能使用。编译型 UDF 分为两部分:一是 C 语言功能,用来实现文件的读写、函数运算、循环控制等;二是通过“宏”来实现求解器数据接口的获取、几何数据等。

本章中使用的 UDF 主要是用来控制快速门与拍门的运动规律,以及在被动动网格中根据叶轮力矩平衡方程实现启动、断电过渡过程中叶轮的运动控制。

(6) 叶轮转速的变化规律

叶轮转速的变化规律因机组结构形式、水位、叶片安放角等参数的不同而不同,因此引入转动机械力矩平衡方程式来定量地描述叶轮转速的变化规律。转动机械力矩平衡方程式如下所示:

$$J\frac{\mathrm{d}\omega}{\mathrm{d}t}=\sum_{i=0}^{3}M_i$$

式中:J 为机组的转动惯量,kg·m²,本章中机组的转动惯量为 26 430 kg·m²;$\frac{\mathrm{d}\omega}{\mathrm{d}t}$ 为时间步长内叶轮转速的增量;M_0 为电动机的电磁力矩,N·m,在涉及断电过渡过程计算时其值为 0;M_1 为水泵的水阻力矩,N·m;M_2 为轴承摩擦力矩,N·m;M_3 为风阻力矩,N·m,其值约为电机额定力矩的 2%。

从以上公式中不难发现,过渡过程的数值计算是利用微分的思想计算出 $\Delta t\to 0$ 时间内的一个稳态参数,并将计算结果迭代到下一个时间步中,如此反复构成了一个完整的过渡过程三维数值计算。

(7) 快速门开启数值模拟

在处理快速门开启的数值模拟问题时,采用了铺层法动网格技术。铺层法中包含了边界网格的生长与消灭,但是要注意的是铺层法动网格对于三维问题只适用于六面体或三棱柱网格,对四面体网格将不再适用。

闸门的运动规律事先已知,在快速门启闭过程中,将闸门的运动规律编写入 UDF 中。图 3-21 为快速门开启过渡过程的闸门位置变化图。

图 3-21 快速门启动过程

3.9.5 工程应用实例

运用 Fluent 动网格技术，以淮安三站灯泡贯流泵为对象，对贯流泵快速门不同启动速度下的瞬态特性进行研究，分析机组外特性变化及叶片的压强分布，研究快速门加速启动对机组流态的影响。

(1) 数值计算模型

① 几何模型

计算模型基于淮安三站灯泡贯流泵机组，采用液压式启闭机控制的快速门断流方式，流道为卧式双向直锥扩散形，泵站的特征参数如表 3-5 所示。数值计算模型包括进水池、进水流道、泵段、出水流道、快速门与出水池，图 3-22 为贯流泵机组几何模型。

表 3-5 泵站特征参数

设计扬程/m	上游水位/m	下游水位/m	设计流量/(m^3/s)	额定转速/(r/min)
3.33	9.13	5.8	30.0	125
叶轮叶片数	前导叶叶片数	后导叶叶片数	电动机功率/kW	叶轮直径/mm
4	6	7	2 180	3 100

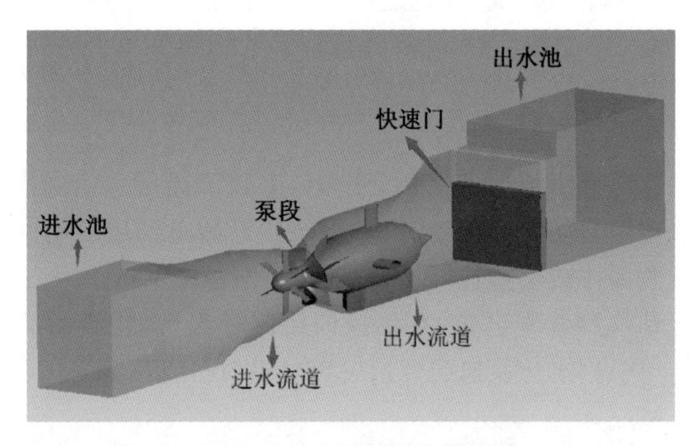

图 3-22 贯流泵机组几何模型

② 边界条件

进口边界条件：进口设置在进水流道的进口断面，采用压力进口边界条件，其压力值为 56 898 Pa。

出口边界条件：出口设置在出水流道的出口断面，采用压力出口边界条件，其压力值为 89 565 Pa。

壁面条件：贯流泵装置的进出水流道、叶轮的轮毂、外壳及导叶体等固体壁面应用无滑移条件，同时近壁区采用壁面函数。

③ 网格划分

采用 ICEM-CFD 对贯流泵全流道进行网格划分。采用结构化网格的方法来划分前导叶段、叶轮段及后导叶段，以提高网格质量及计算精度。因为灯泡体结构的复杂性，故采用六面体核心非结构网格的划分方法，以保证流动与网格的正交性。经过网格无关性分析，最终确定贯流泵全流道的网格总数为 584 万。

(2) 动网格技术

采用成熟的 Fluent 动网格技术来模拟过渡过程，在处理快速门开启的问题时，采用了铺层法动网格技术，使用六面体网格对快速门区域进行划分，通过控制边界网格的生长与消灭以达到开启快速门的目的。为实现 Fluent 网格的运动，使用 UDF 功能来控制快速门的运动规律，同时在动网格中根据叶轮力矩平衡方程实现叶轮的运动控制。

转动机械力矩平衡方程式：

$$J\frac{\mathrm{d}\omega}{\mathrm{d}t}=\sum_{i=0}^{3}M_i$$

式中：J 为机组的转动惯量，kg・m²，贯流泵机组转动惯量为 26 430 kg・m²；$\frac{\mathrm{d}\omega}{\mathrm{d}t}$为时间步长内叶轮的角加速度；$M_0$ 为电动机的电磁力矩，N・m，在启动过渡过程中通过 UDF 功能逐步迭代；M_1 为水泵的水阻力矩，N・m，可通过 UDF 功能实时读取叶片上的转矩得到；M_2 为轴承摩擦力矩，N・m，仅考虑推力轴承摩擦力矩，省略径向摩擦力矩；M_3 为风阻力矩，N・m，其值约为电机额定力矩的 2%。

将快速门的启动规律编写入 UDF 中。图 3-23 为贯流泵机组快速门开启过渡过程的闸门位置变化图。

图 3-23　贯流泵机组快速门启动过程

(3) 快速门开启规律

快速门正常启动时控制规律为:自 0 s 时起,快速门以 0.1 m/s 的速度按直线规律开启,56.9 s 后完全开启。快速门加速启动时控制规律为:自 0 s 时起,快速门以 1.0 m/s 的速度按直线规律开启,5.7 s 后完全开启。图 3-24 所示为快速门开启规律示意图。

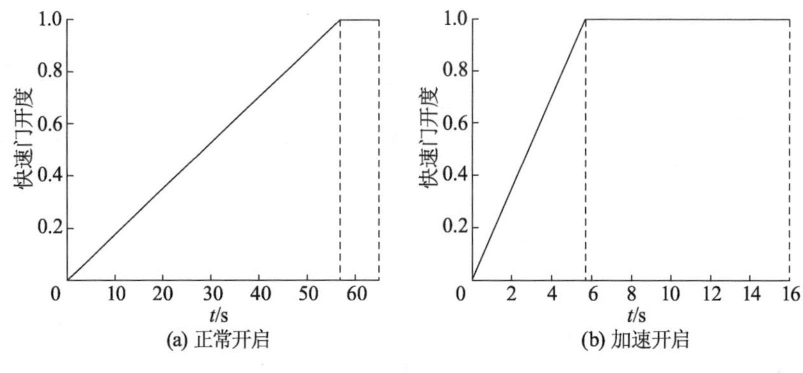

图 3-24 快速门开启规律示意图

(4) 快速门正常启动过渡过程

① 快速门启动过渡过程机组外特性变化

快速门以 0.1 m/s 的速度匀速启动时,称为正常启动工况,此时启动过渡过程机组外特性变化曲线如图 3-25 所示,快速门完全开启时间为 56.9 s,在此期间快速门匀速提升。机组启动时,叶轮在电磁力矩的作用下不断加速,随着闸门开度的变化,转速曲线斜率增大,叶轮加速度略有下降。随着时间的继续推移,从图 3-25a 中可以发现在 6.8 s 时机组达到亚同步转速,随后投励磁将机组牵入同步转速。之后机组维持 125 r/min 的转速不变,叶轮转速增加的过渡过程结束。

根据实际工程要求,机组的启动方式为电动机与启闭机同时启动,即在叶轮转速开始增加时快速门开始上升。当叶轮转速较低时,叶轮提供的升力不足以克服水力损失及出水池与进水池之间的压差,水流开始从出水池流向进水池,发生倒灌现象。外特性曲线上表现为流量曲线出现负值,约在 1.2 s 时倒灌流量达到最大值 5.0 m^3/s。随着时间的推移,叶轮转速不断增加,所产生的升力亦在不断增加,并最终在 3 s 时进入零流量临界状态,即此时叶轮旋转所产生的升力刚好可以克服水力损失及出水池与进水池之间的压差。之后叶轮转速继续增加,流量开始缓慢增加,直至启动过渡过程完全结束,流量最终维持在 32.16 m^3/s 左右,这一值与稳态模型试验值换算至原型的值(31.90 m^3/s)是相吻合的。

为了排除闸门对外特性的影响，启动过渡过程的扬程采用对泵段监测的方法，计算断面为叶轮进口至导叶体出口段。扬程随着时间的推移整体上呈现逐渐下降的趋势，即扬程由大到小进行变化。值得注意的是，在 9 s 左右扬程曲线上出现了明显的“马鞍区”，整个马鞍区历时 2 s 左右。相比于整个启动过渡过程而言，泵装置经历马鞍区的时间很短，在这么短的时间内几乎不会对泵装置的安全稳定性造成明显影响。之后，扬程逐渐降低，直至启动过渡过程完成。最终泵段的扬程维持在 3.60 m 左右，考虑流道损失后与整个泵装置的扬程 3.33 m 相比是吻合的。

叶轮叶片的扭矩和轴向力均与时间呈相应的关系，均是先增大后减小(负号仅表示方向，不表示值的大小)。值得注意的是，扭矩与轴向力之间呈现出了明显的关联性，两者是一同增大一同减小的。

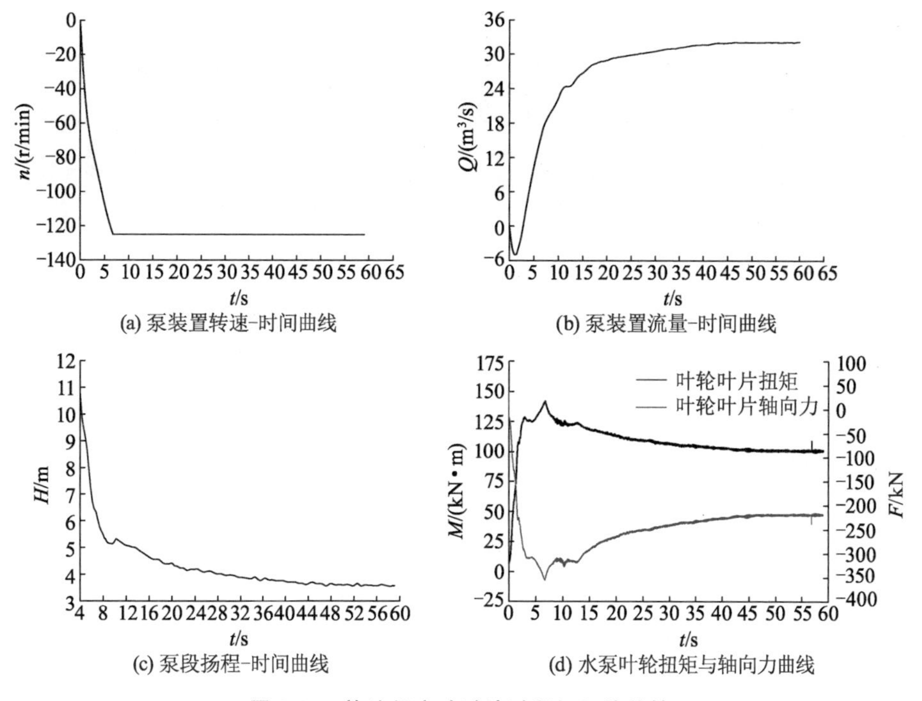

(a) 泵装置转速-时间曲线

(b) 泵装置流量-时间曲线

(c) 泵段扬程-时间曲线

(d) 水泵叶轮扭矩与轴向力曲线

图 3-25　快速门启动过渡过程机组外特性

② 叶轮叶片表面压强变化

图 3-26 为快速门启动过渡过程叶轮叶片表面压强云图。在机组运行 2 s 时，从叶轮叶片工作面的压强云图中可以明显发现存在局部高压区，随着叶轮转速的增加，这种局部高压区的范围明显在减小直至消失，同时压强值也在持续下降。叶轮叶片背面的压强云图则与工作面完全不同，随着叶轮转速

的增加，在 7～9 s 时叶轮叶片背面的进水边出现了较大范围的局部低压区，这段区域在流量-时间曲线上刚好对应的是马鞍区附近，局部低压区的出现说明在叶片背面的进水边发生了大范围的脱流现象，且在这一区域内易发生空化现象。随着过渡过程的结束，叶轮叶片工作面和背面的压强分布趋于平缓，未见局部高压区或局部低压区。叶轮叶片工作面与背面的压差随着时间的推移在逐渐减小。

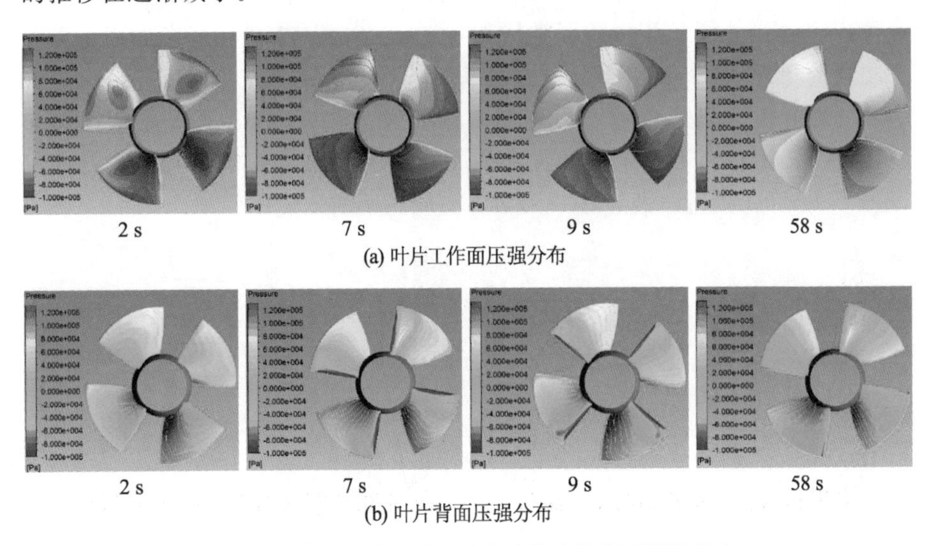

(a) 叶片工作面压强分布

(b) 叶片背面压强分布

图 3-26　快速门启动过渡过程叶轮叶片表面压强分布

③ 启动过渡过程中快速门附近的流场演化

单纯快速门启动过渡过程机组闸门附近的流线演化如图 3-27 所示。2 s 时，水泵叶轮旋转所产生的压强不足以克服流道损失及出水池与进水池之间的压差，水流从出口向进口方向流动，出现倒灌现象。此时闸门的开度亦很小，倒灌进来的水流在闸门与灯泡体之间形成了巨大的回流区，显然这对泵装置的安全稳定性是有威胁的。随着时间的推移，叶轮转速继续增加，叶轮旋转所产生的能量已经能够克服流道损失及出水池与进水池之间的压差，水流开始从进口流向出口，但值得注意的是此时快速门的开度依然很小，而流量却在不断增加，那么水流就会在快速门处形成巨大的回流区，但此时回流区出现在快速门与出水池之间，对泵装置的安全稳定性的威胁要小于倒灌时的威胁。30 s 时，快速门的开度为全开时的一半左右，此时快速门附近的回流明显得到改善，但在出水池中依然可见明显的回流。当快速门全开时，在整个流场内已经几乎看不到明显的回流区。

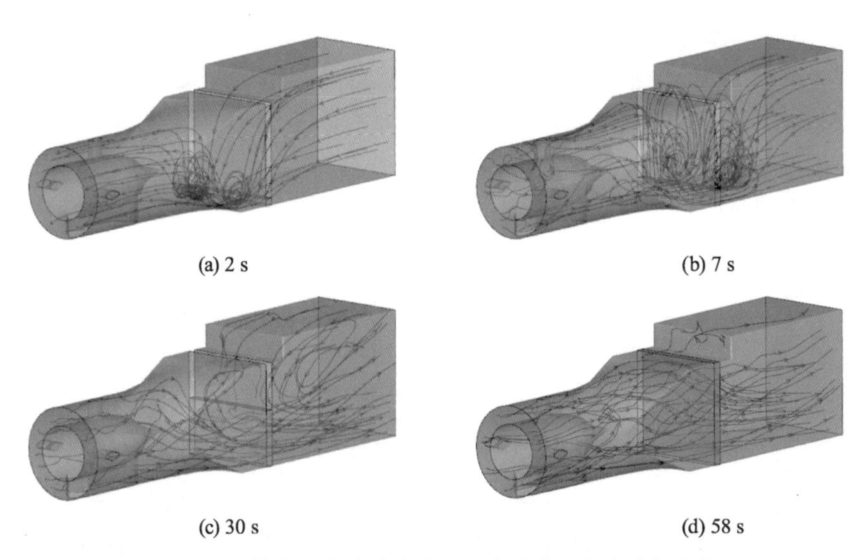

图 3-27 快速门启动过渡过程出水流道至出水池段流线

(5) 快速门加速开启过渡过程

① 快速门加速开启过渡过程机组外特性分析

快速门以 1.0 m/s 的速度匀速启动时，称为加速启动工况，此时启动过渡过程机组外特性变化曲线如图 3-28 所示，快速门完全开启时间为 5.7 s。图 3-28a 为快速门加速开启过渡过程中转速随时间变化的曲线，由图可知机组在 6.5 s 时达到亚同步转速，与快速门未加速开启时的机组转速相比时间仅减少 4.6%。这主要是因为快速门开启速度增加后，由闸门关闭造成的水阻力矩快速减少，但同时出水池处的水在更短的时间内倒灌进入机组，并提前产生了巨大的附加水阻力矩，使得机组转速的增加速度并未明显提升，因而导致整个启动过渡过程的历时轻微减少。

图 3-28b 为快速门加速开启过渡过程中流量随时间变化的曲线，由图可知机组在 1.4 s 时倒灌流量达到最大值 6.5 m^3/s，其明显大于快速门正常开启时的最大倒灌流量(5.0 m^3/s)，这很显然对机组的安全稳定性是不利的。在贯流泵加速开启过渡过程中，快速门的加速开启使得出水池的水流更快地流向进水池，并在 3.2 s 时进入“零流量”状态，与快速门未加速开启时机组的倒灌时间相比增加了 6.7%，同时闸门的快速开启使得机组流道内流量在更短的时间内达到额定流量。

图 3-28c 为快速门加速开启过渡过程中水泵叶轮扭矩与轴向力随时间变化的曲线，可见叶轮叶片的扭矩与轴向力同样呈现先增大后减小的规律，且关联密切。快速门加速开启过渡过程中扭矩与轴向力的最大值为 132 kN·m

与 323 kN，与快速门正常开启工况时相比分别减少了 7.0%与 9.0%。这主要是因为机组在闸门快速开启工况下，出水流道经过倒灌状态之后，叶轮的推动作用在闸门处受到的阻力有所削弱，因而扭矩与轴向力的最大值有所减小。

通过对泵站闸门快速开启过渡过程的外特性分析，可知快速门的加速开启将导致流量达到额定值的时间减少，且扭矩与轴向力的最大值有所减小。表 3-6 为贯流泵快速门正常启动与加速启动时的外特性参数变化。

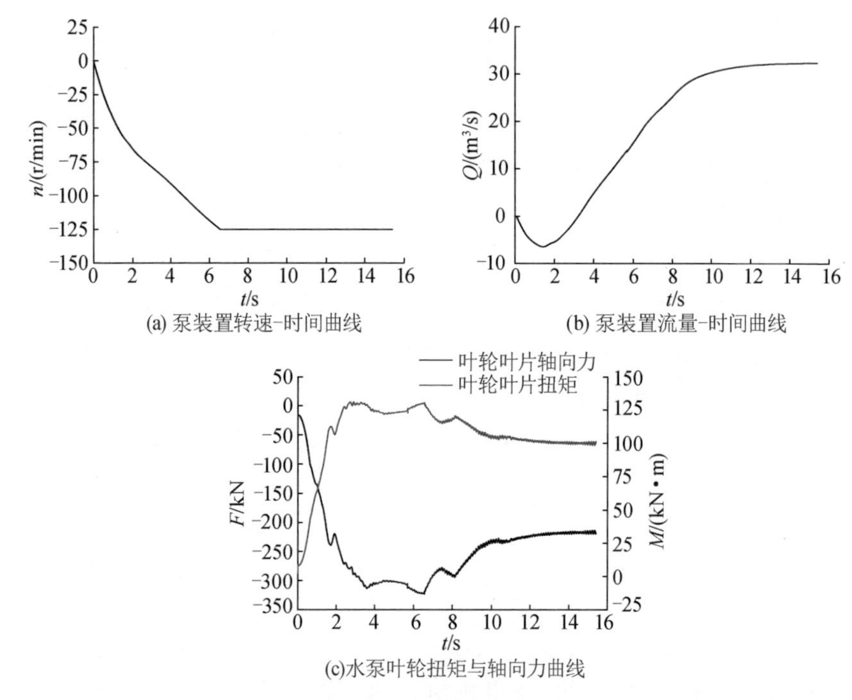

图 3-28　快速门加速开启过渡过程机组外特性

表 3-6　泵站外特性参数变化

	正常启动	加速启动	变化
快速门开启时间	56.9 s	5.7 s	减少 90.0%
达到额定转速时间	6.8 s	6.5 s	减少 4.6%
最大倒流流量	5.0 m^3/s	6.5 m^3/s	增加 30%
倒流时间	3.0 s	3.2 s	增加 6.7%
最大扭矩	142 kN	132 kN	减少 7.0%
最大轴向力	335 kN·m	323 kN·m	减少 9.0%

② 快速门加速开启过渡过程叶轮叶道压强分布

从叶轮叶片上截取三条流线，分别位于靠近轮毂处(Span＝0.05)、叶片中线处(Span＝0.50)及靠近泵壳处(Span＝0.95)，其位置如图 3-29 所示。图 3-30 为快速门加速开启过渡过程中三条叶轮叶道上不同时间的压强分布云图。

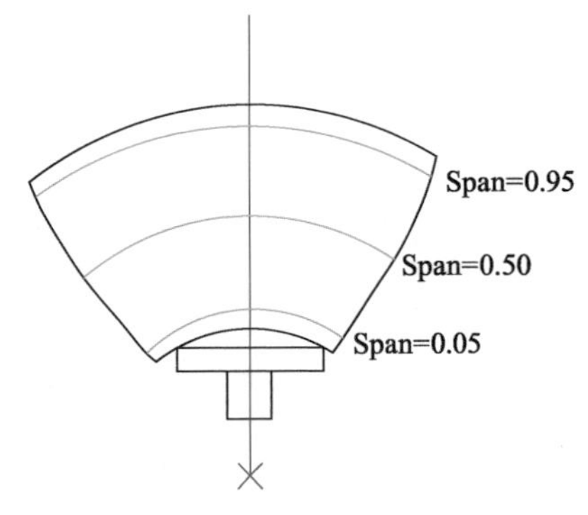

图 3-29 叶片表面流线位置

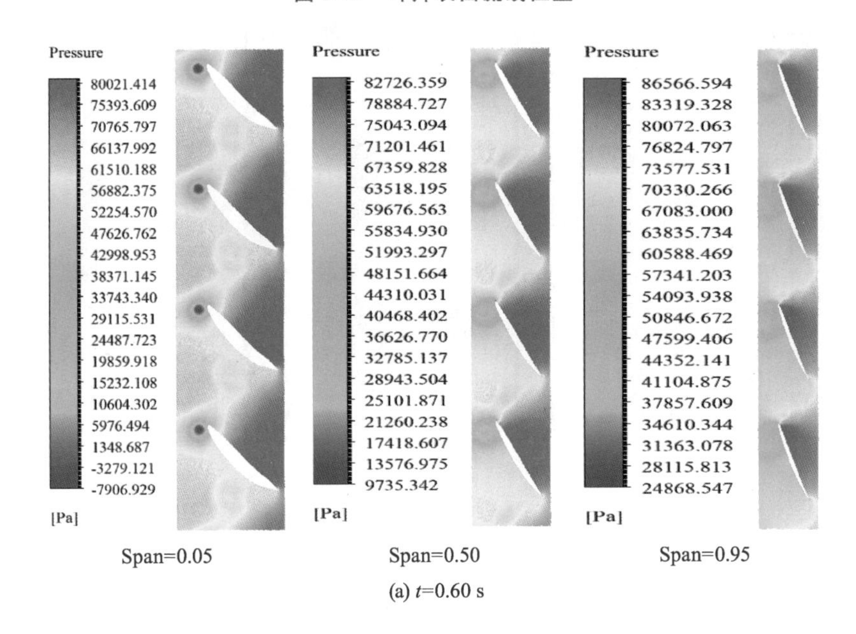

(a) t=0.60 s

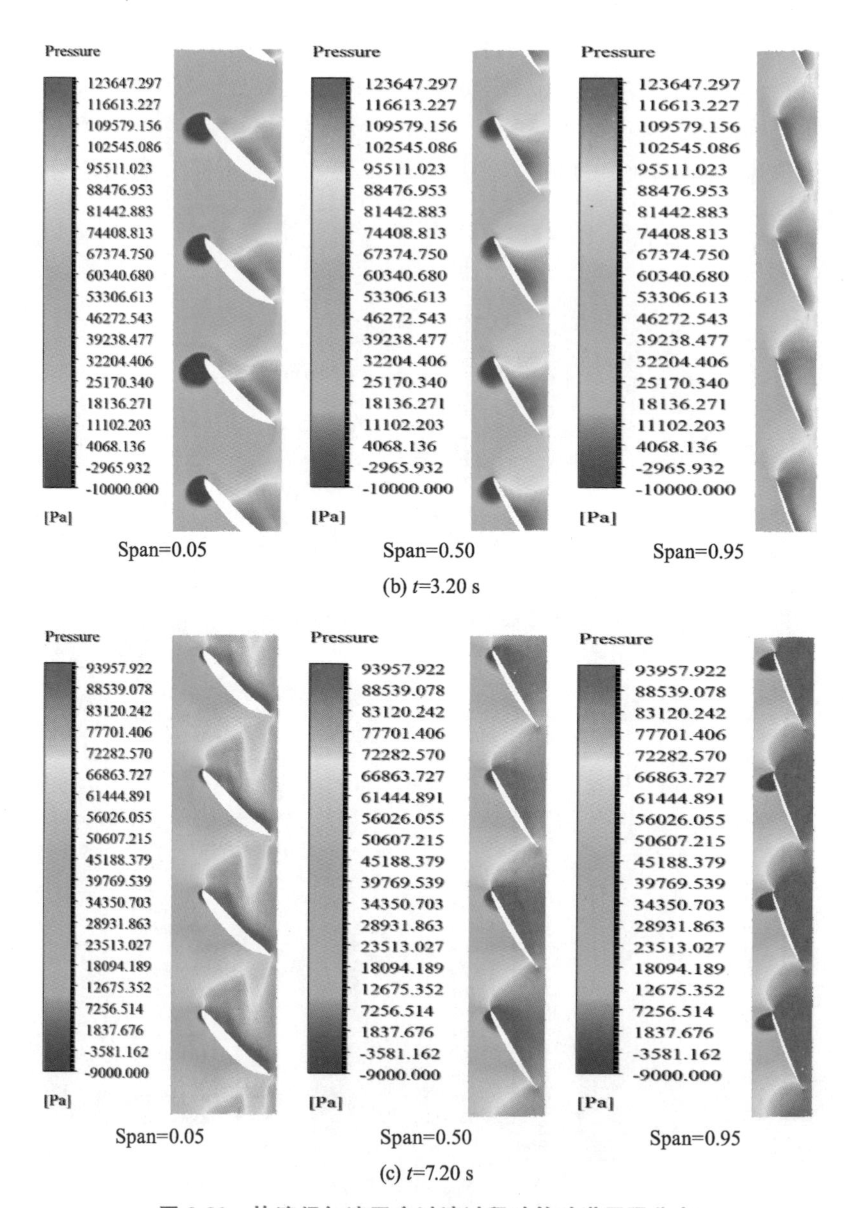

(b) t=3.20 s

(c) t=7.20 s

图 3-30　快速门加速开启过渡过程叶轮叶道压强分布

当贯流泵机组刚启动处于“倒灌”状态时，在叶片压力面出现了压应力分布，在吸力面靠近进水边处出现了负压集中区，同时随着叶轮转速的增加，叶片压力面的压强值随之增大，而吸力面负压区的负压值也随之增大。这是因为在机组从停机稳态向正常运行稳态的过渡过程前期，叶轮转速的增加伴随着流道中水阻的增大，同时出水流道中倒流现象使得叶轮受力增加，双重作用导致启动过渡过程前期叶轮正压及负压相对增大。从图 3-30a 可见，$t=0.60$ s时，靠近轮毂处(Span＝0.05)叶道负压区明显，此时叶轮旋转所产生的升力不足以克服出水池与进水池之间的压差及整个装置的水力损失，水从出水池向进水池方向流动，在叶轮进水边靠近轮毂处出现脱流现象。

当贯流泵机组处于零流量的临界状态时，叶轮旋转所产生的升力恰好和出水池与进水池之间的压差及整个装置的水力损失相平衡，但叶轮叶道内的压强分布较为混乱，叶片的局部高压与局部低压分别达到相应极值。从图 3-30b 可见，$t=3.20$ s时，靠近轮毂处(Span＝0.05)叶片压力面进水边短暂地出现了负压区，同时在叶片中线处(Span＝0.50)叶片吸力面进水边也开始出现负压区，可见流态混乱导致脱流现象进一步加重。与此同时，图 3-28c 中显示叶轮扭矩、轴向力亦同步达到相应极值，这与叶轮室流态的混乱相对应。

当贯流泵机组流道内水流沿正向流动时，随着叶轮转速的增加，叶片压力面的最大压强值与吸力面的最大负压值逐渐降低，同时负压区由轮毂处(Span＝0.05)向泵壳处(Span＝0.95)转移。从图 3-30c 可见，$t=7.20$ s时，靠近轮毂处(Span＝0.05)进水边负压区面积相比倒流状态时减小，而靠近泵壳处(Span＝0.95)进水边负压区面积则明显增大，此时机组叶轮转速已达额定转速。与图 3-28b 相对应，$t=7.20$ s时正向流量曲线的斜率较大，可见流量值在稳定增加时，叶轮室内仍会出现低压区。

③ 快速门加速开启过渡过程叶轮叶片表面载荷分布

图 3-31 为快速门加速开启过渡过程叶轮叶片表面载荷分布，可见叶片进水边处普遍出现明显的负压区，并且随着水泵的启动，负压值在持续增大，当水泵正常运行时，负压值则稳定恢复到较低的水平上。

当贯流泵机组快速门刚启动不久，从图 3-31a 可见，$t=0.60$ s时，靠近轮毂处(Span＝0.05)叶道压力面的压强呈现出从叶轮进水边向出水边逐渐递增的分布规律，靠近泵壳处(Span＝0.95)叶道压力面的压强呈现出从叶轮进水边向出水边逐渐递减的分布规律，而叶片中线处(Span＝0.50)叶道压力面的压强则分布较为均匀，三条叶道吸力面靠近出水边处压强分布亦较为均匀。这是因为此时贯流泵机组处于倒流状态，轮毂处叶轮出水边先于进水边与水流接触，故而出水边压强值相对较大；而泵壳处叶轮转动的绝对速度较大，且泵壳作为流域边界具有阻碍作用，使得出水边压强值相对较小。

当贯流泵机组处于零流量的临界状态，从图 3-31b 可见，$t=3.20$ s时，靠近轮毂处(Span＝0.05)和叶片中线处(Span＝0.50)叶道进水边负压值较大，同时压力面上最大值相比非临界状态下压强值更大，此时流道内流态紊乱，叶轮进水边出现明显的脱流现象。

当贯流泵机组处于正向流动运行工况时，从图 3-31c 可见，$t=7.20$ s 时，三条叶道吸力面的压强均呈现出从叶轮进水边向出水边逐渐递增的分布规律，而压力面的压强分布均匀，同时靠近轮毂处进水边处负压值减小，而靠近泵壳处进水边处负压值则增大。

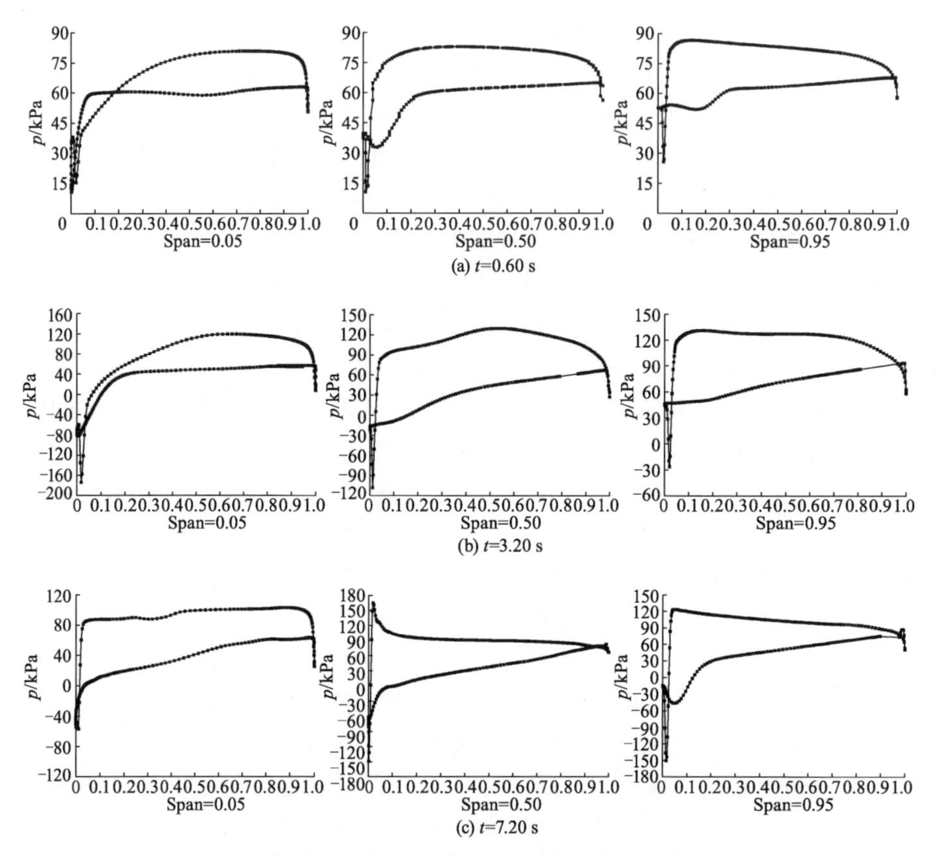

图 3-31　快速门加速开启过渡过程叶轮叶片表面载荷分布

④ 快速门加速开启过渡过程前导叶体叶片叶道流速分布

图 3-32 为快速门加速开启过渡过程前导叶体叶片叶道流速分布云图。由图可见前导叶区域内的流速分布基本均匀，前导叶片之间流速变化不大，而前导叶与叶轮之间区域流速呈现明显的梯级分布；并且随着快速门的开启，前导叶片叶道的流速大小随时间而增加，直至水泵稳定运行时流速达到最高水平。

当快速门刚启动不久时，如图 3-32a 所示，流道内的过流流速较小，前导叶片之间流速尚且变化不大。随着叶轮转速的增加，机组倒流流量加大，此时流态规律有悖于稳定运行工况的流态。当机组处于零流量的临界状态，此时流道内流态较为混乱，如图 3-32b 所示，前导叶区域均处于低流速状态，同时靠近泵壳处(Span＝0.95)叶道上前导叶区域的流速呈梯级分布，而非均匀分布，此时导流装置未能完全约束水流。随着叶轮转速的进一步增加，当机组转速达到额定转速且流道内水体沿正向流动时，前导叶道整体的流态得到明显改善，如图 3-32c 所示，靠近泵壳处(Span＝0.95)叶道上前导叶区域的流速基本呈均匀分布，仅在靠近前导叶壁面位置处存在小部分低流速区。

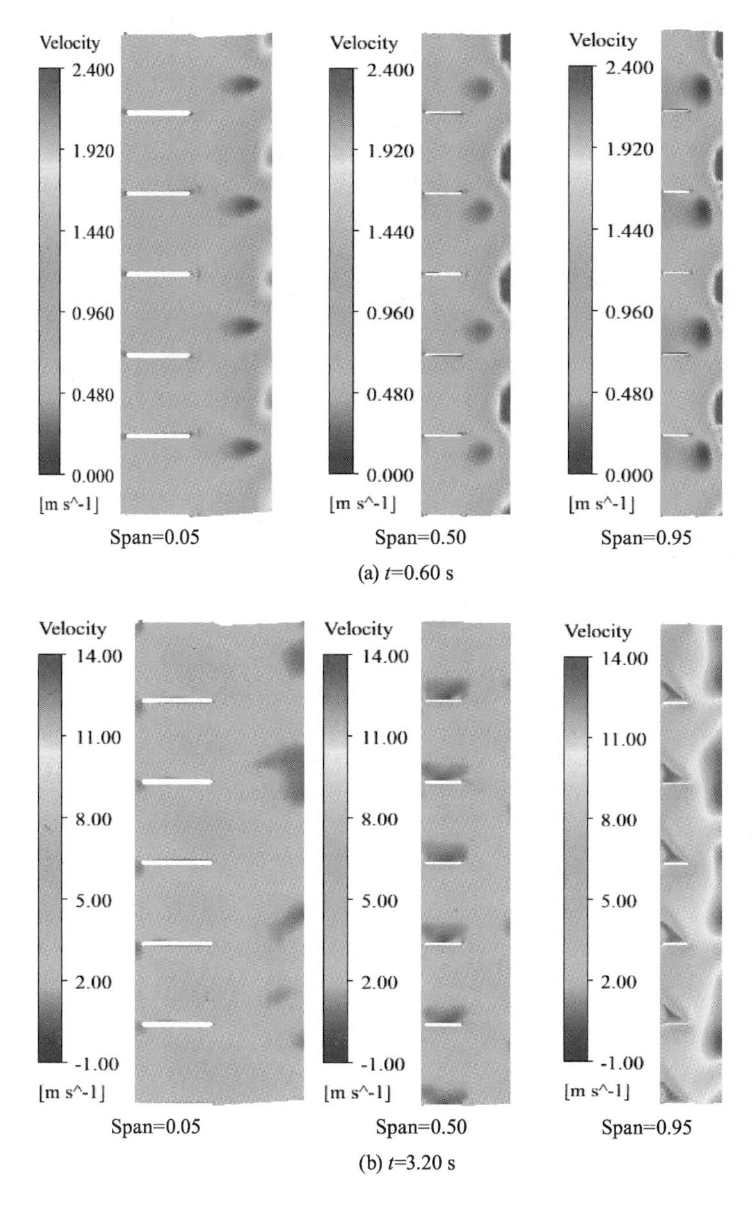

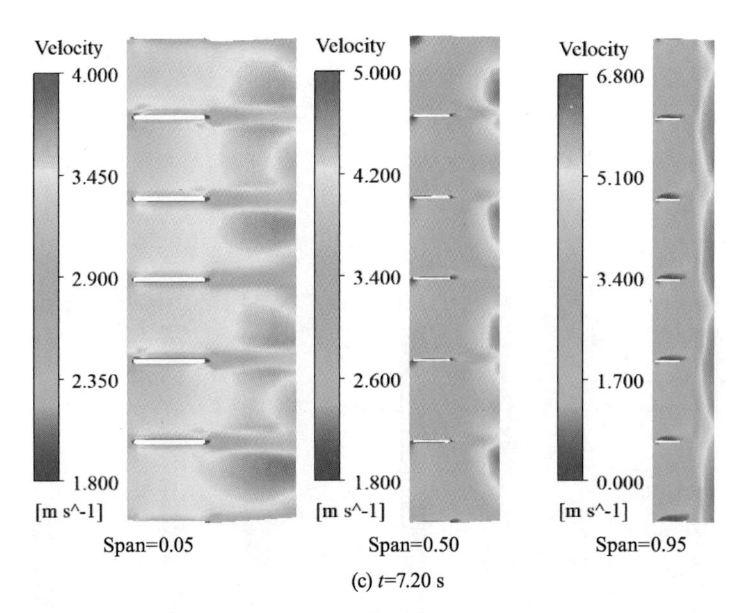

(c) t=7.20 s

图 3-32 快速门加速开启过渡过程前导叶体叶片叶道流速分布

(6) 结论

① 当贯流泵机组快速门以 10 倍设计速度启动时,机组的转速与流量将以更快的速度达到额定转速与额定流量,同时瞬间最大倒灌流量相比未加速启动时增加了 30%。

② 当机组启动过程中处于倒流状态时,靠近轮毂处叶轮叶道压力面的压强呈现出从叶轮进水边向出水边逐渐递增的分布规律;同时靠近泵壳处的前导叶片之间水流流速沿环向呈现明显的梯级分布,此时导流装置难以完全起到平顺水流的作用。

③ 当机组启动过程中处于零流量的临界状态时,流态混乱导致压强集中及脱流现象进一步加重,在叶轮压力面出现激增明显的高压区,而叶轮进水边则出现范围扩大、程度加深的负压区。

4

低扬程泵装置性能优化

大型低扬程泵装置是一个非常复杂的系统，系统内任何一个部件的形状、位置、数量等参数的变化，都会对整个泵装置的性能产生影响。如果把每一个方案都做成模型，在试验台做试验，再根据试验结果修改设计，其经济与时间代价往往是不能接受的。如果运用CFD数值模拟的方法，计算不同方案泵装置的性能，以达到泵装置性能优化的目的，则可以取得事半功倍的效果。

4.1 淮安一站水泵叶轮体优化设计

4.1.1 基本概况

淮安一站特征扬程如表4-1所示。

表4-1 淮安一站特征扬程 m

名称	站上水位	站下水位	扬程
最高扬程	11.20	4.53	6.67
设计扬程	9.52	4.63	4.89
最低扬程	8.50	6.50	2.00

2000年淮安一站改造时，选用了华中理工大学的ZMB－70型水力模型。该模型用于淮安一站时，最高效率区在5.9 m，扬程偏高，因此有必要根据淮安一站现有的特征扬程和进、出水流道设计新的水力模型，为此在其他所有过流部件几何相似的条件下，对叶轮叶片翼型设计、轮毂比、叶片数进行优化与选择。

4.1.2 叶片翼型对水泵性能的影响

由于后导叶体上面的水泵大弯管不改造，叶轮室下面的进水流道出口也不改造，因此叶轮室和导叶体的直径、高度维持不变。叶轮室高度 650 mm，叶轮直径 1 640 mm。轴流式机组的叶片是空间扭曲叶型，在其他过流部件尺寸参数相同的条件下，对叶片翼型进行设计优化。

对不同叶片翼型进行 CFD 模拟计算，计算时采用流量进口(11.2 m^3/s)、压力出口(0 Pa)，对计算结果(扬程、效率)进行分析，设计出在设计流量下能达到设计扬程时效率最高的模型。

图 4-1 为不同叶片翼型(翼型 A、翼型 B、翼型 C)的单叶片放大图。

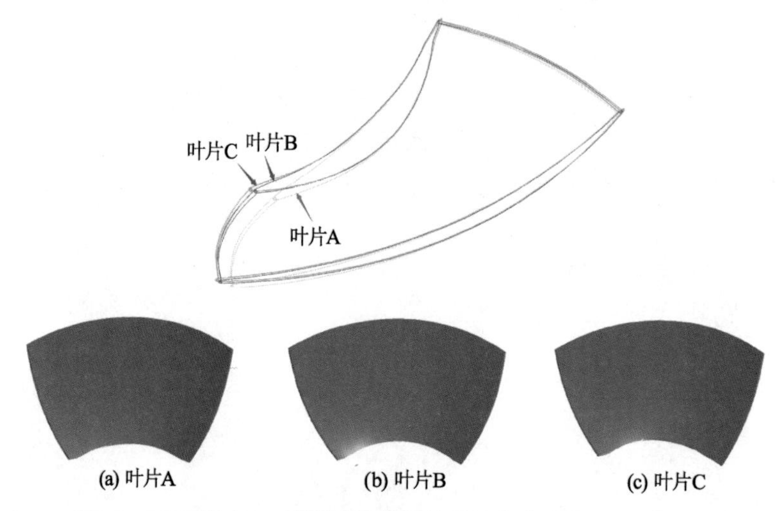

图 4-1　不同叶片翼型的单叶片放大图

(1) 计算结果

表 4-2 所示为不同叶片翼型水泵性能参数对比，由表可以看出，在设计流量工况下，翼型 C 的扬程较为接近设计扬程，泵装置的效率在三种翼型中是较高的；翼型 A 扬程过高，且效率比较低；翼型 B 扬程达不到设计要求，且效率较翼型 C 更低。在偏离设计流量工况时，翼型 B 效率下降较多，翼型 A 和翼型 C 效率几乎相同。综合以上因素看，翼型 C 是较优方案。

表 4-2　不同叶片翼型水泵模型计算结果

翼型	扬程/m	流量/(m^3/s)	功率/kW	装置效率/%	叶轮效率/%	转速/(r/min)
A	5.28	11.2	738.4	78.63	91.04	250
	4.58	12.5	692.6	81.01	91.73	250
B	4.80	11.2	657.2	80.28	92.08	250
	3.48	12.5	546.1	78.04	90.54	250
C	4.91	11.2	651.1	82.86	93.17	250
	3.65	12.5	547.8	80.96	91.19	250

(2) 叶片表面静压

图 4-2 所示为三种翼型分别在设计流量工况及较低扬程工况下，叶片压力面与吸力面静压云图。在设计流量工况下(即流量为 11.2 m^3/s)，翼型 B 与翼型 C 叶片静压分布规律相似，且压力面静压值整体较翼型 A 数值大，压力面压强数值从进水边向出水边逐渐减小，吸力面压强数值从进水边向出水边逐渐增大；叶片压力面承受的静压要大于吸力面，压强值由靠近轮毂处向轮缘处逐渐增大。翼型 A 与翼型 B 叶片压力面进水边都出现了局部的高压，翼型 A 吸力面静压分布均匀且值较小，翼型 C 在偏离设计工况时，叶片吸力面静压值分布变得较为复杂且呈对称分布。

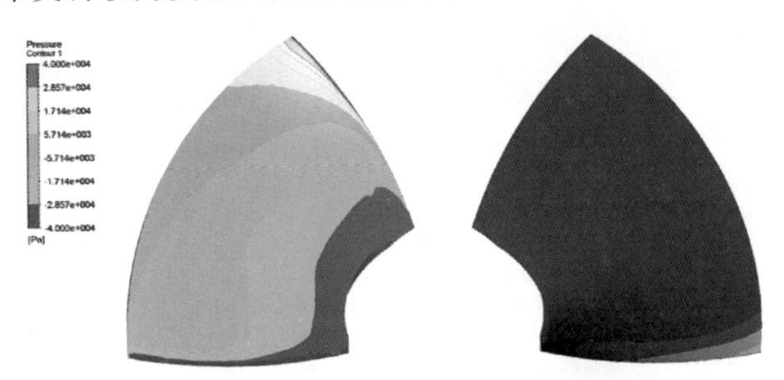

(a) 翼型A，流量为11.2 m^3/s的水泵叶片压力面、吸力面静压云图

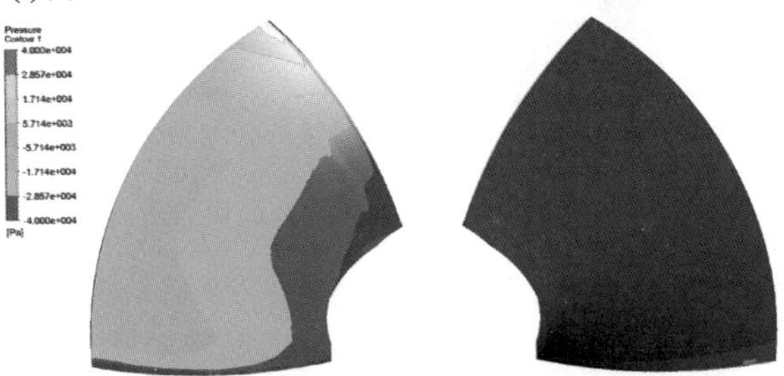

(b) 翼型A，流量为12.5 m^3/s的水泵叶片压力面、吸力面静压云图

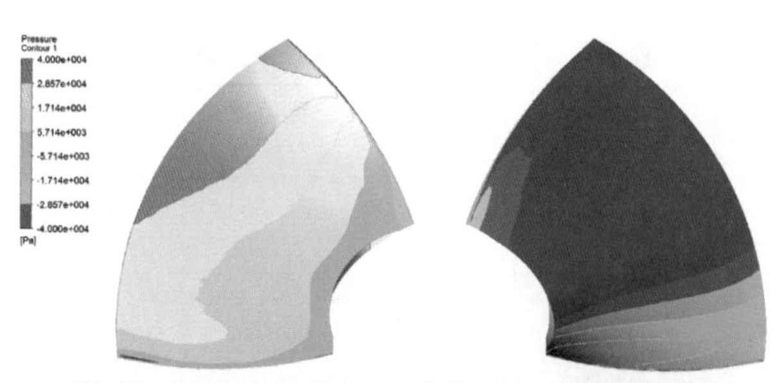

(c) 翼型B，流量为11.2 m^3/s的水泵叶片压力面、吸力面静压云图

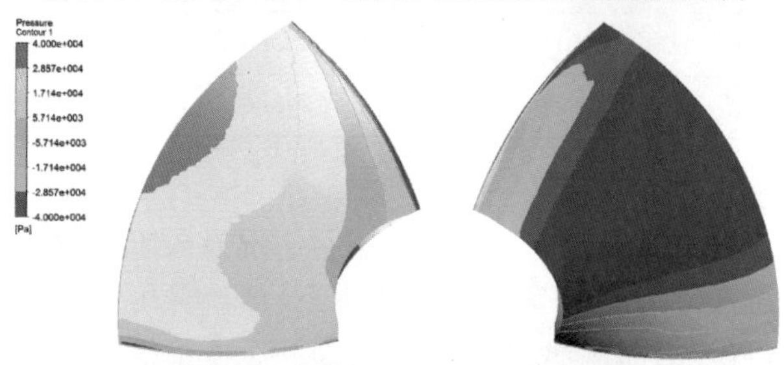

(d) 翼型B，流量为12.5 m^3/s的水泵叶片压力面、吸力面静压云图

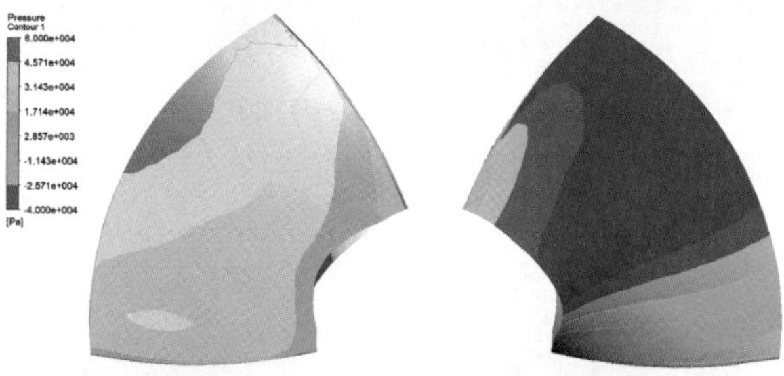

(e) 翼型C，流量为11.2 m^3/s的水泵叶片压力面、吸力面静压云图

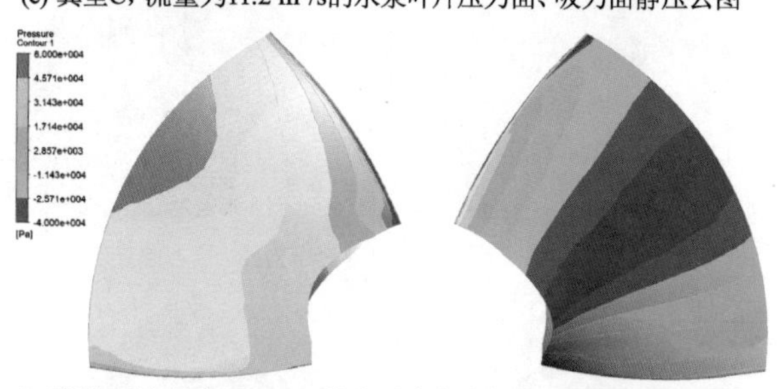

(f) 翼型C，流量为12.5 m^3/s的水泵叶片压力面、吸力面静压云图

图 4-2　不同翼型水泵模型叶片表面静压云图

(3) 叶片表面相对流速分布

图 4-3 所示为三种翼型分别在设计流量工况及较大流量工况下，叶片表面相对流速分布。在设计流量工况下，叶片表面相对速度分布较为相似，三

种叶片整体流态都较好，无明显的脱流、回流与漩涡现象。叶片吸力面与压力面靠近轮缘处的速度较大，靠近轮毂处的速度较小。

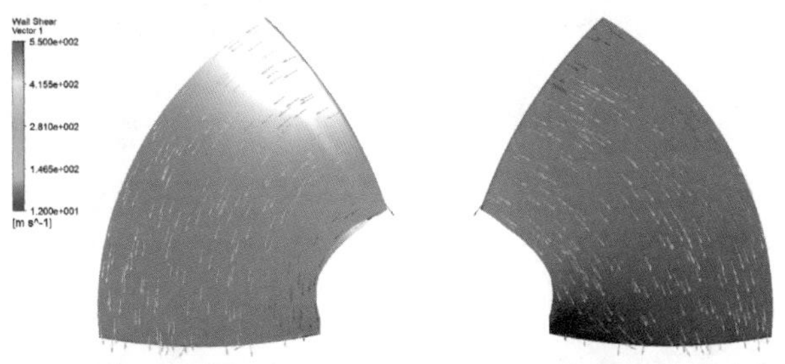

(a) 翼型A，流量为11.2 m³/s时叶片吸力面与压力面相对速度分布

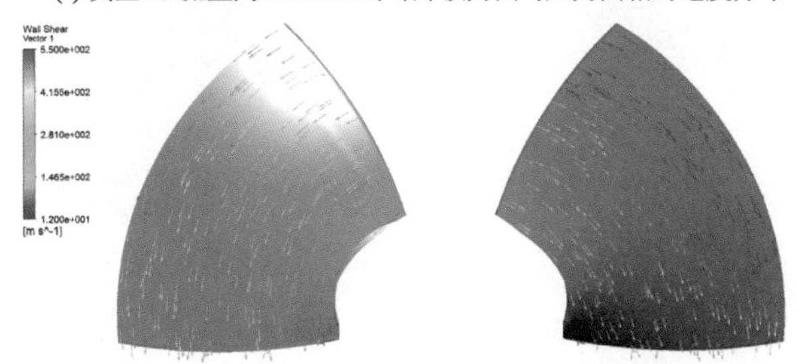

(b) 翼型A，流量为12.5 m³/s时叶片吸力面与压力面相对速度分布

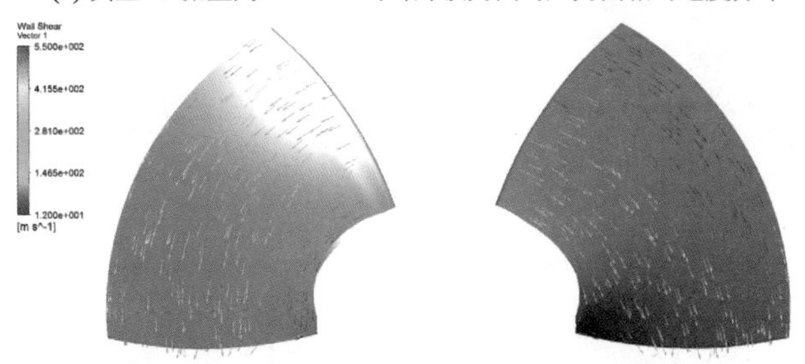

(c) 翼型B，流量为11.2 m³/s时叶片吸力面与压力面相对速度分布

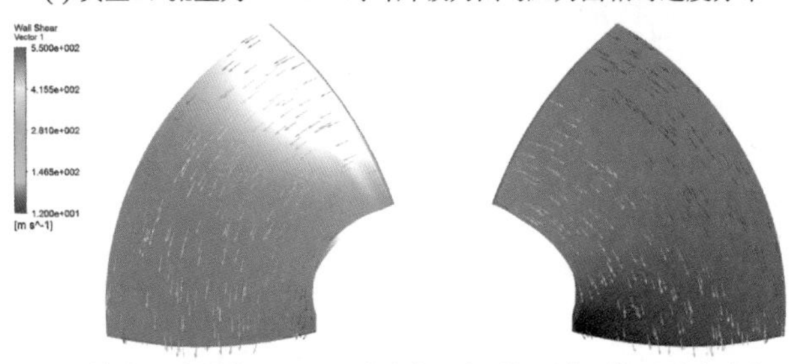

(d) 翼型B，流量为12.5 m³/s时叶片吸力面与压力面相对速度分布

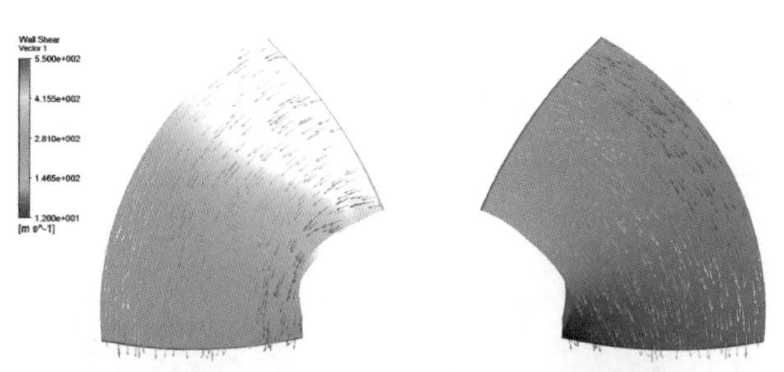

(e) 翼型C，流量为11.2 m³/s时叶片吸力面与压力面相对速度分布

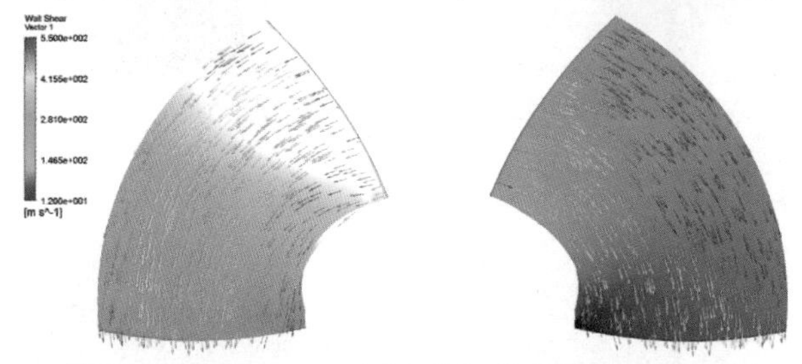

(f) 翼型C，流量为12.5 m³/s时叶片吸力面与压力面相对速度分布

图 4-3　不同翼型水泵模型叶片表面相对流速分布

（4）水泵流线图

图 4-4 为不同翼型水泵的全流道流线图。由图可见，三种翼型水泵中整体流线均较顺畅，流速分布基本对称，叶轮区流速较大。进水流道水流流线均顺畅，流速基本呈对称分布。而出水流道中，流线呈绕流道中心的螺旋线状。在设计流量下，导叶出口处的水流流态较为平稳，翼型 B 水流在出水流道中出现了回流；翼型 A 与翼型 B 在设计扬程工况下，由于流量偏离设计工况，导叶出口处的水流流态较为紊乱。

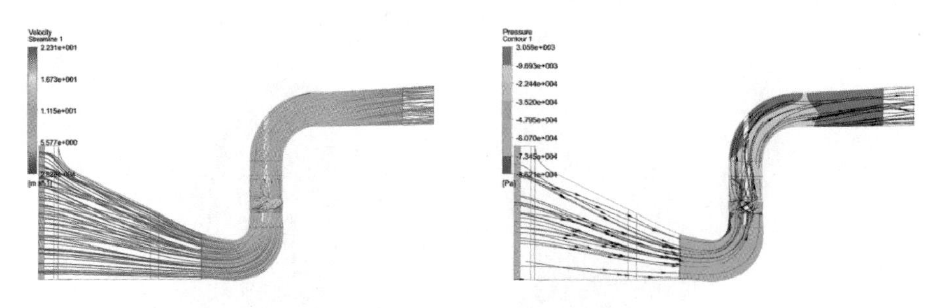

(a) 翼型A，流量为11.2 m³/s的水泵流线图

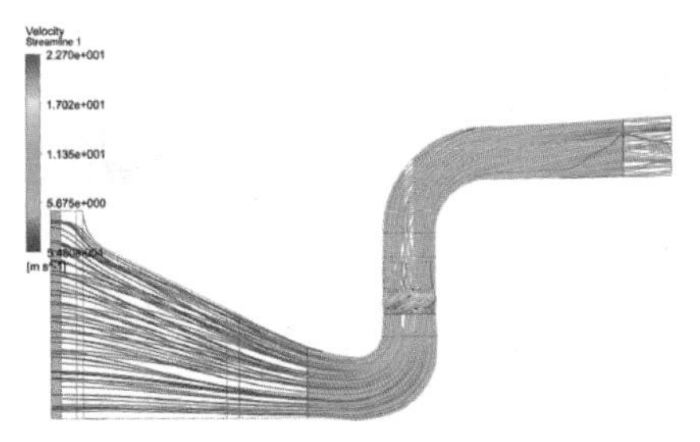

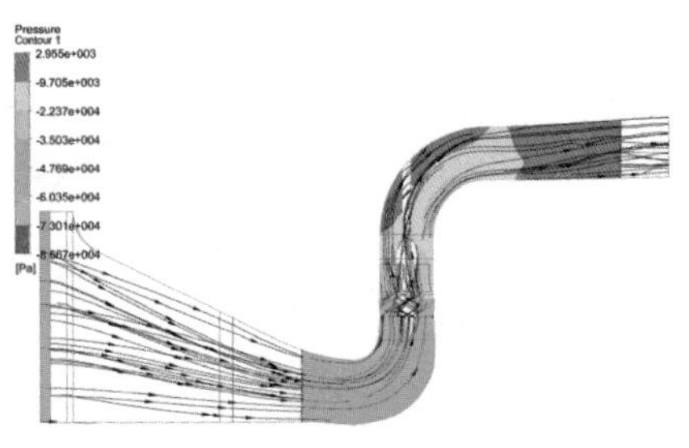

(b) 翼型A，流量为12.5 m³/s的水泵流线图

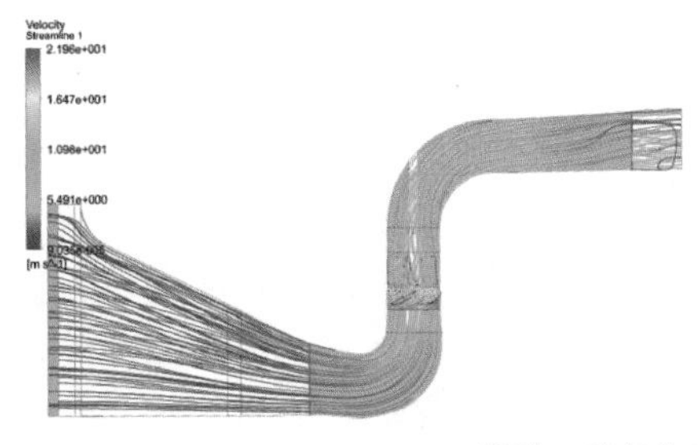

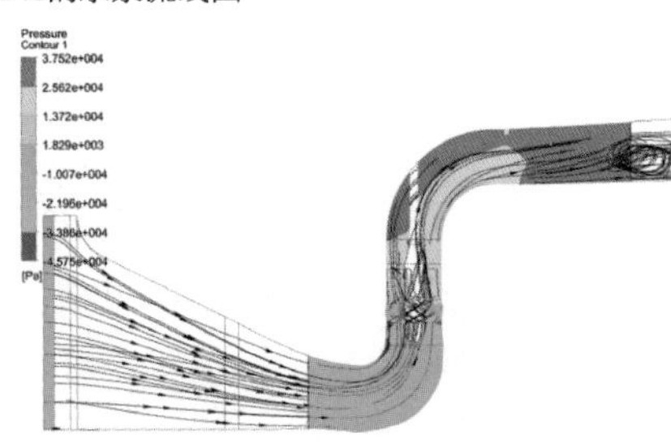

(c) 翼型B，流量为11.2 m³/s的水泵流线图

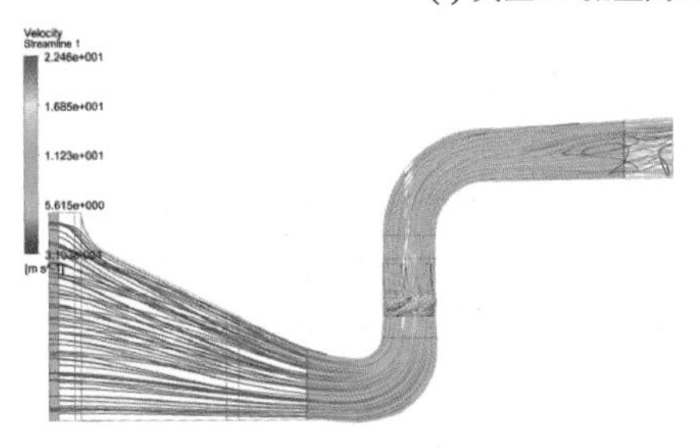

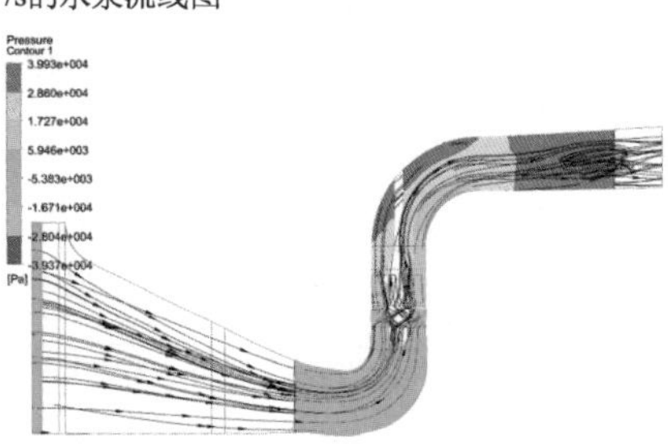

(d) 翼型B，流量为12.5 m³/s的水泵流线图

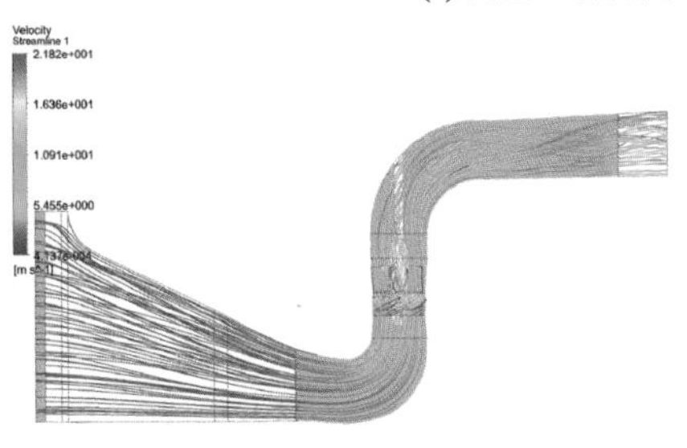

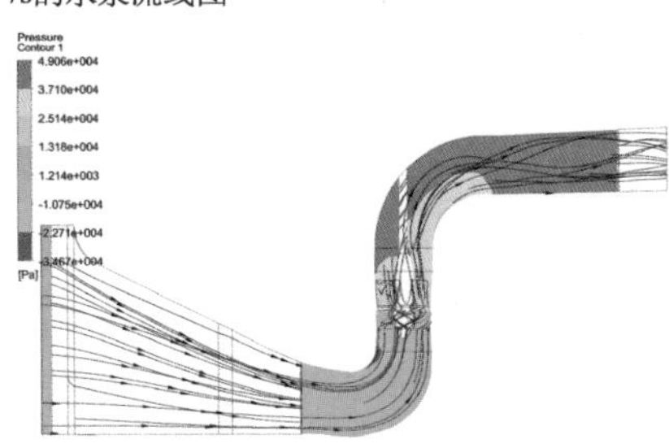

(e) 翼型C，流量为11.2 m³/s的水泵流线图

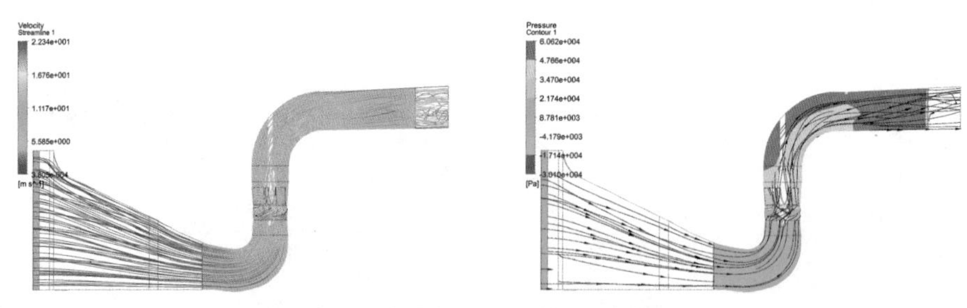

(f) 翼型C，流量为12.5 m³/s的水泵流线图

图 4-4　不同叶片翼型的水泵流线图

4.1.3　叶片数对水泵性能的影响

叶片是水泵的重要部件，叶片数对泵装置的效率、流量等都有重要的影响，所以要对叶片数进行优化。设计中，考虑叶片数为 3 和 4 两种方案进行对比分析，结果如下。

(1) 计算结果

表 4-3 所示为不同叶片数水泵性能参数对比，由表可以看出，在其他过流部件相同的条件下，叶片数对水泵水力性能影响较大。在设计流量工况下，3 叶片模型效率为 79.37%，对应扬程为 4.61 m，4 叶片模型效率为 82.86%，扬程为 4.91 m；在偏离设计流量工况时，3 叶片模型效率下降比 4 叶片模型快，根据模拟结果，选择扬程符合要求、效率较高的 4 叶片模型。

表 4-3　不同叶片数水泵模型计算结果

叶片数	扬程/m	流量/(m^3/s)	功率/kW	装置效率/%	叶轮效率/%	转速/(r/min)
3	4.61	11.2	638.6	79.37	92.46	250
	3.65	12.5	547.8	80.96	91.19	250
4	4.91	11.2	651.1	82.86	93.17	250
	5.94	9.6	711.5	78.68	91.89	250

(2) 叶片表面静压

图 4-5 为两种叶片数方案分别在不同流量工况下水泵叶片压力面、吸力面静压分布图。压力面压强数值整体从进水边向出水边逐渐减小，吸力面压强数值从进水边向出水边逐渐增大；叶片压力面承受的静压要大于吸力面。在设计流量下，当叶片数为 3 时，压力面压强值整体比叶片数为 4 时大，靠近轮毂处压强较低，向轮缘处过渡明显；吸力面压强分布较为简单，基本由进水

边均匀增大到出水边处。当叶片数为 4 时，压力面压强值分布均匀，轮毂处压强较小面积较大，且向轮缘处过渡平缓；吸力面靠近进水边区域出现部分低压，中间部分压强相对较低，在偏离设计工况时，吸力面压强值由进水边向出水边变化较为明显，且压强最大值大于设计工况时的压强值。

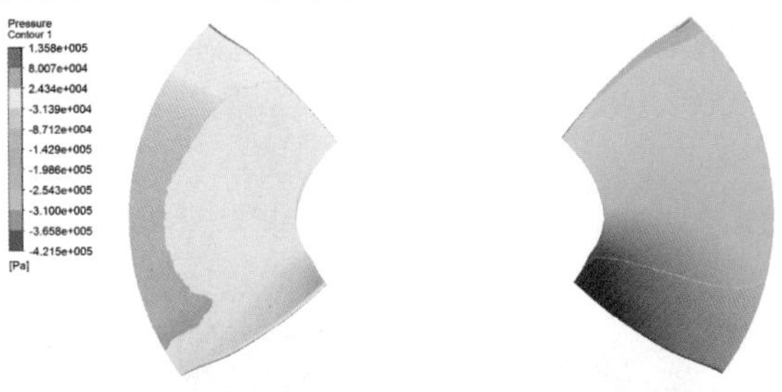

(a) 叶片数为3，流量为11.2 m³/s 的水泵叶片压力面、吸力面静压云图

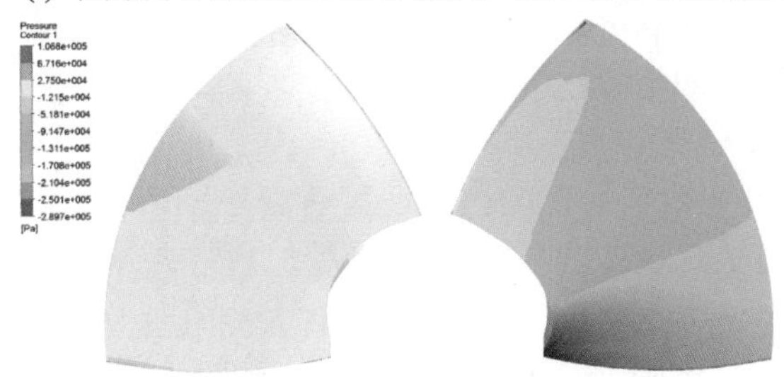

(b) 叶片数为4，流量为11.2 m³/s 的水泵叶片压力面、吸力面静压云图

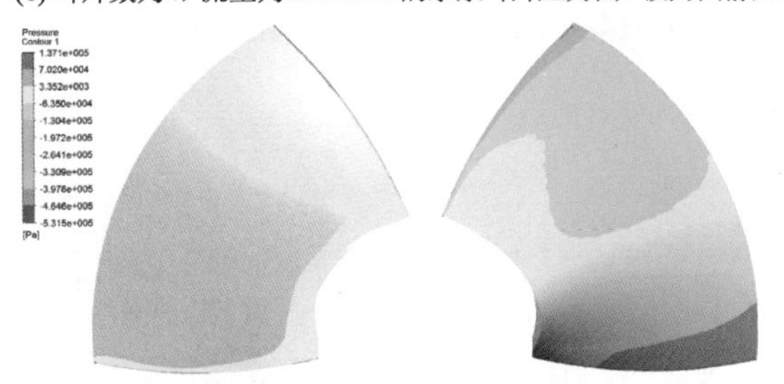

(c) 叶片数为4，流量为9.6 m³/s 的水泵叶片压力面、吸力面静压云图

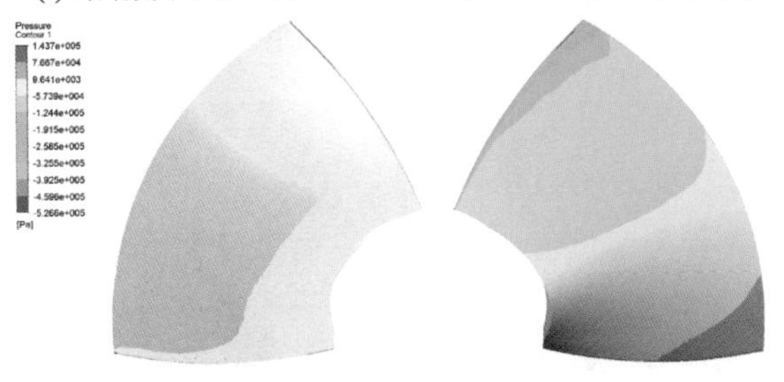

(d) 叶片数为4，流量为12.5 m³/s 的水泵叶片压力面、吸力面静压云图

图 4-5　不同叶片数水泵模型叶片表面静压云图

（3）叶片表面相对流速分布

图 4-6 所示为两种叶片数方案分别在设计流量工况及偏离设计扬程工况下，叶片表面相对流速分布。在设计流量工况下，叶片表面相对速度分布较为相似，两种方案叶片整体流态都较好，无明显的脱流、回流与漩涡现象。叶片吸力面与压力面靠近轮缘处的速度较大，靠近轮毂处的速度较小。

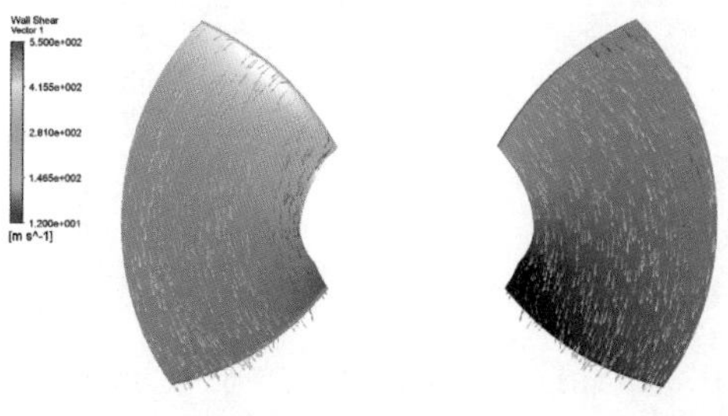

(a) 叶片数为3，流量为11.2 m^3/s时叶片吸力面与压力面相对速度分布

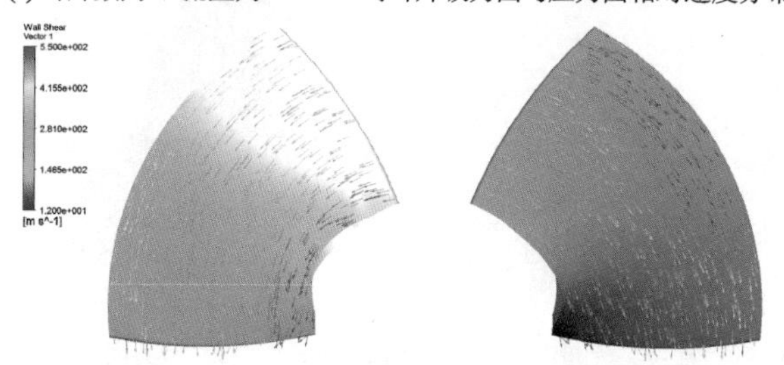

(b) 叶片数为4，流量为11.2 m^3/s时叶片吸力面与压力面相对速度分布

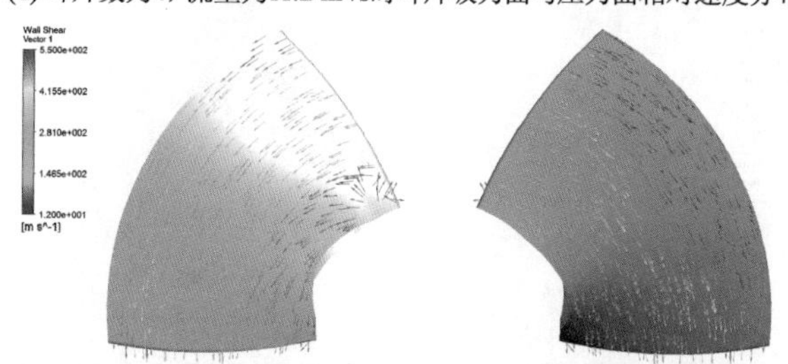

(c) 叶片数为4，流量为12.5 m^3/s时叶片吸力面与压力面相对速度分布

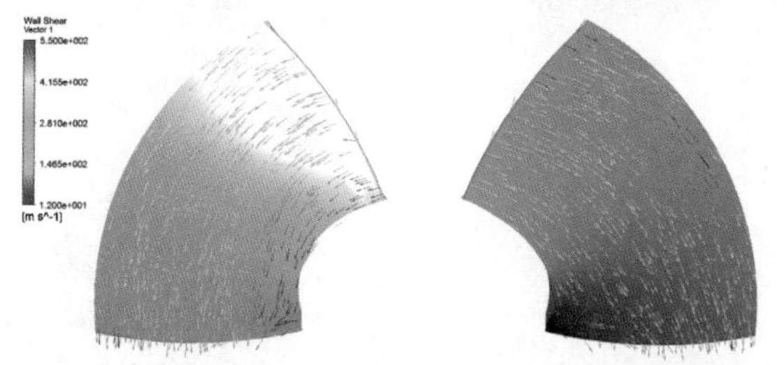

(d) 叶片数为4，流量为9.6 m^3/s时叶片吸力面与压力面相对速度分布

图 4-6　不同叶片数水泵模型叶片表面相对流速分布

（4）水泵流线图

图 4-7 为不同叶片数水泵的全流道流线图。由图可见，两种叶片数方案水泵中整体流线均较顺畅，流速分布基本对称，叶轮区流速较大。进水流道水流流线均顺畅，流速基本呈对称分布。而出水流道中，流线呈绕流道中心的螺旋线状。在设计流量下，叶片数为 4 时，导叶出口处的水流流态较为平稳。在较高扬程工况下，叶片数为 3 和叶片数为 4 时，由于流量偏离设计工况，导叶出口处的水流流态较为紊乱。

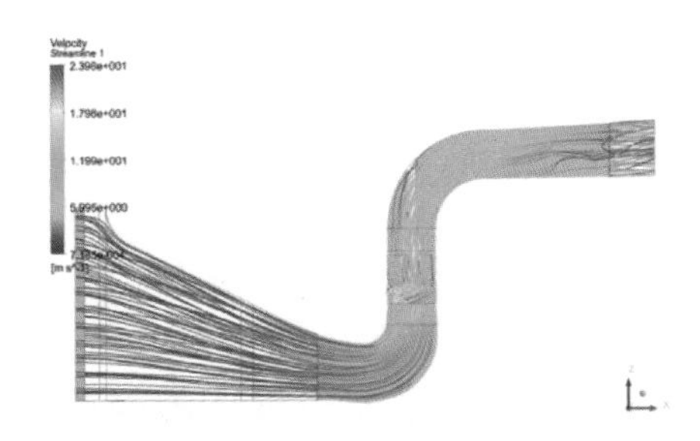
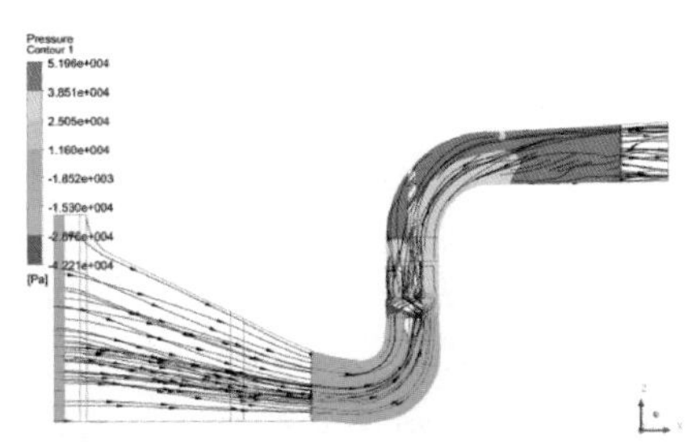

(a) 叶片数为3，流量为11.2 m^3/s的水泵流线和压强云图

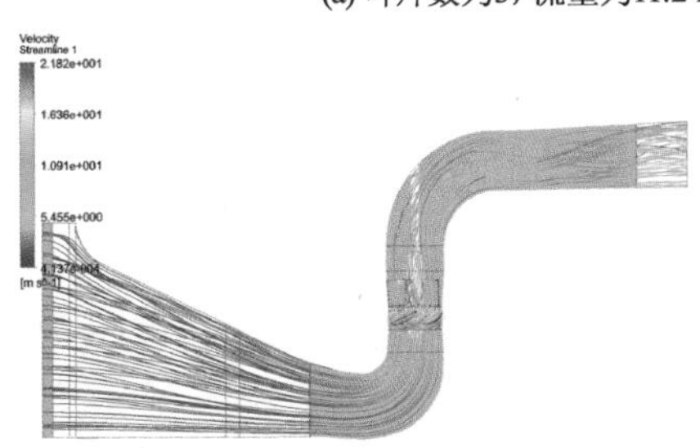
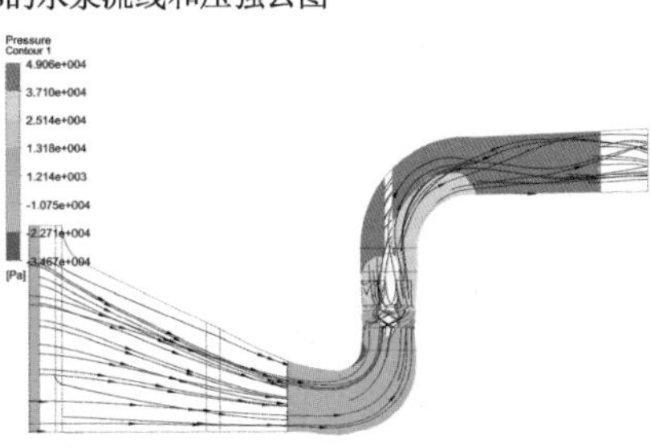

(b) 叶片数为4，流量为11.2 m^3/s的水泵流线和压强云图

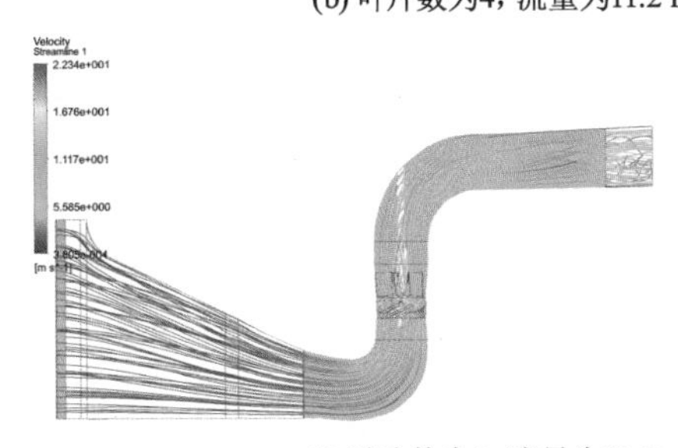
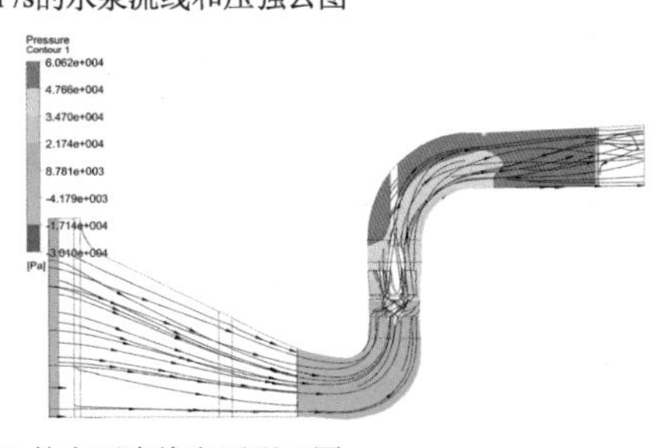

(c) 叶片数为4，流量为12.5 m^3/s的水泵流线和压强云图

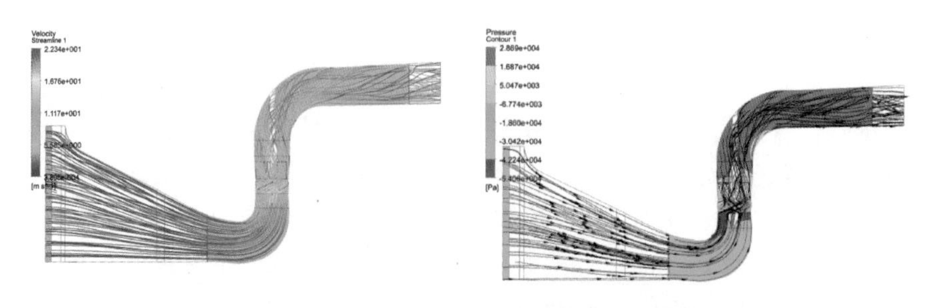

(d) 叶片数为4，流量为9.6 m³/s的水泵流线和压强云图

图 4-7　不同叶片数的水泵流线和压强云图

4.1.4　轮毂比对水泵性能的影响

轮毂是水泵中用于连接叶片和主轴的部件，也是叶轮不可或缺的一部分，在优化水泵叶轮的过程中也需要对轮毂进行相应的优化。下面对叶片安放角为0°时，轮毂比分别为0.40，0.42，0.44，0.46四种方案进行建模及数值计算，结果如下。

(1) 计算结果

表4-4所示为不同轮毂比时水泵性能参数对比，由表可以看出，轮毂比对水泵扬程影响较大。在设计流量工况下，叶轮效率相差不大，在较小流量工况下后两种轮毂比方案的叶轮效率降低。在设计流量工况下，轮毂比为0.44，0.46时，虽然泵装置的效率有所提高，但是扬程达不到设计扬程的要求。比较轮毂比为0.40和0.42两种方案，0.40时装置效率较高，且扬程和流量都满足要求，可见适当改变轮毂比对水泵性能影响较大。

表 4-4　不同轮毂比水泵模型计算结果

轮毂比	扬程/m	流量/(m³/s)	功率/kW	装置效率/%	叶轮效率/%	转速/(r/min)
0.40	4.91	11.2	651.1	82.86	93.17	250
	3.65	12.5	547.8	80.96	91.19	250
0.42	4.81	11.2	639.2	82.76	93.02	250
	3.55	12.5	540.7	80.52	91.11	250
0.44	4.80	11.2	636.2	83.01	93.23	250
	3.47	12.5	538.1	79.13	90.67	250
0.46	4.74	11.2	625.9	83.21	93.21	250
	3.30	12.5	512.7	78.97	89.90	250

(2) 叶片表面静压

图 4-8 所示为轮毂比分别为 0.40,0.42,0.44,0.46 时,叶片压力面与吸力面静压云图。设计流量工况下,轮毂比为 0、42,0.44,0.46 时,叶片压力面静压分布较为复杂,吸力面静压分布较为均匀。当轮毂比增大时,压力面静压值整体减小,叶片压力面承受的静压要大于吸力面。轮毂比为 0.40 时,叶片压力面静压分布较其他轮毂比方案更为均匀。轮毂比为 0.44,0.46 时,叶片压力面静压值在进水边处出现较小区域的低压区,出水边出现小区域高压区,吸力面出口边出现局部高压。在靠近设计扬程工况下,轮毂比为 0.42,0.44,0.46 时,叶片压力面和吸力面静压分布相似;轮毂比为 0.40 时,压力面静压数值变化比较小,吸力面静压数值比较高。

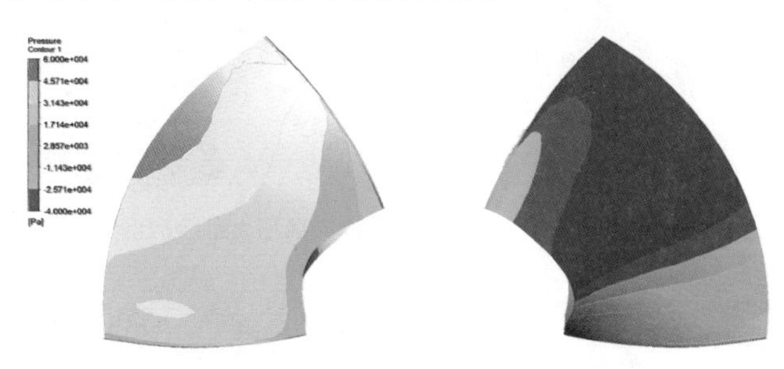

(a) 轮毂比为0.40,流量为11.2 m³/s的水泵叶片压力面、吸力面静压云图

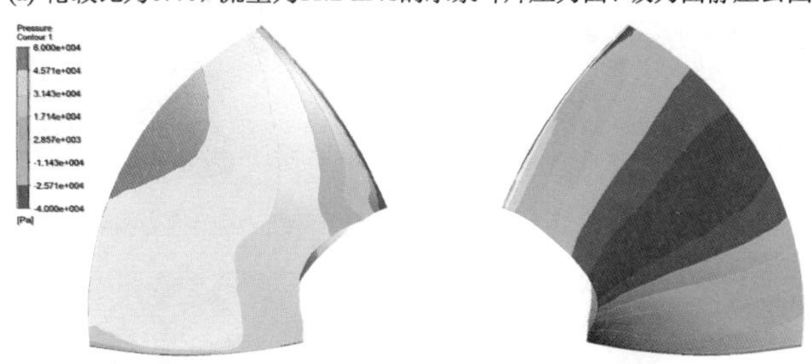

(b) 轮毂比为0.40,流量为12.5 m³/s的水泵叶片压力面、吸力面静压云图

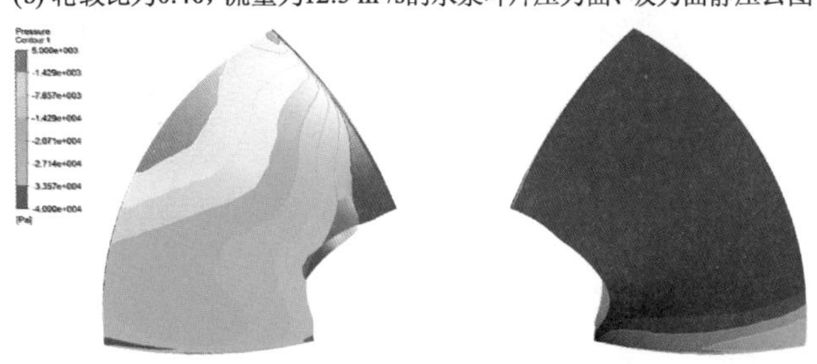

(c) 轮毂比为0.42,流量为11.2 m³/s的水泵叶片压力面、吸力面静压云图

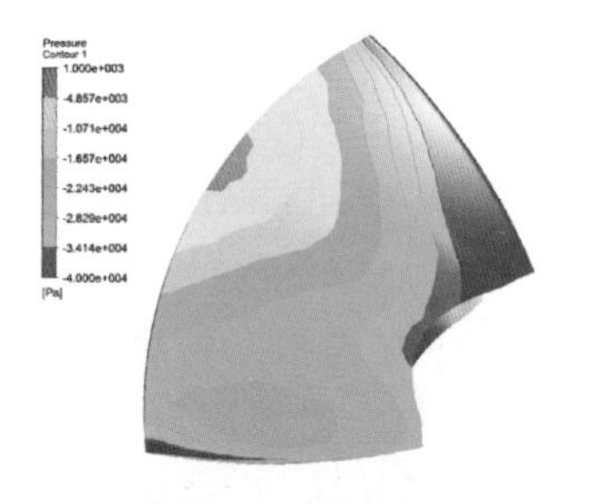

(d) 轮毂比为0.42，流量为12.5 m³/s的水泵叶片压力面、吸力面静压云图

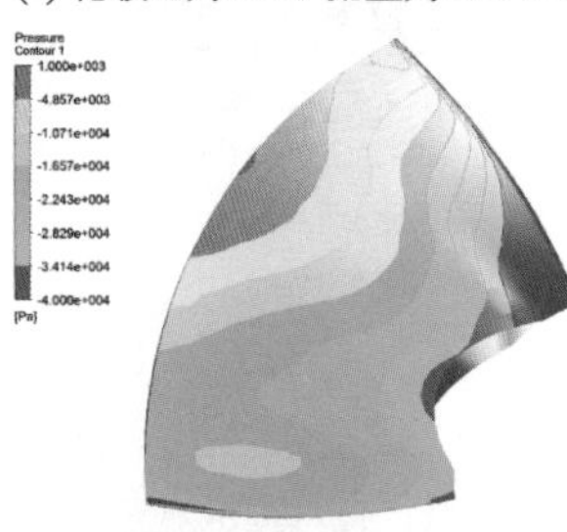

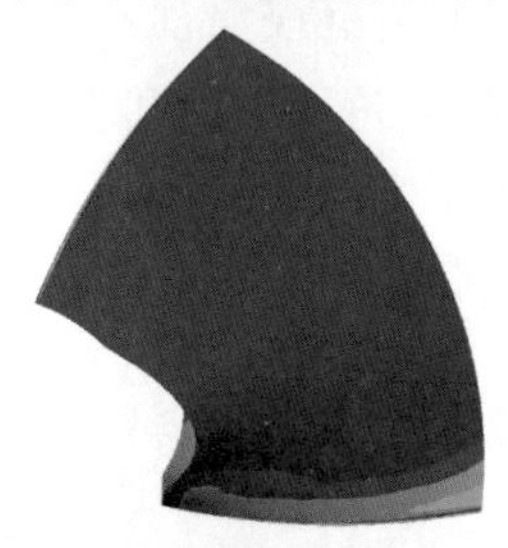

(e) 轮毂比为0.44，流量为11.2 m³/s的水泵叶片压力面、吸力面静压云图

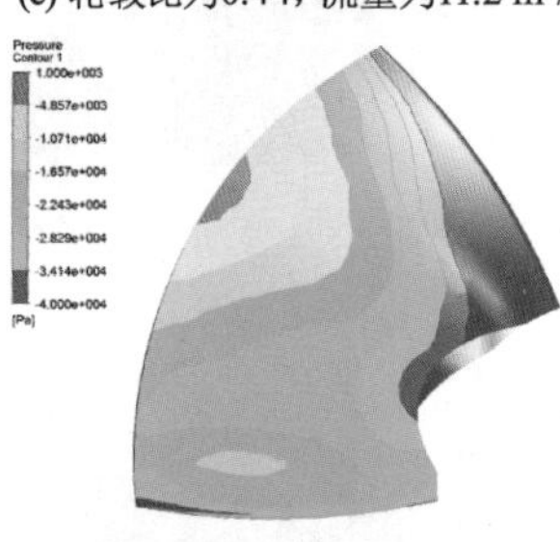

(f) 轮毂比为0.44，流量为12.5 m³/s的水泵叶片压力面、吸力面静压云图

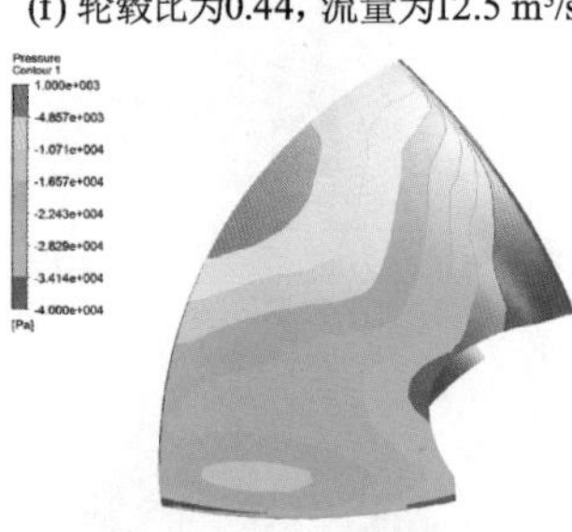

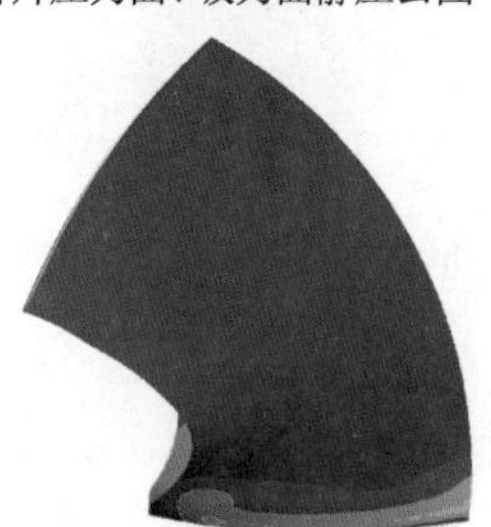

(g) 轮毂比为0.46，流量为11.2 m³/s的水泵叶片压力面、吸力面静压云图

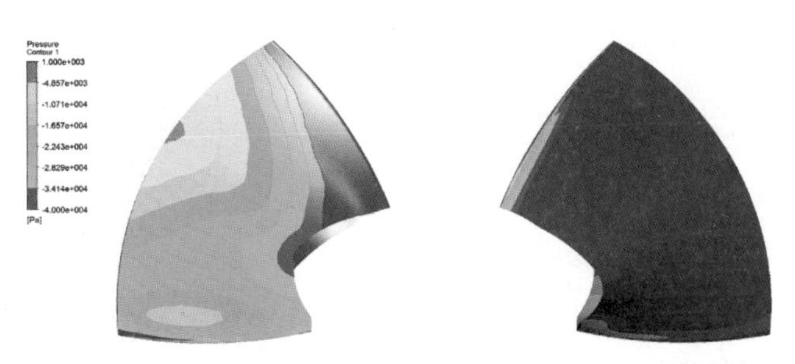

(h) 轮毂比为0.46，流量为12.5 m³/s的水泵叶片压力面、吸力面静压云图

图 4-8　不同轮毂比水泵模型叶片表面静压云图

(3) 叶片表面相对流速分布

图 4-9 所示为不同轮毂比方案分别在设计流量工况及靠近设计扬程工况下，叶片表面相对流速分布。在设计流量工况下，叶片表面相对速度分布较为相似，四种轮毂比方案叶片整体流态都较好，无明显的脱流、回流与漩涡现象。叶片吸力面与压力面靠近轮缘处的速度较大，靠近轮毂处的速度较小。

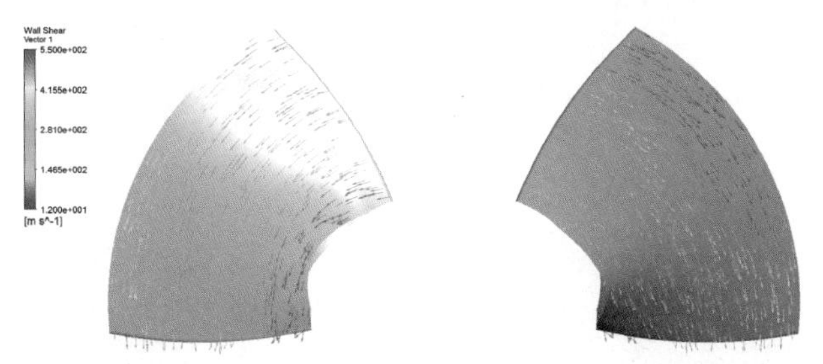

(a) 轮毂比为0.40，流量为11.2 m³/s时叶片吸力面与压力面相对速度分布

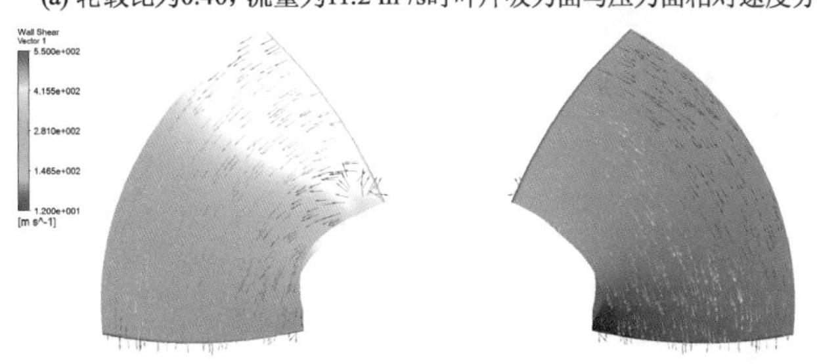

(b) 轮毂比为0.40，流量为12.5 m³/s时叶片吸力面与压力面相对速度分布

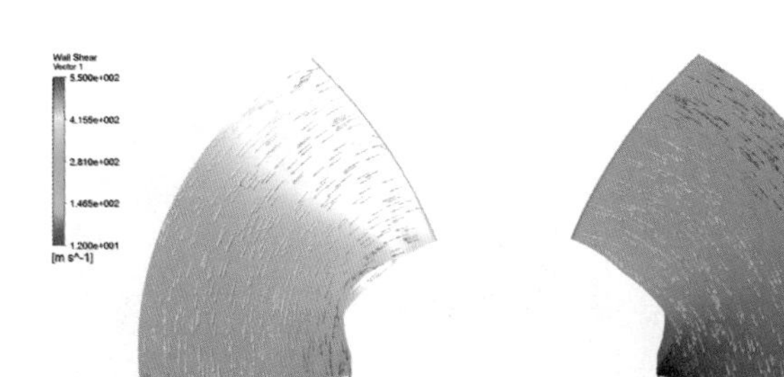

(c) 轮毂比为0.42，流量为11.2 m³/s时叶片吸力面与压力面相对速度分布

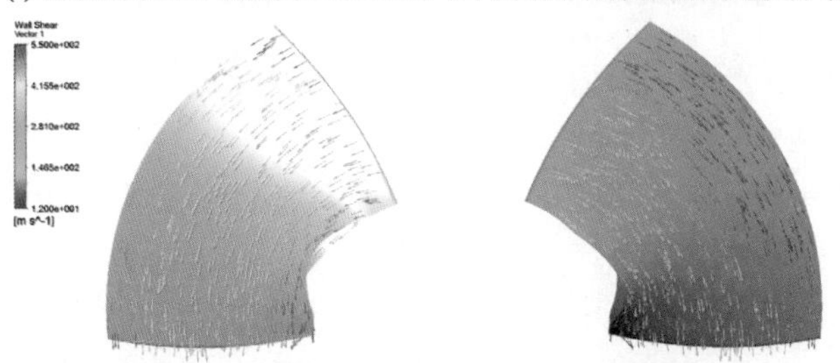

(d) 轮毂比为0.42，流量为12.5 m³/s时叶片吸力面与压力面相对速度分布

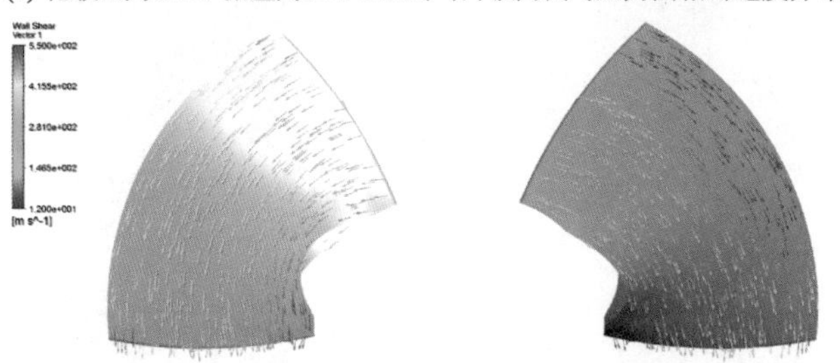

(e) 轮毂比为0.44，流量为11.2 m³/s时叶片吸力面与压力面相对速度分布

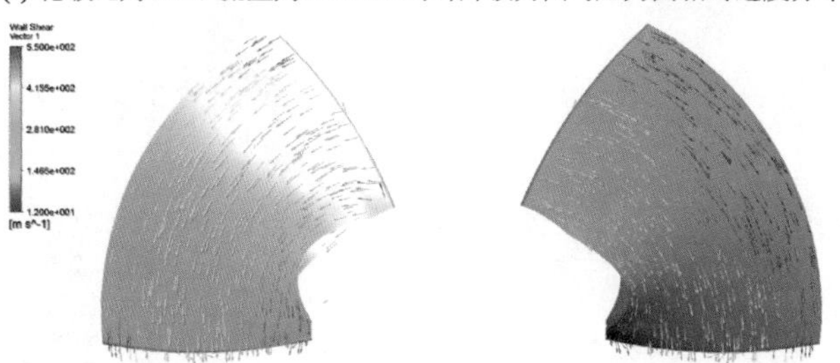

(f) 轮毂比为0.44，流量为12.5 m³/s时叶片吸力面与压力面相对速度分布

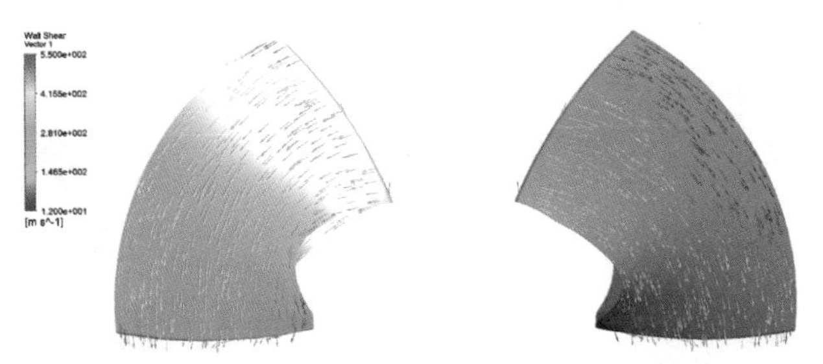

(g) 轮毂比为0.46，流量为11.2 m³/s时叶片吸力面与压力面相对速度分布

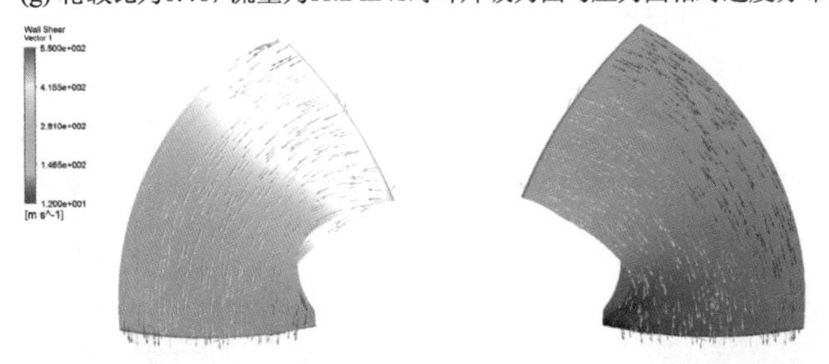

(h) 轮毂比为0.46，流量为12.5 m³/s时叶片吸力面与压力面相对速度分布

图 4-9　不同轮毂比水泵模型叶片表面相对流速分布

(4) 水泵流线图

图 4-10 为不同轮毂比时水泵的全流道流线图。由图可见，这四种方案水泵中整体流线均较顺畅，流速分布基本对称，叶轮区流速较大。四种方案进水流道水流流线均顺畅，流速基本呈对称分布。而出水流道中，流线呈绕流道中心的螺旋线状。在设计流量工况下，当轮毂比为 0.42，0.44，0.46 时，在叶轮出口、导叶体处流态均出现小区域紊乱。

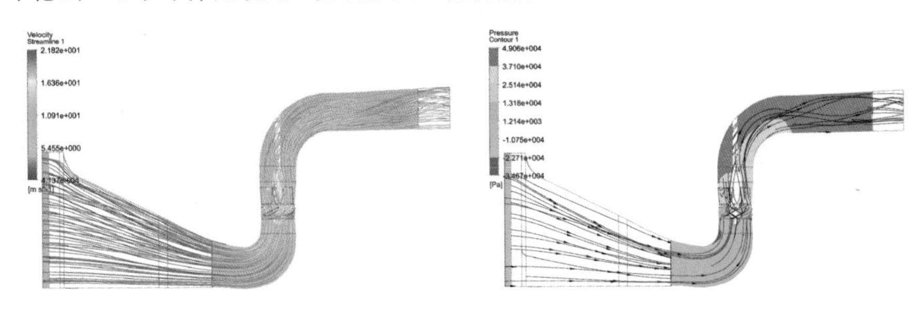

(a) 轮毂比为0.40，流量为11.2 m³/s的水泵流线图

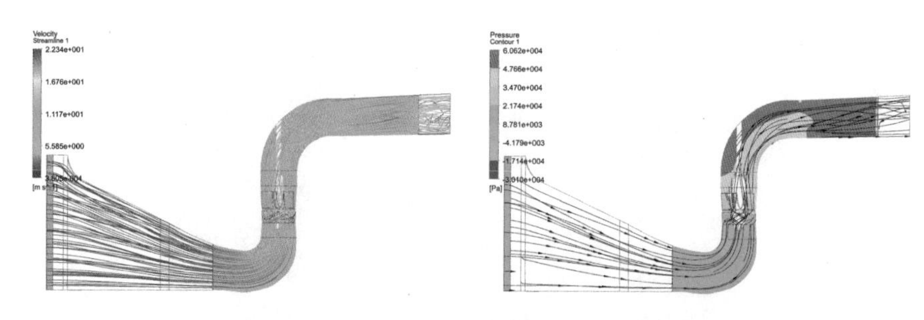

(b) 轮毂比为0.40，流量为12.5 m³/s的水泵流线图

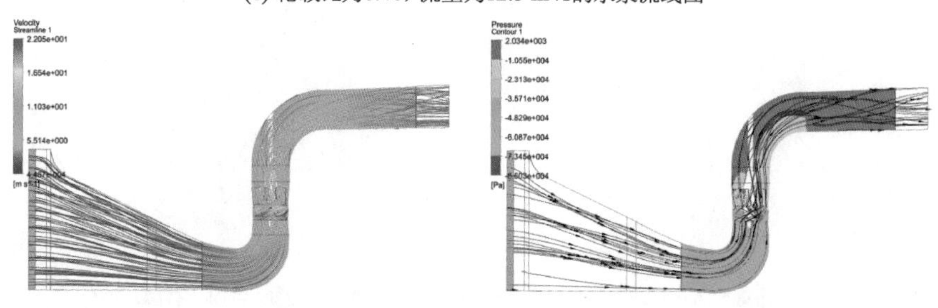

(c) 轮毂比为0.42，流量为11.2 m³/s的水泵流线图

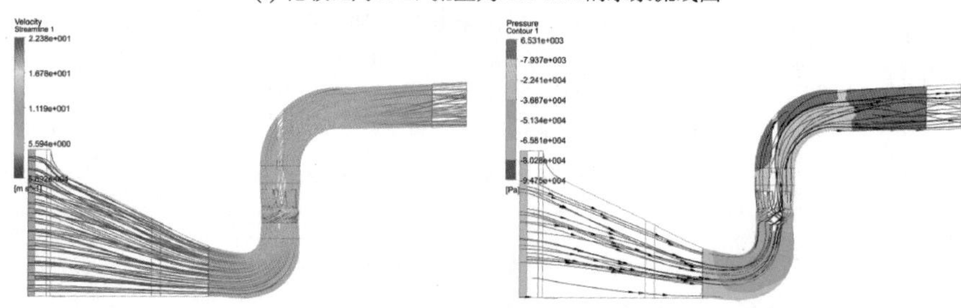

(d) 轮毂比为0.42，流量为12.5 m³/s的水泵流线图

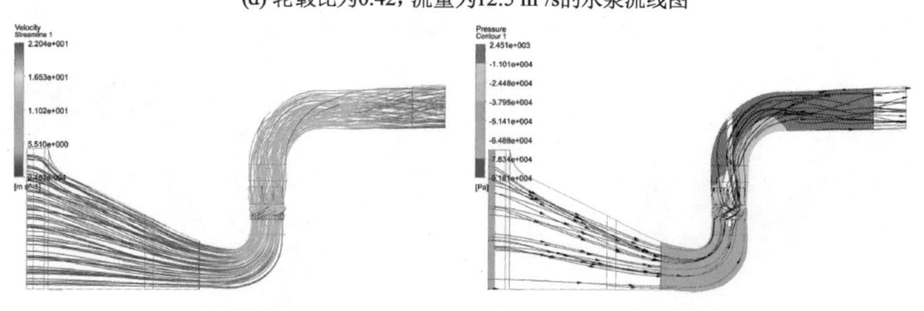

(e) 轮毂比为0.44，流量为11.2 m³/s的水泵流线图

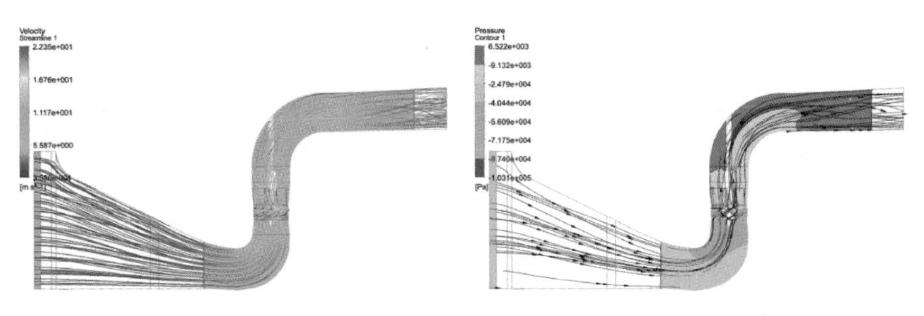

(f) 轮毂比为0.44，流量为12.5 m³/s的水泵流线图

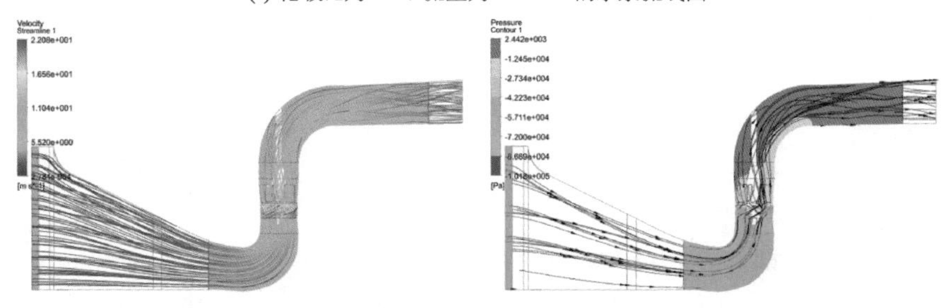

(g) 轮毂比为0.46，流量为11.2 m³/s的水泵流线图

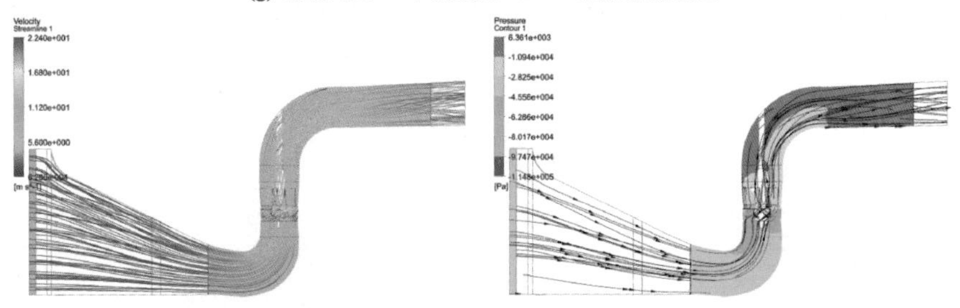

(h) 轮毂比为0.46，流量为12.5 m³/s的水泵流线图

图 4-10　不同轮毂比的水泵流线图

4.1.5　导叶数对水泵性能的影响

考虑到水泵运行的共振问题，水泵叶片数与导叶数不能成倍数，因此考虑导叶数为 5 和 6 两种方案进行对比分析，结果如下。

(1) 计算结果

表 4-5 所示为不同导叶数水泵性能参数对比，由表可以看出，在叶轮相同的条件下，导叶数对水泵水力性能影响较大。设计流量工况下，导叶数为 5 时，水泵扬程较大，且更接近设计扬程，水泵功率较导叶数为 6 的方案高；导叶数为 6 时，泵装置的效率比较高，导叶水力损失也比较低，但是扬程达不到要求。两种方案叶轮效率相差不大，说明导叶数对水泵叶轮做功能力影响较

小。综上所述，导叶数为 5 时水泵水力性能较优。

表 4-5 不同导叶数方案水泵模型计算结果

导叶数	扬程/m	流量/(m^3/s)	功率/kW	装置效率/%	叶轮效率/%	导叶水力损失/m	转速/(r/min)
5	5.64	10.0	691.8	80.01	91.15	0.66	250
	4.91	11.2	647.5	82.86	93.17	0.39	250
	3.62	12.5	547.8	80.97	91.19	0.24	250
6	5.60	10.0	688.2	79.82	91.71	0.67	250
	4.76	11.2	640.0	82.98	92.99	0.35	250
	3.55	12.5	544.3	79.96	91.08	0.25	250

(2) 叶片表面静压

图 4-11 为两种导叶数方案水泵叶片压力面、吸力面静压分布图。压力面压强数值从进水边向出水边逐渐增大；叶片压力面承受的静压要大于吸力面。导叶数为 6 的水泵叶片表面静压分布差异不大，大流量工况下吸力面静压值比设计扬程工况下的静压值大，小流量工况下压力面静压值比设计扬程工况下的静压值大；导叶数为 5 时，叶片整体压强值分布与导叶数为 6 时相似，可见导叶数的改变对叶片表面静压分布影响较小。

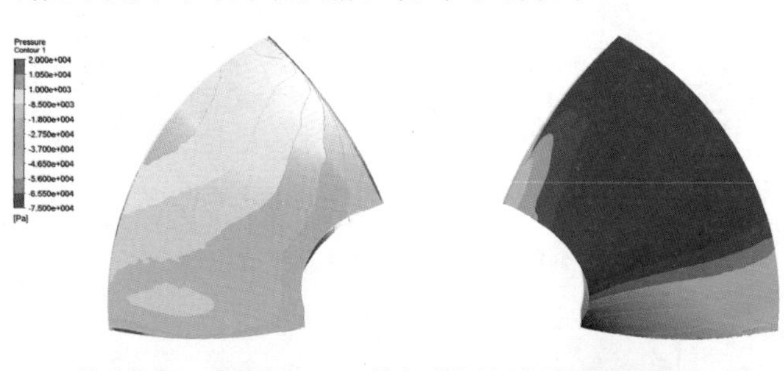

(a) 导叶数为5，流量为11.2 m³/s的水泵叶片压力面、吸力面静压云图

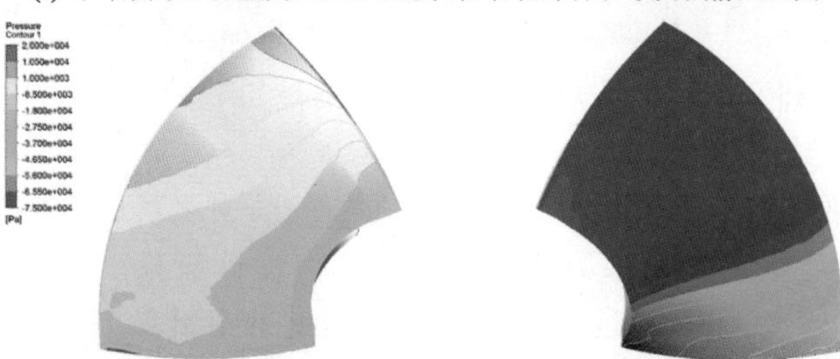

(b) 导叶数为5，流量为10.0 m³/s的水泵叶片压力面、吸力面静压云图

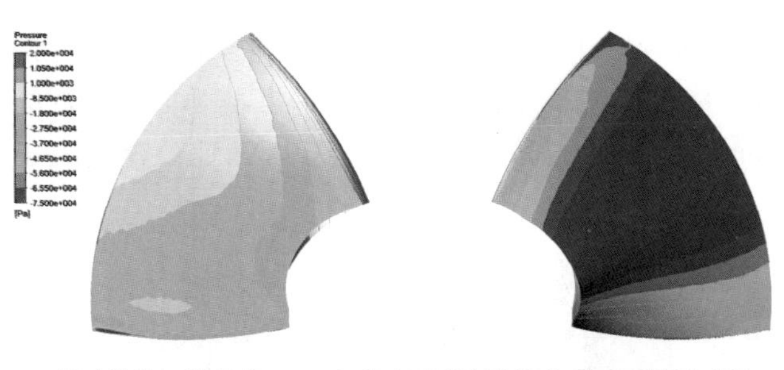

(c) 导叶数为5，流量为12.5 m³/s的水泵叶片压力面、吸力面静压云图

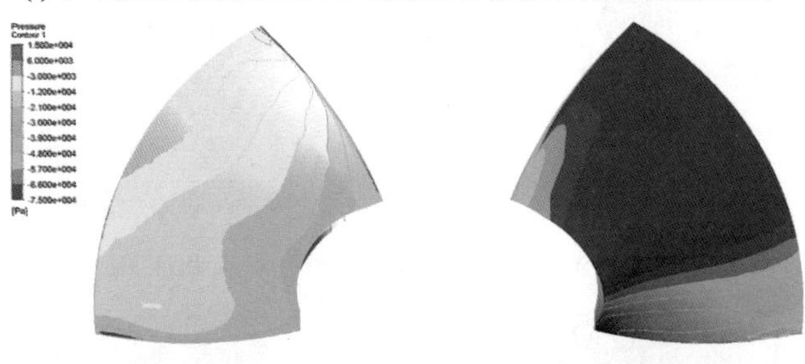

(d) 导叶数为6，流量为11.2 m³/s的水泵叶片压力面、吸力面静压云图

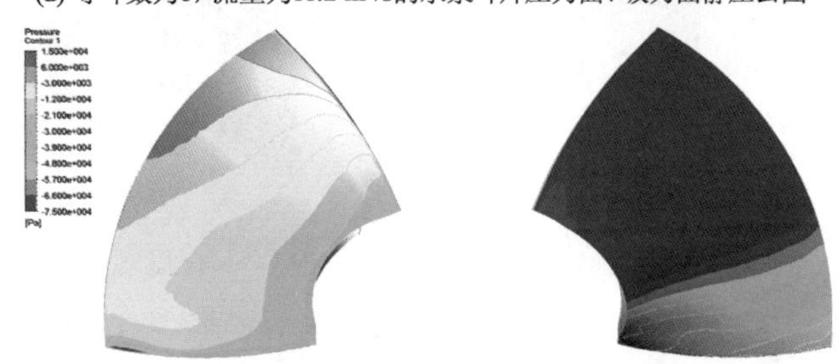

(e) 导叶数为6，流量为10.0 m³/s的水泵叶片压力面、吸力面静压云图

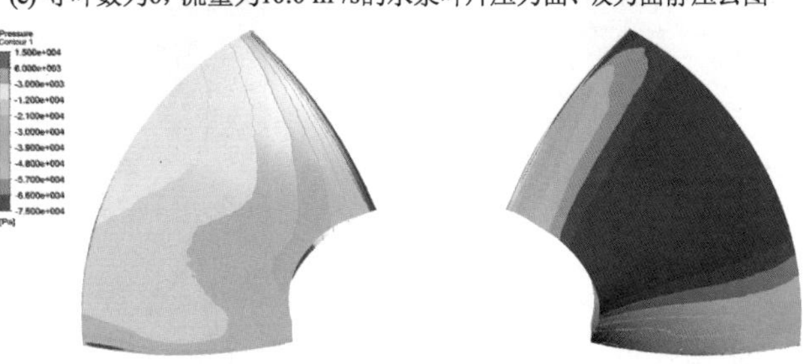

(f) 导叶数为6，流量为12.5 m³/s的水泵叶片压力面、吸力面静压云图

图 4-11　不同导叶数水泵叶片表面静压云图

(3) 导叶表面流速分布图

图 4-12 所示为不同导叶数方案分别在不同工况下，导叶表面相对流速分布。在设计流量工况下，导叶数为 5，6 时，导叶凸面出水边左侧出现回流，导

叶数为 5、较高扬程时导叶凹面右侧出现回流，导致导叶数为 5 时导叶水力损失较导叶数为 6 时大。在设计流量工况下，导叶数为 5 时导叶表面流速数值较导叶数为 6 时大，导叶凸面均出现回流，导叶凸面的流速大于导叶凹面的流速。

(a) 导叶数为5，流量为11.2 m³/s时导叶凹面与凸面相对速度分布

(b) 导叶数为5，流量为10.0 m³/s时导叶凹面与凸面相对速度分布

(c) 导叶数为5，流量为12.5 m³/s时导叶凹面与凸面相对速度分布

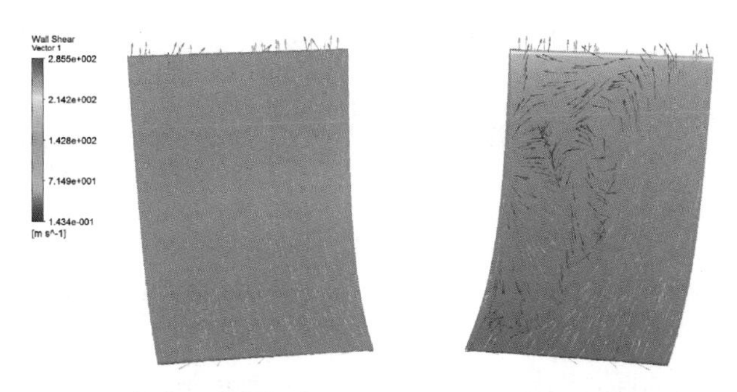

(d) 导叶数为6，流量为11.2 m³/s时导叶凹面与凸面相对速度分布

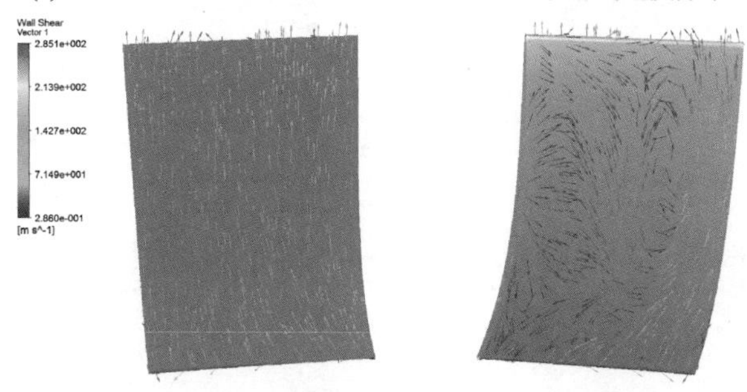

(e) 导叶数为6，流量为10.0 m³/s时导叶凹面与凸面相对速度分布

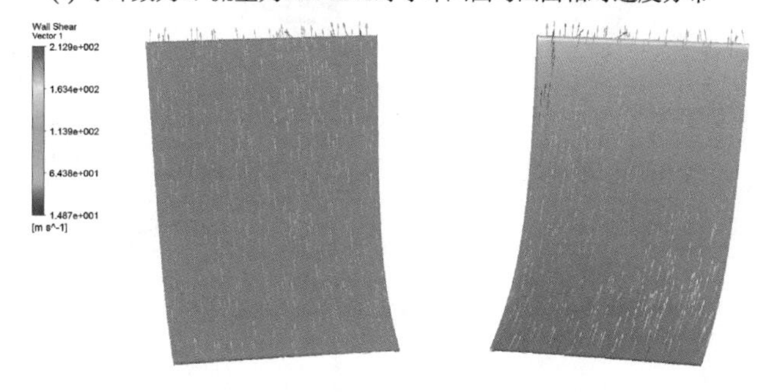

(f) 导叶数为6，流量为12.5 m³/s时导叶凹面与凸面相对速度分布

图 4-12　不同导叶数水泵模型导叶表面流速分布

（4）水泵流线图

图 4-13 为不同导叶数时水泵的全流道流线图。由图可见，这两种方案水泵中整体流线均较顺畅，流速分布基本对称，叶轮区流速较大。两种方案进水流道水流流线均顺畅，流速基本分布均匀。而出水流道中，流线呈绕流道中心的螺旋线状。导叶数为 6 时，出水流道水流流态比较紊乱，特别是在低扬程工况运行时，出水流道流态变得较差，出现偏流现象。

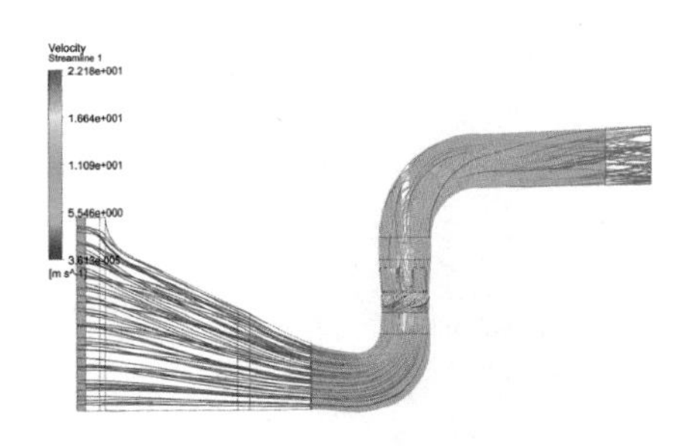

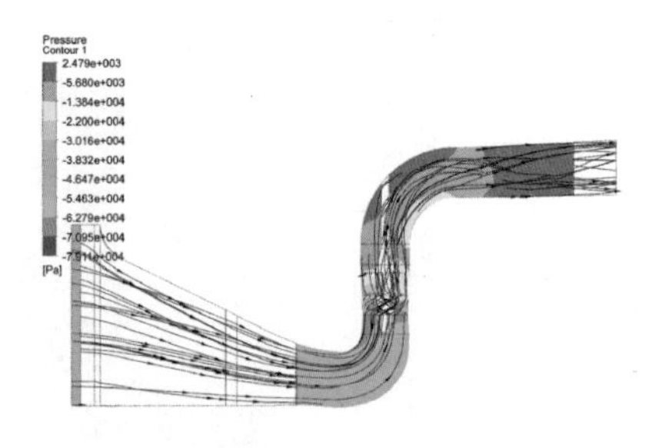

(a) 导叶数为5，流量为11.2 m³/s的水泵流线图

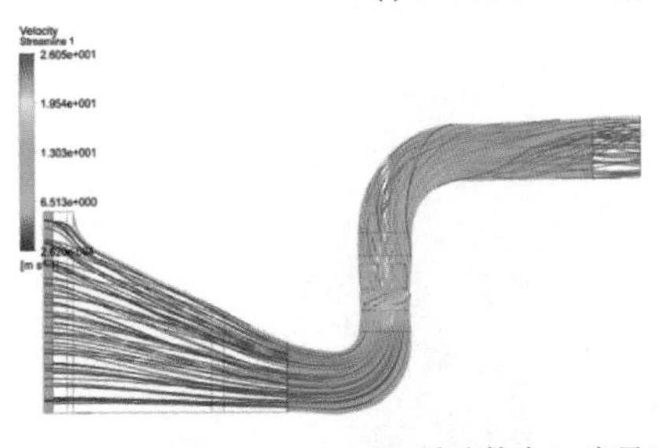

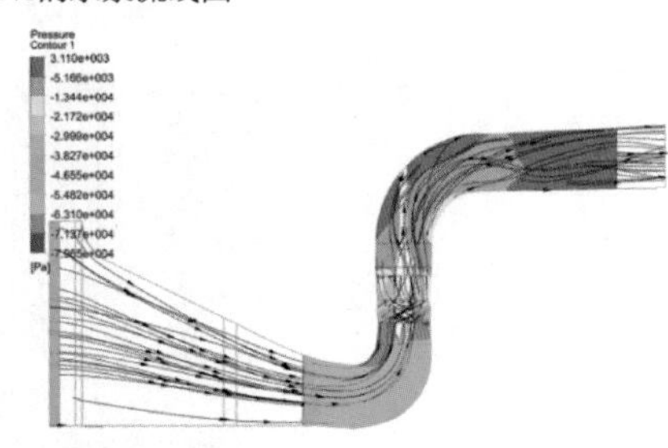

(b) 导叶数为5，流量为10.0 m³/s的水泵流线图

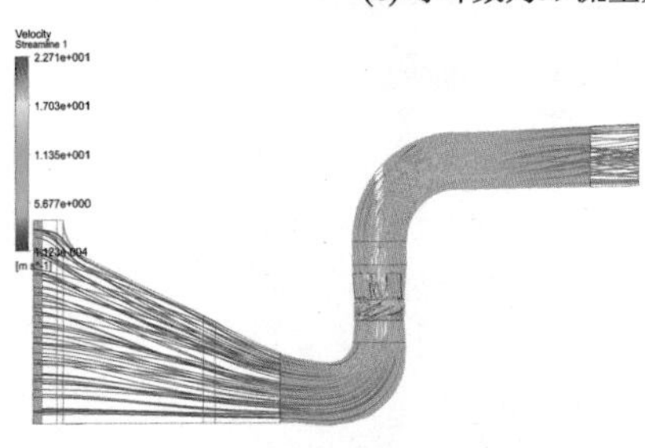

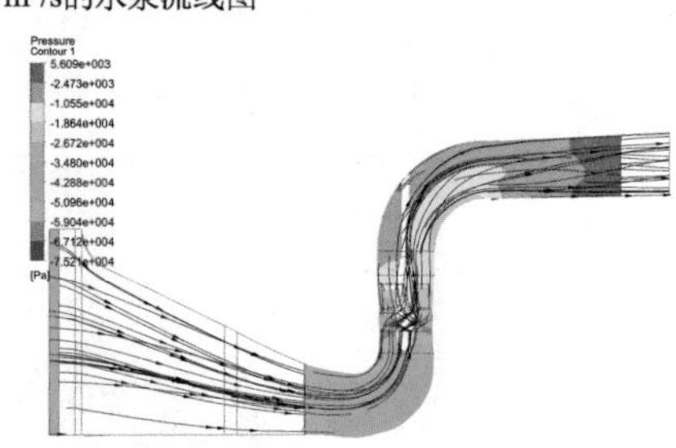

(c) 导叶数为5，流量为12.5 m³/s的水泵流线图

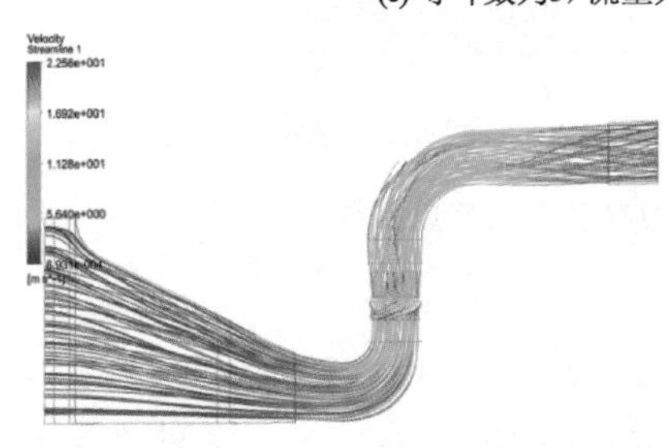

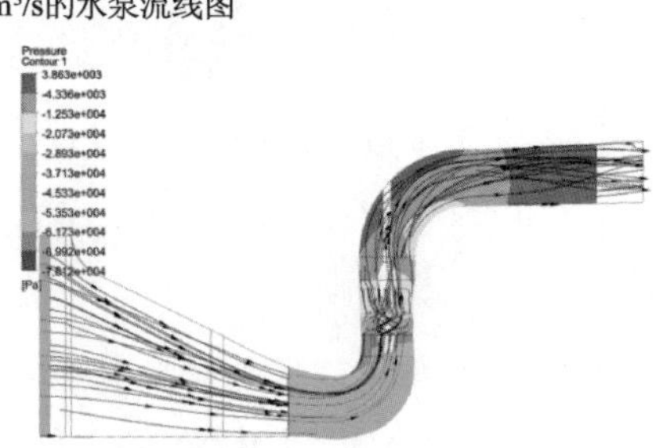

(d) 导叶数为6，流量为11.2 m³/s的水泵流线图

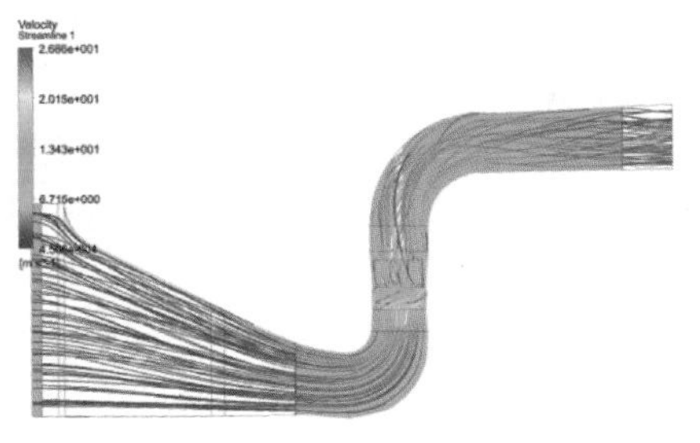

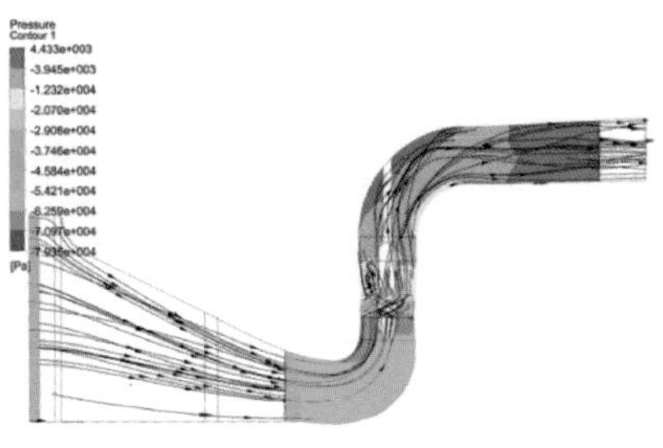

(e) 导叶数为6，流量为10.0 m³/s的水泵流线图

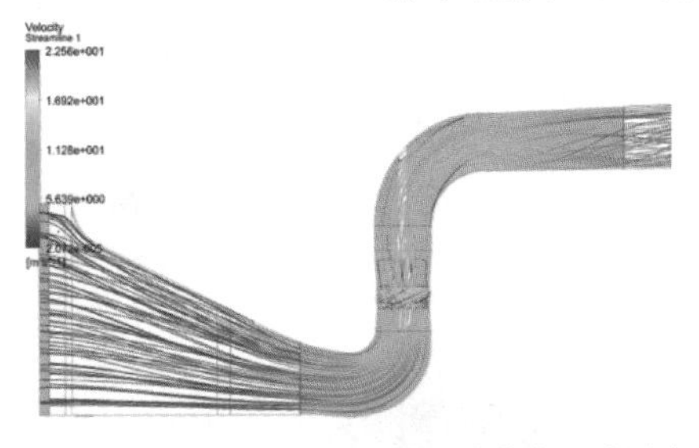

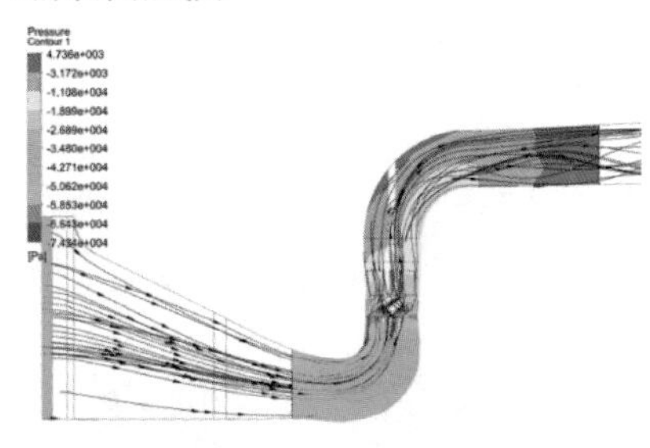

(f) 导叶数为6，流量为12.5 m³/s的水泵流线图

图 4-13　不同导叶数的水泵流线图

4.1.6　导叶高度对水泵性能的影响

在其他过流部件参数相同且转速相同的情况下，对导叶高度分别为 834 mm，741 mm，663 mm 的水泵模型进行数值计算分析，结果如下。

(1) 计算结果

表 4-6 为不同导叶高度方案水泵模型计算结果，从表中可以看出，导叶高度的变化对水泵扬程和泵装置效率都有一定的影响。导叶高度过大或者过小，都会使泵装置的效率有所降低。导叶高度为 741 mm，流量为 11.2 m³/s 时，导叶水力损失比较小，叶轮效率比较接近，流量和扬程均能够达到设计要求，且泵装置效率比较高，故此方案水泵装置的水力性能较优。

表 4-6　不同导叶高度方案水泵模型计算结果

导叶高度/mm	扬程/m	流量/(m³/s)	功率/kW	装置效率/%	叶轮效率/%	导叶水力损失/m	转速/(r/min)
834	4.69	11.2	645.7	80.78	93.10	0.48	250
	3.40	12.5	548.2	77.03	91.21	0.25	250
741	4.91	11.2	647.5	82.86	93.17	0.39	250
	3.65	12.5	547.8	80.96	91.19	0.24	250

续表

导叶高度/mm	扬程/m	流量/(m^3/s)	功率/kW	装置效率/%	叶轮效率/%	导叶水力损失/m	转速/(r/min)
663	4.66	11.2	644.7	80.17	92.92	0.46	250
	3.60	12.5	547.6	78.66	91.14	0.24	250

(2) 叶片表面静压

图 4-14 为三种导叶高度方案水泵叶片压力面、吸力面静压分布图。压力面压强数值从进水边向出水边逐渐增大;叶片压力面承受的静压要大于吸力面。三种导叶高度方案叶片压力面、吸力面静压分布规律差别较大,当导叶高度减小到 663 mm 时,叶片压力面和吸力面静压值均较大。在设计扬程工况下,叶片压力面进口边均出现局部高压。

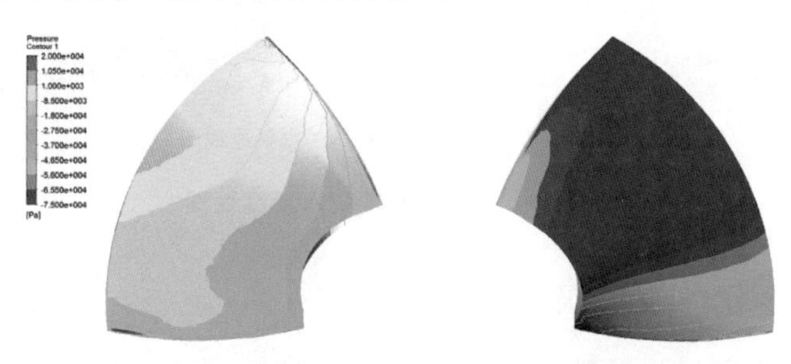

(a) 导叶高度为834 mm,流量为11.2 m³/s的水泵叶片压力面、吸力面静压云图

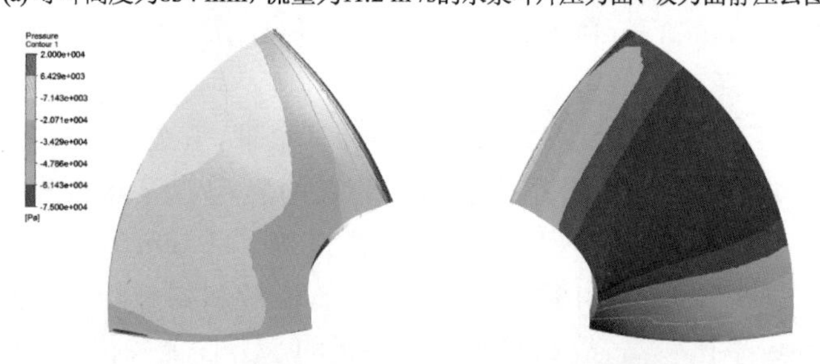

(b) 导叶高度为834 mm,流量为12.5 m³/s的水泵叶片压力面、吸力面静压云图

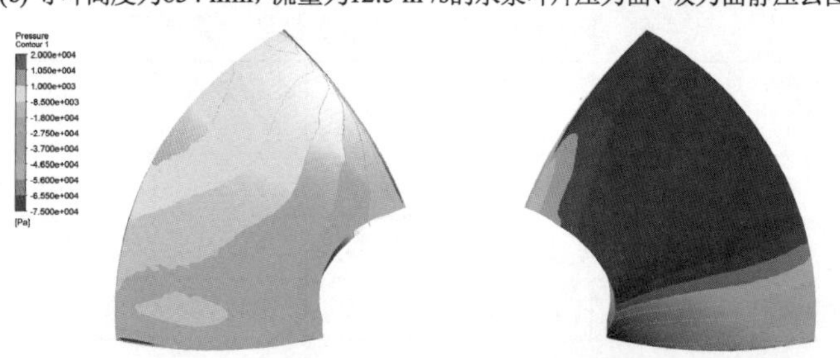

(c) 导叶高度为741 mm,流量为11.2 m³/s的水泵叶片压力面、吸力面静压云图

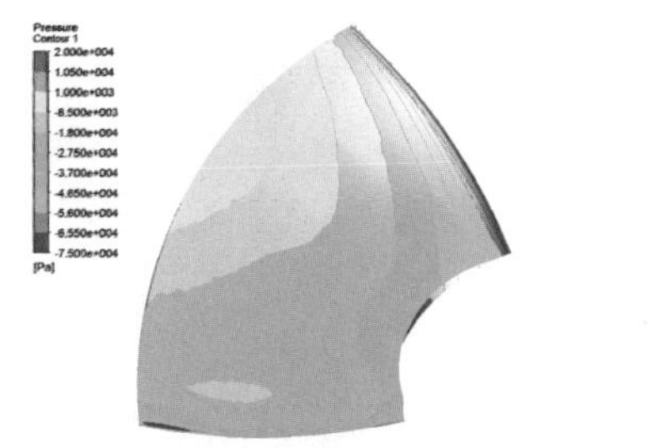

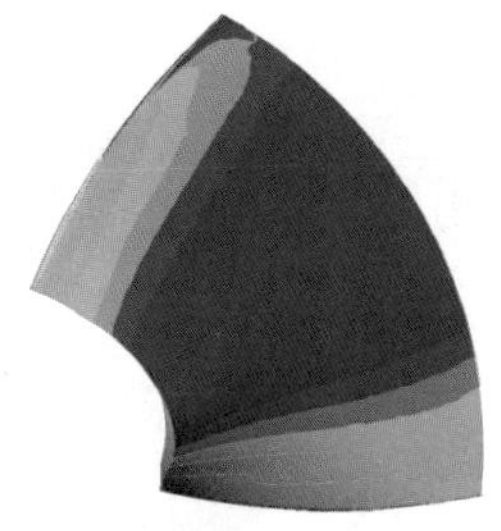

(d) 导叶高度为741 mm，流量为12.5 m³/s的水泵叶片压力面、吸力面静压云图

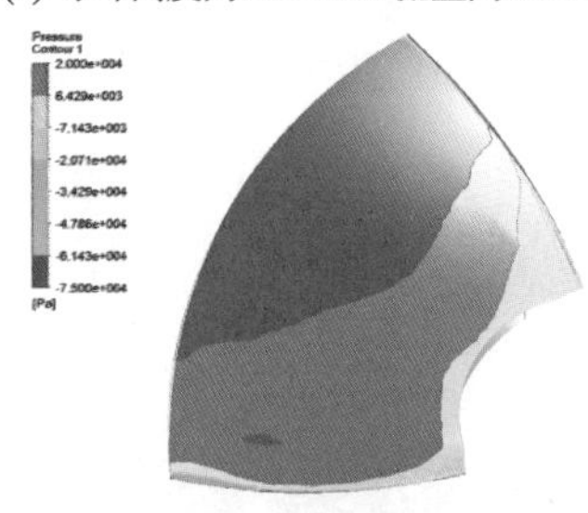

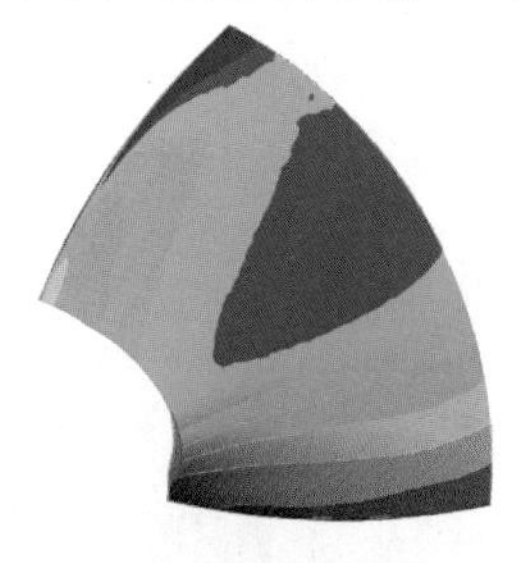

(e) 导叶高度为663 mm，流量为11.2 m³/s的水泵叶片压力面、吸力面静压云图

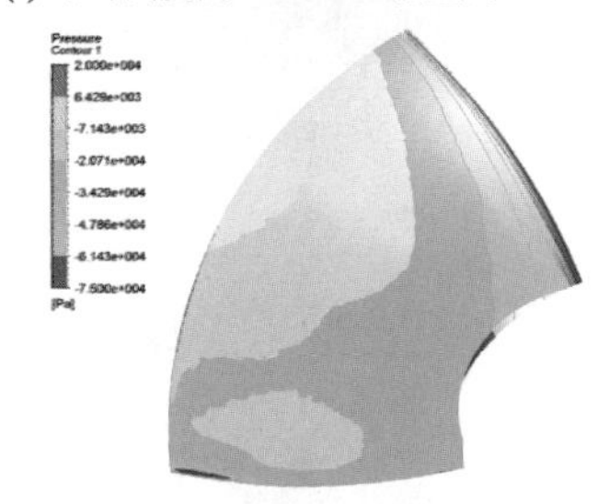

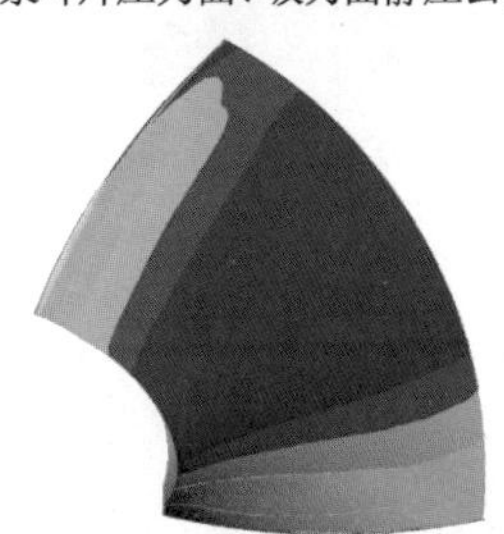

(f) 导叶高度为663 mm，流量为12.5 m³/s的水泵叶片压力面、吸力面静压云图

图 4-14　不同导叶高度水泵叶片表面静压云图

(3) 导叶表面流速分布图

图 4-15 所示为不同导叶高度方案分别在设计流量工况及较低扬程工况下，导叶表面相对流速分布。三种导叶高度方案的导叶均出现不同程度的回流；在设计流量工况下，随着导叶高度的减小，导叶表面流速整体数值亦减小。

(a) 导叶高度为834 mm，流量为11.2 m³/s时导叶凸面与凹面相对速度分布

(b) 导叶高度为834 mm，流量为12.5 m³/s时导叶凸面与凹面相对速度分布

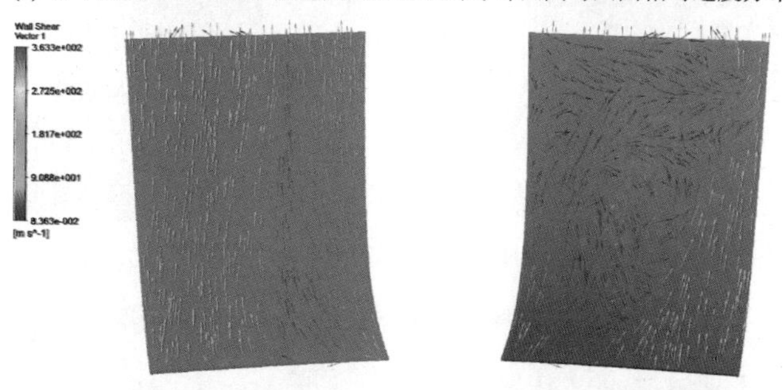

(c) 导叶高度为741 mm，流量为11.2 m³/s时导叶凸面与凹面相对速度分布

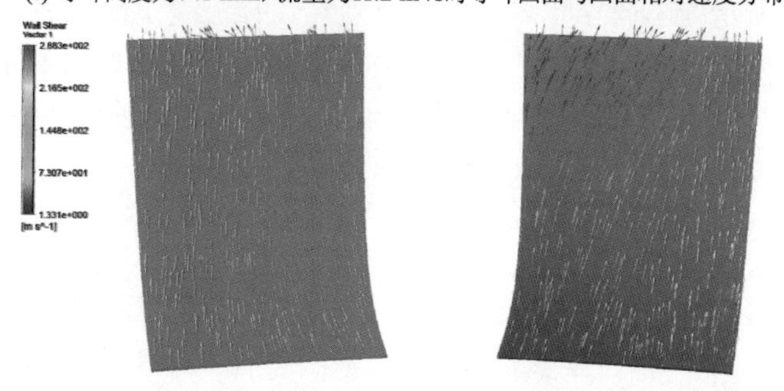

(d) 导叶高度为741 mm，流量为12.5 m³/s时导叶凸面与凹面相对速度分布

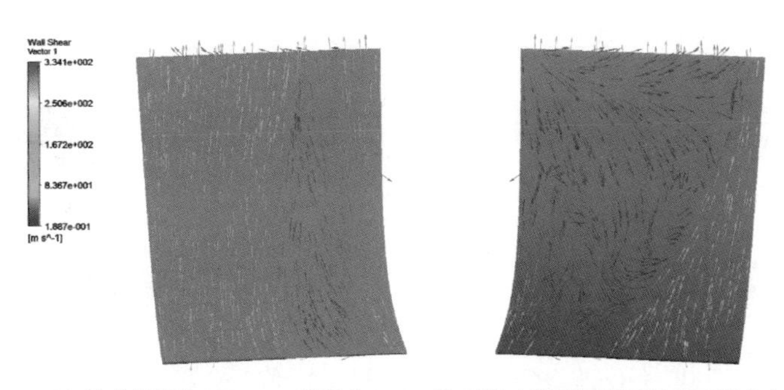

(e) 导叶高度为663 mm，流量为11.2 m³/s时导叶凸面与凹面相对速度分布

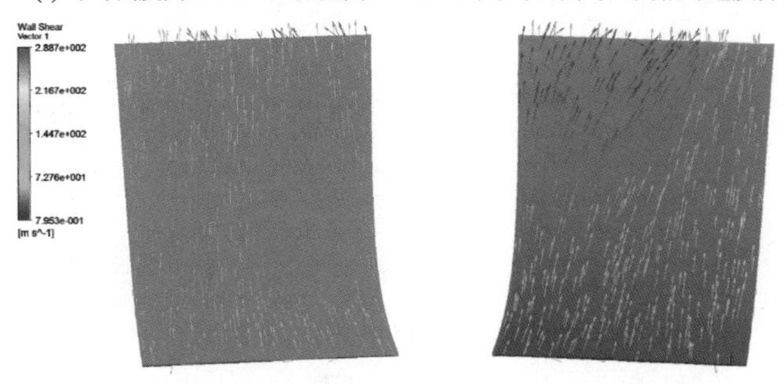

(f) 导叶高度为663 mm，流量为12.5 m³/s时导叶凸面与凹面相对速度分布

图 4-15　不同导叶高度水泵模型导叶表面流速分布

(4) 水泵流线图

图 4-16 为不同导叶高度时水泵的全流道流线图。由图可见，这三种方案水泵中整体流线均较顺畅，流速分布基本对称，叶轮区流速较大。三种方案进水流道水流流线均顺畅，流速基本分布均匀。而出水流道中，流线呈绕流道中心的螺旋线状。导叶高度为 834 mm，663 mm 时，导叶出口和出水流道水流流态比较紊乱，出现较为严重的漩涡流和偏流。导叶高度为 741 mm 时，出水流道和出口处流线较为均匀，流态较另两种方案更好。

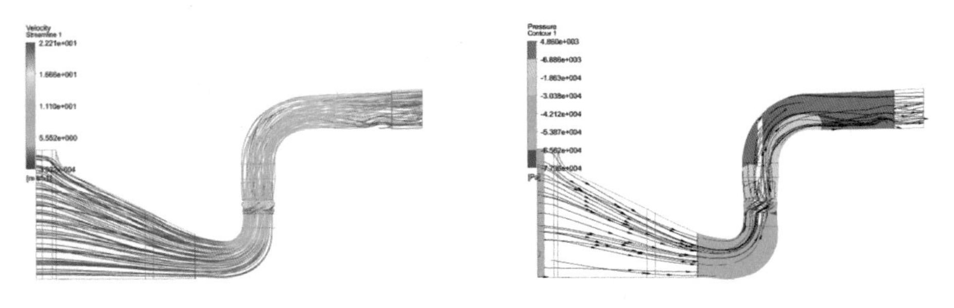

(a) 导叶高度为834 mm，流量为11.2 m³/s的水泵流线图

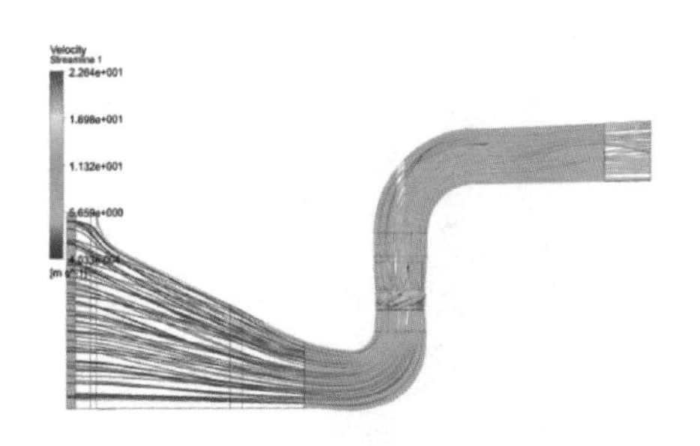

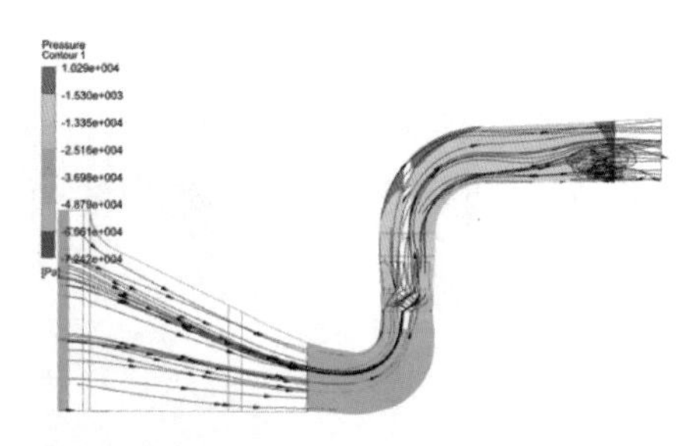

(b) 导叶高度为834 mm，流量为12.5 m³/s的水泵流线图

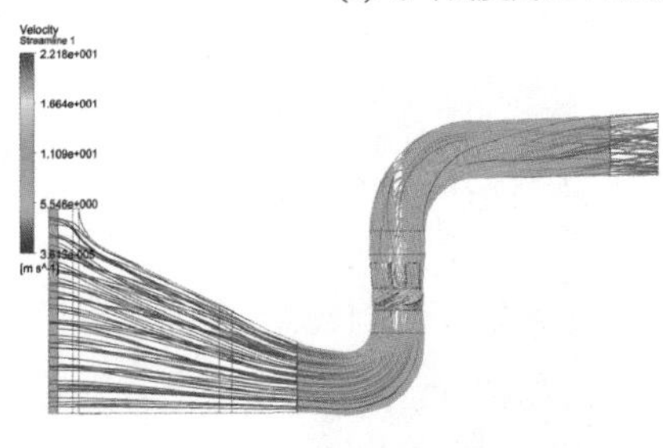

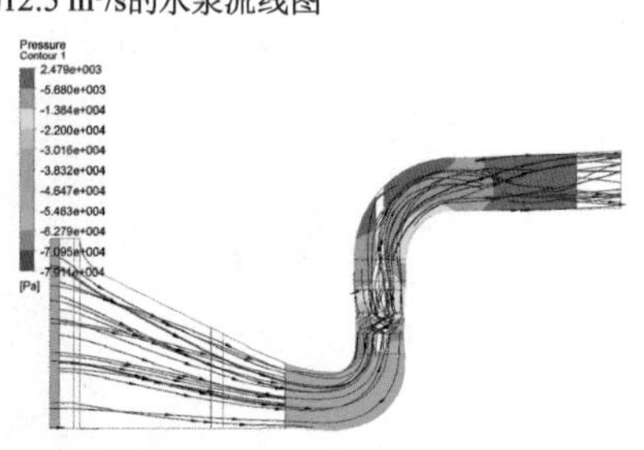

(c) 导叶高度为741 mm，流量为11.2 m³/s的水泵流线图

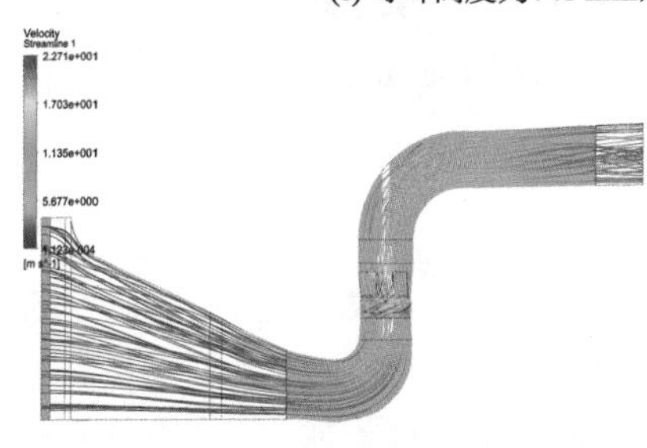

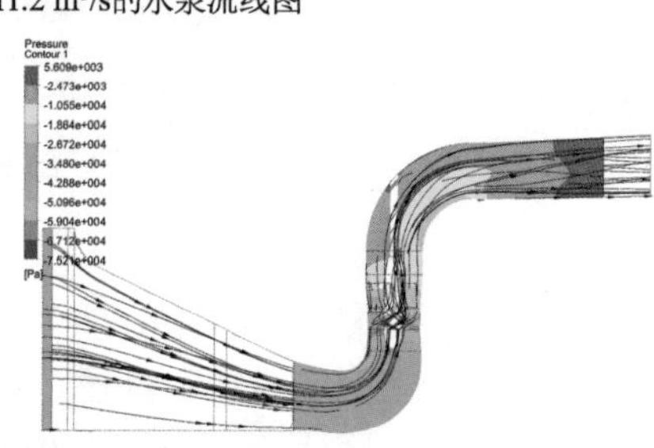

(d) 导叶高度为741 mm，流量为12.5 m³/s的水泵流线图

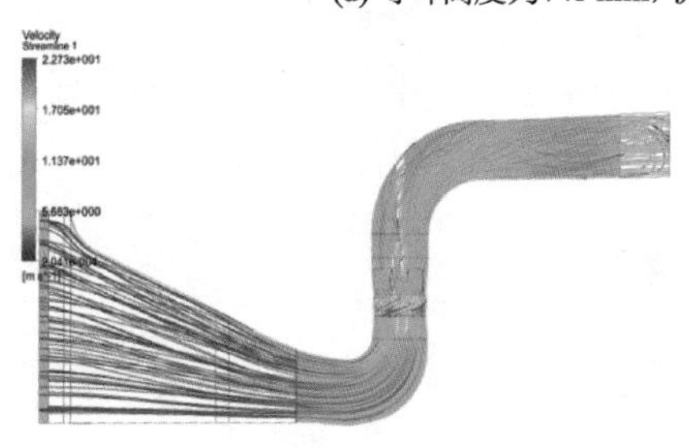

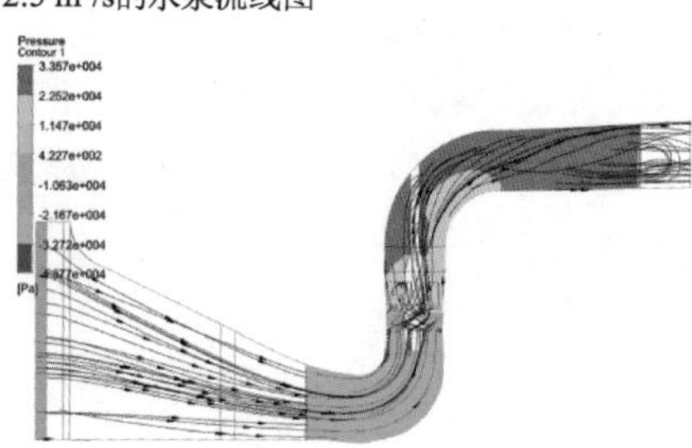

(e) 导叶高度为663 mm，流量为11.2 m³/s的水泵流线图

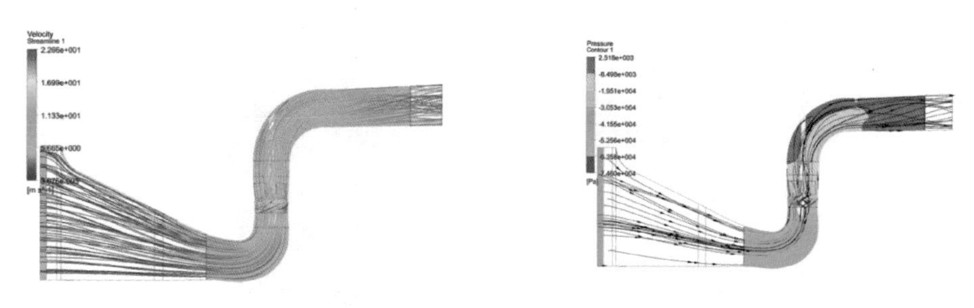

(f) 导叶高度为663 mm，流量为12.5 m³/s的水泵流线图

图 4-16　不同导叶高度的水泵流线图

4.1.7　优化后水力模型的水力性能

经过以上对水泵叶轮、导叶的优化，可以得到最优模型，其三维透视图如图 4-17 所示。

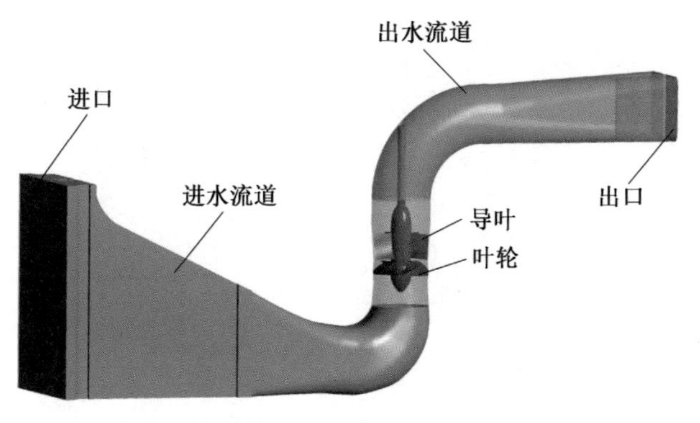

图 4-17　最优模型三维图

水泵装置在设计流量 11.2 m^3/s 时，数值模拟最高效率为 82.86%，对应的叶片安放角为 0°，水泵扬程为 4.91 m。

(1) 最优模型内部流场

图 4-18 所示为最优模型叶片表面静压分布，可以看出，当最优模型水泵在设计工况时，叶片压力面轮毂处静压分布趋势为从进水处到出水处逐渐增大，轮缘处静压分布趋势为从进水处到出水处逐渐减小，吸力面轮缘处静压分布趋势为从进水处到出水处逐渐增大；叶片压力面承受的静压要大于吸力面承受的静压。

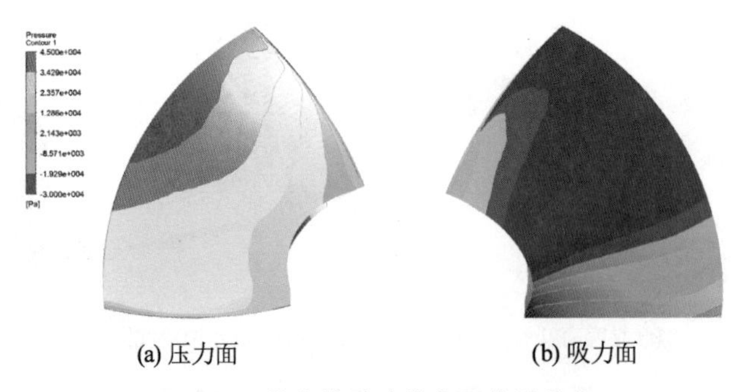

(a) 压力面　　(b) 吸力面

图 4-18　最优模型叶片表面静压分布

图 4-19 所示为最优模型叶片表面相对流速分布，可以看出，无论是压力面还是吸力面，叶片表面的整体水流流态都较好。水流在叶片上能够很好地贴壁流动，且无明显的脱流、回流与漩涡现象，流态较好。无论是压力面还是吸力面，叶片表面相对速度分布规律均是叶片靠近轮缘侧大于叶片靠近轮毂侧。

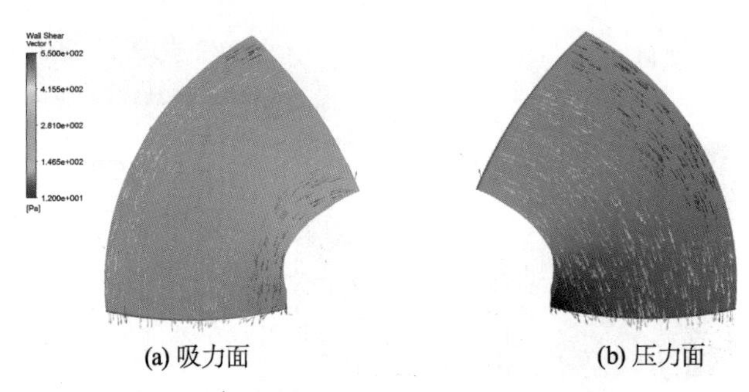

(a) 吸力面　　(b) 压力面

图 4-19　最优模型叶片表面相对流速分布

图 4-20 所示为最优模型水流迹线及水平剖面压力分布，可以看出，装置进水流道水流流态均较好，水流迹线均匀、对称分布，水流平稳、顺畅。水流进入叶轮室，由于叶轮叶片的高速旋转，带动水流加速运动，因而叶轮室内水流流速较大。出水流道内，水流迹线较为平顺，无明显不良流态。进水流道压力分布均匀、对称、沿水流方向基本无变化，水力损失很小，出水流道内变化也基本相同。从水流迹线来看，进水流道内的水流迹线平稳、顺直，说明在进水流道内水流流态较好，无脱流、回流及漩涡等现象。

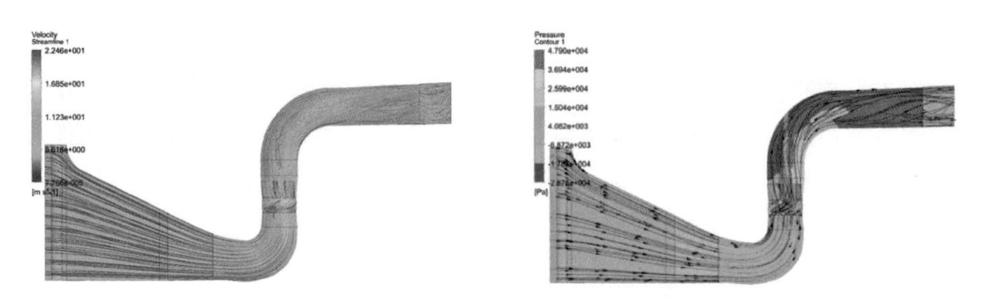

图 4-20 最优模型水流迹线及水平剖面压力分布

图 4-21 所示为最优模型装置综合特性曲线。

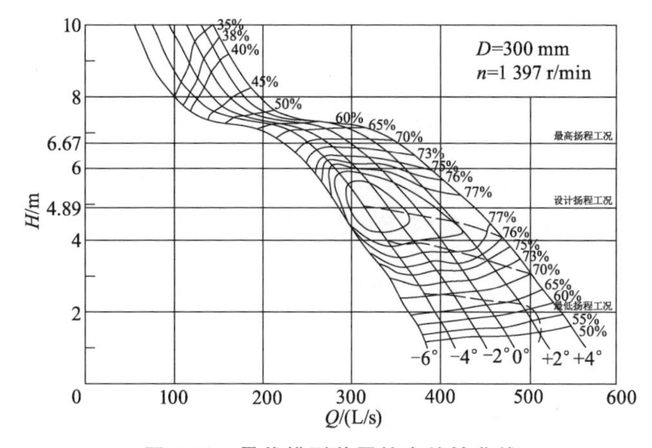

图 4-21 最优模型装置综合特性曲线

(2) 最优模型设计工况各部件水头损失(见表 4-7)

表 4-7 最优模型设计工况各部件水头损失

部件	水头损失/m
进水流道	0.032
后导叶体	0.393
出水流道	0.138

4.2 基于 ANSYS Design Exploration 的大型低扬程泵站的流道优化

4.2.1 有压箱涵式进水流道控制参数与型线方程

有压箱涵式进水流道的几何控制参数主要包括流道基本尺寸与喇叭管

尺寸。其中，流道基本尺寸主要包括流道进口高度、流道进口宽度、流道长度、喇叭管连接段直线倾角，如图 4-22 所示。喇叭管尺寸主要包括喇叭管直径、喇叭管高度、喇叭管悬空高度。每一个控制尺寸均有一定的取值范围，这里不对具体的取值范围进行讨论。

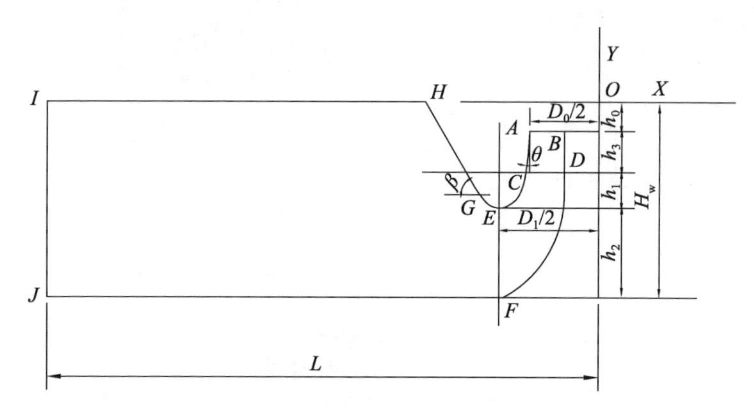

图 4-22　有压箱涵式进水流道几何尺寸示意图

从图 4-22 中可以得到各点的坐标：$A\left(-\frac{1}{2}D_0,-h_0\right)$，$B\left(-\frac{1}{2}hub,-h_0\right)$，$C(x_1,y_1)$，$D\left(-\frac{1}{2}hub,y_1\right)$，$E\left(-\frac{1}{2}D_1,-H_w+h_2\right)$，$F\left(-\frac{1}{2}D_1,-H_w\right)$。其中，$x_1=\frac{h_3}{\tan\theta}-\frac{1}{2}D_0$，$y_1=-h_0-h_3$。

(1) 椭圆弧$\overset{\frown}{CG}$段方程

由于椭圆的长轴过点 E，但短轴位置未知，根据椭圆的几何性质，设该椭圆的待定系数方程为

$$\frac{\left(x+\frac{1}{2}D_1\right)^2}{a^2}+\frac{(y-b+h_0+h_1+h_3)^2}{b^2}=1 \tag{4-1}$$

对椭圆方程求关于 x 的导数：

$$\frac{\left(x+\frac{1}{2}D_1\right)}{a^2}+\frac{(y-b+h_0+h_1+h_3)}{b^2}\cdot y'=0 \tag{4-2}$$

化简式(4-2)得：

$$y'=-\frac{\left(x+\frac{1}{2}D_1\right)}{a^2}\cdot\frac{b^2}{(y-b+h_0+h_1+h_3)} \tag{4-3}$$

将 $y'=\frac{1}{\tan\theta}$代入式(4-3)得：

$$1=-\frac{\left(x+\frac{1}{2}D_1\right)}{a^2}\cdot\frac{b^2}{(y-b+h_0+h_1+h_3)}\cdot\tan\theta \tag{4-4}$$

将点 C 的坐标代入式(4-1)与式(4-4)得：

$$\frac{\left(x_1+\frac{1}{2}D_1\right)^2}{a^2}+\frac{(h_1-b)^2}{b^2}=1 \tag{4-5}$$

$$-\frac{\left(x_1+\frac{1}{2}D_1\right)}{a^2}\cdot\frac{b^2}{(h_1-b)}\cdot\tan\theta=1 \tag{4-6}$$

将式(4-6)化简可得：

$$\frac{x_1+\frac{1}{2}D_1}{a^2}=-\frac{h_1-b}{b^2\cdot\tan\theta} \tag{4-7}$$

将式(4-7)代入式(4-5)得：

$$-\frac{h_1-b}{b^2\cdot\tan\theta}\cdot\left(x_1+\frac{1}{2}D_1\right)+\frac{(h_1-b)^2}{b^2}=1$$

等式两边同时乘以 b^2 并移项得：

$$\frac{b-h_1}{\tan\theta}\cdot\left(x_1+\frac{1}{2}D_1\right)+h_1^2-2\cdot h_1\cdot b=0$$

等式两边同时乘以 $\tan\theta$：

$$b\cdot\left(x_1+\frac{1}{2}D_1\right)-h_1\cdot\left(x_1+\frac{1}{2}D_1\right)+h_1^2\cdot\tan\theta-2\cdot h_1\cdot\tan\theta\cdot b=0$$

合并同类项并化简可得：

$$b=\frac{h_1\cdot\left(x_1+\frac{1}{2}D_1\right)-h_1^2\cdot\tan\theta}{\left(x_1+\frac{1}{2}D_1\right)-2\cdot h_1\cdot\tan\theta} \tag{4-8}$$

那么，代入 b 可得：

$$a^2=\frac{-\left(x_1+\frac{1}{2}D_1\right)\cdot b^2}{h_1-b}\cdot\tan\theta \tag{4-9}$$

至此，椭圆弧 $\overset{\frown}{CG}$ 段方程已经推导完毕。其中，x 的取值范围为 $x\in[G_x,x_1]$，G_x 的值将在后面的推导中给出。

(2) 直线 GH 段方程

设 G 点坐标为 $G(G_x,G_y)$，令 $k=-b+h_0+h_1+h_3$，前面已经求得了椭圆的待定系数方程与导数方程，这里直接引用，其中点 G 导数为 $-\tan\beta$。

代入得：

$$-\tan\beta=-\frac{G_x+\frac{1}{2}D_1}{a^2}\cdot\frac{b^2}{G_y+k}$$

分离出 G_x 得：

$$G_x=\frac{\tan\beta\cdot a^2\cdot(G_y+k)}{b^2}-\frac{1}{2}\cdot D_1 \tag{4-10}$$

代入椭圆方程得：

$$\frac{\tan\beta\cdot a^2\cdot(G_y+k)}{b^2}\cdot\frac{\tan\beta\cdot a^2\cdot(G_y+k)}{b^2}\cdot\frac{1}{a^2}+\frac{(G_y+k)^2}{b^2}=1$$

等式两边同乘以 b^4 得：

$$\tan^2\beta\cdot a^2\cdot(G_y+k)^2+b^2\cdot(G_y+k)^2=b^4 \tag{4-11}$$

此时，式(4-11)已经是关于 G_y 的一元二次方程，立即可以求得 G_y 的值：

$$G_y=\frac{-2\cdot k\pm\sqrt{4\cdot k^2-4\cdot\left(k^2-\frac{b^4}{\tan^2\beta\cdot a^2+b^2}\right)}}{2}$$

将 G_y 的值代入式(4-10)即可求得 G_x 的值，$G(G_x,G_y)$亦可知道。利用直线方程的“点斜式”表达式可得 GH 段方程：

$$y-G_y=-\tan\beta\cdot(x-G_x) \tag{4-12}$$

(3) 导水锥椭圆弧$\overset{\frown}{FD}$段方程

与椭圆弧$\overset{\frown}{CG}$段方程不同，点 F，D 均在椭圆的长、短轴上，此时椭圆的待定系数方程就可以很方便地写出：

$$\frac{\left(x+\frac{1}{2}D_1\right)^2}{a^2}+\frac{(y+h_0+h_3)^2}{b^2}=1 \tag{4-13}$$

代入点 F，D 的坐标立即可以求出此时 a^2，b^2 的值：

$$a^2=\left(-\frac{1}{2}\cdot hub+\frac{1}{2}\cdot D_1\right)^2, b^2=(-H_w+h_0+h_3)^2 \tag{4-14}$$

4.2.2 有压箱涵式出水流道控制参数与型线方程

有压箱涵式出水流道几何尺寸示意图如图 4-23 所示。

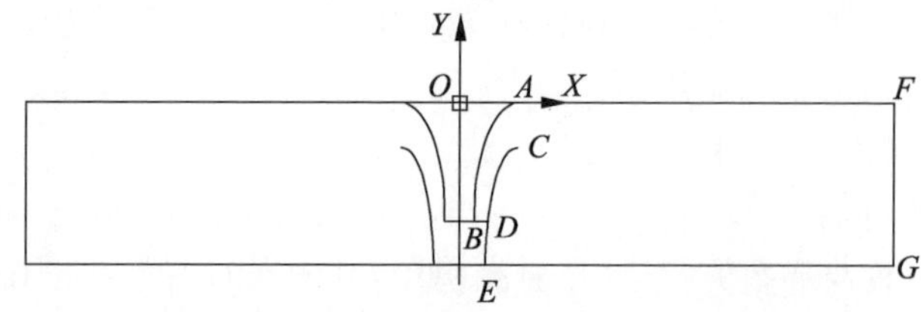

图 4-23 有压箱涵式出水流道几何尺寸示意图

从图 4-23 中可以得到控制点的坐标分别为：$A(0.5\cdot D_1, 0)$，$B(0.5\cdot hub, -h_1)$，$C(0.5\cdot D_2, -h)$，$D(0.5\cdot D_3, -h_1)$，$F(L, 0)$，$G(L, -H_w)$。

出水流道喇叭管外壁线待定系数方程：

$$\frac{(x-0.5\cdot D_2)^2}{a^2}+\frac{(y-t)^2}{b^2}=1 \tag{4-15}$$

代入 C 点坐标$(0.5\cdot D_2, -h)$得：

$$\frac{(h+t)^2}{b^2}=1 \tag{4-16}$$

对式(4-15)关于 x 求导可得：

$$\frac{(x-0.5\cdot D_2)}{a^2}+\frac{(y-t)}{b^2}\cdot y'=0 \tag{4-17}$$

代入 D 点求导数可得：

$$\tan\theta=\frac{(0.5\cdot D_3-0.5\cdot D_2)}{a^2}\cdot\frac{b^2}{(h_1+t)} \tag{4-18}$$

代入 D 点坐标$(0.5\cdot D_3, -h_1)$可得：

$$\frac{(0.5\cdot D_3-0.5\cdot D_2)}{a^2}+\frac{(h_1+t)^2}{b^2}=1 \tag{4-19}$$

将式(4-16)与式(4-18)代入式(4-19)可得：

$$\tan\theta\cdot(0.5\cdot D_3-0.5\cdot D_2)\cdot\frac{(h_1+t)}{b^2}+\frac{(h_1+t)}{b^2}=1 \tag{4-20}$$

将式(4-20)中的 b^2 移至等式右边并化简可得：

$$\tan\theta\cdot h_1\cdot(0.5\cdot D_3-0.5\cdot D_2)+{h_1}^2-h^2=2\cdot h\cdot t-\tan\theta\cdot(0.5\cdot D_3-0.5\cdot D_2)\cdot t-2\cdot h_1\cdot t \tag{4-21}$$

显然，由式(4-21)可以合并同类项计算得到 t 的值为

$$t=\frac{\tan\theta\cdot h_1\cdot(0.5\cdot D_3-0.5\cdot D_2)+h_1^2-h^2}{2\cdot h-\tan\theta\cdot(0.5\cdot D_3-0.5\cdot D_2)-2\cdot h_1} \tag{4-22}$$

将由式(4-22)得到的 t 的值代入式(4-16)与式(4-19)可得：

$$b^2=(h+t)^2, a^2=\frac{(0.5\cdot D_3-0.5\cdot D_2)}{\tan\theta\cdot(h+t)}\cdot b^2$$

由此即可得到有压箱涵式出水流道喇叭管外壁线的型线方程。

出水流道喇叭管外壁线待定系数方程：

$$\frac{(x-0.5\cdot D_1)^2}{a^2}+\frac{(y+h_1)^2}{b^2}=1 \tag{4-23}$$

代入 A，B 点坐标可得：

$$b^2=h_1^2, a^2=(0.5\cdot hub-0.5\cdot D_1)^2$$

所以可以得到曲线 AB 的方程为

$$\frac{(x-0.5\cdot D_1)^2}{(0.5\cdot hub-0.5\cdot D_1)^2}+\frac{(y+h_1)^2}{h_1^2}=1 \tag{4-24}$$

化简得：

$$y=\sqrt{h_1^2-\frac{(x-0.5\cdot D_1)^2}{(0.5\cdot hub-0.5\cdot D_1)^2}\cdot h_1^2}-h_1 \tag{4-25}$$

喇叭管斜直线 DE 的待定系数方程：

$$y=\tan\theta\cdot x+b \tag{4-26}$$

代入 D 点坐标可得：

$$-h_1=\tan\theta\cdot 0.5\cdot D_3+b \tag{4-27}$$

所以可以得到喇叭管斜直线 DE 的方程为

$$y=\tan\theta\cdot x-h_1-\tan\theta\cdot 0.5\cdot D_3 \tag{4-28}$$

4.2.3 工程应用实例

某大型低扬程泵站单泵流量为 25 m^3/s，设计引水净扬程为 3.5 m，模型泵装置的进水流道出口宽度为 300 mm，设计流量为 0.297 L/s。

(1) 单一性参数对有压箱涵式进水流道水力性能的影响

为了分析有压箱涵式进水流道单一控制参数对流道水力性能的影响，选取流道单侧长度、流道单侧宽度、流道高度、隔板长度、喇叭管半径、喇叭管高度、喇叭管悬空高这七个独立的参数进行分析，并将具体的数值换算为叶轮直径倍数的无量纲数。这里仅对单一参数对目标函数的影响进行分析，并不追求目标函数的最优解，分析结果如图 4-24 所示。

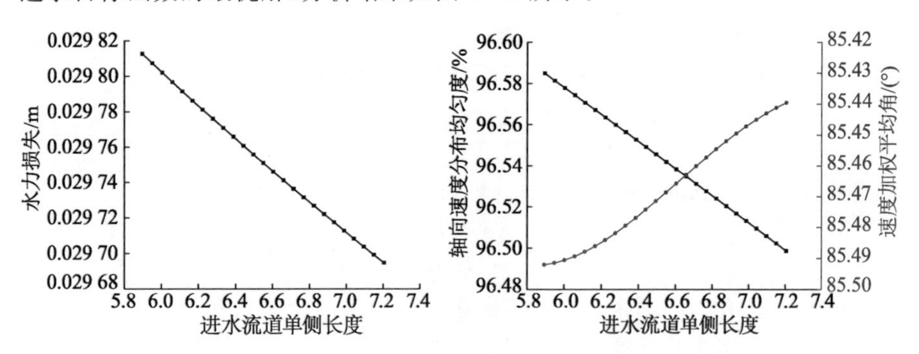

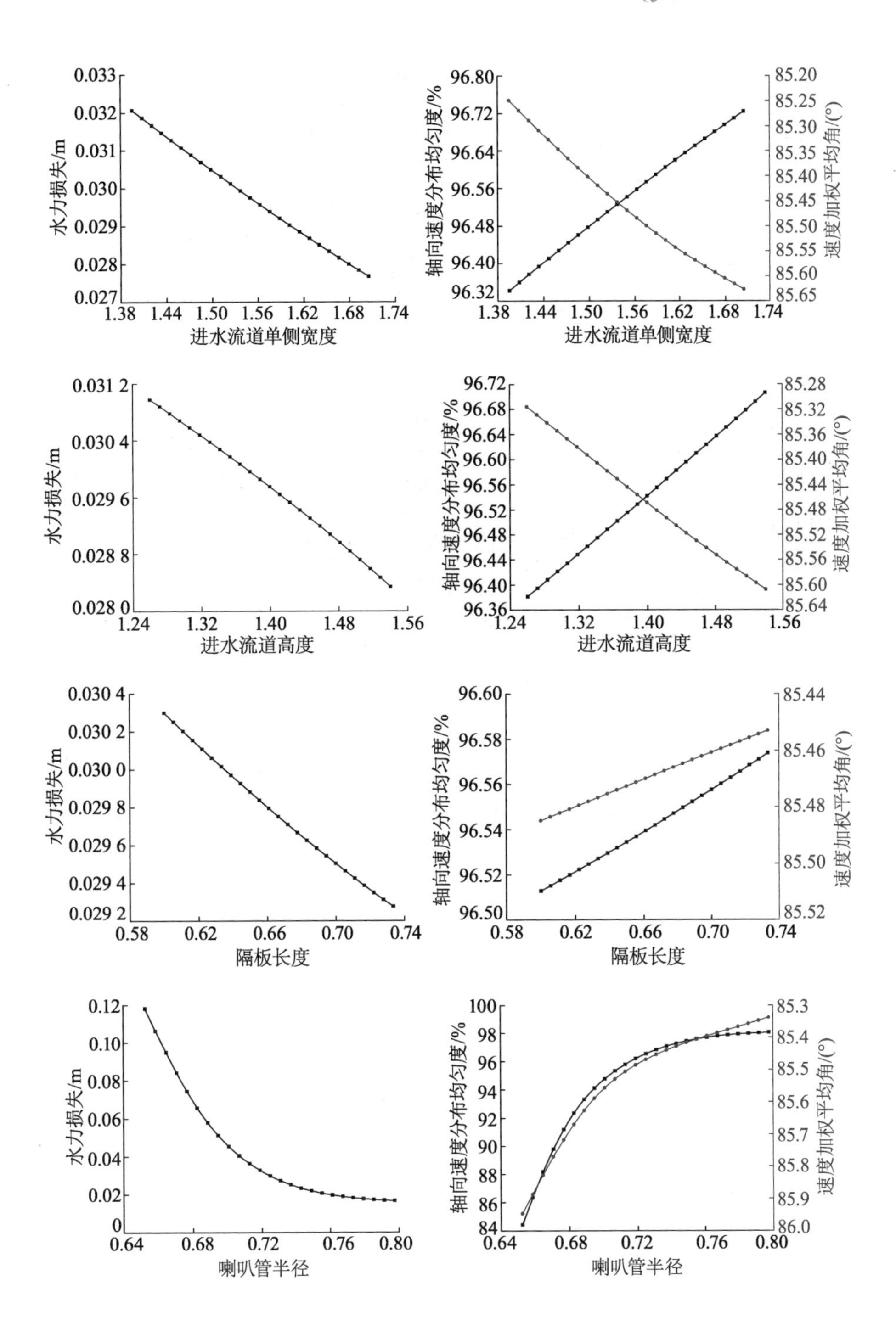
水力损失/m
进水流道单侧宽度
轴向速度分布均匀度/%
速度加权平均角/(°)
进水流道高度
隔板长度
喇叭管半径

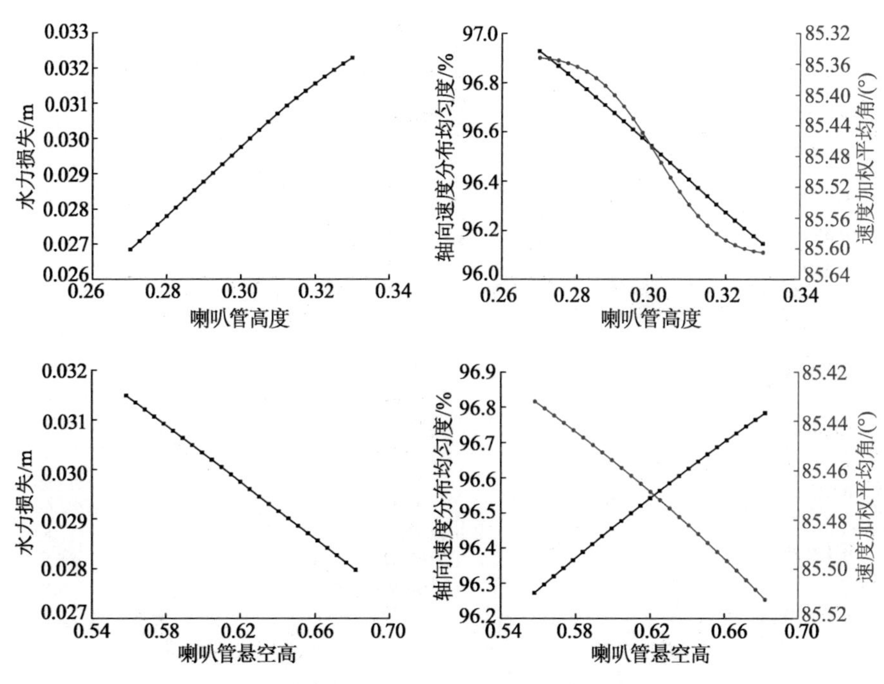

图 4-24 单一性参数对有压箱涵式进水流道水力性能的影响

很显然，从图 4-24 中只能看出单一参数对进水流道水力性能的影响，而对于参数之间彼此组合所产生的影响却无从得知。对于有压箱涵式进水流道而言，控制和影响流道的参数绝不是单一的，而是全局性的，换而言之，某一个参数下流道的水力性能是最优的，但与其他一个或多个参数组合时却不再是最优的。很显然，上述七个独立参数彼此间的变化与组合有若干种，仅通过人力很难实现参数的最优化，因此迫切需要一种高效的参数关联性分析方法。

(2) 基于 ANSYS Design Exploration 的大型低扬程泵站的流道优化

前面已经介绍了有压箱涵式进水流道的控制型线方程的推导过程以及流道单一控制参数的变化对目标函数值的影响。但很显然，流道的控制参数有多个，彼此之间的变化组合就有若干种可能，通过人为的方式很难做出高效的水力设计。随着计算机技术的高速发展，优化设计的效率快速提高。将传统的设计方法与计算机技术有机地结合起来是当下优化设计发展的大趋势。如图 4-25 所示，本节将结合 WorkBench 的 Design Exploration 模块对有压箱涵式进水流道进行全自动参数关联性分析，并对各参数对流道水力性能的影响进行系统性分析及对最优目标函数值进行搜索。

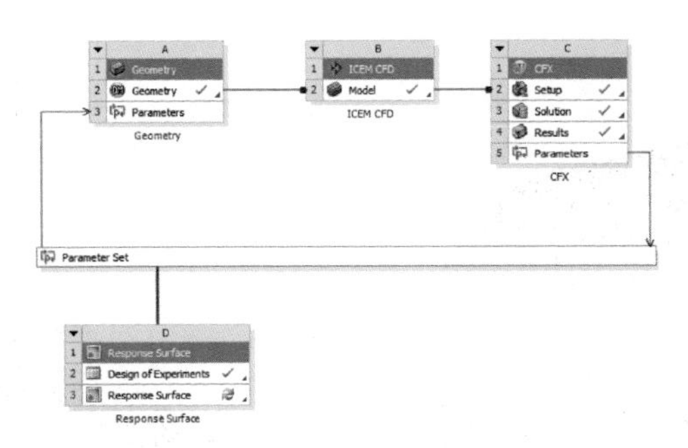

图 4-25　基于 ANSYS Design Exploration 的大型低扬程泵站的流道设计流程图

(3) 参数关联性分析

参数关联性分析首先要通过抽样的方法在参数取值范围内随机产生若干个样本点，然后对产生的样本点进行数值计算，最终得到所需要的目标参数的值。抽样的方法总体上可以分为 CCD，Optimal Space Filling Design，Sparse Grid Initialization，Latin Hypercube Sampling Design 等。其中，CCD 抽样是最常用的试验设计，CCD 抽样包括 1 个中心点，$2N$ 个轴线点，2^{n-f} 个阶乘点。本章采取最常用的 CCD 抽样方法来分析有压箱涵式进水流道的控制参数对流道水力性能的影响。

图 4-26 所示为采用 CCD 抽样方法得到的样本进行数值计算得到的进水流道目标函数值(部分)。

Table of Outline A10: Design Points of Design of Experiments

	A	B	C	D	E	F	G	H	I	J	K
1	Name	P11-DS_CHANG	P12-DS_KUAN	P13-DS_GAO	P14-DS_D1	P15-DS_H2	P16-DS_H1	P17-DS_GEBAN	P8-headloss (m)	P9-junyundu	P10-pinjunjiao
2	1	1895.4	489.72	435.95	234.02	177.52	90.456	217.22	-0.015884	98.034	85.543
3	2	1979.9	500.32	429.57	202.08	182.23	98.43	209.11	-0.086872	89.84	85.987
4	3	1776	492.08	406.18	198.78	195.42	81.342	200	-0.084498	89.931	85.817
5	4	1930.2	461.47	387.04	205.94	185.06	84.304	198.99	-0.055216	93.586	85.449
6	5	1790.9	485.01	408.3	231.27	194.48	92.734	194.43	-0.017373	97.854	85.487
7	6	2129.2	495.61	432.76	197.68	189.77	97.291	207.59	-0.11342	86.523	86.137
8	7	1910.3	424.97	450.84	219.7	197.3	83.392	182.78	-0.02514	97.103	85.318

图 4-26 基于 Design Exploration 的有压箱涵式进水流道参数关联性分析(部分数据)

将图 4-26 中得到的样本数据与目标函数值拟合成三维图，如图 4-27 所示。

从图 4-27 中可以发现：目标函数值对于两个参数而言，它们之间的变化将不再是单纯线性的，而是有可能出现“曲面”，这一点与图 4-24 中单一参数变化产生的影响是不一样的。而对于更高维度的参数变化组合对目标函数值的影响又是未知的，因为流道控制参数之间的影响是相互关联的，彼此之间的组合又有若干种。因此，单纯地通过改变某一个参数而求得流道目标函数的最优解很显然是不现实的。

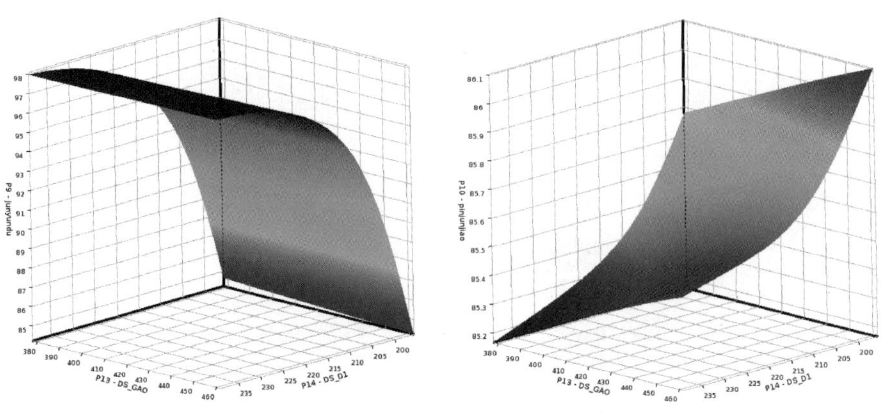

(a) 喇叭管高度与喇叭管直径对目标函数值的影响

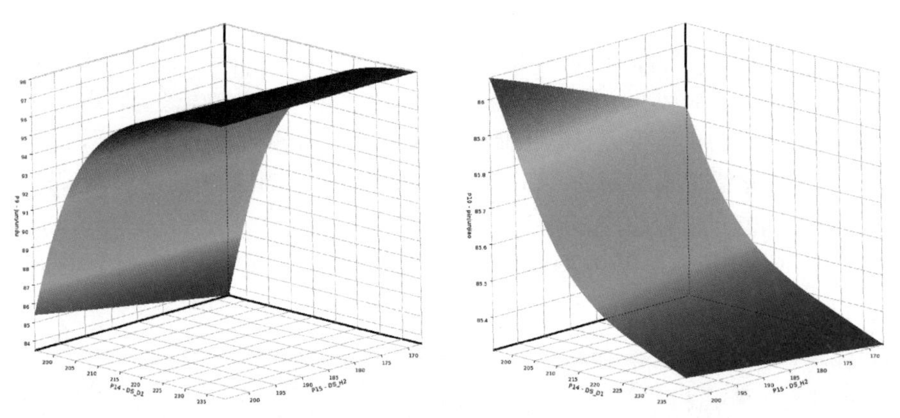

(b) 喇叭管直径与喇叭管悬空高对目标函数值的影响

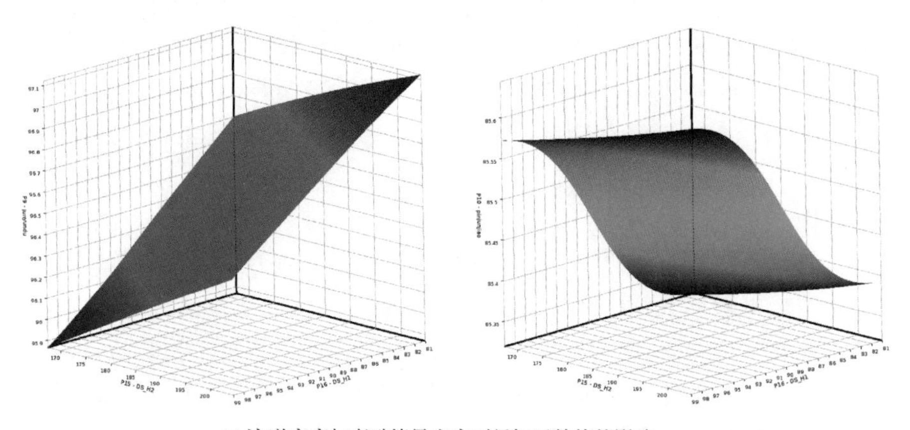

(c) 流道高度与喇叭管悬空高对目标函数值的影响

图 4-27　多参数对目标函数值的影响

图 4-28 为计算得到的不同方案轴向速度分布均匀度与速度加权平均角的值,从图中可以发现最终轴向速度分布均匀度的最优值为 98.141,对应的速度加权平均角的值为 85.59。

P9 - junyundu	P10 - pinjunjiao
98.034	85.543
89.84	85.987
89.931	85.817
93.586	85.449
97.854	85.487
86.523	86.137
97.103	85.318
97.949	85.254
98.002	85.22
90.954	85.7
96.373	85.464
96.969	85.498
97.358	85.678
83.972	85.793
97.354	85.39
92.296	85.361
90.919	85.919
94.847	85.298
95.727	85.576
97.271	85.654
97.271	85.654
98.141	85.59
95.859	85.586
97.519	85.407
97.922	85.048
92.872	85.808
94.927	85.331
96.732	85.487
97.815	85.63
96.752	85.207
97.523	85.391
96.506	85.351
89.502	85.623
98.018	85.338
97.503	85.357
97.801	85.264
96.384	85.506
98.023	85.448
93.843	85.61
98.049	85.396
97.705	85.374
91.523	85.696
92.302	85.611
89.028	85.8
90.044	85.789
87.392	86.026
94.538	85.413
96.577	85.496
86.794	86.079
94.184	85.528
93.704	85.215
97.242	85.521
95.256	85.484
93.962	85.25
97.923	85.362
97.68	85.449
88.858	85.744
97.492	85.135
97.947	85.238
95.64	85.59

图 4-28　不同方案轴向速度分布均匀度与速度加权平均角的值

5 低扬程泵站进、出水流道

低扬程泵站进、出水流道的性能对整个泵站的性能有十分重要的影响。这不仅是因为进、出水流道的水力损失占总扬程的比重较大，一些特低扬程泵站进、出水流道的水力损失占总扬程的比重甚至大于50%，而且是因为进、出水流道对泵段的性能有十分重要的影响。

5.1 进水流道

进水流道是指泵站进水前池至泵进口的一段过水通道，它的作用是使水流在从前池进入水泵叶轮室的过程中更好地转向和加速，以尽量满足水泵叶轮对叶轮室进口所要求的水力设计条件。流道进口断面处的流速应当不大于1 m/s。进水流道是泵站的重要组成部分，进水流道选型或设计不当，不仅可能减少泵站的流量，降低水泵的效率，还会引起水泵的空化和振动，严重时危及泵站的安全运行。江都三站和刘老涧泵站都曾因为进水流道问题严重影响了泵站的正常运行。

大型卧式或贯流式轴流泵，容易设计成水流条件较好的进水流道。大中型立式泵通过进水流道从前池中取水，进水流道要在较短的范围内转过大于90°的角，还要保证水流平稳，为水泵进口创造良好的水力条件，因此它的型式和尺寸是很重要的。

进水流道有开敞式进水流道和封闭式进水流道两种型式。开敞式进水流道主要用于中小型泵站，大型泵站采用封闭式进水流道。

5.1.1 开敞式进水流道

影响开敞式进水流道水力性能的主要参数有悬空高、后壁距、池宽、池长、后壁形状、喇叭管形状等，如图5-1所示。

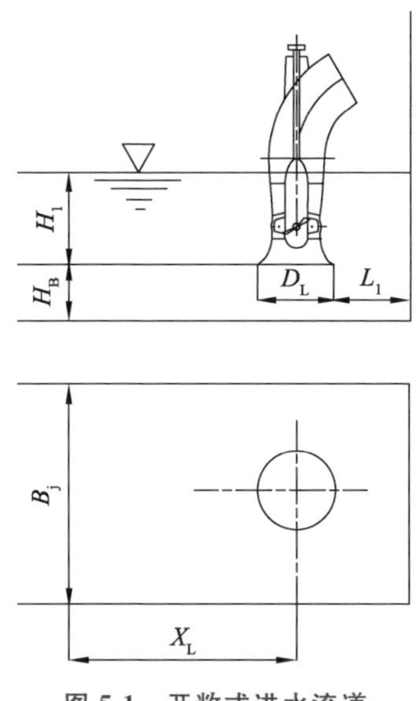

图 5-1　开敞式进水流道

悬空高 H_B 是开敞式进水流道水力设计中最重要的一个参数，悬空高过小会加大喇叭管进口的局部水力损失，影响水泵进口流态，甚至会产生漩涡；悬空高过大不仅不能得到最优的水力性能，而且还会增加开挖深度。池宽 B_j 过小不利于水流绕过喇叭管，但是，池宽过大会影响泵站的土建投资。保持足够的池长 X_L 主要是为了进水流道能够更好地引导和平顺水流，使得水流在到达喇叭管前尽可能地均匀，但是，池长过大也会影响泵站的土建投资。后壁距 L_1 对于从喇叭管后部进入水泵的水流影响是十分明显的，但是过大的后壁距也没有必要，而且可能还有不利的影响。据前人研究，后壁形状以心形为最佳。喇叭管内壁型线以 1/4 椭圆为宜。喇叭管进口直径为叶轮直径的 1.40～1.72 倍。喇叭管进口直径越大，进入叶轮的水流平均角度越小。过大或过小的喇叭管进口直径都会引起进入叶轮的水流流速分布均匀度降低，而且过大的喇叭管进口直径还会引起进入叶轮的水流平均角度降低，同时还会增大土建方面的投资。喇叭管的高度为叶轮直径的 0.7～0.8 倍，高度过小，对水流流态不利；高度过大，则土建投资增大。

5.1.2　肘形进水流道

肘形进水流道一般由三部分组成：进口平直段、中部弯曲段和上部圆锥段，如图 5-2 所示。

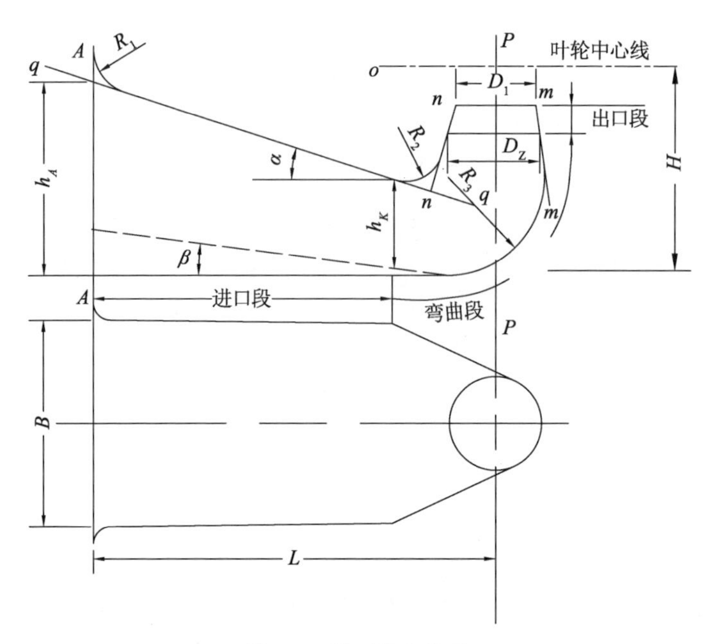

图 5-2 肘形进水流道

进口平直段一般为平底，有时为了提高进水池底板高程以降低翼墙高度和减少开挖量，可以将进口段的底部抬高一定的角度 β，抬高的角度一般在 $10°\sim12°$，进口流速控制在 0.5～1.0 m/s，进口宽度和叶轮直径之比为 2.0～2.5，以后各截面沿水流方向由矩形逐渐演变为椭圆形。当宽度较大时，可在进口段设置隔墩，以改善结构受力条件和流道内水流状态，进口段上缘的淹没深度不小于 0.5 m。

中部弯曲段是由椭圆形逐步变成圆形，水流在此段由水平方向逐渐变为垂直方向，该段对进水弯管出口断面流速和压强分布影响较大。水流在中部弯曲段，断面的流速分布和压强分布都受到离心力的影响而发生变化。当 R/D（R 为流线的平均曲率半径，D 为管径）很小时，弯管出口处的流线向外侧偏移，弯管外侧不仅有很大的流速和最大压强，还会产生两个螺旋横向流动的二次回流，即弯管中部水流流向外侧，外侧水流又流向内侧。由急转弯引起的流速和压强的不平衡，需要很长的平直段才能恢复正常。这种不对称的流速和压强分布，一方面增加了流道的水力损失，另一方面对机组的运行性能造成了不利的影响。对于水泵进水流道来说，最好是沿内侧壁面不产生脱流，出口流速分布接近均匀。准确地说就是，水流轴向速度加权平均角接近 90°，水流轴向速度加权平均值接近 1 最好。

渐缩的弯曲段应尽可能地增大内曲率半径，内曲率半径一般取 $0.5d_0$（d_0

为进水管出口断面直径)，外曲率半径一般取 1.0d_0。

上部圆锥段也是渐缩断面，其作用是使出口速度和压强均匀，以减少弯曲段的水力损失和改善水泵性能，该段高度一般可取 0.5d_0，锥度一般可取5°～8°。

肘形进水流道是大型泵站比较常用的进水流道，江都一站、江都二站、江都三站、江都四站、淮安一站、淮安二站都是肘形进水流道，它的缺点是地基开挖深度较大，工程造价较高，对于大型泵站，扬程低于 3 m 已不适合。弯曲段水流受离心力作用，在非设计工况下易使弯管出口流速及压强分布不均匀，影响水泵运转性能。

5.1.3 钟形进水流道

钟形进水流道由进口段、吸水蜗室、导水锥和喇叭管组成，由于水泵进口喇叭下悬如钟形，故称为钟形进水流道(见图 5-3)。

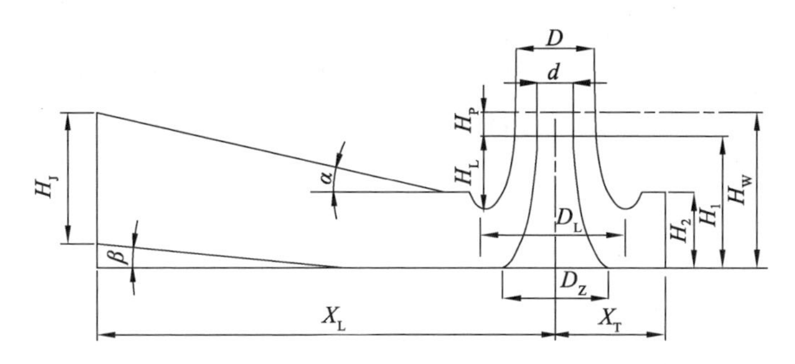

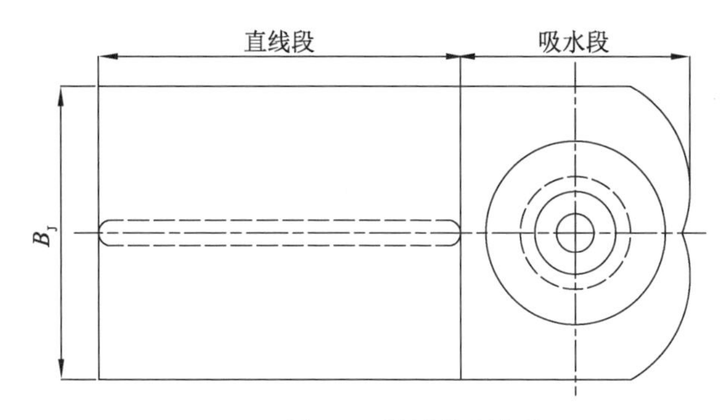

图 5-3　钟形进水流道

这种型式的流道高度较小，故泵房底板可以抬高。在进水隔墩尾部与进水喇叭管下方水泵中心位置上均有涡流，并时有涡带产生，设置导流锥并将隔墩适当延长后，可以消除涡带和涡流。水流从直线段进入吸水段后，水流从四周进入喇叭管。为了使得叶轮进口能得到比较均匀的流场，应当使从不同方向进入喇叭管的水量尽可能地相等。因此，应当合理确定流道宽度、后壁距、悬空高、喇叭管直径等。叶轮中心高度 H_W 取(1.0～1.4)D_0(D_0 为叶轮直径)，流道宽度不应小于 2.74D_0，流道长度 X_L 应大于 3.5D_0，底边倾角 β 不宜大于 10°，喇叭管直径 D_L 宜取(1.3～1.4)D_0，喇叭管高度 H_L 宜取 0.6D_0，吸水室高度宜取(0.9～1.0)D_0。目前国内外采用的钟形进水流道基本上是一个有压的箱形进水室，进水段为矩形断面的箱体，后部为带有隔板(或隔舌)的吸水蜗室，水泵轮毂下方的底板上设有导水锥。吸水室后壁的形状有平面对称蜗形、圆弧形及多边形等。

5.1.4 簸箕形进水流道

簸箕形进水流道形状简单，便于施工，在荷兰有较广泛的应用，大、中、小型泵站都用，于 20 世纪 90 年代进入我国。簸箕形进水流道在基本尺寸方面与钟形进水流道十分接近，也是高度较小、宽度较大，但前者对宽度的要求没有后者那样严格，不易产生涡带。上海郊区首次将簸箕形流道应用于小型泵站的节能技术改造，江苏刘老涧泵站首次将簸箕形流道应用于大型泵站，但是，效果不理想。

簸箕形进水流道比较简单，可分为上部的喇叭管和下部的吸水箱两个部分，影响流道形状的因素有流道高度、吸水箱的几何参数和喇叭管的几何参数(见图 5-4)。吸水箱的几何参数包括流道宽度、流道宽度变化特征、流道长度、后壁距、吸水箱高度和中隔板厚度。喇叭管的几何参数包括喇叭管内侧轮廓线的型线、喇叭管进口直径和高度。

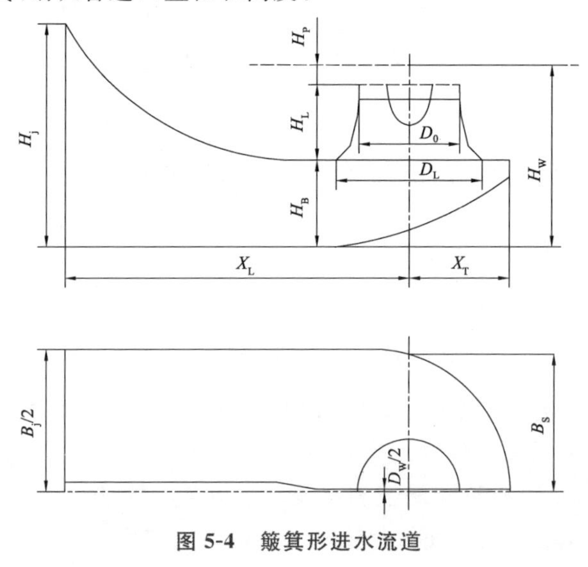

图 5-4 簸箕形进水流道

5.1.5 斜式进水流道

斜式进水流道可分为三段：直线段、弯曲段和圆锥段（见图 5-5）。直线段的参数包括直线段长度、上边线倾角、下边线倾角、流道进口的高度和宽度。弯曲段的参数包括上边线形状、下边线形状、宽度的变化规律。圆锥段的参数包括锥角和长度。

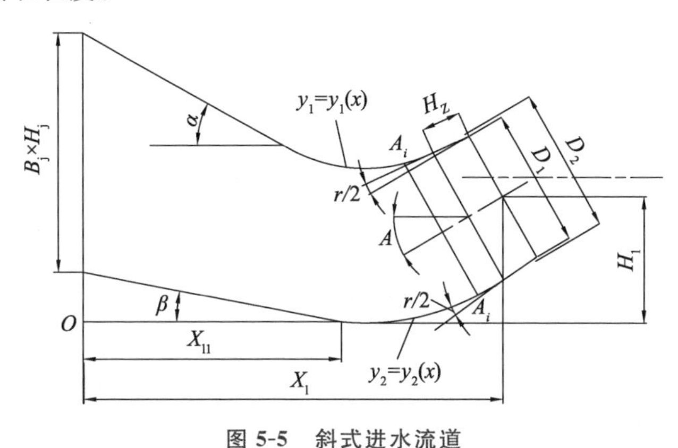

图 5-5 斜式进水流道

5.1.6 箱涵式进水流道

前面介绍的进水流道都是单向进水流道。如果泵站需要满足灌溉和排涝两个功能，就需要建造一系列配套的水工建筑物，不仅工程投资大，而且占用大量的土地，因此，有必要建造双向进出水流道的抽水站。双向泵站将平面上多座闸、多条河的交叉调度转换到立面上的双向流道，实现灌排两用的目的，不仅节约土地，而且节约工程投资。双向进水流道大致可以分为肘形对拼式双向进水流道（例如镇江谏壁抽水站）、箱涵式双向进水流道（例如江苏望虞河抽水站）及双向钟形进水流道（例如安徽凤凰颈抽水站）。由于箱涵式双向进水流道目前应用比较广泛，这里重点介绍。

箱涵式双向进水流道是在双向钟形进水流道和开敞式进水池的研究基础上发展起来的。它通过流道闸门的协调控制实现自引、自排、抽引、抽排等功能，集“一站四闸”于一体，采用立式开敞式轴流泵，水泵支撑于进出水流道间的隔板上，流道断面均为矩形，采用喇叭管吸水（见图 5-6）。箱涵式双向进水流道的参数包括流道的宽度、高度和长度，喇叭管内侧壁型线、喇叭管进口直径、喇叭管高度、喇叭管悬空高。

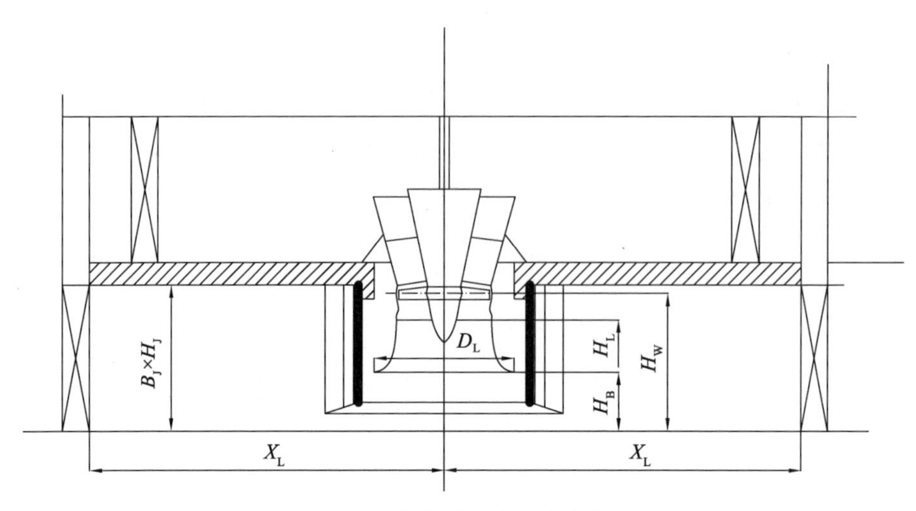

图 5-6 箱涵式双向进水流道

箱涵式双向进水流道内水流在进入叶轮室前的流动分为两个阶段:① 在流道内向喇叭管的汇集阶段;② 在喇叭管内的流场调整阶段。在第一阶段，由于一部分水流直冲流道盲端再折回流入喇叭管，水流条件极为复杂，易于形成漩涡。若涡带伸入水泵,可能引起机组甚至泵房振动，影响工程安全，从而成为主要问题。在第二阶段，由于喇叭管出口即为水泵叶轮的进口，喇叭管整流效果的好坏决定了叶轮进口断面的流场，从而直接影响水泵性能。涡带有三类:附底涡、侧壁涡和盲端涡(喇叭管后部的附顶涡)。为了消除涡带,可在喇叭管下方设置一定高度的隔板或在喇叭口下设导流锥以防止涡带的产生。

喇叭口悬空高是对应于流道高度的一个主要参数，喇叭口悬空高对减小泵站挖深、减少土建投资有很大影响，同时对泵站装置性能亦有一定影响。当悬空高过低时，喇叭口下部的流速过大，阻力损失增加，同时由于流速高，喇叭管对管内流场难以及时有效地调整，导致叶轮进口的流速分布不均匀，从而降低了装置的效率。喇叭管在中小型泵站中是一种常见的吸水结构，其形状尺寸对水泵叶轮进口流速分布和压强分布有直接影响，大型泵使用喇叭管作为进水结构应予以重视。当高度一定,喇叭管进口直径在(1.44～1.80)D范围内变化对泵装置性能影响甚微。一般认为，较大的喇叭管高度利于管内流场的整流，但在流道总高度不变的情况下，由于悬空高度的减少，喇叭管进口流速加大，管口流态相对恶化，加长了的喇叭管难以达到较为理想的整流效果。根据对开敞式进水池的研究,当保持喇叭管高度一定，在悬空高$P<(0.50\sim0.60)D$时，叶轮进口的流速分布均匀度随P的增大而增大，而

当悬空高保持一定时，增大喇叭管高度，同样会使叶轮进口均匀度提高，反映到装置性能上即效率提高，因此对箱涵式流道，在总高度不变时，喇叭管高度、悬空高对装置性能的影响是互相制约的。增加悬空高（减小喇叭管高度），使叶轮进口的流速分布均匀度得到了提高，这也进一步说明，在箱涵式进水流道设计中，在流道总高度一定的情况下适当加大悬空高是非常重要的。对于双向箱涵式进水流道，采用小喇叭管较为有利，一方面可以降低喇叭管造价，另一方面对加大自引、自排过流能力以及减小过流时因水流绕喇叭管流动而可能引起的振动有利。

流道宽度是影响泵站投资的重要因素，对装置性能亦有一定的影响。当悬空高 $P/D=0.867$ 时，在流道宽度 $B/D=2.973\sim2.587$ 范围内，流道宽度对装置性能无显著影响，在不影响泵站上部结构布置及满足自流能力的情况下可取小值，过大的流道宽度无实际意义，反而增加工程投资。

5.2 出水流道

出水流道的作用是使水流在从水泵后导叶出口流入出水池的过程中更好地转向和扩散，在不发生脱流和漩涡的条件下最大限度地回收动能，出口流速不应当大于 1.5 m/s。低扬程泵站常见的出水流道有虹吸式和直管式两种，如图 5-7 所示。

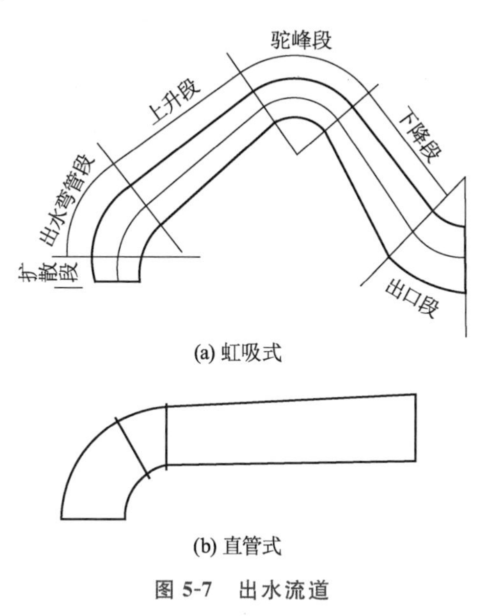

(a) 虹吸式

(b) 直管式

图 5-7 出水流道

常见的虹吸式出水流道由扩散段、出水弯管段、上升段、驼峰段、下降段、出口段组成。扩散段和出水弯管段的形状和尺寸是根据水泵的结构尺寸决定的。上升段的断面形状是由圆变方，在平面上逐渐扩大，在立面上略微收缩，轴线向上倾斜。驼峰段是虹吸式出水流道中最重要的部分，它的形状和尺寸对虹吸形成、装置效率、工程投资和安全运行等都有影响，为了保持需要的真空，要求这部分应当有良好的密封性。驼峰断面处的平均速度 v 是一个非常重要的参数，v 越大，越有利于形成虹吸，但是会增加阻力损失；v 越小，阻力损失越小，但是不利于形成虹吸。我国现有的虹吸式出水流道的驼峰断面处的平均速度所采用的范围为 2.0～2.5 m/s。为了保证驼峰断面处的压强，驼峰处多采用高度较小的矩形断面，其高度与叶轮直径之比为 0.5～0.8，驼峰底部的高程应当高于出水池设计最高水位 0.2～0.3 m。下降段流道一般都是等宽的，为了减少流道出口的动能损失，有时也设计成扩散形。下降段的下降角对水流条件和工程投资有影响，下降角越大，下降段的长度越短，可节省工程投资，但下降角过大会引起水流脱壁，影响从虹吸中带走空气的可能性，使流道内压强不稳定，还会增加阻力损失，而下降角过小会增加工程投资，一般下降角采用的范围为 40°～70°。在水流进入出水池前，应当尽可能地将动能转化成压能以减少出口损失，因此要求出口断面适当增大，一般可按 1.0～1.5 m/s 出口流速的要求确定出口断面。根据厂房的布置确定出口断面的宽度，从而求出出口断面的高度。根据出水池设计最低水位和虹吸管出口的最少淹没深度 h_y 确定虹吸管出口的顶部高程。虹吸管出口的最少淹没深度不宜过小，否则空气容易进入驼峰低压区，破坏真空，影响虹吸形成，h_y 可用下式估算：

$$h_y = (3 \sim 4)\frac{v_c^2}{2g}$$

式中：v_c 为出口断面的最大平均速度；h_y 不得小于 0.3 m。

从水泵出水弯管至流道出口之间有流道中心线为直线的出水流道称为直管式出水流道。直管式出水流道的中心线既可以是水平的，也可以是倾斜的，这主要取决于水泵出水弯管的出口断面中心高程和出水池的最低水位。对于直管式出水流道都应该设有通气孔，这不仅使机组启动时可以由通气孔排气，而且在停机后还可以由通气孔补气，从而减小对出口门的冲击和管内负压。通气孔应当布置在流道的最高位置。通气孔的面积 F 按下式计算：

$$F = \frac{V}{\mu v t}$$

式中：V 为出水流道内空气的体积；μ 为风量系数，0.7～0.8；v 为最大空气流速，90～100 m/s；t 为排气或补气时间，5～10 s。

在采用虹吸式出水流道不能满足驼峰顶部真空度的要求，采用直管式出水流道流道的出口不能被水淹没的情况下，可采用屈膝式出水流道，如图 5-8 所示。其进口与出水弯管出口相连，管道中心线沿流向下降，截面面积和几何形状逐步扩大、变化，出口淹没于最低运行出水位以下。典型的像湖北凡口泵站，屈膝式流道采用真空破坏阀配合拍门断流的方式，即在设计流道时将驼峰位置定在一般高水位以上，在正常运行时由真空破坏阀断流，将拍门吊平；当外河水位超过驼峰高程时，由设在流道出口的拍门断流，这样驼峰可以定得低一些，就能适应水位变化较大的情况，从而可较好地改善机组启动条件。

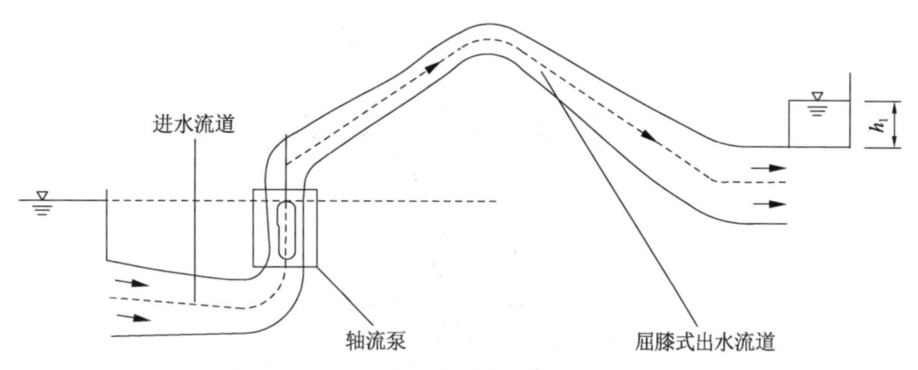

图 5-8　湖北凡口泵站屈膝式出水流道示意图

为了满足泵站双向运行的需要，出水流道也分单向和双向两种型式。双向出水流道型式大体可分为三通式、肘形对拼式、直锥喇叭出水室式、曲线喇叭管出水室式、平面蜗壳式、伞形虹吸式、矩形有压涵洞式、双向平面对称蜗壳式和开敞水槽式等。三通式出水流道类似于不规则异形三通管，流道中水流湍动剧烈，机组易振动，这种型式的泵站效率远比单向流道泵站低；肘形对拼式出水流道类同于肘形对拼进水流道，盲端侧水流受阻，局部损失大，泵效率亦偏低；荷兰、美国多用加长出水扩散管，形成长直锥喇叭出水室，回收部分动能转化为压能，减少流道中水流湍动，但为使水流扩散充分，其扩散锥管较长；曲线喇叭管出水室则采用扩散减速和改变流向同时进行，压缩了高度尺寸；伞形虹吸式泵效率较三通式高，但流道结构复杂，施工较困难；矩形有压涵洞式或开敞水槽式出水流道具有较大的过流断面面积，自流时能通过较大的流量。图 5-9 是工程实践中的几种双向出水流道。

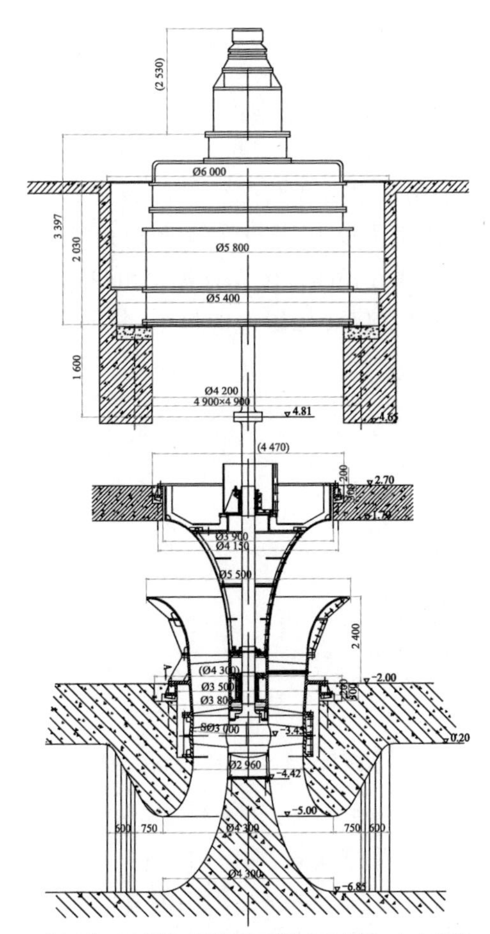

(a) 泰州引江河高港泵站X型开敞式双向进、出水流道

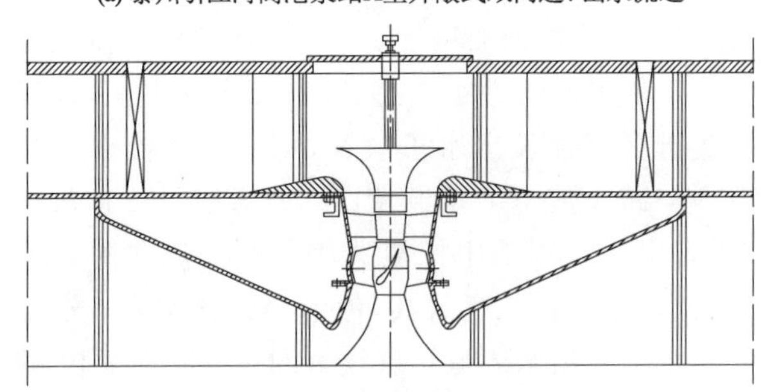

(b) 广东上僚泵站矩形有压涵洞式双向出水流道

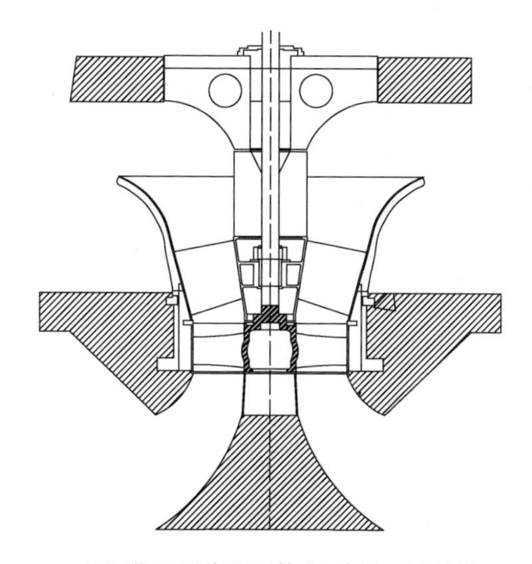

(c) 江苏三干河枢纽开敞式双向进、出水流道

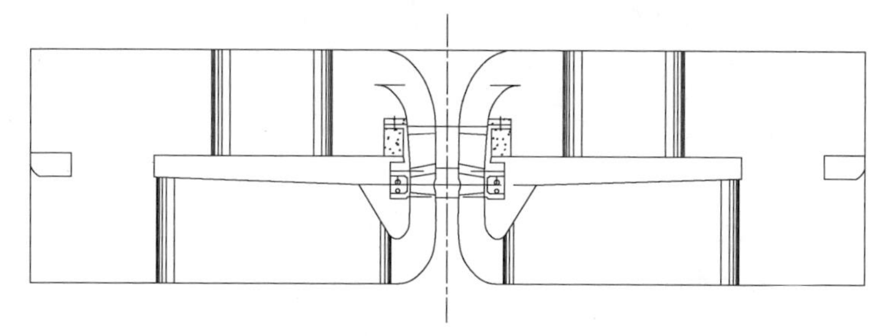

(d) 江苏江边枢纽开敞式双向进、出水流道

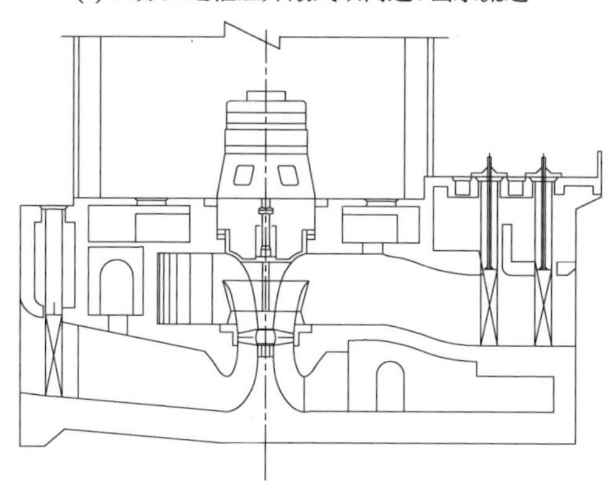

(e) 箱涵式出水流道

图 5-9　工程实践中的几种双向出水流道

5.3 进、出水流道的三维数值计算

5.3.1 进、出水流道水力优化的目标

(1) 进水流道水力优化的目标

进水流道是前池与水泵叶轮室之间的过渡段，对于立式轴流泵，其作用是使水流在由前池流向叶轮室的过程中更好地转向和收缩。对进水流道水力设计的要求如下：

① 保证水流在由前池流向水泵叶轮室进口的过程中有序转向和均匀收缩，流道内无涡流及其他不良流态。

② 流道出口断面的流速分布尽可能均匀、水流方向尽可能垂直于出口断面，其要求可用以下目标函数表示：

a. 轴向速度分布均匀度：

$$V_u = \left[1 - \frac{1}{\bar{u}_a}\sqrt{\frac{\sum(u_{ai} - \bar{u}_a)^2}{m}}\right] \times 100\%$$

式中：$\bar{u}_a$ 为流道出口断面的平均轴向速度；u_{ai} 为出口断面各单元的轴向速度；m 为出口断面的单元个数。

b. 速度加权平均角：

$$\bar{\theta} = \frac{\sum u_{ai}\left(90° - \arctan\frac{u_{ti}}{u_{ai}}\right)}{\sum u_{ai}}$$

式中：u_{ti} 为水泵进口断面各单元的横向速度。

在理想情况下，$V_u = 100\%$，$\bar{\theta} = 90°$，优化计算的目标是取得可满足工程实际需要的最优值。

③ 流道水力损失尽可能小。

④ 流道控制尺寸取值合理。

(2) 出水流道水力优化的目标

泵站出水流道是水泵导叶与出水池之间的过渡段，对于立式轴流泵装置，其作用是使水流在由水泵出口流向出水池的过程中更好地转向和扩散，尽可能多地回收水流动能。对出水流道水力设计的要求如下：

① 流道出口流速小于 1.5 m/s，尽可能多地回收水流的动能。

② 尽可能使水流在由水泵出口流向出水池的过程中有序转向和平缓扩散，尽可能避免流道内产生涡流或脱流，最大限度地减少流道水力损失。

③ 流道控制尺寸取值合理。

5.3.2 淮阴站进、出水流道数值计算

(1) 三维造型与网格划分

肘形进水流道与虹吸式出水流道均在 Creo 3.0 中进行三维建模，由于进、出水流道含有中隔板，结构较为复杂，在 ICEM-CFD 中采用适应性、正交性较好的六面体核心非结构网格进行网格划分，经过网格无关性分析，最终确定整个计算域网格总数分别为 4 058 375（进水流道）和 4 911 056（出水流道）。进、出水流道三维图如图 5-10 所示。

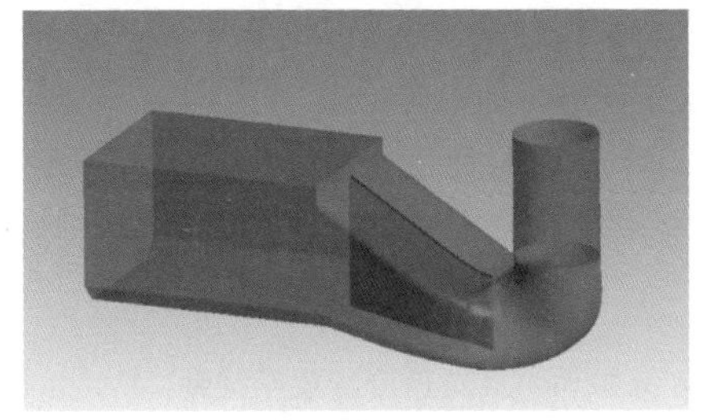

(a) 进水流道　　(b) 出水流道

图 5-10　进、出水流道三维图

(2) 进水流道边界条件

进水流道的进口边界条件设置为质量流量进口，分别计算 25 m^3/s，30 m^3/s，35 m^3/s 三个不同的流量；出口边界条件设置为自由出流（Opening Outlet），参考压力设置为 0 Pa。

(3) 出水流道边界条件

出水流道的进口边界条件设置为质量流量进口，分别计算 25 m^3/s，30 m^3/s，35 m^3/s 三个不同的流量；出口边界条件设置为自由出流（Opening Outlet），参考压力设置为 0 Pa。

(4) 数值计算结果分析

① 进、出水流道水力损失

根据公式分别计算不同流量下的进、出水流道水力损失：

$$\Delta h = \frac{p_{in} - p_{out}}{\rho g}$$

式中：p_{in} 为进口断面总压；p_{out} 为出口断面总压。表 5-1 为进、出水流道水力损失。

表 5-1　进、出水流道水力损失

进水流道		出水流道	
流量/(m^3/s)	水力损失/m	流量/(m^3/s)	水力损失/m
25	0.089 6	25	0.317 0
30	0.127 1	30	0.439 7
35	0.171 2	35	0.616 6

从表 5-1 中可以发现：进、出水流道的水力损失与流量之间成正比的关系，符合水力学的一般规律即水力损失与流速平方成正比；淮阴站流道水力损失的值略高于南水北调东线同类泵站流道水力损失的值，但影响不大。

② 轴向速度分布均匀度与速度加权平均角

为了描述进水流道出口断面的流态，引入轴向速度分布均匀度与速度加权平均角。表 5-2 为不同流量下进水流道出口断面轴向速度分布均匀度与速度加权平均角的值。

表 5-2　进水流道出口断面轴向速度分布均匀度与速度加权平均角

流量/(m^3/s)	轴向速度分布均匀度/%	速度加权平均角/(°)
25	93.553 5	83.874 9
30	95.562 8	85.694 7
35	96.489 4	86.382 8

数值计算结果表明：淮阴站原有的进水流道在设计流量下，流道出口断面的轴向速度分布均匀度与速度加权平均角的值虽然略低于南水北调东线同类新建泵站的值，但总体上可以满足水泵高效稳定运行的需求。

③ 进、出水流道内部流动

图 5-11 为不同流量下进、出水流道流线图。

从图 5-11 中可以发现：进水流道在不同工况下，肘形转弯处内侧均未发现脱流等不良流态；出水流道中，只在出口处发生轻微的流动分离现象，在弯管与驼峰处均未发现脱流等不良流态。综合分析可知，淮阴站原有的流道可以获得较为理想的水力性能。

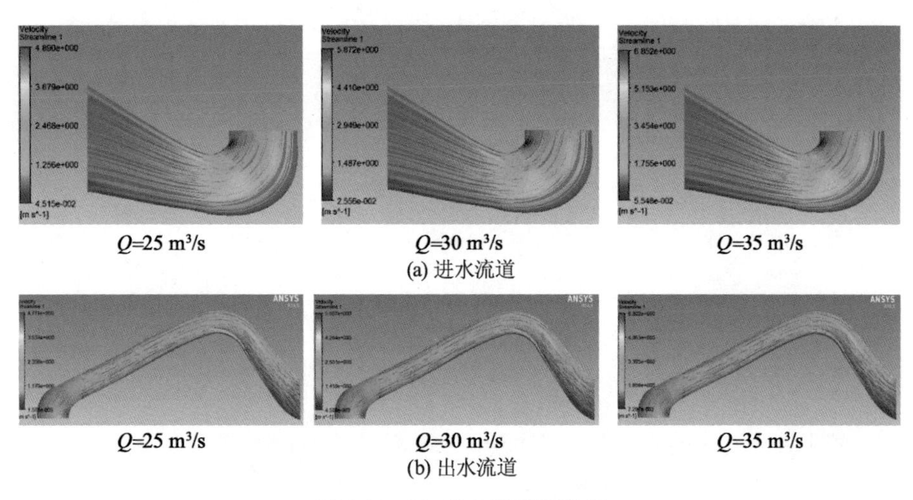

Q=25 m³/s　Q=30 m³/s　Q=35 m³/s

(a) 进水流道

Q=25 m³/s　Q=30 m³/s　Q=35 m³/s

(b) 出水流道

图 5-11　进、出水流道流线图

④ 结论

淮阴站原有的流道的水力性能略差于南水北调东线新建的同类泵站流道的水力性能，但这种差异不大，淮阴站原有的流道可以获得较为理想的水力性能。

计算并未考虑水力模型的影响，全流道数值计算时出水流道的水力损失会略有增加。

6

泵站辅助设备

泵站辅助设备的作用是为主机组安全运行提供保障，使主机组处于最好的技术状态，能够持续安全地运行。大型泵站的运行实践表明，泵站辅助设备的故障率远高于主机组。因此，应当充分重视泵站辅助设备的设计和运行工作。

6.1 水系统

6.1.1 供水系统

水系统由供水和排水两个部分组成。供水部分包括技术供水、消防供水和生活供水。供给生产上的用水称作技术供水，技术供水是供给主机组和某些辅助设备的冷却润滑水，如同步电动机空气冷却器冷却水、推力轴承和上下导轴承的油冷却器冷却水、水泵油导轴承的密封润滑水和水泵橡胶轴承的润滑用水，以及水冷式空气压缩机冷却水等辅助设备用水。技术供水量在全部供水量中占85%左右。消防用水、生活用水等不属于技术供水。

(1) 供水对象及其用水量的确定

① 同步电动机空气冷却器的冷却用水

泵站中使用的大型立式三相同步电动机的散热通风方式一般有三种：开启式、半管道式和密闭自循环式。不同冷却器的效果差别是很大的，空气冷却器一般由铜合金管子组成，铜管四周绕有弹簧形的细铜丝，以增加散热面积。管中通有循环冷却水，电机旋转时，装在转子上的风扇强制空气流过转子线圈，再由定子中心的通风沟排出。因此，机壳中原有冷空气吸收了电机线圈和铁芯散发出的热量后变成热空气。热空气在通过冷却器后变成冷空气，然后重新进入电机内。如此循环，即可将电机内电磁损失而产生的热量散发到机外。热空气温度一般升高到 60 ℃,经空气冷却器冷却后至 35 ℃。温度直接影响电机绕组的寿命和出力,因此,一般要求热空气的温度不超过 60～70 ℃,冷却水的进出口温差一般为 2～4 ℃。

空气冷却器的冷却水量可以查阅厂家提供的资料,它是以进水温度 25 ℃,电机带最大负荷连续运行时产生的最大热量为依据。如果进水温度低于 25 ℃,用水量可以相应减少。图 6-1 是水温低于 25 ℃时冷却水量的折减系数。

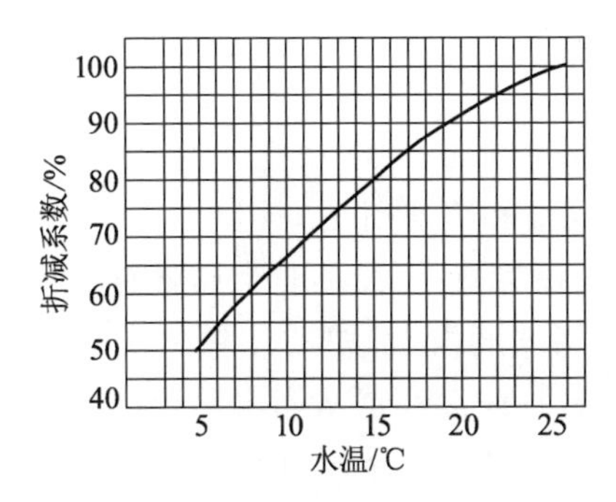

图 6-1 水温低于 25 ℃时冷却水量的折减系数

在没有厂家资料时,用水量可用下列经验公式估算:

$$Q_k = 8.5 N_o \left(\frac{1-\eta_\theta}{0.025}\right) \times 10^{-3}$$

式中:Q_k 为空气冷却器用水量,m^3/s;N_o 为电动机功率,kW;η_θ 为电动机效率,91%～95%。

应该说明的是,电机制造厂在设计不同电机时,冷却器用水量的选取没有统一尺度,在功率相近、转速相同的情况下,不同电机制造厂选取的冷却器用水量差别较大,有的甚至相差 2 倍以上。即使是同一家电机厂生产制造的电机,电机功率与冷却器用水量都没有固定的比例关系。这是由于不同的厂家、不同的设计人员选取的设计余量不同。有的电机制造厂甚至不进行冷却水量的计算,而是将电机损耗计算后交由冷却器专业生产厂家进行换算和选型,造成了冷却器的选型因厂家而异,冷却用水量也各不相同。

② 电动机轴承油冷却器的冷却用水

大型立式电机的推力轴承及上、下导轴承在运转时会产生机械摩擦损失,此损失以热能的形式积聚在轴承中,由于轴承是浸在润滑油中的,故热量将由轴承传入油内,再通过油冷却器中的水流冷却润滑油。

油冷却器的冷却用水量一般由厂家提供,也可以根据轴承摩擦所损耗的功率进行计算。

对于推力轴承

$$Q_t=\frac{3\ 600\Delta N_{ft}}{\rho c\Delta t}$$

$$\Delta N_{ft}=Pfu\times10^{-2}$$

式中：Q_t 为推力轴承用水量，m^3/h；ΔN_{ft} 为推力轴承损耗功率，kW；P 为推力轴承荷重，N，包括机组转动部分重量和轴向水推力；f 为推力轴承镜板与轴瓦的摩擦系数，一般取 0.003～0.004；u 为推力轴承镜板 2/3 直径处的圆周速度，m/s；c 为水的比热，1 000 kcal/(t·℃)；Δt 为空气冷却器进出口处水的温差，一般取 2～4 ℃。

电机上、下导轴承的用水量，可各按推力轴承用水量的 10%～20%估算。

③ 水泵导轴承的润滑和冷却用水

大型水泵轴承有两种类型：一种是非金属材料轴瓦，用水润滑和冷却；另一种是金属材料轴瓦，用油润滑，油中的热量由水冷却。立式机组一般较多采用非金属材料轴瓦，分自润滑和清水润滑两种。非金属材料轴瓦的润滑和冷却用水，在没有厂家资料的情况下，可用下式估算：

$$Q_{sh}=(1\sim2)Hd^3\ (L/s)$$

式中：H 为导轴承入口处的水压，150～200 kPa；d 为导轴承处的轴颈直径，m。

稀油润滑轴承油冷却器的用水量比较少，一般可按机组总用水量的 5%～7%估算。

轴流泵的橡胶轴承位于流道内部，水泵在抽水时，轴承浸在水中。采用外部供水的目的主要是为了改善润滑水的水质，因为含有粗颗粒硬质泥沙的水会造成主轴的严重磨损，这是不允许的，所以必须使用外部的清洁水源。

(2) 技术供水对水压、水温及水质的要求

① 水压：为了保证需要的冷却水量和必要的流速，要求进入冷却器的水应有一定的压力。制造厂在设计冷却器时，一般按正常耐压 200 kPa 计算，因此，冷却器的进口水压不应当超过 200 kPa。200 kPa 也可以说是冷却器进口的上限水压，至于下限水压，只要冷却器的进口水压能够克服冷却器内部的水压降和后面管路的全部水力损失。

② 水温：冷却水的温度宜在 4～25 ℃之间。小于 4 ℃或大于 25 ℃时应加以处理。冷却器的进水温度通常是以 25 ℃为设计依据。冷却水水温过低，会使冷却器黄铜管外凝结水珠，沿管线方向因温度变化过大造成裂缝而损坏。

③ 水质：为了避免水对冷却管和水泵轴颈的磨损、腐蚀、结垢和堵塞，机组冷却水和润滑水的水质应符合一定的要求。

当自然水源的水质不能满足用水设备的要求时，必须加以净化。泵站上一般使用物理净化法，主要除去水中的沙及水草、鱼虾等杂物，所用设备有沉沙池和滤水器。

(3) 供水方式

供水设备的取水水源有进水池取水、排水廊道取水、出水池取水或其他水源。过去常采用的是进水池取水的方式，因为在布置上比较紧凑，所用管道较短，但由于下游杂物较多，容易堵塞，后来采用出水池取水的方式较多。有的泵站采用水质好、水温低的地下水源作为第二水源，汲取地下水送至水塔蓄水池，供给冷却水、润滑水及其他用水。现在更多的是选用循环供水方式。

供水方式有三种：一种是水泵直接供水，就是由供水泵直接向管网中供水，来保证水系统的水压和水量；一种是水泵间接供水，就是由供水泵向水塔供水，再由水塔通过供水干管、支管向机组提供冷却润滑水；还有一种是循环供水，是按要求提供每台机组所需要的冷却水量、水压并使冷却水循环使用。

直接供水中又有单元供水与联合供水之分。凡每台主泵配有专用供水泵和独立的管路系统的称为单元供水，主要用于水泵台数很少而尺寸很大的情况。直接供水的优点：节省建设水塔的费用，降低土建成本；水压充足。缺点是供水流量和压力调节比较费事；供水可靠性差，效率较低。

间接供水有以下优点：① 节省电能，供水泵运行稳定；② 调节方便；③ 供水可靠；④ 利于井泵配套。同时也有不足：① 在运行中水塔通常沉淀泥沙效果较差；② 夏天气温高，水池水温上升；③ 水池放在房顶上，压力不够；④ 投资大。

下面是几种典型供水系统图。

① 淮安二站间接供水系统图

图 6-2 是淮安二站间接供水系统图。淮安二站电动机采用密闭循环通风方式，每台电动机装有 6 只空水冷却器，所需水量为 $6\times12\ m^3/h$，上油缸油冷却器用水量为 $40\ m^3/h$，水压为 0.1～0.4 MPa；下油缸油冷却器用水量为 $5\ m^3/h$，水压为 0.1～0.4 MPa。供水泵从上游取水，送至水塔，再由水塔自流至供水母管，供给各供水对象。

② 采用盘管冷却器的循环供水方式

采用盘管冷却器的循环供水方式是利用置于水中的盘管冷却器，通过热交换实现管内水体冷却的供水方式。盘管冷却器也可置于排水廊道内，如通榆河北延送水工程大套三站工程；盘管冷却器也可置于出水流道内，如南水北调淮安四站工程。下面以大套三站工程为例，介绍采用盘管冷却器循环供水方式的设计实例。

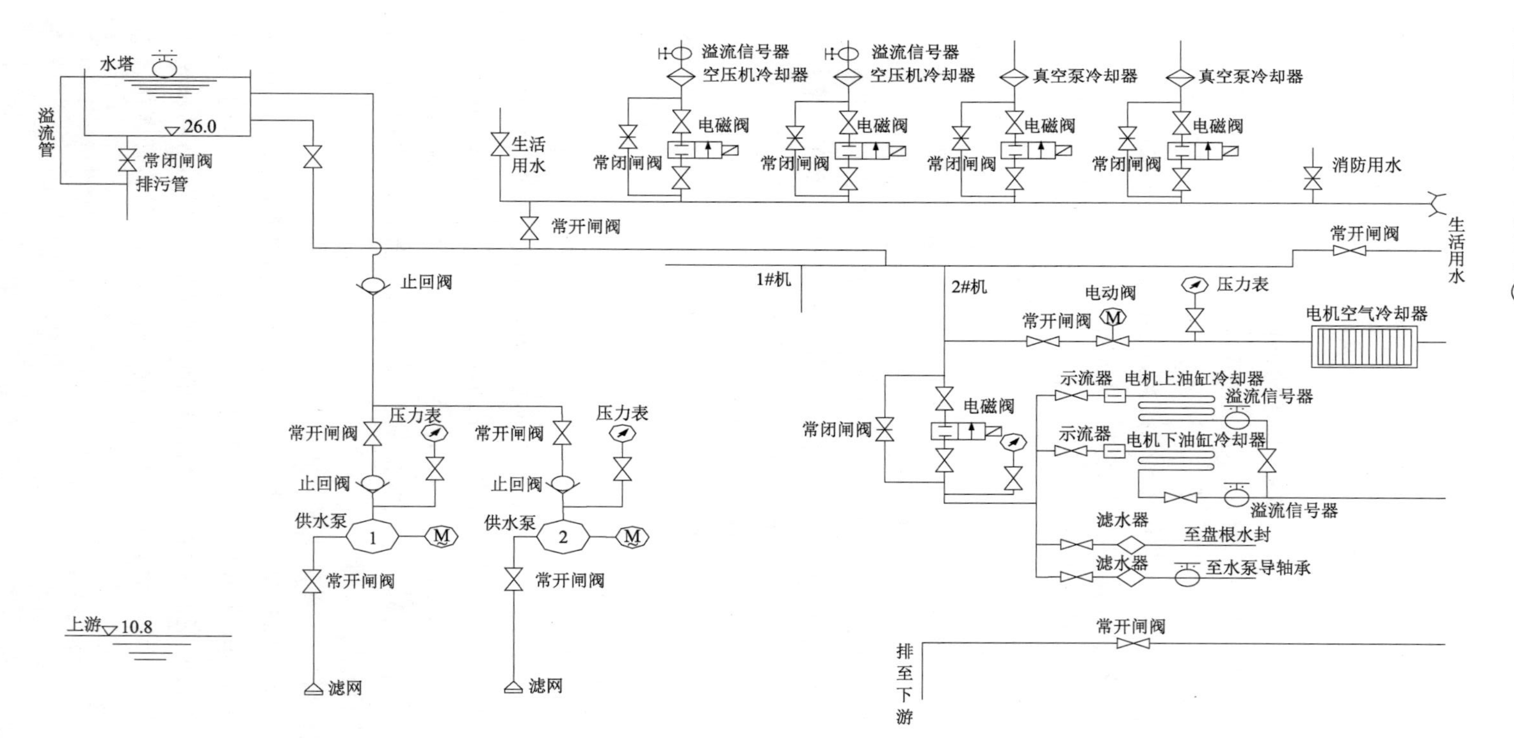

图 6-2　淮安二站间接供水系统图

大套三站是通榆河北延送水工程的第一级泵站，位于江苏省滨海县大套乡境内大套船闸的西侧。泵站安装 5 台套叶轮直径 1.6 m 的立式轴流泵，泵站设计流量 50 m^3/s，单机流量 10 m^3/s。配套型号为 TL710－24/2150 的同步电动机，功率 710 kW，额定转速 250 r/min。大套三站电动机由南京汽轮电机(集团)有限责任公司生产，根据厂家提供的资料，电动机上油缸油冷却器用水量为 2.9 m^3/h，下油缸油冷却器用水量为 0.1 m^3/h，水压为 0.10～0.15 MPa，油冷却器进水温度≤30 ℃。大套三站技术供水系统见图 6-3。

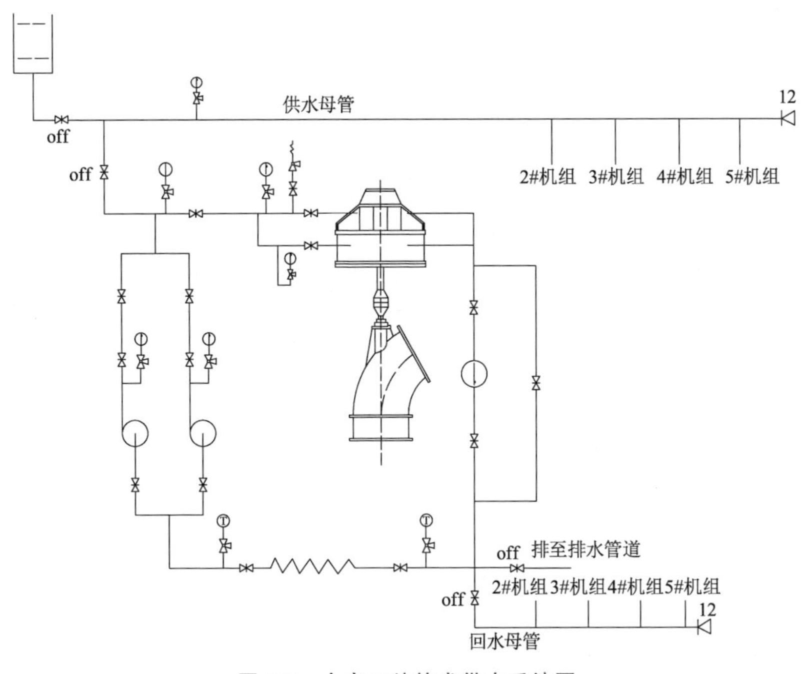

图 6-3 大套三站技术供水系统图

大套三站采用循环供水系统，5 台机组采用 5 套独立的循环供水装置，通过供水母管和回水母管实现系统之间的互为备用。系统循环增压泵型号为 SLB40－32A，流量为 5.9 m^3/h，扬程为 28 m，共 10 台，每个系统 2 台，其中 1 台工作，1 台备用。系统冷却器采用盘管冷却器，通过热交换实现管内水体冷却。冷却盘管安装在泵站排水廊道内，盘管外径 45 mm，材质为不锈钢，每台机组配一套盘管冷却器。

③ 采用冷水机组的循环供水方式

采用冷水机组的循环供水方式是利用放置于室外的冷水机组将系统中的热水冷却，再回到系统中的循环供水方式。新建的泵站大都采用这种供水方式，如南水北调洪泽站、刘老涧二站、皂河二站、睢宁二站等工程。下面以洪泽站工程为例，介绍采用冷水机组的循环供水方式的设计实例。

洪泽站工程是南水北调东线第一期工程的第三梯级泵站，泵站规模为大（Ⅰ）型，位于江苏省淮安市洪泽县蒋坝镇北约 1 km 处，介于洪金洞和三河船闸之间，紧邻洪泽湖。泵站安装 5 台套叶轮直径 3.15 m 的立式混流泵，配套立式同步电动机，功率 3 550 kW，转速 125 r/min，总装机容量 17 750 kW。洪泽站电动机由南京汽轮电机（集团）有限责任公司生产，根据厂家提供的资料，电动机上油缸油冷却器用水量为 5 m^3/h，下油缸油冷却器用水量为 2 m^3/h，水压为 0.2 MPa，油冷却器进水温度≤33 ℃。洪泽站技术供水系统见图 6-4。

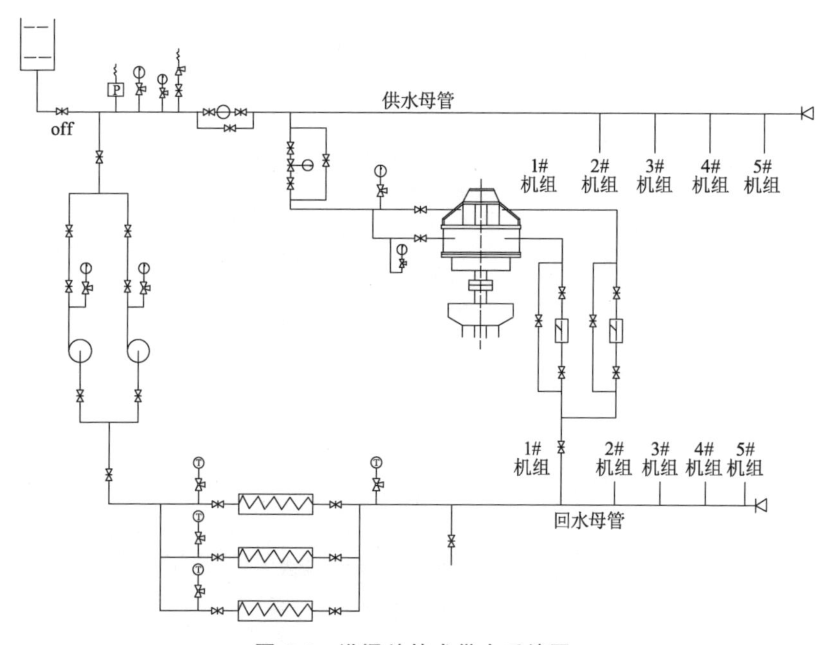

图 6-4　洪泽站技术供水系统图

洪泽站采用循环供水系统，5 台机组采用一套循环供水装置。系统循环增压泵型号为 DFG80－160/2/7.5，流量为 35 m^3/h，扬程为 35 m，共 2 台，其中 1 台工作，1 台备用。冷水机组选用 1 台 ZWLQ－20，2 台 ZWLQ－30（其中 1 台备用）。

④ 采用空-水冷却卧式电动机冷却供水

竖井贯流泵和轴伸贯流泵机组的卧式电动机常采用空-水冷却。由于电动机定、转子冷却采用空-水冷却方式，电动机空水冷却器所需用水量相对较大。新建的类似泵站工程电动机冷却供水大都采用循环供水方式，只是冷却器的型式有所不同，有的泵站采用板式冷却热交换器，有的泵站采用轴瓦冷水机组。下面以九圩港泵站和邳州站工程为例，分别介绍采用轴瓦冷水机组和板式冷却热交换器作为冷却器的冷却供水方式的设计实例。

九圩港提水泵站主要任务是在自流引江不能满足区域用水需要时，利用九圩港泵站提水，以满足南通市通南地区、沿海滩涂开发区的用水需要，并相机向东台堤东灌区供水。其次，兼顾南通城区环境和航道用水，以增加城区水源及水体的流动性，并维持内河通航所需水位。

泵站采取堤身式布置型式，与节制闸平列。泵站设计流量 150 m^3/s，安装竖井贯流泵机组 5 台套，不设备用机组。水泵叶轮直径 3.25 m，单机设计流量 30 m^3/s，配套电动机电压等级 10 kV，额定功率 1 250 kW，总装机容量 6 250 kW。泵站设计净扬程 1.71 m，电动机采用密闭循环通风方式，每台电动机装有空-水冷却器，所需水量为 14.5 m^3/h。九圩港泵站技术供水采用循环供水方式，冷却器选用轴瓦冷水机组。九圩港泵站采用循环供水装置，装置主要由稳流罐、立式多级离心泵、电气控制柜及管路和测量附件等组成。其中，离心泵流量 50 m^3/h，扬程 40 m，配套电机功率 11 kW，共 3 台(其中 2 台工作，1 台备用)。九圩港泵站技术供水系统见图 6-5，循环供水装置见图 6-6，冷水机组装置见图 6-7。

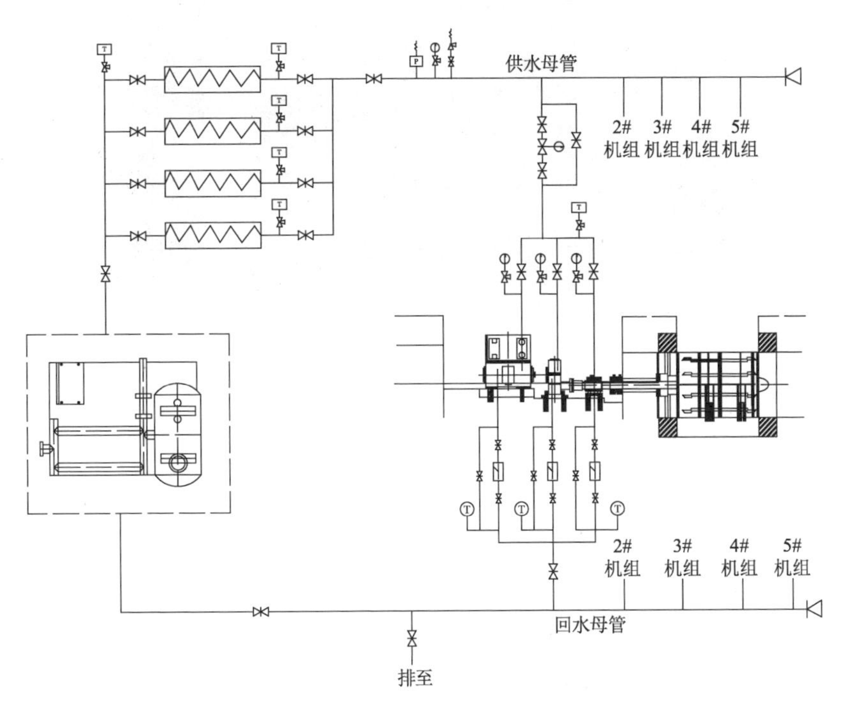

图 6-5　九圩港泵站技术供水系统图

图 6-6　循环供水装置

图 6-7　冷水机组装置

邳州站是南水北调东线工程第六梯级，工程位于江苏省邳州市八路镇刘集村徐洪河与房亭河交汇处，工程主要任务是通过徐洪河抽引睢宁站来水，沿房亭河送入骆马湖或北送，同时通过刘集地涵调度，利用邳州站抽引房北地区涝水。

邳州站设计总流量 100 m^3/s，装设 4 台套全调节竖井贯流泵组，单泵设计流量 33.4 m^3/s，设计净扬程 3.10 m，最大扬程 4.1 m。配套电动机功率 1 950 kW，电动机和水泵之间采用齿轮箱联接。

泵站技术供水采用密闭循环水冷却系统，泵房内设循环水池，由技术供水泵从循环水池取水加压后，先通过板式换热器带走热量，然后至泵组用水用户后，再流回循环水池。换热器的冷却水由冷却供水泵取自泵站河道。冷却供水泵型号为 SLS150－160A 立式离心泵，流量 100～120 m^3/h，扬程 30～32 m，转速 1 480 r/min，配套电机功率 18.5 kW。技术供水泵型号为 SLS100－200A 立式离心泵，流量 56.4～85.0 m^3/h，扬程 44～46 m，转速 1 480 r/min，配套电机功率 18.5 kW。邳州站技术供水系统见图 6-8。

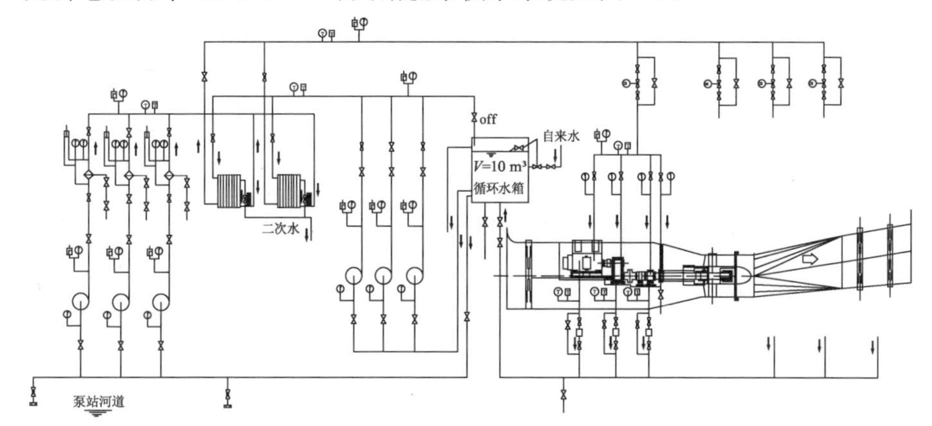

图 6-8　邳州站技术供水系统图

技术供水系统采用 2 台循环换热器，其中 1 台工作，1 台备用，换热器型号为 JQ6M－24L 板式换热器，其一次水量为 56.4～85.0 m^3/h，二次水量为 100～120 m^3/h。循环换热器见图 6-9。

图 6-9　循环换热器

⑤ 灯泡贯流泵机组的冷却供水方式

灯泡贯流泵机组除了电动机定子、转子需要冷却外，还有水泵推力轴承箱和油压装置等需要冷却。下面以金湖站灯泡贯流泵机组为例进行介绍。

金湖站采用灯泡贯流泵装置结构型式，共有 5 台机组，每台机组配一套独立的循环供水系统，全站共 5 台套。循环供水系统装置主要分为三大部分，即循环供水系统、空气冷却器装置和河道内的外冷却器。

循环供水系统主要提供用于电动机内部空气冷却装置、油压装置及水泵推力轴承的冷却水。循环水由循环水站提供，与电动机内部空气冷却装置、水泵推力轴承及油压装置内冷却器进行热量交换后，进入设在河道内的外冷却器，利用相对较低温度的河水将系统水路中的水冷却，冷却后的水回流进入循环水站。金湖站循环供水系统见图 6-10。

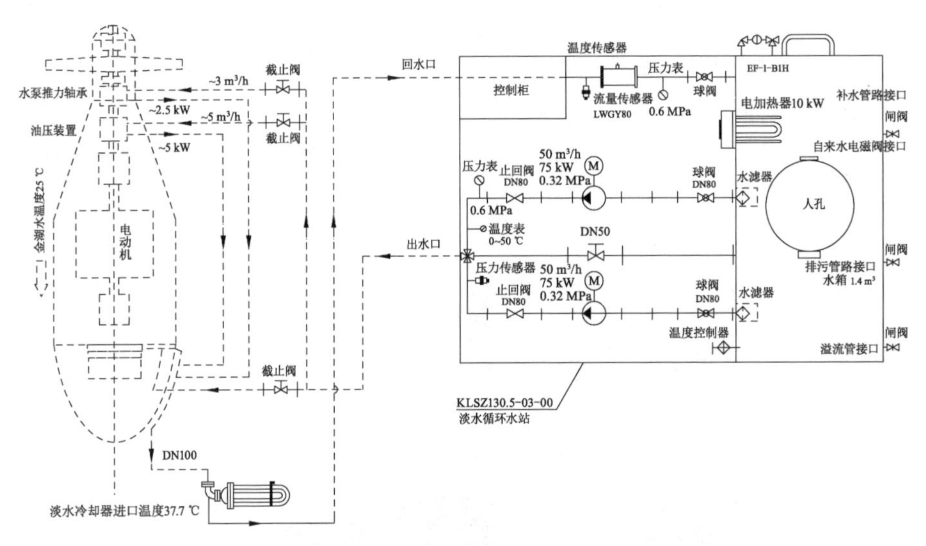

图 6-10　金湖站循环供水系统

电动机内部空气冷却装置主要功能是利用轴流风机使电动机内部空气流动起来，通过空冷器使高温空气与较低温度的水进行热量交换，达到冷却电动机内部循环空气的目的，使电动机在正常温度范围内工作。

河道内的外冷却器主要功能是通过流动的河水降低循环水路中水的温度，使进入空气冷却器进口水温≤35 ℃，满足空气冷却器所需冷却水温度要求，达到预期冷却效果。

a. 循环供水系统

循环水站主要功能是向机组空冷系统提供连续不断的冷却水并对其进行监控和保护，保证电动机内部空气温度不高于限定值，风冷系统所需冷却水的流量、压力、温度等均由本系统来保证。金湖站循环水站布置见图 6-11。

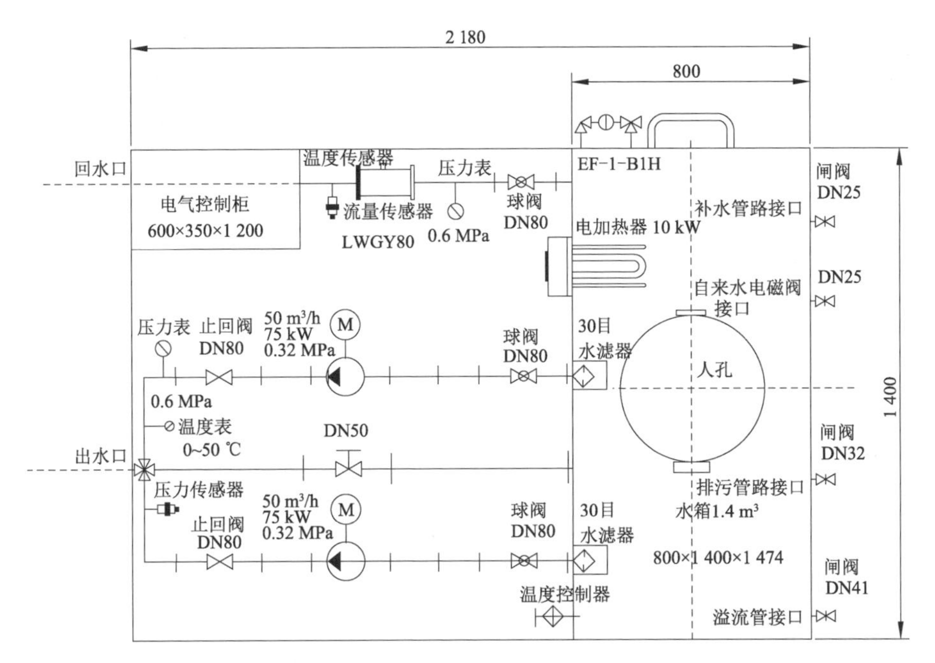

图 6-11　金湖站循环水站布置图

循环水站主要由水箱、立式离心水泵(2 台,一用一备)、水过滤器(2 台)、防冻电加热器、控制柜、阀门、管路和测量元件组成,由公共底座连成一个整体。

金湖站循环水站见图 6-12。

图 6-12　金湖站循环水站

b. 空气冷却装置

空气冷却装置用于降低电动机内部空气温度,保证电动机内部工作温度

≤65 ℃,装置包括轴流风机和空气冷却器。为增加设备可靠性,空气冷却器上设有自动漏水报警检测装置和排水口。空气冷却装置外形见图 6-13。

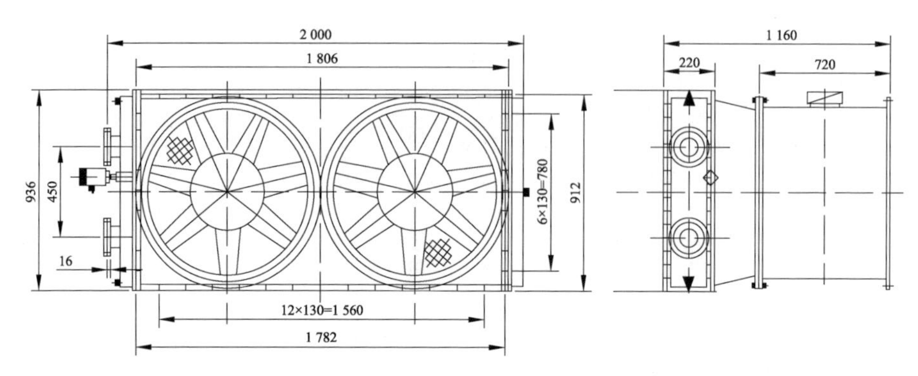

图 6-13　空气冷却装置外形图

c. 河道内的外冷却器

冷却管式冷却器是通过贯流泵机组工作使相对低温的河水与水路循环系统传输的水进行热量交换,以降低循环水系统的温度。冷却器为无壳 U 型管式结构,采用特殊强化传热元件,安装于工作闸门外侧胸墙上,依靠河水的流动带走热量。冷却器外形见图 6-14。

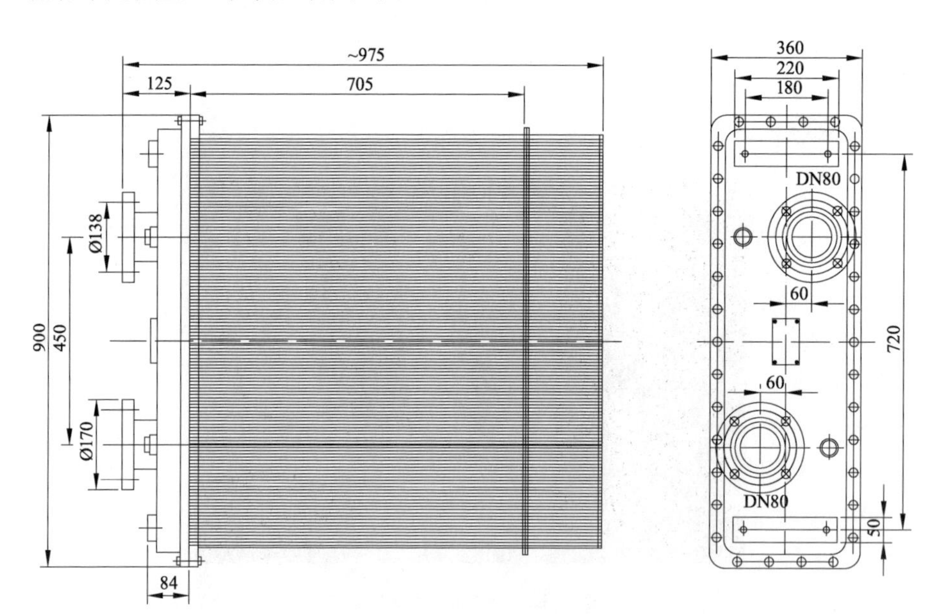

图 6-14　冷却器外形图

d. 冷却水流量分配

循环水由循环水站中的水箱提供，流量为 50 m^3/h。低温水由水泵打入管路中，经过滤器、阀门后分三路流动，分别为油压装置、水泵推力轴承和电机空气冷却器提供冷却水，带走设备产生的热量。经过换热后的高温水合并后一起进入河道内的外冷却器，利用相对低温的河水冷却高温水。冷却后的水经回水管路送回到水箱中，完成水循环过程。

冷却水流量分配是通过管路上的流量调节阀（节流阀）来实现的，电机空气冷却器装置供水为 42 m^3/h，油压装置供水为 5 m^3/h，推力轴承供水为 3 m^3/h。通过调节流量调节阀开度，调整进入各冷却设备的水量，使各冷却设备中冷却水流量达到技术参数要求。

金湖站循环供水系统主要提供电动机定、转子，水泵推力轴承和油压装置等的冷却水，单台机组需要冷却水流量 50 m^3/h，冷却水量较大，因此冷却器采用盘管冷却器。该型冷却器为无壳 U 型管式结构，并采用特殊强化传热元件，安装于工作闸门外侧胸墙上，依靠河水的流动带走热量。该冷却器应用于金湖站这种冷却水量需求大的泵站，冷却效果较好。只是下游水位较低时，冷却器暴露在空气中，连接管道易锈蚀，而且金湖站为单台机组独立循环供水系统，一旦供水系统出现故障，机组将不能正常运行。

6.1.2 排水系统

(1) 排水对象

按照不同的排水特征，排水对象分为下列三类。

① 生产用水的排水

此类排水量较大，排水设备位置较高，通常能自流排出。包括：同步电动机空气冷却器的冷却水；同步电动机轴承油冷却器的冷却水；稀油润滑的主泵导轴承的油冷却器的冷却水；采用橡胶轴承的主泵导轴承的润滑水；水冷式空压机和水环式真空泵用水等。

② 渗漏排水和清扫回水

此类排水量不大，排水设备位置较低，不能自流排水。包括：泵站水下土建部分渗漏水；主泵油轴承密封漏水；主泵填料及叶轮外壳漏水；滤水器冲洗污水；气水分离器废水等。

③ 检修排水

此类排水量很大，高程很低，需用水泵排水，而且要求在短时间内将水排出。

(2) 排水任务

及时可靠地排除积水，能保证机组水下部分的检修，保证机组的正常运行，保证泵房内无积水，避免泵房长期潮湿而使设备锈蚀。

(3) 布置方式

渗漏排水与检修排水合一的排水系统。在大型泵站中，排水系统一般采用有排水廊道的布置方式。排水廊道位于出水侧，略低于进水流道。排水时先将进水流道的水放入排水廊道，然后再用泵抽走。泵房内一切生产污水、渗漏水都可以引入排水廊道，集中抽走。

对于没有布置排水廊道的泵站，多采用渗漏排水与检修排水分开成为两个独立的排水系统的布置方式。在水泵层内沿纵向布置一条集水槽，收集全泵房的渗漏水后由排水泵排出。另外，沿泵房纵向再布置一条排水干管，每一台机组有两根排水支管一直伸入到进水流道底板的集水井中，用于排除进水流道的积水。

(4) 典型排水系统图

典型排水系统见图 6-15。

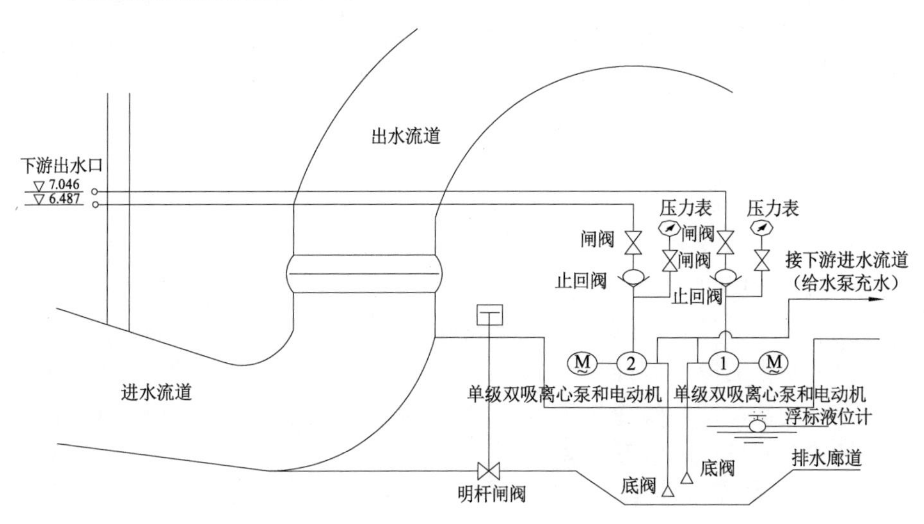

图 6-15　典型排水系统图

6.1.3　供排水系统图

泵站供排水系统见图 6-16。

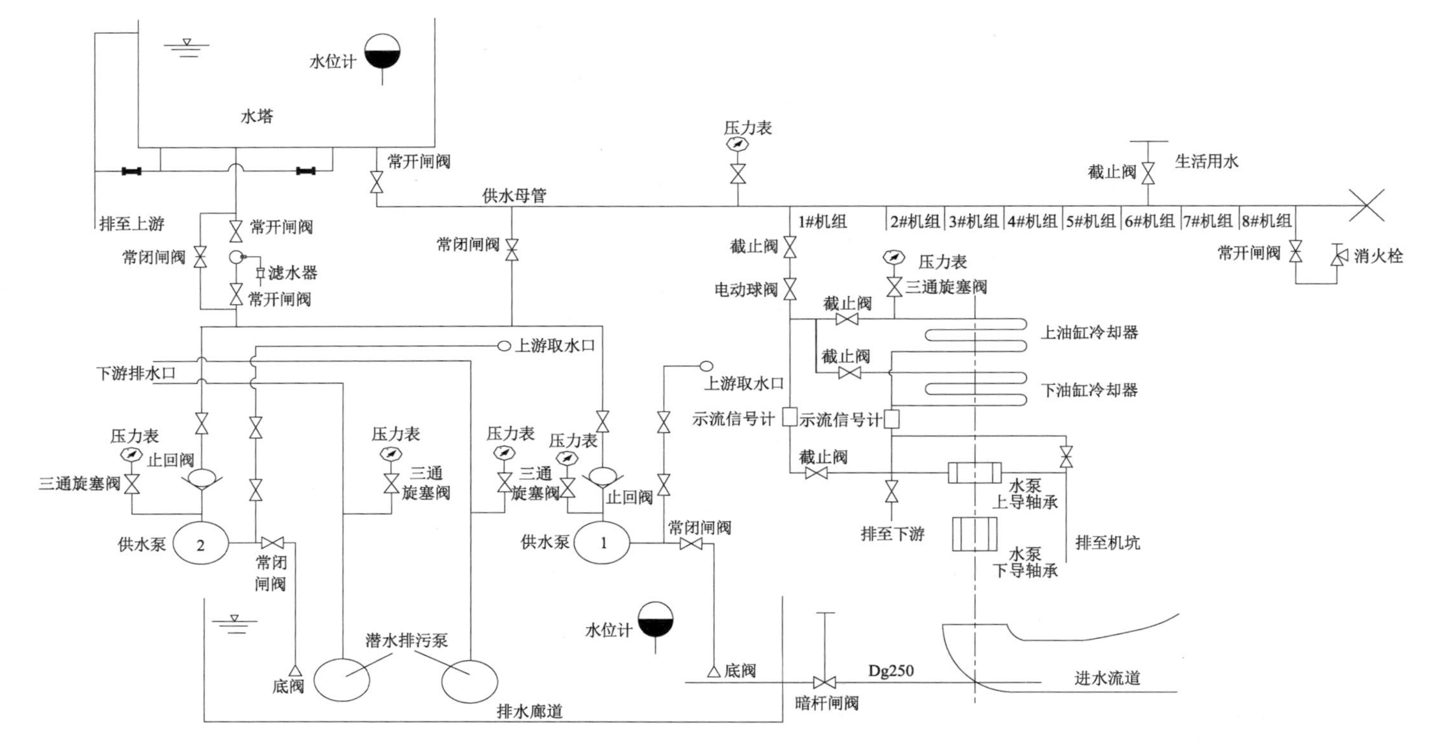

图 6-16　泵站供排水系统图

6.2 油系统

6.2.1 油的作用

油对各类设备的正常运行起到润滑、降低温度和压力递送等作用。

① 润滑及减少摩擦。在相互运动的摩擦面形成油膜，避免了金属表面直接接触，可减少金属表面的磨损，降低摩擦系数，减少摩擦阻力。

② 降热散温。大机组因散热量大，油温上升快，要在油槽中安装冷却器，通过油和冷却水之间的热量交换把热量散发出去。

③ 传递能量。如水泵的叶片角度调整机构、快速闸门的启闭机、主机的液压减载轴承和管道上的液压操作阀等，需要的操作力很大，所以必须用高压油来操作。

6.2.2 油的种类

① 透平油(汽轮机油)。外观浅黄色，透明度好，用于大型水泵电动机组轴承的润滑。透平油还可以用作液压传动油的基础油。

② 压缩机油。外观深蓝色，主要用于活塞式空压机气缸润滑。与压缩空气接触，工作温度高，易氧化。压缩机油具有良好的热氧化安定性，不宜用其他油代替，否则容易生成油泥把活塞环粘住，甚至引起气缸爆炸。

③ 液压油。主要用于传动系统中的工作介质。要求：黏度适当，黏温性能好，具有良好的润滑性和抗磨性等。

6.2.3 油系统的任务及组成

油系统是用管网将用油设备及贮油设备、油处理设备连接起来而组成的一个系统。

油系统的任务：① 接受新油。② 贮存净油。③ 向用油设备注油或添油。首先，对新设备或大修后的设备，需要重新注油。其次，油系统在运行中还因下列原因使油不断损耗而需要添油：油的蒸发和飞溅；油系统中油箱和管道不严密处的漏油；定期从设备中清除沉淀物和水分；从设备中取出油样。④ 设备排油。设备定期检修时，需将油排空。运行中如发现烧瓦事故也要将油排空，排除故障后更换净油。⑤ 运行中油的监督维护，要经常观察、取样和分析。⑥ 污油的净化处理。油的使用周期一般为 3～5 a。

6.2.4 泵站内的用油设备

大型泵站的用油设备主要有以下几种：

① 电机的推力轴承和上、下导轴承，主泵的油导轴承。当机组轴承的润滑油系统油温过高时常危及机组的安全运行，严重时甚至被迫停机。

② 叶片调节机构，液压启闭机，液压减载装置。当压力油系统漏油严重、压力升不上去时，这些设备就无法工作。

③ 辅助设备如空气压缩机、真空泵等。它们对用油有特殊要求，故所用油不同于前者，有专用的空压机油、真空泵油及液压油等。

泵站液压启闭机的油是独立的系统，通常不与泵站油系统联系。

6.2.5 油系统图

油系统的设计原则是用最少的设备、阀门和管道满足运行上的最大方便。具体要求有：① 应保证滤油机、油泵等设备能以灵活、便利的方式工作；② 油能从任何一个油罐或设备直接地或经过净油设备、油泵送到任何其他油罐；③ 净油和污油应当有单独的油管道，以减少不必要的冲洗；④ 经常操作的阀门应尽量集中，以便操作。

透平油系统见图 6-17。

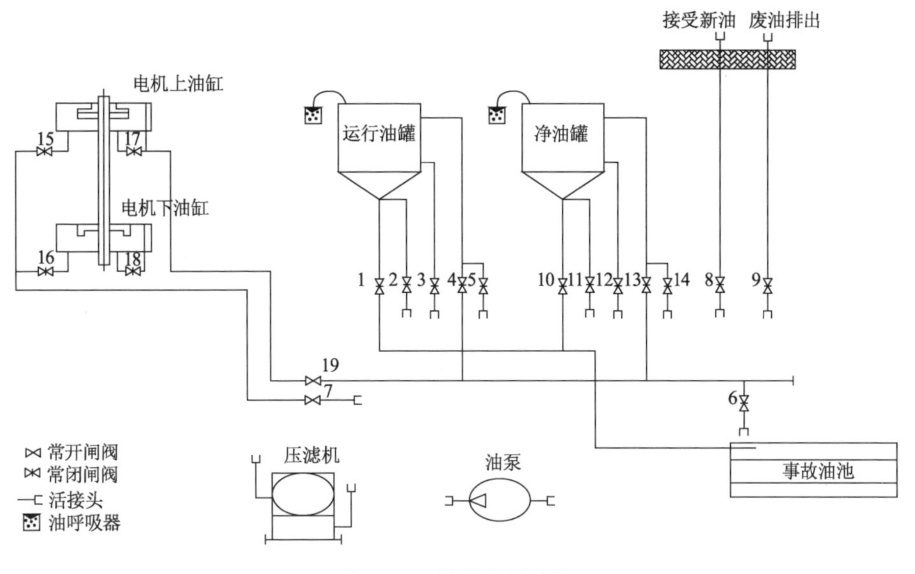

图 6-17 透平油系统图

6.3 气系统

6.3.1 气系统概述

气系统是泵站压缩空气系统与抽真空系统的总称，其中压缩空气系统可分为高压和低压两类。

高压空气系统主要是用来为油压装置的压力油槽补气，以保证叶轮叶片调节机构所需要的一定工作压力。此外，还用于闸门的冲淤，利用高压气清理检修闸门门槽。低压空气系统主要供气对象有：① 当水泵机组停机时，供气给制动闸，进行机组制动；② 当虹吸式流道断流时，供气给真空破坏阀，顶起气缸的活塞，使阀盘打开；③ 供给泵站内风动工具及吹扫设备用气。

在立式泵装置中，抽真空系统的作用是泵虹吸式出水流道机组在启动时，于虹吸形成之前，可能会产生剧烈振动，此时，抽真空系统对虹吸式流道抽气可降低水泵启动扬程，加速虹吸水流的形成，有效地避免振动的发生。在抽真空时，虹吸管两边水位都会升高。当下降段水位升高到驼峰下缘时，如果继续抽气，水流将翻过驼峰向上升段倒灌，从而使机组反转。为了防止出现这种情况，需设置抽真空完成信号。常用的是在离驼峰 0.2 m 处安放一个液位信号器，但这种液位信号器运行中不可靠，其浮子随水位上下浮动，其出口连接继电器接点时断时通。最简单的方法是把抽真空管的管口放在驼峰以下 0.2 m 处，当真空泵抽出水来就说明抽气已完成，同时自动结束抽气过程，不至于出现水翻过驼峰的事情。

6.3.2 低压系统用气量

(1) 机组制动用气

当机组主断路器跳闸时，机组还会继续旋转一段时间才停止，甚至还会倒转。如果这种低速运转时间较长，将会恶化推力轴承润滑情况，严重时还会造成烧瓦事故。因此，有时需要有压缩空气操作的制动闸对电机产生制动，在电机转速下降到额定转速的 40%时加闸制动，制动气压通常为 0.5～0.7 MPa。

一台机组的制动用气量可按下式估算：

$$Q_V=(V_V+0.8V_\delta)k\frac{p_V}{p_a}$$

式中：Q_V 为一台机组的制动用气量，m^3；V_V 为制动闸活塞行程容积，m^3；

V_δ 为电磁空气阀以下管道的容积,m^3;p_V 为制动气压,一般取 0.6 MPa;p_a 为大气压力,0.1 MPa;k 为漏气系数,取 1.2~1.4。

如果几台机组同时制动,就要乘以台数。

真空破坏阀打开一次的用气量也可以用上式估算。

(2) 真空破坏阀尺寸

真空破坏阀阀盘的直径可按下式估算:

$$D=0.108Q^{0.5}$$

式中:D 为阀盘直径,m;Q 为水泵设计流量,m^3/s。

6.3.3 泵站气系统图

抽真空系统见图 6-18。压缩空气系统见图 6-19。

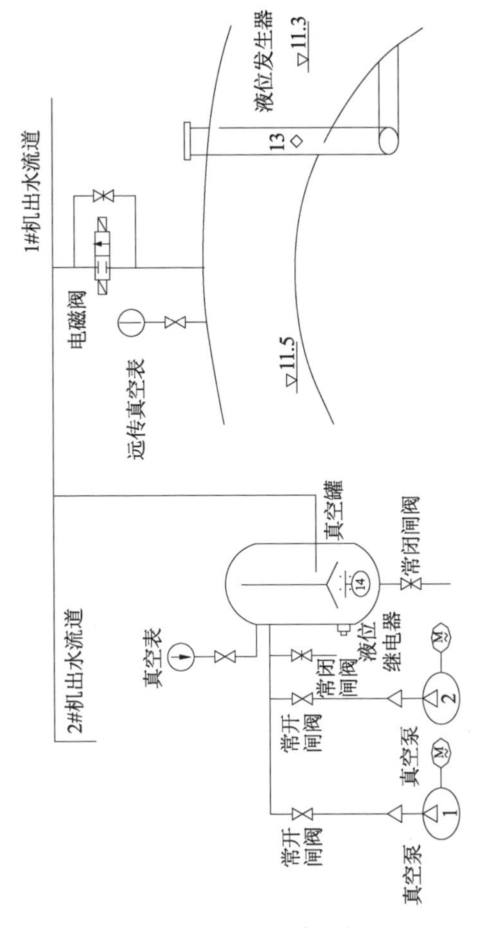

图 6-18 抽真空系统示意图

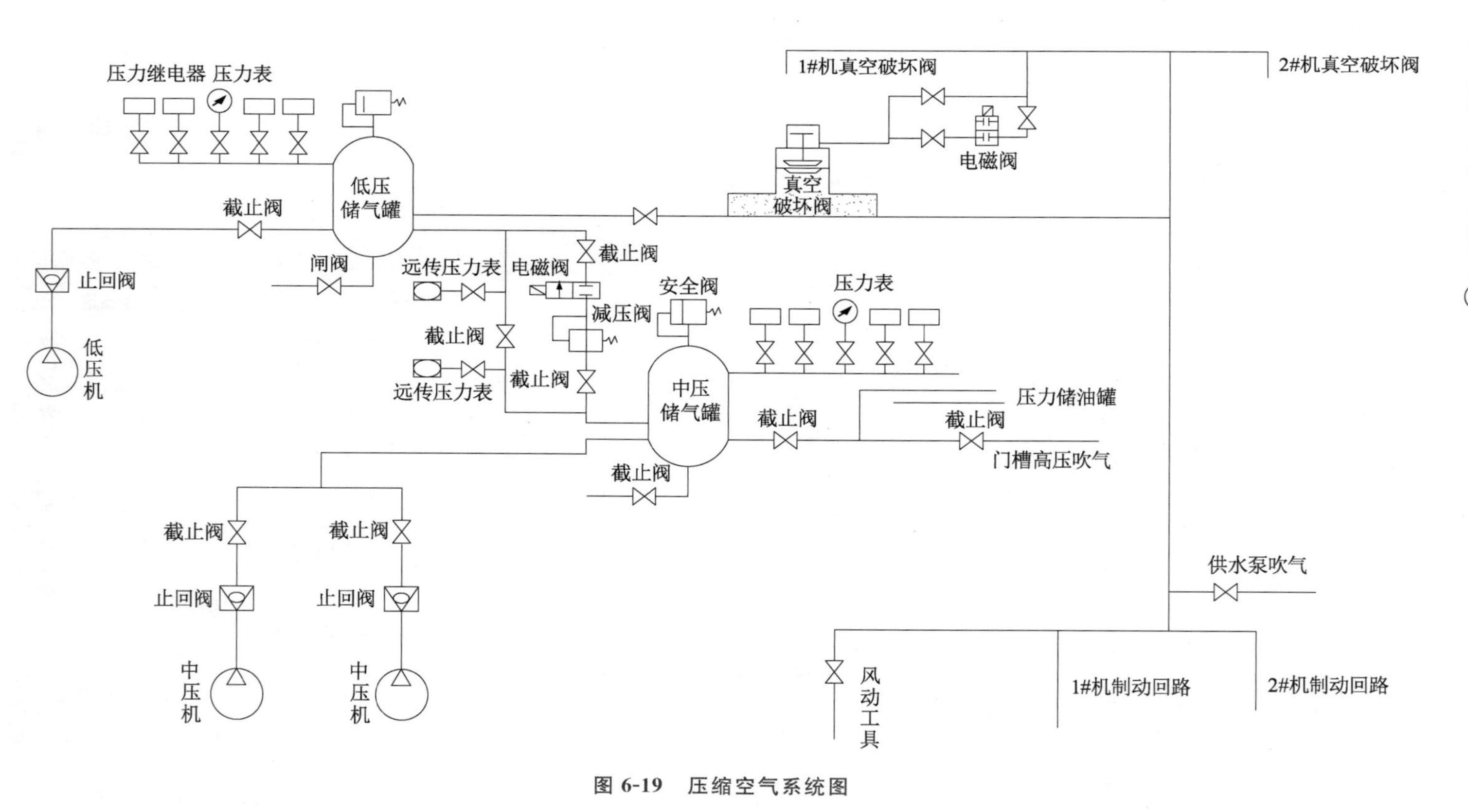

图 6-19 压缩空气系统图

6.4 闸门

闸门是用来关闭和开启水工建筑物过水孔口的活动结构。闸门的作用是封闭水工建筑物孔口并能够按照需要全部或局部开启这些孔口，以调节上、下游水位，泄放流量，用于防洪、灌溉、引水发电、通航、过木及排除泥沙、冰块和其他漂浮物等。水工建筑物中闸门的种类较多，泵站中主要采用平面钢闸门。根据工作性质的不同，闸门可以分为工作闸门、事故闸门、检修闸门。工作闸门安装在出水流道出口，是水泵在开机或停机时用来开启或关闭出水流道出口的闸门。事故闸门是在机组停机时，工作闸门发生故障不能关闭而使水流倒流，机组倒转，为防止事故扩大，能够在动水中关闭的闸门。由于需要快速关闭，事故闸门又称为快速闸门。检修闸门是指水泵需要检修时用以挡水的闸门，这种闸门一般是在静水中启闭的。

6.4.1 平面闸门的主要技术参数

平面闸门的主要技术参数有孔口尺寸、支承跨度、止水宽度、止水高度、设计水头、总水压力、启闭力、吊耳间距和闸门自重等。

孔口尺寸：闸门所要关闭的过水孔口的尺寸，一般用孔口的宽度×孔口的高度来表示，计量单位为米(m)。

支承跨度：闸门两侧行走支承装置的中心线之间的距离，计量单位为米(m)。

止水宽度：闸门两侧止水橡胶中心线之间的距离，计量单位为米(m)。

止水高度：对于潜孔闸门而言，是指从底止水到顶止水中心线的垂直距离；对于露顶闸门，其止水高度就是挡水高度，在数值上等于露顶闸门的设计水头。计量单位为米(m)。

设计水头：闸门设计所能承受的最大工作水头，即闸门前后的最大水位差，计量单位为米(m)。

总水压力：闸门在设计水头作用下，闸门面板上所承受的水压力的总和，计量单位为牛顿(N)。

启闭力：一般指的是开启或关闭孔口时提升或下放闸门所需要的力的大小。实际上，把启闭机械的提升力(额定起重量)看作闸门的启门力，而闭门力往往被看作是闸门的自重、加重块和作用在门体上的水柱重量之和。对于液压启闭机来说，闭门力又被看作是油缸下行时对门体的作用力。启闭力一般用千牛(kN)来计量。

吊耳间距：对于双吊点闸门，两吊耳之间的距离称为吊耳间距，计量单位为米(m)。

闸门自重：闸门所有活动部件重量的总和，计量单位一般用吨(t)来表示。

闸门的外形尺寸：整个闸门在宽度、高度和厚度方向的最大尺寸，计量单位为米(m)。

另外，对于滚动支承闸门，滚轮的轮压是指一个滚轮上所承受的水压力的大小，计量单位为牛顿(N)。

6.4.2 平面闸门的构造

平面钢闸门的构造如图 6-20 所示。

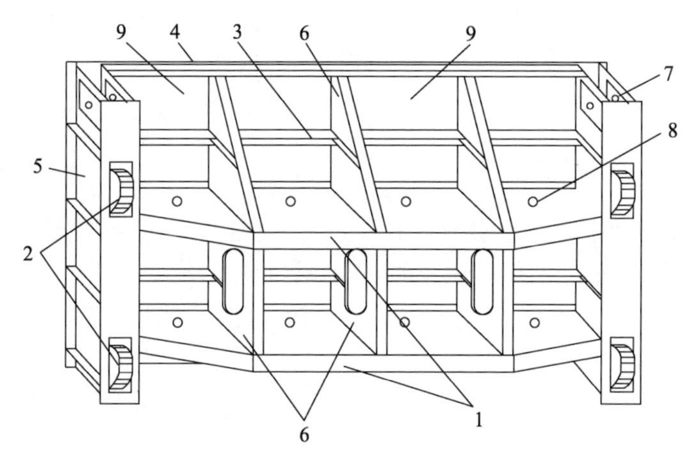

1—主梁；2—主滚轮；3—水平次梁；4—顶梁；5—边梁；
6—竖向次梁；7—吊耳；8—排水孔；9—面板

图 6-20 平面闸门示意图

面板是用一定厚度的钢板拼焊而成的平面式结构，为主要的挡水构件。它一方面直接承受水压力并把它传给梁格，另一方面又起到承重结构的作用。

面板一般设在上游面，这样可以避免梁格和行走支承浸没在水中而聚积污物，同时可减小闸门底部过水时产生的振动。有时也有将面板放在下游面的，面板设在下游面对于设置止水比较方便。

行走支承装置支承着闸门，将闸门所承受的全部水压力传递至埋固于门槽内的轨道上，根据闸门在移动时所产生的阻力特性，行走支承装置有滑道式、滚轮式和链轮式等几种类型。

为了保证门叶在门槽中平顺地移动，防止闸门前后左右产生过大的位移，必须在闸门上设置导向装置。它的作用是防止启闭时闸门在门槽中因左右倾斜而被卡住或前后碰撞,并且减小闸门门底过水时的振动。导向装置设置在主轮相反面的称为反向导座,设置在闸门两侧的称为侧向导座。

止水装置的作用是在闸门关闭后,堵塞闸门周边的空隙,以防止漏水。闸门止水装置设置在闸门门叶上,以便维修更换,也有安设在门槽埋固件上的。

按止水装置的设置位置,止水装置有顶止水、侧止水、底止水和节间止水。

底止水的工作通常由闸门自重的挤压来保证,侧、顶止水的工作绝大多数情况下由上游水压的挤压来保证。只有特殊构造的止水需要外加压力(机械的、油压的和气压的)来保证它们的工作。

平面闸门的门槽埋固构件,简称埋件,主要有行走支承装置的轨道(简称主轨)、导向装置的轨道(包括反轨和侧轨)、止水橡皮下面具有平整表面的止水座,以及锁定装置的埋件、保护门槽棱角的埋固角钢等。

6.5 卷扬式启闭机

卷扬式启闭机的主要结构有机架、罩壳、齿轮、减速器、联轴器、卷筒、滑轮、钢丝绳、制动器和其他附件等。

6.5.1 卷扬式启闭机的工作原理

以单吊点启闭机的起升机构为例,根据工程运行需要,由集中控制室或现场操作启闭机来控制,接通电动机电源,制动器打开,电动机输出的扭矩经减速器和开式齿轮装置传递到卷筒,卷筒旋转收起钢丝绳,使闸门上升。当闸门需要在某一开度停止时,切断电动机电源,同时制动器闭合,闸门将停止运动而持住。闸门下降时,接通电动机电源,制动器打开,闸门在自重的作用下加速下滑,这时电动机进入反馈制动状态,当电动机的制动力矩等于闸门自重在卷筒上产生的力矩时,闸门均速下降。

6.5.2 卷扬式启闭机的特点

卷扬式启闭机的优点:

① 启闭机的起重量变幅很大,可以适应各种启闭力的需要。

② 可以采用不同倍率的滑轮组,使机械装置的部件和零件标准化。

③ 钢丝绳富有弹性,在承受惯性力时,对机构能起一定的缓冲作用。

④ 启闭机的结构简单,自重较轻。

⑤ 运行可靠,维护方便。

卷扬式启闭机的缺点：

① 不能强制闸门下降。

② 钢丝绳易磨损，在水下钢丝绳抗腐蚀性能差，使用寿命短。

③ 占地面积大。

④ 启闭速度较慢。

6.5.3 主要技术参数

启闭机的主要技术参数有额定起重量、起升高度或扬程、工作速度等。它们是用来说明启闭机性能和规格的一些数据。

(1) 额定起重量

额定起重量是指吊具或取物装置（如抓梁）所能起升的最大工作荷载，包括取物装置的自重。额定起重量的单位是千牛(kN)。

(2) 起升高度或扬程

吊具最低位置与最高位置之间的垂直距离，称为启闭机的起升高度或扬程。一般在数值上与卷筒的最大收放绳量相等，单位为米(m)。

(3) 工作速度

工作速度包括启闭机的起升、闭门和运行速度等。

起升速度是电动机在其额定转速下吊具的上升速度，单位为米/分(m/min)。

闭门速度是指快速闸门启闭机在电动机关闭时，闸门靠自重下落的速度，单位为米/分(m/min)。

6.6 液压启闭机

液压启闭系统主要由以下几部分组成：

① 供油系统：包括油箱、油管、电动机和油泵。

② 工作部分：包括油缸、活塞和缓冲装置等。

③ 控制部分：包括各种控制压力、流量和方向的阀。

④ 辅助表计：包括压力表、油位计、压力继电器和油温计等各种表计。

液压启闭机的油路系统如图 6-21 所示。

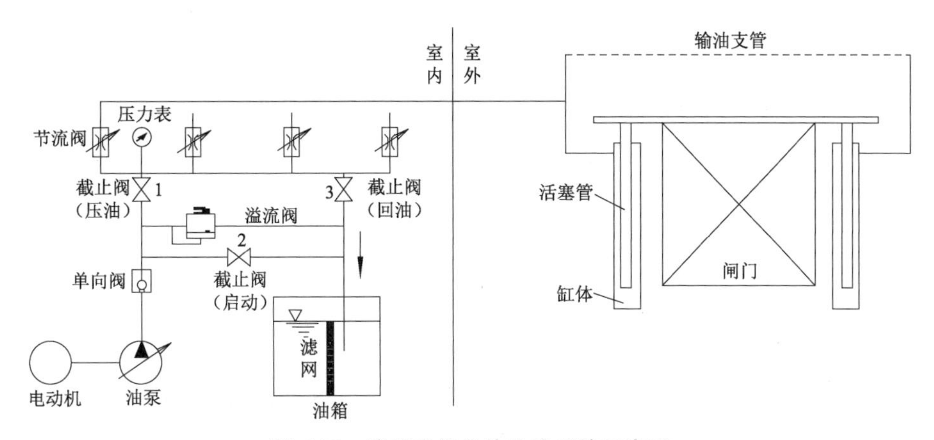

图 6-21 液压启闭机的油路系统示意图

液压启闭机油路系统由油泵、油缸及各种液压元件和管道组成（见图 6-21），其动作过程如下：

① 油泵启动。关闭压油截止阀 1，打开启动截止阀 2，电动机带动油泵空载启动，压力油从油泵经单向阀、启动截止阀 2 回到油箱中。

② 提升闸门。关闭启动截止阀 2 和回油截止阀 3，打开压油截止阀 1，并且根据需要打开相应的节流阀，则压力油从油泵经单向阀、截止阀 1、节流阀及输油管进入油缸，顶起活塞管，开启闸门。通过调节油泵和节流阀可对启闭闸门速度进行调节。

③ 油缸补油。闸门提升到全开位置后，可通过行程继电器令油泵停止工作。因油路中设有单向阀，故闸门能保持在高位。由于油缸油封渗油，闸门将逐渐下落，在下落一段距离后，应重新启动油泵，将闸门再提升到全开位置，这个补油过程是自动操作的。

④ 快速下降。图 6-21 中所示是单作用的油缸，关闭闸门时，油泵处于停止状态，打开回油截止阀 3、操作节流阀使油缸卸荷，则借助闸门的自重将油压回油箱内，其中节流阀起调节回油速度的作用。

⑤ 过压保护。为防止系统过载，在管路上并联溢流阀，当油压超过一定数值时，溢流阀被打开，部分压力油经溢流阀回到油箱。

6.7 清污机

从进水渠中随水流漂流过来的杂物，可能会产生局部水头损失，增加水泵抽水扬程，甚至可能压垮拦污栅，造成泵站不能正常运行。因此，需要在泵站进水前池设置清污机，以清除这些杂物。清污机分有导轨和无导轨两种型式。绝大多数清污机都属于有导轨型式，导轨与建筑物同期施工。

清污机械主要由电动机、控制机构、传动机构和执行机构等几部分组成，而每一部分又有多种结构型式。清污机械的清污效果主要取决于执行机构的性能，按执行机构的型式，清污机械可分为回转、耙斗、自动抓脱梁、挖斗和抓斗等结构型式。

6.7.1 有导轨的清污机械

(1) 回转式清污机械

回转式清污机械是集拦污与清污于一体的链式清污机，如图 6-22 所示。它由固定框架、转动栅叶、板式滚子链和动力传动装置组成。栅叶装配在板式滚子链上，当后者在链轮的带动下回转时，栅叶跟着回转，污物由栅叶的栅齿在回转中带出水面，使污物自动脱落于排污槽中。回转式清污机是低扬程泵站中应用最多的一种型式，已被广泛应用于江苏的大型泵站中，如泰州引江河泵站、常熟泵站、江水北调等工程。

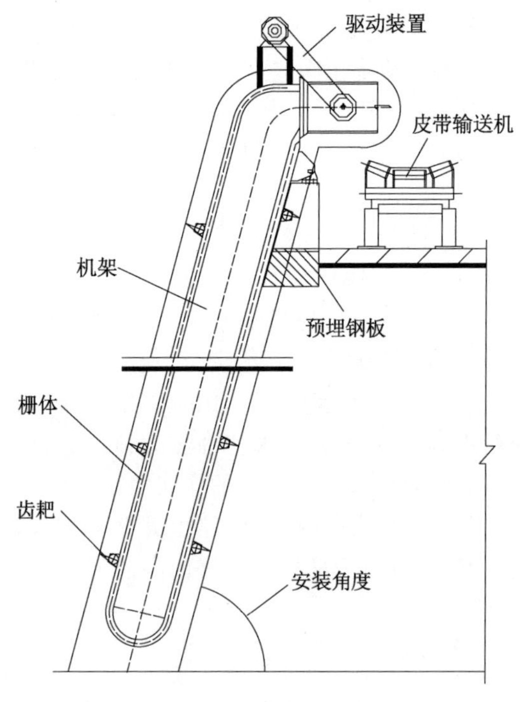

图 6-22 回转式清污机械

(2) 耙斗式清污机械

这种清污机械的耙斗的耙齿呈栅条形,间距与拦污栅栅条间距相等,耙齿能插入栅条内一定深度,以便耙取塞在栅条间的污物。为防止卡阻,在耙齿上设压力弹簧,遇障碍物时将使耙齿上抬,越过障碍物继续工作,另外还设有拐臂对耙齿施加一定压力,以确保齿尖插入栅条内耙取淤积密实的污物。耙斗依靠自重沿导轨下降,利用卷扬机通过钢丝绳牵引上升。

(3) 自动抓脱梁

利用自动抓脱梁将铅直放置的拦污栅抓取提出水面清污后再放回原处拦污。自动抓脱梁可分为全机械操作式和液压穿轴式两大类。

全机械操作式自动抓脱梁有自动挂钩式、重锤吊钩式、挂脱自如式等多种型式,其挂脱可靠性较差、结构复杂、维修保养不方便,多用于中小启闭力的等级。液压穿轴式自动抓脱梁动作灵活,其挂脱可靠性较好,体积较小起盘容量大,多用于大中启闭力的吨位等级。

6.7.2 无导轨的清污机械

(1) 挖斗式清污机械

挖斗为栅条型式结构,可对拦污栅自下而上清污,挖斗用钢丝绳或刚性臂架控制。装在刚性臂架上的挖斗,在水中作业时可承受各种水流冲击,比用钢丝绳起吊的挖斗性能优越可靠。此种清污机械适用于低水头发电的水电站,尤其适用于直栅式拦污,清污能力较大。

(2) 抓斗式清污机械

抓斗有对称式栅条结构和非对称式栅条结构两种,而且抓斗张闭有油缸控制和钢丝绳控制之分,可自上而下对拦污栅清污。此种清污机械仅能对直栅式拦污栅栅条间清污,清污效果较差,但其适于清除拦污栅前的流木、树枝、树根及动物尸体等较大污物,常与自动抓脱梁配合清污,清污效果更好。

7 泵站电气系统

泵站的电气系统包括：电气一次系统、继电保护系统、励磁系统、自动化系统、直流系统等。

7.1 电气一次系统

7.1.1 基本知识

泵站电气一次系统是从电源到负载输送电能时电流所经过的电路的总和，包括电动机、电力变压器、断路器、隔离开关、母线、电力电缆、互感器和输电线路等。

20 世纪 90 年代以前，泵站主电动机电压等级多数为 6 kV，后来，新建泵站主电动机电压等级多数为 10 kV，加固改造泵站主电动机电压等级考虑历史原因，多数仍采用 6 kV。泵站的电源，既可以在泵站旁边建专门的降压变电站给泵站供电，也可以采用直配的方式引自附近的变电所。

泵站的供电系统应当与泵站所在地区电力系统现状及发展规划相适应，经技术经济比较合理确定接入电力系统的方式。对于负荷较大的泵站或泵站群，宜设专用变电站给泵站（群）供电，并应当采用双回路电源供电，且每一回路按承担泵站全部容量设计。大型泵站变电站的建设还要和地区电网情况结合考虑，淮安站变电站不仅承担向淮安抽水站 4 个大型泵站供电的任务，有时还要通过旁母承担地方转供电的任务，后来地方环网供电系统逐渐完善，这一功能才逐步弱化，直至取消旁母，如图 7-1 所示。但是，淮阴站变电所依然保留有承担地方转供电的功能，如图 7-2 所示，该变电所主接线采用“TT”接线方式，通过外桥母线可以实现不同变电所之间的转供电。

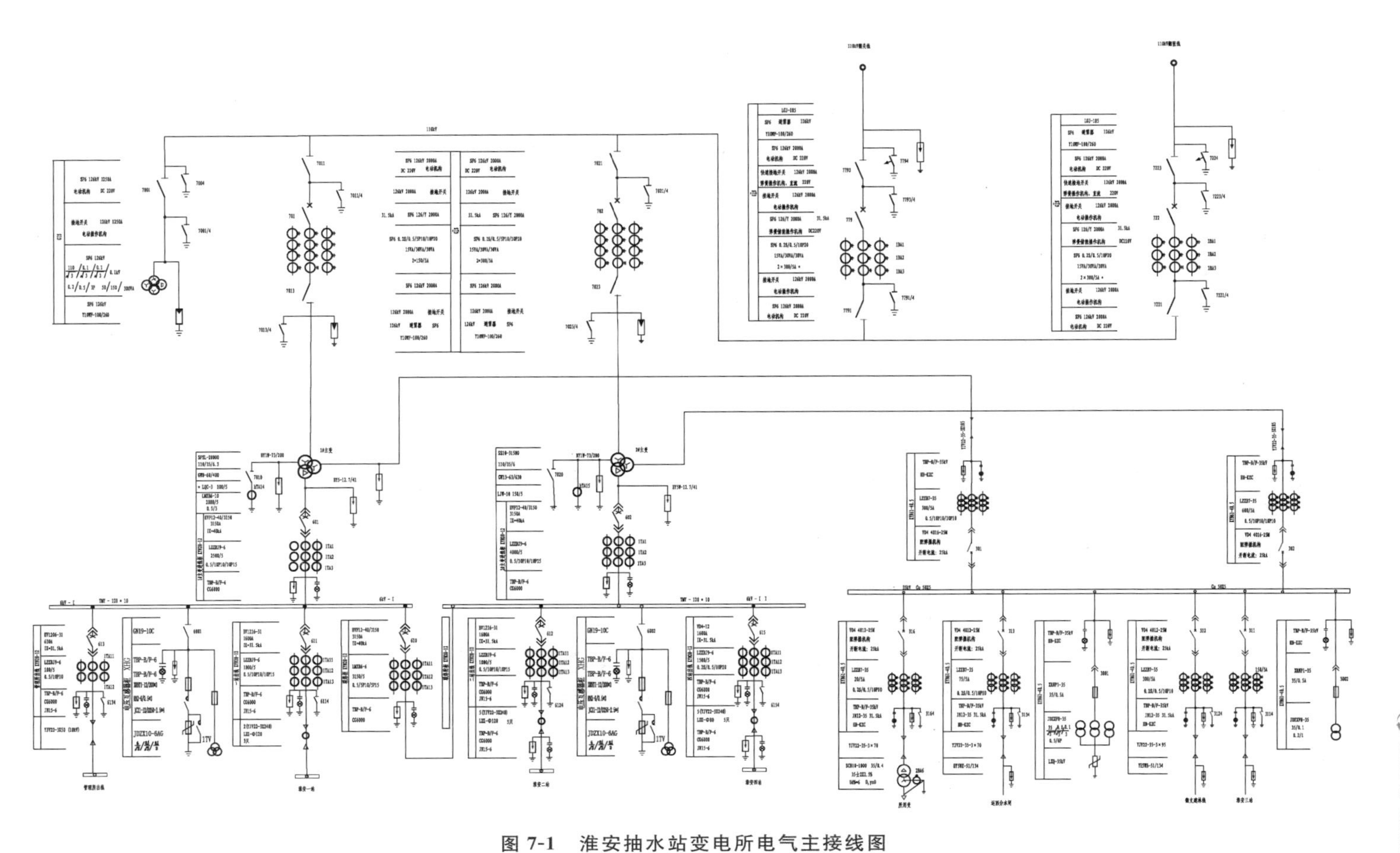

图 7-1 淮安抽水站变电所电气主接线图

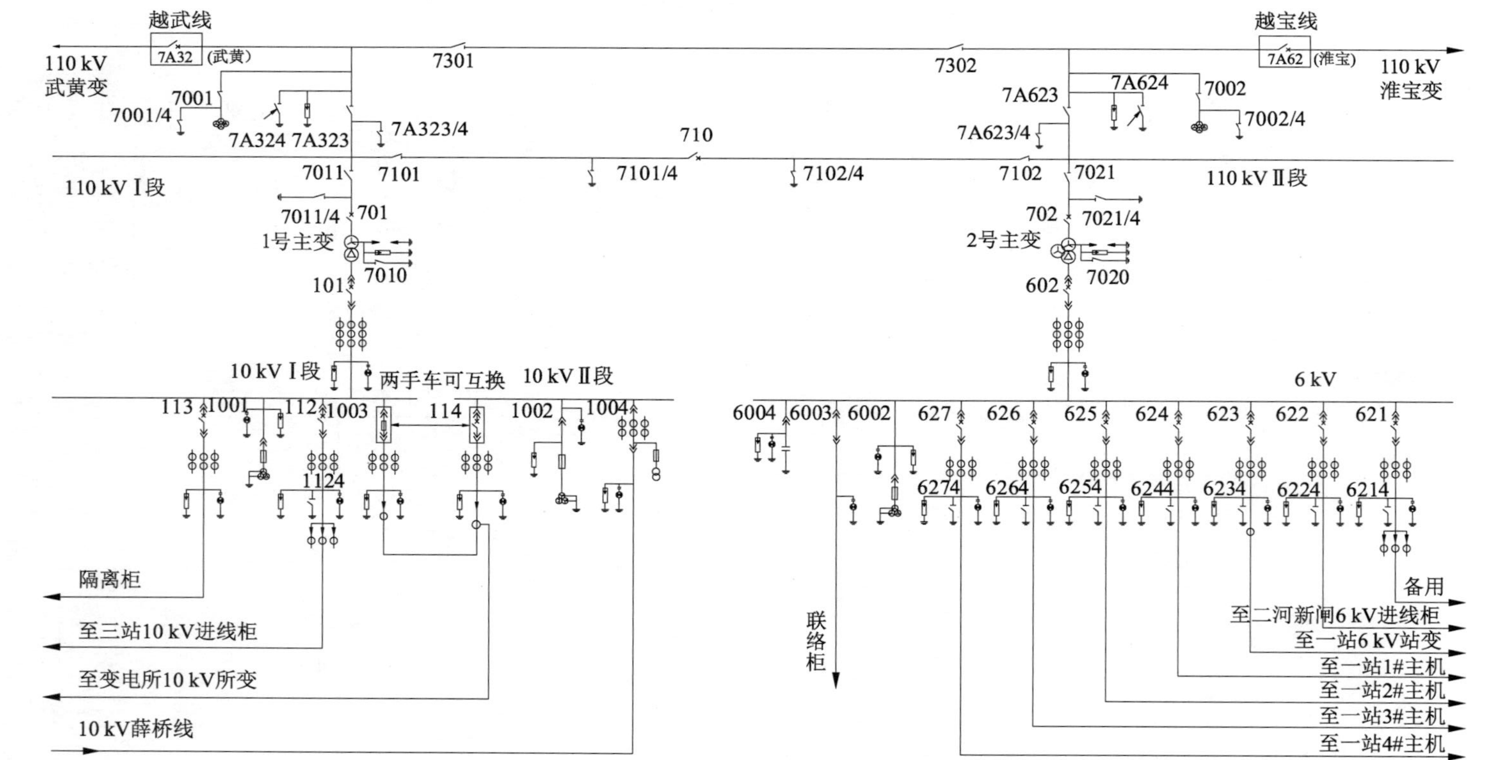

图 7-2 淮阴站变电所电气主接线图

给单个泵站供电的变电站宜采用站、变合一的供电方式，其接线方式比较简单，淮阴二站变电所主接线如图 7-3 所示，电网电源经穿墙套管接入 GIS 组合电器，以单元接线方式向主变压器高压侧供电，由于距离较短，主变压器低压侧经电缆直接向厂房母线供电，主变压器低压侧出线开关柜与厂房主机开关柜并列布置。电源除了主供电电源外，还应当考虑保安电源。

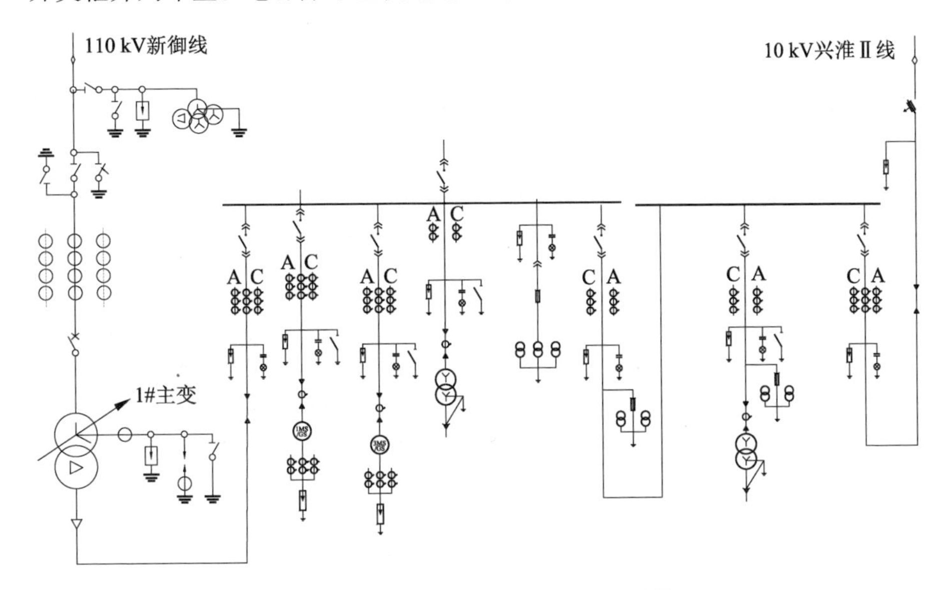

图 7-3　淮阴二站变电所电气主接线图

泵站的电气主接线宜采用单母线接线，多机组、大容量和特别重要的泵站可采用单母线分段接线，并设置母线分段联络断路器。站用变压器宜接在供电线路进线断路器的线路一侧，当设置 2 台及以上站用变压器，且附近有可靠外来电源时，应当将其中一台站用变压器与外电源连接。

电气一次系统设计应当遵循下列原则：

① 容量和接线方式应当按最终容量进行计算，并考虑电力系统的远景发展规划(一般为本工程建成后 5～10 a)。其接线方式应采用可能发生最大短路电流的正常接线方式，但不考虑在改变运行方式过程中可能短时并列的接线方式。

② 在长期的工作条件下，选择的电气设备其最高工作电压应大于线路中可能出现的最高运行电压；最高额定电流要大于线路中可能出现的最大持续电流值；电气端子的允许载荷应大于线路的最大作用力。

③ 电气设备的热稳定性和动稳定性应按照线路可能通过的最大电流进行校验，一般取三相短路时的电流；如果其他种类短路较三相短路严重，则应

该按照最严重的情况计算。应选择通过电气设备的短路电流为最大的那些点作为短路计算点。但被熔断器保护的电气设备可以不再进行热、动稳定性的校验。

④ 电气设备的绝缘水平应按照国家规定的标准值进行，若低于标准值，则应增加适当的过电压设备进行保护。

⑤ 电气一次设备的短路容量、短路冲击电流、短路电流的最大有效值必须满足系统要求。

⑥ 校验电气设备的热稳定性和开断能力时，还必须合理地确定短路计算时间。计算热稳定性的时间为继电保护动作时间和对应的断路器全开断时间之和，开断电气设备应该能够在最严重的情况下开断短路电流，故电气设备的开断计算时间应为主保护时间及断路器固有分闸时间之和。

7.1.2 电气一次系统短路电流计算

电气一次系统发生短路时，由于供电回路的阻抗减小以及突然短路时的暂态过程，短路点附近的支路中会出现比正常值大许多倍的电流，使电气设备严重发热甚至损坏，短路电流产生的电动力也可能使导体变形损坏。此外，短路时短路点附近的电压会突然降低，造成用电设备无法正常工作。因此，为了选择并校验电气设备的动、热稳定性，以及继电保护设计，必须进行短路电流计算。具体地说，计算短路电流的目的，一是正确选择和校验电气设备，如果短路电流太大，必须采用限流措施；二是进行电气主接线方案的比选；三是进行继电保护装置的整定计算；四是进行接地装置的接触电压和跨步电压的验算。运行中的泵站变电所，每年也必须进行短路电流计算。因为系统容量是变化的，随着系统容量的变化，变电所母线上的短路电流也随之变化，因此，必须进行短路电流计算以校核已有的设备是否还满足要求。

电力系统中短路时，其短路电流中的各种分量是非常复杂的，但是，多数情况下只需计算短路电流基波交流分量起始值，其与实际情况相差无几。因此，在计算短路电流时通常采取如下假设条件：① 系统中所有发电机的相角差为零，即电动势相位保持同步；② 不计系统中的磁路饱和，即各电气设备为线性元件，应用叠加原理进行计算；③ 可以不考虑负荷的反馈影响，只有当短路点在电动机端附近，且功率为 1 000 kW 及以上的电动机才考虑负荷反馈的影响；④ 忽略高压输配电线路的电阻和电容，以及变压器的电阻和励磁电流，而只考虑元件的电抗，以避免复数运算；⑤ 为求得最大的短路电流，应以最不利的情况予以考虑，系统中的短路均视为金属性短路，即故障点附近没有过渡电阻。

短路电流计算可采用两种方法:有名值法和标幺值法。由于电力系统有不同的电压等级,用有名值法计算短路电流时,须将有关参数折合到同一个电压等级,这种方法归算的工作量大,适用于简单网络。标幺值法是电气设计计算广泛采用的一种方法,它可减轻计算工作量,并便于比较分析。所谓标幺值就是相对单位值,即把取作基准的值作为1,同类值与之相比得出的比值,运用这个无具体单位的比值进行计算的方法叫标幺值法。

$$标幺值=\frac{实际值}{基准值}$$

在进行标幺值计算时,应当先选定基准值。计算短路电流时,基准量有4个:基准容量、基准电压、基准电流、基准电抗。4个基准量中选定2个,其余2个通过计算可以算出来。一般情况下,取基准容量 $S_j=100$ MVA(大容量系统也可取1 000 MVA),基准电压 U_j 取平均电压。

短路电流计算中需要计算出各电气元件的电抗标幺值,但在产品样本中,变压器、发电机及电抗器等电气设备所给出的标幺值都是以它们的额定值(S_e,U_e)为基准值计算得到的。在采用标幺值进行短路电流计算时,应当把所有电气设备的电抗换算到统一的基准值。

(1) 发电机

制造厂提供的电抗 X''_e 是以发电机的额定容量 S_e 和额定电压 U_e 为基准值计算得到的,应该以本次计算时选定的基准容量、基准电压为基准值进行换算。

$$X_e=\frac{U_e^2}{S_e}, X''_e=\frac{X}{X_e}, X=X_e\times X''_e=X''_e\times\frac{U_e^2}{S_e}$$

换算成以基准容量、基准电压为基准值的标幺值:

$$X''_j=\frac{X}{X_j}=X''_e\times\frac{U_e^2}{S_e}\times\frac{S_j}{U_j^2}$$

(2) 变压器

通常变压器铭牌参数有额定容量 S_e、额定电压 U_e 和短路电压 $U_d\%$,没有变压器电抗的有名值,通常可以忽略变压器的内阻,认为变压器电抗 $X_b\%$ 等于短路电压 $U_d\%$,则变压器电抗的有名值 $X=U_d\times\frac{U_e^2}{S_e}$。

换算成以基准容量、基准电压为基准值的标幺值:

$$X''_j=\frac{X}{X_j}=U_d\times\frac{U_e^2}{S_e}\div\frac{U_j^2}{S_j}=U_d\times\frac{U_e^2}{S_e}\times\frac{S_j}{U_j^2}$$

对于架空线和电缆,可以从手册上查到每千米电抗的有名值 X_0,然后计算其标幺值:

$$X''_{j}=\frac{X}{X_{j}}=X_{0}\times L\times\frac{S_{j}}{U_{j}^{2}}$$

式中：L 为架空线或电缆长度。

在计算系统中某一点的短路电流时，选择该点所在电压等级的平均电压 U_{p} 作为基准电压 U_{j}。

$$I''_{sd}=\frac{I_{sd}}{I_{j}}=\frac{U_{p}}{3^{0.5}X_{\Sigma}}\div\frac{U_{j}}{3^{0.5}X_{j}}=\frac{U_{p}}{3^{0.5}X_{\Sigma}}\times\frac{3^{0.5}X_{j}}{U_{j}}=\frac{X_{j}}{X_{\Sigma}}=\frac{1}{\frac{X_{\Sigma}}{X_{j}}}=\frac{1}{X_{\Sigma}^{*}}$$

式中：I''_{sd} 为三相短路电流周期分量标幺值；I_{sd} 为三相短路电流周期分量有名值；X_{Σ}^{*} 为短路点到电源总电抗的标幺值。

由此可见，在用标幺值进行短路电流计算时，短路电流周期分量有效值的标幺值，等于短路点到电源总电抗的标幺值的倒数，求出该点的 I''_{sd} 后，再乘以基准电流 I_{j}，即可得到三相短路电流周期分量。下面以泵站变电所中常见的接线方式为例进行计算，如图 7-4 所示。

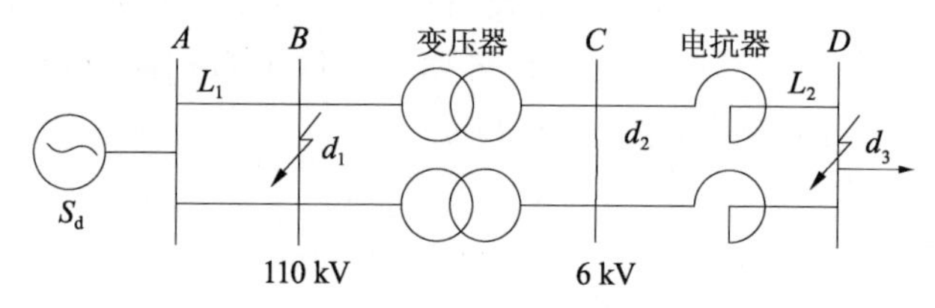

图 7-4　泵站供电电气接线图(1)

A 为电源母线，通过 2 条架空线路向设有 2 台主变压器的变电所 110 kV 母线 B 供电，电源经变压器降压后向 6 kV 母线 C 供电，然后通过串有电抗器的电缆向泵站厂房供电。

L_{1} 线路长度 20 km，$X_{01}=0.4$ Ω/km。2 台主变压器容量：2×20 000 kVA，阻抗电压 17.5%。

L_{2} 电缆长度 500 m，$I_{e}=2\ 000$ A，$X_{02}=0.05$ Ω/km。$X_{k}\%=3\%$。

取 $S_{j}=100$ MVA，$U_{j1}=115$ kV，$U_{j2}=6.3$ kV

则 $I_{j1}=0.502$ kA，$I_{j2}=9.16$ kA

架空线 L_{1} 电抗：$X''_{L1}=0.4\times20\times\frac{100}{115^{2}}=0.060\ 5$

变压器电抗：$X''_{B}=0.175\times\frac{100}{20}=0.875$

电抗器电抗：$X''_{K}=0.03\times\frac{9.16}{2}=0.137\ 4$

电缆 L_{2} 电抗：$X''_{L2}=0.05\times0.5\times\frac{100}{6.3^{2}}=0.063$

d_1 点短路时的短路电流：$I''_{d1}=\dfrac{1}{\dfrac{X''_{L1}}{2}}=\dfrac{1}{\dfrac{0.0605}{2}}=33.06$

$$I_{d1}=0.502\times 33.06=16.6\ \text{kA}$$

d_2 点短路时的短路电流：$I''_{d2}=\dfrac{1}{\dfrac{X''_{L1}}{2}+\dfrac{X''_{B}}{2}}=\dfrac{1}{\dfrac{0.0605}{2}+\dfrac{0.875}{2}}=2.14$

$$I_{d2}=9.16\times 2.14=19.6\ \text{kA}$$

d_3 点短路时的短路电流：$I''_{d3}=\dfrac{1}{\dfrac{X''_{L1}}{2}+\dfrac{X''_{B}}{2}+\dfrac{X''_{L2}}{2}+\dfrac{X''_{K}}{2}}=$

$$\frac{1}{\dfrac{0.0605}{2}+\dfrac{0.875}{2}+\dfrac{0.063}{2}+\dfrac{0.1374}{2}}=1.76$$

$$I_{d3}=9.16\times 1.76=16.1\ \text{kA}$$

有了短路电流周期分量的值，就容易得到其他参数，如短路容量、短路冲击电流、短路电流的最大有效值。有了这些参数，就可以选择电气设备，或者校核已有的电气设备是否满足要求。

短路容量：电力系统中常用短路容量（也称短路功率）来反映三相短路的严重程度，其等于短路点的短路电流乘以短路前的额定电压。短路容量不仅反映了短路点处短路电流的大小，也反映出该点输入阻抗的大小。短路容量主要用来检验开关的断流能力。将短路容量定义为短路电流和工作电压的乘积，是因为一方面开关要能切断这样大的电流，另一方面在开关断流时，其触头应能承受住工作电压。

短路冲击电流：在电源电压幅值和短路回路阻抗恒定的情况下，短路电流交流分量的幅值是一定的，而直流分量是按指数规律单调衰减的，所以直流电流的初值越大，暂态过程中的短路全电流的最大瞬时值就越大，此电流值就称为短路冲击电流。

短路电流在电气设备中产生的电动力与短路冲击电流的平方成正比。为了校验电气设备和载流导体的动稳定性，必须进行短路冲击电流 I_{sh} 的计算。

短路冲击电流在短路发生后的半个周期时出现。在 $f=50$ Hz 时，即 0.01 s 时出现冲击电流 I_{sh}。工程中短路冲击电流计算公式为 $I_{sh}=\sqrt{2}KI_d$。其中，K 为冲击系数，表示冲击电流为短路电流交流分量幅值的倍数，其变化范围是 $1\leqslant K\leqslant 2$，当在发电机电压母线短路时，取 1.9；当在发电厂高压侧母线短路时，取 1.85；当在其他地点短路时，取 1.8。I_d 为短路电流周期分量的值。

短路电流的最大有效值：短路电流的最大有效值常用于校验断路器的断流能力及电气设备的热稳定性。短路电流的最大有效值出现在短路后的第一个周期，在最不利的情况下发生短路时，通常发生在短路后约半个周期(t=0.01 s)时，此时最大有效值电流 $I_{msh}=\sqrt{1+2(K-1)^2}\times I_d$，式中各参数的意义及其取值范围同上述短路冲击电流。

图 7-4 所示接线方式的计算比较简单，如果 6 kV 母线上有电抗器，如图 7-5 所示，就需要用到 $Y-\triangle$之间的变换知识。

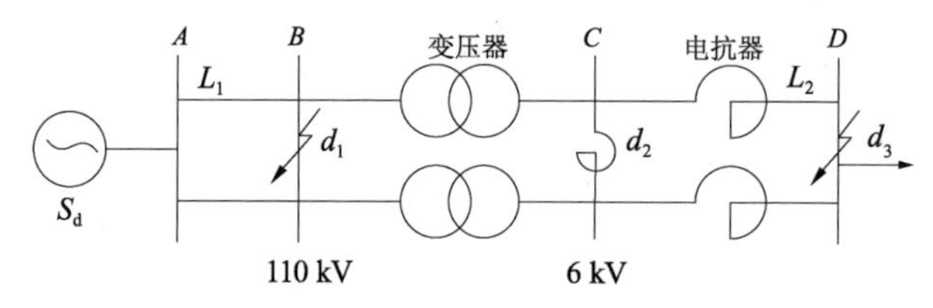

图 7-5　泵站供电电气接线图(2)

当电路需要进行 $Y-\triangle$变换时，

$$X_{12}=X_1+X_2+\frac{X_1X_2}{X_3}$$

$$X_{23}=X_2+X_3+\frac{X_2X_3}{X_1}$$

$$X_{31}=X_3+X_1+\frac{X_3X_1}{X_2}$$

当电路需要进行$\triangle-Y$ 变换时，

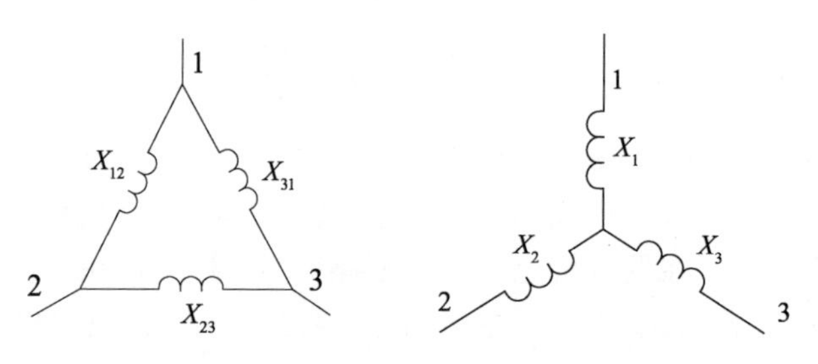

$$X_1=\frac{X_{12}X_{31}}{X_{12}+X_{23}+X_{31}}$$

$$X_2=\frac{X_{12}X_{23}}{X_{12}+X_{23}+X_{31}}$$

$$X_3=\frac{X_{23}X_{31}}{X_{12}+X_{23}+X_{31}}$$

在把复杂的网络变换成简单的并联电路或串联电路后，就可以方便地进行短路电流计算。

7.2 变压器

7.2.1 变压器发展概况

20 世纪 50 年代初期，国产变压器基本采用热轧硅钢片，各种损耗很大。20 世纪 70 年代，我国变压器制造开始采用冷轧硅钢片，才使国产变压器损耗有所降低。但是，由于当时硅钢片生产技术水平不高，材料技术性能不稳定，电力变压器损耗没能实现大幅度下降，厂家按照 JB 500—64 和 JB 1300—73 变压器系列标准进行大批量生产，使我国电网运行维持在高损耗的水平上。

“八五”期间，铁芯材料有了较大的发展，非晶合金材料的问世，使变压器空载损耗有了大幅度的降低。20 世纪 90 年代中期开发出的 S9 型配电变压器，其空载损耗比 JB 500—64 系列下降 9%，比 JB 1300—73 系列下降 48%以上。

随着铁芯材料性能的不断提高，变压器工艺日趋进步，特别是对 500 kV 及以下电压等级的变压器进行了科技攻关，并结合引进电力变压器制造技术及进口先进的工装设备，我国电力变压器的整体制造水平不断提高。

7.2.2 配电变压器的种类

(1) 油浸式配电变压器

20 世纪 90 年代中期，沈阳变压器研究所组织完成了 S9 系列配电变压器的产品设计开发。它通过叠片铁芯、绕组结构优化和调整主绝缘距离实现优化设计，空载损耗有了较大幅度的降低。S11 系列配电变压器是在 S9 系列的基础上开发的新产品，进一步优化了设计，选用优质材料降低了空载损耗、空载电流和负载损耗。卷铁芯配电变压器是应用硅钢片卷制工艺，铁芯不存在接缝，在降低空载损耗、空载电流和噪声等方面相比 S9 系列配电变压器有明显的改善。非晶合金铁芯变压器的空载损耗可比普通硅钢片铁芯变压器降低 70%～80%，空载电流可降低 80%左右。

(2) 干式变压器

干式变压器种类很多,主要有浸渍绝缘干式变压器和环氧树脂绝缘干式变压器两类。浸渍绝缘干式变压器是我国生产的最早的一种干式变压器,其制造工艺比较简单,只需将绕制完的线圈浸渍耐高温的绝缘漆,并进行加热干燥处理即可。根据所选绝缘材料耐热等级的不同,可分别制成 E 级、B 级、F 级和 H 级浸渍绝缘干式变压器。环氧树脂绝缘干式变压器根据绕组包封方式分为环氧树脂浇注和绕包绝缘两大类。环氧树脂浇注干式变压器是 20 世纪 60 年代发展起来的新品种,自 20 世纪 80 年代以来,薄绝缘环氧树脂浇注干式变压器制造技术逐步取代了原有的浸渍式和厚绝缘环氧树脂浇注干式变压器。绕包绝缘干式变压器又称缠绕式树脂全包封干式变压器。其绕组用浸有树脂的长玻璃纤维包封起来并在烘箱中烘干。采用这种绕组的干式变压器的防干裂、抗短路能力均优于浇注变压器。

7.2.3 变压器容量

变压器是泵站变电所中最重要的电气设备,变压器的容量和电压等级等主要参数确定后,才能确定其他电气设备的参数。变压器的容量应当根据总负荷和机组的启动方式确定。变压器高压侧的电压应当与电网电源的电压等级相一致,低压侧的电压应当与泵站电动机的电压等级相一致。当供电网络的电压偏移不能满足泵站要求时,应当选用有载调压的变压器。当选用 2 台及以上变压器时,宜选用相同型号和容量的变压器。当选用不同型号和容量的变压器且需要并列运行时,应当符合变压器并列运行的条件。

主变压器的容量除了要满足泵站所有机组满负荷运行时的要求,还应当保证在机组全压启动时母线电压降不超过 15%。因此,应当按供电系统最小运行方式和机组最不利的运行组合校核机组的启动压降。当同一母线上全部连接同步电动机时,应当按最大一台机组首先启动进行计算。当同一母线上全部连接异步电动机时,应当按最大一台机组最后启动进行计算。当同一母线上连接有同步电动机和异步电动机时,应当按全部异步电动机投入运行后,再启动最大一台同步电动机的条件进行计算。

以淮安二站为例,电机功率 5 000 kW,电压 6 kV;主变容量 31 500 kVA,110/35/6 kV。

$$S_{dm}=S_{eb}/U_k\times 100$$

$$\begin{aligned}U_{qm}&=(K_{iq}\times S_{ed}+S_{fh})/(S_{eb}/U_k)\times 100\\&=(5.0\times 5\,102+640)/(31\,500/17.92\%)\times 100\\&=14.88\%<15\%\end{aligned}$$

式中：K_{iq}为电动机启动电流倍数，暂按取5.0倍计算；S_{ed}为电动机额定容量，取5 000/0.98 kVA；S_{fh}为主变压器低压侧其他负荷容量，取800 kVA×0.8；S_{dm}为6 kV低压母线上的三相短路容量；S_{eb}为主变压器额定容量，取31 500 kVA；U_k为主变压器阻抗电压，17.92%；U_{qm}为电动机启动压降，应小于15%。

计算结果表明，可以满足电机启动要求。

短路阻抗对于泵站主变压器有特别重要的意义。短路阻抗相当于变压器的内电阻。短路阻抗对变压器低压侧发生短路时将会产生多大的短路电流起着决定性的作用。如果选择大的，短路电流会小些，会带来一系列好处，但平时压降会增大，对分接开关的要求高。如果太小，短路电流大，会引起一系列问题，设备选型等都要增加短路容量，经济上不划算。一般情况下，泵站主变压器的短路阻抗不宜偏小，对于站用变压器，一般产品样本上的数值基本可用，对于主变压器，可以与厂商协商制造。

当变压器并列运行时，相同条件下，在负荷分配上，短路阻抗大的变压器分配的负载要比短路阻抗小的变压器多。一般变压器容量越大短路阻抗就越小。

7.2.4 变压器关键技术

铁芯加工工艺装备技术：铁芯作为变压器的重要部件，其制造质量的优劣，关系到整台产品性能的好坏。铁芯制造所涉及的工艺和工装设备，应该使变压器的空载损耗附加工艺系数尽可能降低。叠片式铁芯制造，变压器硅钢片对纵剪切质量要求的重点是解决毛刺和单边直线度，特别是毛刺，它直接影响到变压器产品损耗、噪声等性能。彻底解决铁芯毛刺问题，主要依靠提高激光切割的速度。

卷铁芯变压器与传统的叠片式铁芯变压器相比有许多优点。它重量轻、体积小、空载损耗小、噪声低、机械和电气性能优越。卷铁芯变压器与叠片式变压器相比在结构上有较大区别。它是用铁芯卷制机、专用绕线机等设备加工制造的三相无接缝环形铁芯变压器。

铁芯的生产工艺：① 使用多级接缝铁芯。为了能够在很大程度上降低铁芯接缝处的损耗，把单一接缝的工艺进行了改进，并逐渐改成多级接缝的工艺。不仅能够降低3%～4%的噪声，而且还能降低15%以上的变压器空载损耗。② 铁芯柱采用嵌下轭的工艺。与普通的生产工艺相比，这样能够提高铁芯叠装质量，并且节省了叠装芯柱的时间。③ 铁芯不叠上铁轭工艺。铁芯不叠上铁轭工艺即在铁轭叠装时先不叠上铁轭片，在套上线圈后再插上铁轭片，形成一个完整的铁芯。不叠上铁轭工艺不仅可以降低变压器的空载损耗，而且可以节省制造工时，缩短生产周期。

非晶合金铁芯制造：非晶合金铁芯配电变压器是一种采用新材料、新结构、新工艺的节能型配电设备，其铁芯材料是一种非晶合金，与传统的硅钢铁芯相比，具有突出的低空载损耗特性。非晶合金是将铁、硼、硅、镍、钴和碳等为主的材料熔化后，在液态下以 106 K/s 的速度冷却，从合金液到金属薄片、金属丝、金属粉一次成型，其固态合金没有晶格、晶界存在，因此称为非晶态合金，亦称非晶合金。非晶合金分为铁基非晶合金、铁镍基非晶合金和钴基非晶合金三大类。

非晶合金与传统金属材料相比具有不同的性能，如优异的软磁性能、耐腐蚀性、耐磨性、高硬度、高强度和高电阻率等。非晶合金材料的特性主要体现在以下几个方面：① 非晶体结构，单位损耗低。非晶合金材料具有单位损耗和励磁特性均低于硅钢材料的特性。非晶材料的电阻率较高，是硅钢片的3～6 倍，涡流损耗大大降低，单位损耗仅为硅钢片的 20%～30%。② 非晶合金带材的厚度极薄，只有 0.02～0.03 mm，是硅钢片的 1/10 左右。非晶合金带材的材料表面不是很平整，叠片填充系数小，一般为 0.75～0.80。硅钢片材料的叠片填充系数一般为 0.95～0.97，非晶合金材料的叠片填充系数约为硅钢片材料的 84%。③ 非晶合金材料的硬度是硅钢片的 5 倍，加工剪切比较困难。同时，非晶合金材料的脆性较大，常温下进行切割，边缘易出现碎裂、变形和起层现象。因此，在产品设计时应考虑尽量减少切割量。非晶合金材料硬度高，脆性大。④ 非晶合金材料对机械应力非常敏感，在非晶合金成型过程中，急速冷却和卷绕铁芯时会受到张应力或弯曲应力，其磁性能将会发生变化，造成单位损耗增加。一般情况下，非晶合金铁芯受力后，变压器的空载损耗会增加 60%左右。因此，在变压器结构设计时，需采取特殊的紧固措施，以减少铁芯受力；另外，应避免采用以铁芯作为主支承的结构设计方案。应力在退火处理后能够基本消除，退火工艺水平的高低会直接影响应力的消除效果。因此，非晶合金要获得良好的损耗特性，必须进行严格有效的退火处理。

非晶合金铁芯配电变压器的应用优势如下：① 空载损耗低；② 制造过程节能环保；③ 运行节能环保。

绕组制造：绕组是变压器的心脏，变压器性能优劣与绕组制造工艺密切相关。采用先进的工艺和设备是确保绕组质量的关键。绕组制造所涉及的工艺与装备，要能够保证较低负载损耗，承受较高短路能力和较好的散热性能。绕组绕线有立式绕线和卧式绕线两种方式，绕线机的先进程度对绕组制造非常重要。

油箱加工工艺装备技术:随着用户对变压器外观要求的提高和变压器技术的发展,变压器行业逐步重视和加强了变压器油箱的制造工艺,改变传统的手工气割下料、焊条电弧焊的方法,逐步采用数控气割或等离子切割下料,采用气体保护焊和埋弧焊进行焊接,从而使油箱制造中的下料水平和焊接水平大大提高。为达到产品少维护而发展的全密封变压器,油箱普遍采用了波纹油箱,这与油箱波纹板生产线国产化是有关系的。国内制造的油箱波纹板生产线,采用高精度伺服液压复合成形机,可以剪切、成形、翻边一次完成,波纹板端缝和加强杆的焊接可以自动完成,最大成形波翅宽度 1 600 mm,从使用情况来看,效率和稳定性均良好。对那种容量大的油箱波纹板,波翅比较高,为了加强刚度,需要采用中间点焊,要配置多点专用点焊机,研制光电跟踪油箱自动组焊系统。国际先进水平的变压器油箱自动涂装生产线,促进了油箱涂装技术的进步,提高了变压器的整体质量。

7.3 高压断路器

断路器是泵站配电系统中最重要的控制和保护设备,它在系统中的主要作用是:在正常运行时起控制作用,根据运行需要,接通或断开电路的空载电流和负荷电流;发生故障时与保护装置及自动装置配合,迅速、自动地切断故障电流。

作为控制、保护元件的断路器,必须满足配电系统的安全运行。因此,它应该满足下面的要求:

① 绝缘部分应能长期承受最大工作电压,而且还应能承受操作过电压和大气过电压。

② 要长期通过额定电流时,各部分的温度不得超过允许值,以保证断路器工作可靠。

③ 断路器应能快速断开,即跳闸时间要短,灭弧速度要快。当系统发生短路故障时,要求继电保护系统动作得越快、断路器断开得越迅速越好。这样可能缩短系统的故障时间和减轻短路电流对电气设备的损害。

④ 能快速自动合闸。

⑤ 遮断容量要大于系统短路容量。断路器在切断电路时,主要困难是灭弧。由于电压高,电流大,断路器在切断电路时,触头分离后触头间还会出现电弧,只有使电弧熄灭,电路中的电流才能被切断,电路的断开任务才算完成。标志高压断路器切断短路故障能力的参数是遮断容量。

⑥ 断路器在通过短路电流时，要有足够的动稳定性和热稳定性。所谓动稳定性，就是断路器能承受短路电流所产生的电动力作用而不致被破坏的能力。所谓热稳定性，就是断路器能承受短路电流所产生的热效应作用而不致损坏的能力。

IEC 标准(IEC38，IEC298，IEC439)和欧洲标准规定：小于或等于 1.0 kV 的电压称为低压，1.0～72.5 kV 的电压称为中压，大于 72.5 kV 的电压称为高压。按国际大电网会议的规定，最大线电压为 400～1 000 kV 的电压称为超高压，1 000 kV 以上的电压称为特高压。

20 世纪 90 年代以前，泵站主电动机的高压断路器多数采用 SN10 少油断路器，变电站采用 DW2 - 35 多油断路器或 SW3 - 110，SW4 - 110 少油断路器。油断路器(包括多油断路器和少油断路器)是用变压器油作为灭弧介质，多油断路器除灭弧外，还作为对地绝缘用。油断路器、空气断路器使用的历史较长，正在逐渐被 SF_6 断路器和真空断路器所取代。目前我国以 40 kV 电压等级为界，40 kV 以上高压开关全部使用 SF_6 断路器，它使用具有优异的绝缘性能和灭弧性能的 SF_6 气体作为绝缘介质和灭弧介质。SF_6 断路器分为两种结构：一种为罐式，它以优良的环境适应能力、系统配套性和高运行可靠性得到用户的认可；另一种为瓷柱式，它可以通过灵活串接方式获得任意电压额定值，加之低成本，使其在 500 kV 以下的超高压领域显示出优势。40 kV 以下以真空断路器为主，它具有真空灭弧室，触头在真空泡中开合。真空开关广泛应用于 40 kV 以下电压等级的电网内，分为真空断路器和真空接触器两种。所以，目前泵站主电动机的高压断路器基本采用真空断路器，其配套的变电站则采用真空断路器或 SF_6 断路器。

随着基础理论、材料技术、生产工艺、加工工艺和新技术的应用，以及电力系统对配电系统的质量和可靠性要求的提高，高压开关设备的性能将在下面几个方面向更高更好的方向发展：

① 环保。六氟化硫气体由于其优良的绝缘和灭弧性能，目前在高压电器中得到了广泛的应用，全球生产的六氟化硫气体约 50%用于电力行业，其中 80%用于高压开关设备。虽然 1997 年《京都议定书》的签署使各国在逐步停止或减少六氟化硫电器的使用，但由于目前尚未找到合适的替代气体，六氟化硫气体在电器生产中仍然有着其不可替代的作用。

② 新介质、新材料的应用。对于户外产品而言，环境适应性能的提高(污秽，湿热，高海拔，盐雾和大气污染)是至关重要的，因此耐紫外线、高强度和自洁型的新型有机绝缘材料在户外产品中得到广泛的应用，比如新型的户外环氧树脂、户外硅橡胶、聚氨醋、陶瓷等新型材料；另外，金属防腐技术也是高

压开关厂家重点研究的课题。真空断路器由于其优良的灭弧性能和少维护、免维护的特点，尤其是小型化、低重燃的真空灭弧室的应用，在户外配电断路器中所占比例越来越高。

③ 免维护。目前免维护产品(15～20 a 使用周期)的研究与开发是高压电器生产厂家的目标和方向。目前，用于六氟化硫断路器/重合器的弹簧操动机构可以做到 2 000 次到 5 000 次，用于真空断路器/重合器的弹簧操动机构基本上可以做到 1 000 次机械稳定性，电磁操动机构(含永磁操动机构)可以做到 5 000 次机构寿命，基本可以满足大多数用户的需求。但是控制永磁操动机构的电容器、蓄电池和电子设备的使用寿命只能达到 7 a 左右，与设备本体的要求并不匹配。

④ 小型化。目前，复合绝缘技术、气体绝缘技术和小型化真空灭弧室的使用，使得户外配电设备的尺寸和重量与以前相比大幅度减小。同时，电子测量控制设备的发展，使电流传感器和电容式分压器在高压电器产品中的应用成为可能，进一步减小了高压电器的体积。

⑤ 组合电器。户外配电开关设备的使用过程中，经常需要多种高压电器同时使用，因此许多厂家经常将两种以上的电器产品组合使用，如断路器＋隔离开关组合电器、负荷开关＋隔离开关组合电器、负荷开关＋熔断器组合电器等，一方面降低了成本，另一方面方便了用户的安装和使用。

⑥ 最佳人机关系。将操动简便可靠、电动遥控操动、清晰的状态指示融入开关的设计中，同时模块化的设计，插接式安装方式，二次系统现场总线使得现场快速安装成为可能，同时免维护开关设备和自动监测系统极大地减少了运行人员的工作量。新型的控制器及配网自动化系统可以将开关的状态实时传送到运行管理人员的电脑上，四遥系统的实现大大减少了运行人员的工作量。

7.4 继电保护系统

继电保护系统是指当泵站一次系统发生故障或异常工况时，在可能实现的最短时间和最小区域内，自动将故障设备从系统中切除，或发出信号由值班人员消除异常工况根源，以减轻或避免设备的损坏和对供电系统的影响。

7.4.1 继电保护装置的基本要求

继电保护装置应当满足四个方面的要求：一是选择性。所谓选择性，是指系统发生故障时，继电保护的动作应该是有选择的，即只切除故障设备，保证无故障设备继续运行，尽量缩小停电范围。二是快速性。快速性就是要求继电保护装置快速动作，以尽可能短的时间将故障从系统中切除。三是灵敏性。保护装置的灵敏性又称灵敏度，是保护装置对其保护范围内发生故障和不正常工作状态的反应能力。四是可靠性。保护装置的可靠性是指保护范围内发生故障时，保护装置应可靠动作，而在其他不属于它动作的情况下，又不应该误动作。

继电保护装置经历了电磁型、集成电路型和微机型几个阶段，目前，电磁型和集成电路型继电保护装置已逐渐被微机继电保护装置所取代。与传统保护相比，微机保护具有如下基本优点：

① 能完成其他类型保护所能完成的所有保护功能。

② 能完成其他类型保护所不能完成的功能。由于采用了微机保护，许多以前达不到的要求，现在已经成为可能。

a. 自检——对保护本身进行不间断的巡回检查，以保证设备硬件处于完好状态。

b. 整定——整定范围和整定手段更灵活、更方便。

c. 在线测量——对设备电气量随时测量。

d. 波形分析——对故障波形进行分析（如谐波分析等）。

e. 故障录波——对故障的电流、电压和动作时间等数据进行记录。

f. 网络功能——可以和自动化系统联网运行、转发数据等。

g. 辅助校验功能等。

③ 能完成过去想做但没能做到的功能。

a. 实现变压器差动保护内部相量平衡与幅值平衡。

b. 实现差动保护中的电流互感器饱和鉴别。

c. 在变压器差动保护中，可采用各种涌流制动手段。

d. 微机型变压器差动保护可以判断电流互感器是否断线，并且在断线的情况下将差动保护闭锁。

微机保护与传统保护相比，具有可靠性高、灵活性强、调试维护量小和功能多等优点。

7.4.2 变压器的继电保护

变压器的故障可分为油箱内部故障和油箱外部故障。油箱内部故障包括绕组的相间短路、单相匝间短路、单相接地及铁芯故障等。油箱外部故障是指绝缘套管及其引出线上发生的相间短路和接地故障等。此外，变压器外部故障引起的过电流、过负荷、过电压、过励磁都会威胁变压器的绝缘。

针对变压器的故障类型和不正常运行状态，变压器应当装设下列保护：瓦斯保护、纵联差动保护、电流保护、后备保护、过负荷保护、过励磁保护、非电量保护、中性点保护。

瓦斯保护是反映变压器油箱内部各种短路故障和油面降低的保护。纵联差动保护和电流保护是反映变压器绕组和引出线各种相间短路故障、绕组匝间的短路故障及中性点直接接地系统绕组和引出线的单相接地故障的保护。这两种保护是变压器的主保护。

变压器的继电保护是泵站电气设备中最复杂的继电保护，而变压器的纵联差动保护又是变压器的继电保护中最复杂的一种。其主要原因是变压器的各种不平衡电流和励磁涌流对变压器的继电保护造成的影响。

产生变压器的各种不平衡电流的原因主要有三个方面：一是电流互感器的实际变比与计算变比不一致造成变比不匹配而产生不平衡电流。二是电力系统经常需要带负荷调整变压器的分接头，实际上也就改变了变压器的变比。而变压器两侧互感器的变比不可能根据变压器调整分接头而随时改变。因此，在正常运行或区外故障时，调整变压器的分接头将会产生不平衡电流，且该不平衡电流随着外部穿越性电流的增大而增大。三是发生故障时的暂态过程中，由于非周期分量对时间的变化率远小于周期分量对时间的变化率，很难变换到二次侧，大部分成为互感器的励磁电流。另外，由于互感器绕组中的磁通和电流不能突变，也会产生二次非周期分量。

最大不平衡电流计算公式如下：

对于双绕组变压器

$$I_{\mathrm{unhmax}}=(\Delta f+\Delta U+K_{\mathrm{ap}}K_{\mathrm{ss}}K_{\mathrm{er}})I_{\mathrm{kmax}}$$

式中：Δf 为实际变比与计算变比不一致造成的相对误差，在微机保护中取 $\Delta f=0.05$；ΔU 为由带负荷调压所引起的误差，取电压调整范围的一半，如调压范围为±5%，则 $\Delta U=0.05$；K_{ap} 为非周期分量系数，取 1.5～2.0；K_{ss} 为互感器同型系数，取 0.5；K_{er} 为互感器变比误差，取 10%；I_{kmax} 为保护范围外最大短路电流归算到二次侧电流。

对于三绕组变压器

$$I_{\mathrm{kmax}}=I_{\mathrm{kmax1}}+I_{\mathrm{kmax2}}+I_{\mathrm{kmax3}}$$

$$I_{\mathrm{kmax1}}=K_{\mathrm{ap}}K_{\mathrm{ss}}K_{\mathrm{er}}I_{\mathrm{kmax}}$$

$$I_{\mathrm{kmax2}}=\Delta U_{\mathrm{h}}I_{\mathrm{khmax}}+\Delta U_{\mathrm{m}}I_{\mathrm{kmmax}}$$

$$I_{\mathrm{kmax3}}=\Delta f_{\mathrm{ca1}}I_{\mathrm{k1max}}+\Delta f_{\mathrm{ca2}}I_{\mathrm{k2max}}$$

式中：ΔU_{h}，ΔU_{m} 分别为变压器高、中压分接头改变而引起的误差；I_{khmax}，I_{kmmax} 为在所计算的外部短路情况下，流经相应调压侧（有调压抽头各侧）最大短路电流的周期分量；I_{k1max}，I_{k2max}为在所计算的外部短路情况下，流过装有平衡线圈各侧（非基本侧）相应电流互感器的短路电流；Δf_{ca1}，Δf_{ca2}为继电器平衡线圈计算匝数与整定匝数不一致引起的相对误差。

变压器在正常运行时，励磁电流的值最大仅为额定电流的2%～5%。而在发生外部故障时，电压降低，励磁电流将随之减小。因此，变压器正常运行或发生外部故障时，都不会出现励磁涌流。当变压器空载投入或将外部故障切除后变压器重新投入运行时，由于电压的突然变化，磁场急剧增大，导致变压器内部的铁芯饱和励磁电流激增为励磁涌流，此时励磁电流的瞬时值达到5～10倍的变压器额定电流。

励磁涌流具有以下特点：① 励磁涌流具有非对称性，含有大量的非周期分量，其波形会比正常情况下的励磁电流更为接近时间轴的一侧。② 励磁涌流的波形存在间断，有明显的波形间断角。波形间断角随着涌流的大小而变化，铁芯饱和程度越高，涌流越大，间断角也就越大。③ 励磁涌流中含有大量以偶次谐波为主的谐波分量，其中二次谐波的含量最多。

由于励磁涌流反应到保护回路有可能引起差动保护误动作，人们利用励磁涌流的上述特点使得变压器保护能够躲过励磁涌流。早期BCH1，BCH2的电磁式继电器是利用速饱和变流器来躲过励磁涌流的。微机型继电保护装置可以利用励磁涌流的特点采用不同的制动方式来躲过励磁涌流，主要有二次谐波制动、间断角、电压制动、磁通特性原理、等值电路法等。由于二次谐波电流制动原理简单，因此得到广泛的应用。目前泵站用的变压器保护基本上都是采用该方法实现的，二次谐波制动比常取为15%～20%。但是随着电压等级的提高和规模的扩大，以及大容量变压器的使用，在大型变压器严重故障时，由于谐振使故障电流中二次谐波成分增加而使保护延时动作。同时变压器铁芯材料的改进使得其磁饱和点降低，在剩磁较高且合闸角满足一定条件时，三相励磁涌流的二次谐波含量可能均小于15%，其中最小的一相可能在7%以下。在这种情况下，就二次谐波制动原理而言，即使采用一相制动三相的闭锁方式，也无法避免误动的发生。间断角原理是基于励磁涌流波形中有较大的间断这个特征实现其鉴别的。一般采用的判据：间断角为65°，波宽为140°。当差流的间断角大于65°时，判别为励磁涌流；当间断小于65°且波宽大于140°时，则判别为可能不是励磁涌流。与二次谐波制动原理相比，间断角原理有如下优点：利用了励磁涌流明显的波形特征，能清楚地区分内部故障和励磁涌流。一般采用分相涌流判别方法，在变压器内部故障时能迅速跳闸，具备一定的抗过励磁的能力。

采用不同制动方式，差动继电保护定值的算法是不同的。BCH1，BCH2

型差动继电器正逐步淘汰，泵站使用的差动继电保护主要是采用二次谐波制动，下面介绍二次谐波制动的差动保护整定计算。

(1) 最小动作电流 I_{actmin}

$$I_{actmin}=K_{rel}I_{unhmax}$$

式中：K_{rel}为可靠系数，取 1.5。

最大不平衡电流 I_{unhmax}既可以按前述方法计算，也可以按(0.2～0.3)I_{NT}估算，有条件可实测确定。其中，I_{NT}为变压器额定电流。

(2) 制动特性曲线拐点电流 I_{res}

拐点电流：开始产生制动作用的最小制动电流。

$$I_{res}=(1.0\sim1.2)\ I_{NT}$$

(3) 制动系数 K_{res}

$$K_{res}=I_{actmin}/I_{res}=K_{rel}I_{unhmax}/I_{res}$$

(4) 灵敏度校验

按最小运行方式下保护范围内两相金属性短路时的短路电流 $I_{Kmin}^{(2)}$进行校验。

$$K_{sen}=I_{Kmin}^{(2)}/I_{actmin}\geqslant2$$

(5) 差动速断保护

在变压器差动保护中，二次谐波制动元件的作用是防止励磁涌流引起的保护误动。但是，在纵差保护的区域内发生严重短路故障时，如果电流互感器出现饱和而使其二次侧电流发生畸变，则二次侧电流中含有大量谐波分量，从而使涌流判别元件误判为励磁涌流，致使差动保护拒动或延时动作，严重损坏变压器。因此，为了保证变压器内部故障时动作的可靠性并加快切除故障的速度，需要设置差动速断。其动作值按躲过变压器最大励磁涌流或外部短路最大不平衡电流整定，通常取 4～10 倍变压器额定电流。

对于反映外部故障引起的变压器的过电流，同时作为主保护的后备保护，可采用过电流保护、低电压启动的过电流保护、复合电压启动的过电流保护。对于反映变压器接地短路引起的故障，可根据变压器中性点是全绝缘还是分级绝缘，中性点是接地还是不接地，分别配置零序电流保护、零序电压保护、间隙保护。

复合电压启动的过电流保护是低电压启动的过电流保护的发展。它将原来的 3 个低电压继电器改由 1 个负序过电压继电器和 1 个接于线电压的低电压继电器组成。当发生各种不对称短路时，由于出现负序电压，负序过电压继电器动作，与过电流继电器配合可作为不对称故障的保护。当发生三相对称短路时，可由低电压继电器与过电流继电器配合，作为三相短路故障保护。

变压器中性点有直接接地和不直接接地两种方式。泵站变电所的变压器中性点是否接地,根据电网调度指令执行。也就是说,泵站变电所的变压器中性点有可能接地,也有可能不接地。中性点接地的变压器应当装设零序电流保护作为变压器接地的后备保护。零序电流一般取自变压器中性点引出线上的零序电流互感器。中性点接地或不接地变压器又分两种情况:一是中性点全绝缘的变压器,应当装设零序电流保护和零序电压保护。零序电压整定值取 180 V,动作时间取 0.3～0.5 s。二是中性点分级绝缘的变压器。为了降低造价,泵站用的变压器基本上都是中性点分级绝缘的变压器。中性点分级绝缘的变压器中性点可直接接地,也可经间隙接地,通常还是中性点避雷器与间隙并联。为避免间隙放电时间过长,应装设反映间隙放电电流的间隙零序电流保护和零序电压保护,一次动作电流取 100 A,零序电压整定值取 180 V,动作时间取 0.3～0.5 s。

变压器中性点避雷器并联保护间隙的目的是利用并联间隙对避雷器的工频过电压进行保护。所以中性点避雷器与并联保护间隙的配合原则是:在雷电过电压和操作过电压的情况下,变压器中性点避雷器动作,保护中性点绝缘,而在工频过电压的情况下,并联间隙动作,保护避雷器不受损害。在系统发生接地故障但未失去中性点有效接地的情况下,并联保护间隙不应造成继电保护动作。根据此原则:

① 系统以有效接地方式运行发生单相接地故障时,中性点棒-并联保护间隙不应该动作。因为此类故障发生比较频繁,变压器的设计中已经充分考虑了这个因素,并且在正常情况下,变压器中性点的绝缘完全可以耐受此时的过电压,因此不需要保护。所以,中性点棒-并联保护间隙的工频击穿电压应该满足:

$$U_{bg} > \frac{K_1 K_2 U_0}{1-3\sigma}$$

式中:U_{bg}为棒-并联保护间隙的工频击穿电压有效值;σ 为空气间隙工频击穿电压的标准偏差,一般取 0.03;K_1 为安全系数,一般取 1.05;K_2 为气象修正系数,一般取 1.05;U_0 为变压器中性点电压有效值。

② 系统形成局部失地发生接地故障时,变压器中性点的过电压将达到相电压,由于中性点避雷器不能耐受这种过电压,为了保护变压器中性点的绝缘,棒-并联保护间隙应该提前动作。所以棒-并联保护间隙的工频击穿电压应低于变压器中性点的 1 min 工频耐受电压。

$$U_{bg} > \frac{U_{0g}}{K_1 K_2 (1+3\sigma)}$$

式中：U_{0g}为变压器中性点的 1 min 工频耐受电压有效值。

为了使得避雷器在这种情况下不动作，棒-并联保护间隙的工频击穿电压还应该低于避雷器的额定电压：

$$U_{bg} > \frac{U_c}{K_1 K_2 (1+3\sigma)}$$

式中：U_c 为避雷器的额定电压有效值。

7.4.3 电动机的继电保护

泵站用的电动机有异步电动机和同步电动机。由于大型泵站调节范围比较宽广，有功功率变化较大。为了在有功功率变化较大的情况下电动机依然保持较高的效率，大型泵站普遍采用同步电动机。

同步电动机的主要故障包括：定子绕组的相间短路、单相绕组的接地短路、单相绕组的匝间短路。同步电动机的主要不正常运行状态包括：电动机启动时间过长、电动机堵转、电动机过负荷和过热、电动机失步和失磁。

针对同步电动机的故障类型和不正常运行状态，同步电动机应当装设下列保护：电流速断保护、反时限过电流保护、纵差保护、横差保护、零序电流保护、负序电流保护、堵转保护、过热保护、低电压保护、区域阻抗保护。

许多相关的规范中并没有规定泵站同步电动机要装设区域阻抗保护，但是工程实际中在全调节泵站中装设区域阻抗保护是十分必要的，现以淮安一站作为实例介绍如下：

2002 年 8 月 19 日，淮安一站 4＃机开机抗旱，机组启动后未能进入同步，过流保护未能动作，运行人员手动分闸，机组停机。

经检查：4＃机高压柜内有一对与励磁柜联络的干接点。正常情况下，主机高压开关合闸后，该接点闭合，微机励磁检测到该接点闭合，开始检测主机转子滑差，待转子转速达到亚同步转速时即投入励磁。但是，此次故障时该接点拒动，因而造成微机励磁系统不能及时工作，微机励磁系统中的失步保护也起不到保护作用。

按照通常情况，当机组处于异步状态下运行，异步电流较大，过流保护应当动作于延时跳闸。经检查，继电保护装置完好。过流保护未能动作的原因是机组启动后，电流很快衰减，尽管在异步状态下运行，但未能达到过流保护的动作电流。为什么会出现这种现象呢？

淮安一站主电机功率 1 000 kW，额定电流 113.4 A，对应水泵叶片角度 +2°、最大扬程 5.3 m。装有电流速断、过负荷、过电流、低电压、零励磁保护。过负荷保护按 1.27 倍整定，动作电流 144 A，动作时间 10 s。过电流保护按反时限整定：

$2I_e$	$4I_e$	$5I_e$	$6I_e$	$8I_e$
48 s	10.5 s	5 s	4.7 s	2.5 s

机组启动时叶片角度通常放在$-4°$，当水头较低时，负荷较轻，定子电流通常在50 A左右，这样，即使在异步状态下，其定子电流也未能达到保护的动作电流，因而保护不能动作。而此时，由于高压柜中的联络干接点拒动，造成微机励磁不能及时工作，微机励磁系统中的失步保护也不能动作。

应该说，作为淮安一站这种1 000 kW同步电机所装设的保护是符合继电保护设计规范的。但是，事实上，对这一特殊的现象又未能起到保护作用。其原因在于全调节叶片的水泵负荷变幅较大，使得保护的灵敏度和可靠性这一对矛盾难以统一。为了保证机组安全运行，就需要增设另一种保护——区域阻抗保护。

同步电动机正常运行时，应当是从电网吸收有功，向电网发出无功。而在异步运行时，应当从电网吸收有功，吸收无功。如果人为规定：从电网吸收有功或无功为正，向电网发出有功或无功为负。那么，同步电动机的功角特性应如图7-6所示。

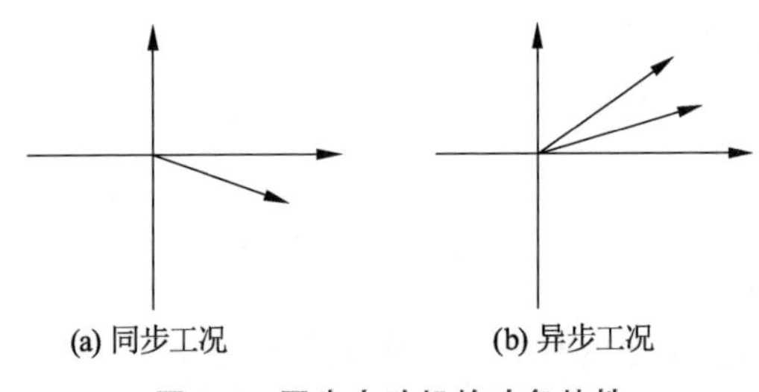

图7-6　同步电动机的功角特性

当在同步工况运行时，电动机吸收有功，发出无功，功角在第Ⅳ象限。当在异步工况运行时，电动机吸收有功，吸收无功，功角在第Ⅰ象限。并且，在异步工况运行时，如果灭磁开关导通，电动机转子短路，此时电动机相当于普通的绕线式电机，功角较小；如果灭磁开关截止，电动机转子近似开路，则功角较大。

动作判据为

$$\theta \leqslant \angle Z \leqslant 180° - \theta$$

式中：$\angle Z$为机端测量到的电动机的阻抗角；θ为区域阻抗动作整定角，整定范围为$0° \sim 30°$。

这样，就可以根据电动机的功角来判断其运行工况，进而根据功角的大小决定保护是否动作。这样,即使微机励磁系统中的失步保护不起作用,借助于继电保护装置,也能有效地保护电机。

为了确保淮安一站电机运行安全,在淮安一站继电保护装置中增设区域阻抗保护。经现场测定,在异步工况运行时,主电机电流滞后电压约 70°。据此,确定该保护整定值:$30°\leqslant\angle Z\leqslant150°$;时间:7 s。

保护调试完成后,经现场用真机试验,动作准确,完全达到预期效果。

因此,当负荷变化较大时,其配套的同步电动机建议装设区域阻抗保护,以弥补常规保护的不足,确保电机安全运行。

7.5 励磁系统

同步电动机运行时,必须在励磁绕组中通入直流电流,以建立磁场,这个电流称为励磁电流,而供给励磁电流的整个系统称为励磁系统。励磁系统对电机的运行安全十分重要,是否准确投励、运行中励磁电流的振荡等故障都对电机的运行安全构成极大的威胁,影响电机的寿命。

7.5.1 励磁装置基本原理

励磁装置主回路的原理示意图如图 7-7 所示,包括启动控制回路、三相全控桥回路及其他保护回路。

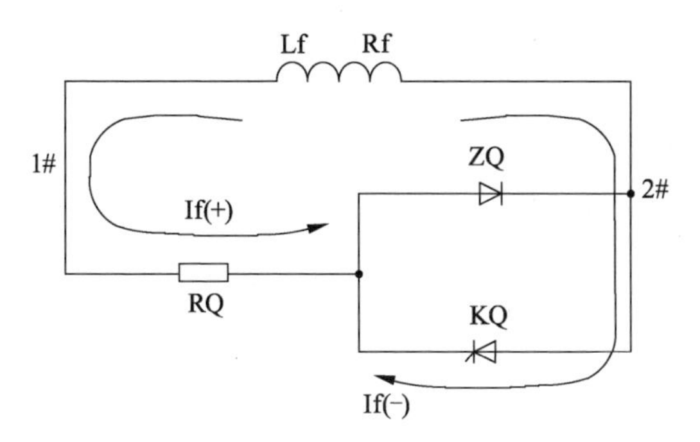

图 7-7 励磁装置主回路的原理示意图

启动回路由电机转子、启动电阻 RQ、启动可控硅 KQ 及启动二极管 ZQ 构成,如图 7-7 所示。当电机主开关合闸后,电机进入异步启动过程,转子感应电流正半波 If(+)经 RQ,ZQ 构成通路,感应电流负半波 If(−)经 KQ,RQ 流通。

RQ 在电机启动过程和失步后的异步驱动过程投入。RQ 取值大,启动力矩大,但失步再整步时牵入力矩小,因此需兼顾启动和再整步时的力矩要求。

RQ 取值根据电机参数要进行较严格的计算，并且要经过热稳定校验。

在电机主开关合闸后的异步启动和电机失步灭磁后的异步驱动过程中，为使电机启动过程平滑无脉振，KQ 应在转子较低感应电压下触发开通，使感应电流正负半波均无阻碍地流过同一电阻，产生对称力矩；电机启动完成至投励后，KQ 自动转换为在转子感应过电压下才能开通，起转子过电压保护作用，同时在励磁电压正常波动范围内又不会导通。有的装置的高低定值通过主开关和投励继电器接点自动转换，有的装置的高低定值则通过旋转励磁部分的投励状态自动转换。

同步电动机正常运行时，启动可控硅 KQ 不导通，启动电阻 RQ 无电流流过，启动电阻为冷态。当转子有感应过电压时，KQ 通过高定值导通，由 RQ 抑制过电压。KQ 导通后，启动回路监视继电器 JQJ 动作(JQJ 在投励后投入监视)，其动作接点送至主机箱，控制触发角 α 使 KQ 关断。

7.5.2 励磁装置技术

励磁装置从早期的直流励磁机励磁、硅整流励磁，到可控硅励磁、微机励磁，其主要原理并没有多少质的变化，主要是控制、测量、保护回路发生了较大的变化。江都一站始建于 1961 年，是江苏省最早建设的大型泵站，全站装有 8 台套 TL800－24/2150 立式同步电动机，采用仿苏的励磁机组 Z2－81/81－4，容量 27 kW，直流电压 115 V，电流 220 A，转速 1 460 r/min。后来陆续建成的江都二站、江都三站都是采用该型式的励磁机，直至 1974 年全部改造成 TLG2－3A 晶闸管励磁装置。1974 年建成的淮安一站采用的是硅整流励磁装置。该励磁装置主电路由空气开关、三相感应调压器、整流变压器、6 只硅二极管组成三相桥式整流装置。硒堆和阻容元件组成过电压保护回路。其主要电气回路如图 7-8 所示。三相 380 V 交流电源经空气开关、三相感应调压器、整流变压器向由 6 只硅二极管组成的三相桥式整流装置供电，硒堆和阻容元件组成过电压保护。硅整流励磁装置投励方式比较简单，大致有三种：① 凭经验投励，人为判断机组达到亚同步转速，人工投励；② 用过电流继电器控制投励，机组启动瞬间，电流达到最大值，然后电流开始下降，当下降到一定程度时投励；③ 用三极管测量转子感应电压的频率。当机组刚启动时，转子感应电压的频率较高，三极管不断地导通和截止，与三极管并联的电容来不及充电，不足以导通控制投励的三极管。只有当转子感应电压的频率为 2.5 Hz，变化周期达到 0.4 s 时，与三极管并联的电容才有时间充电，导通控制投励的三极管，使励磁电流通入转子。

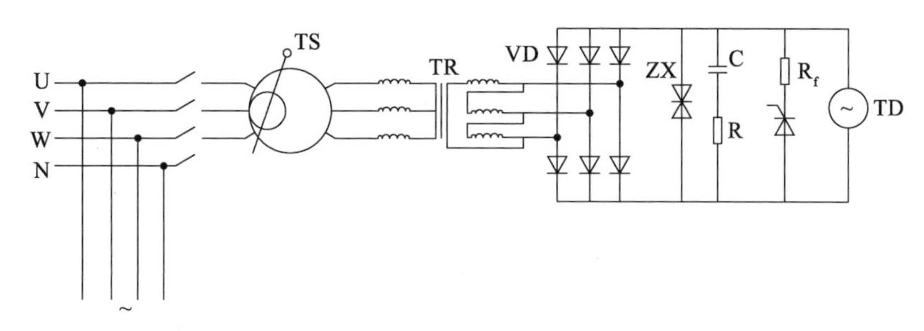

图 7-8 硅整流励磁装置示意图

从 20 世纪 70 年代末，由分裂元件组成的可控硅励磁装置在泵站开始应用，到 20 世纪末，微机励磁装置在泵站开始应用，现在，泵站普遍采用微机励磁装置。

7.5.3 三相全控桥回路

三相全控桥由 6 只可控硅组成，如图 7-9 所示，其通态平均电流和耐压计算及选择与同步电动机额定励磁电压、额定励磁电流、转子直流电阻和风冷系数等相关。同步电动机在启动和失步灭磁异步运行过程中，三相全控桥不工作。同步电动机正常运行时三相全控桥工作在整流工况，整流桥输出至转子电压平均值 $U_f = 1.35U_{21}\cos\alpha$，$U_{21}$ 为整流变压器二次线电压，α 为脉冲触发角。当 $\alpha = 90°$ 时，输出电压波形正负相抵，电压平均值为零。当 $\alpha > 90°$ 时，同步电动机停机时三相全控桥工作在逆变工况，桥两端电压平均值为负，转子大电感储能通过励磁变压器回馈至电网，实现逆变灭磁。

装置主回路配有常规保护。空气开关 LZK 用于交流侧短路和励磁变压器浪涌保护；压敏电阻 RV1～RV3 用于交流过电压吸收；快速熔断器 KRD1～KRD3 用于直流侧短路及可控硅元件故障保护；三相全控整流桥配有阻容保护（装配在可控硅散热器上），用于吸收可控硅换相时产生的过电压。

励磁电流测量是通过串接在励磁装置直流输出母线上的霍尔电流传感器 IB 实现的。

IB 是一种磁平衡式电流传感器，如图 7-10 所示。霍尔元件作为磁通敏感元件，它将磁通信号转化为微弱的电信号控制放大器的输出。一次电流（励磁电流）产生的磁通与测量电流产生的磁通方向相反。当一次侧电流增大（或减小）时，元件中磁回路磁通量增大（或减小），霍尔片的输出增大（或减小），测量电流相应增大（或减小），使得测量电流产生的磁通增大（或减小），直至磁回路中磁通量近似等于零。因此，二次侧电流正比于一次励磁电流，通过测量电阻 R 取样，可得到正比于一次励磁电流的电压信号。

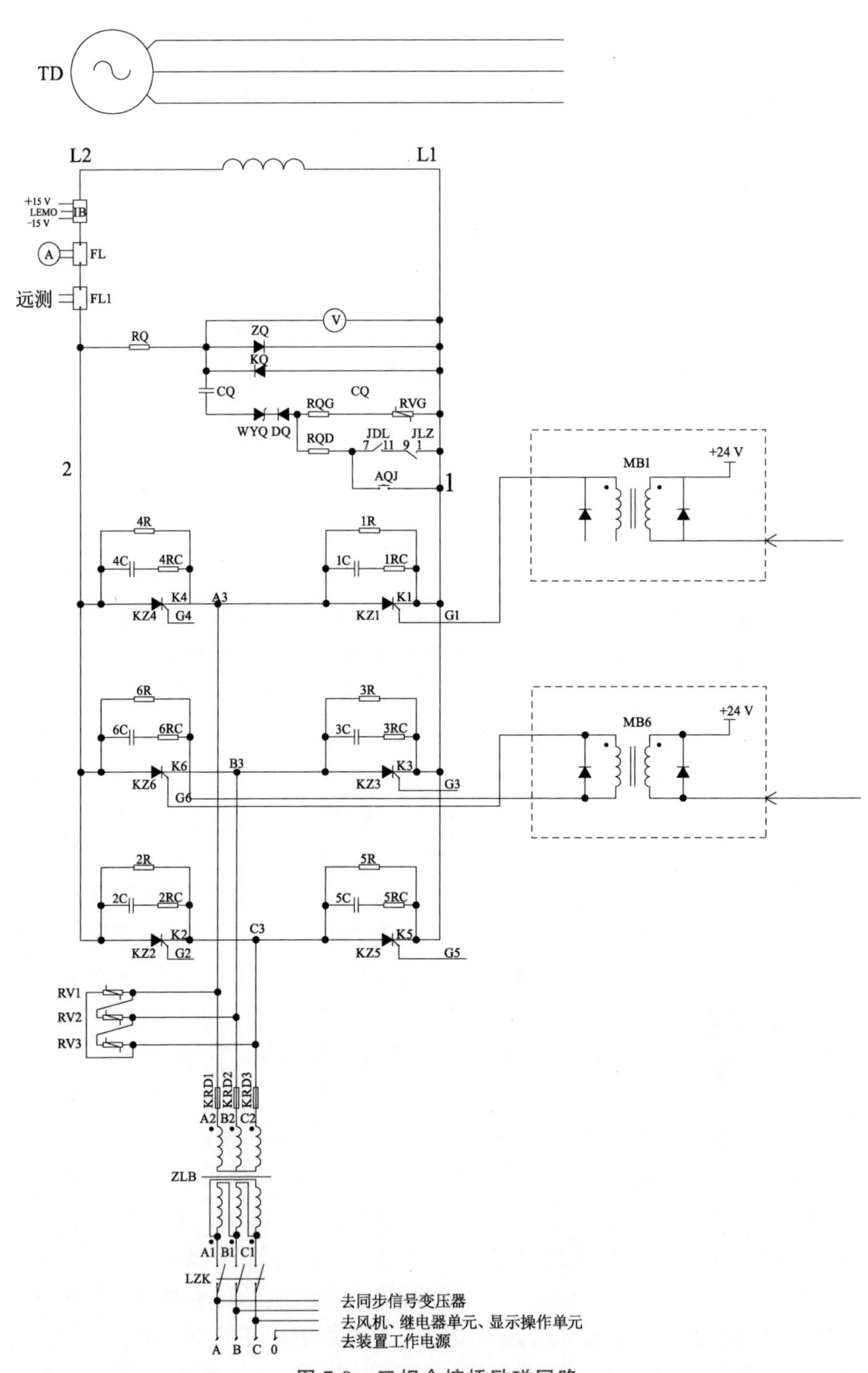

图 7-9　三相全控桥励磁回路

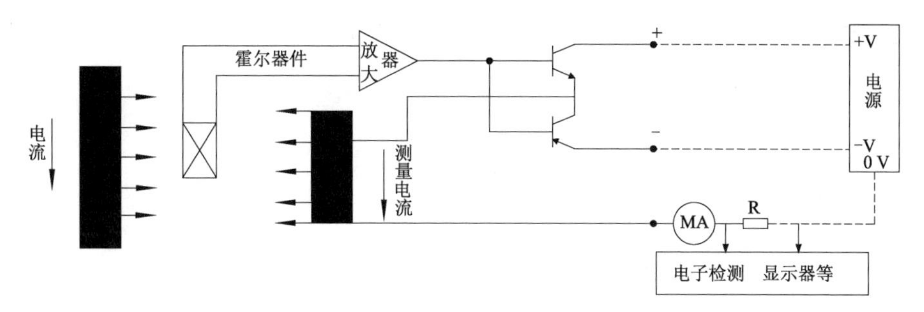

图 7-10 励磁电流测量变换回路

注意：如果 IB 没有工作电源或输出端开路(如前置变换板未连)，而励磁电流有输出，则会使 IB 的磁平衡破坏而导致 IB 内部磁环磁化，严重影响测试精度。使用时应严格避免类似情况发生。

在励磁装置中，设有 IF(转子感应电流)变换的整形通道，当同步电动机启动时，由于定、转子的相对运动，在转子回路中会感应出交变电流。

该信号会沿着上面介绍的励磁电流测量通道传至整形通道的通道板上，整形通道的作用在于将该信号变为方波 IFT 并送至主机板，用以测量电机启动过程中任一时刻的滑差。

在电机加速至接近亚同步时，IFT 波形与转子直轴取向和定子旋转磁场的取向之间存在着严格的对应关系，假设定子磁场静止，则转子以电机转向的相反方向旋转，如图 7-11 所示。

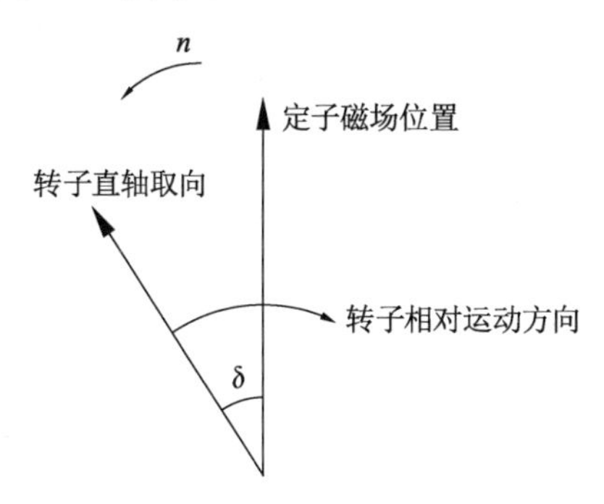

图 7-11 转子相对运动示意图

由于电机尚未进入同步，δ 角由 0°～±180°～0°变化，定义转子直轴取向在定子磁场位置的左侧时 $\delta>0°$，则当 $\delta=0°$($\delta=180°$)时，对应 t_1(或 t_3)时刻；当 $\delta=\pm180°$时，对应 t_2 时刻，$t_1\sim t_3$ 为转子相对运转一周，因此滑差为

$$S\times f=\frac{1}{t_3-t_1}$$

式中：f 为电网频率，取 50 Hz。

在实际测量中，测取半周期（$t_2 \sim t_3$ 的时间）来表示滑差，则

$$S \times f = \frac{1}{2(t_3 - t_2)} = \frac{1}{2\Delta t_{HC}}$$

$$\Delta t_{HC} = \frac{1}{2Sf}$$

当 $S=5\%$时，

$$\Delta t_{HC} = \frac{1}{2 \times 0.05 \times 50} = \frac{1}{5} = 0.2\ \mathrm{s}$$

因此，测量 Δt_{HC} 即可知道电机启动过程中的滑差 S，当 Δt_{HC} 达到整定值时，并不能立即投励。这是因为此时转子直轴取向与定子磁场位置并不重合，此时投励会对电机造成较大冲击。在 Δt_{HC} 满足要求后，需等待直至 $\delta = 0°$，此刻投入励磁对电机冲击最小，这也是人们常说的反极性末尾准角投励。

作为后备投励环节的零压计时投励是通过检测转子感应电流的正半波来实现的，当设定投励时间为 1 s 时，对应滑差 $S \leqslant 1\%$。其原理及计算方法与滑差检测相同。

由于计时投励的定值比滑差投励大，绝大多数情况下，滑差投励都能准确动作，从而闭锁计时投励。只有某些特定机组，由于机组惯量小，转速低，且电机凸极效应较强，启动过程非常快，存在滑差投励环节捕捉不到而电机已直接进入同步（凸极力矩）的可能性。这种情况就只能靠计时投励动作了，由于此时转子感应电压为零，故又称零压计时投励。

如果主桥可控硅触发同步控制用的同步信号取自励磁电源的 A 相，由于励磁变压器为△/Y－11（或 Y/△－11）接法，励磁变压器原边的 $\dot{U}_A$ 比副边的 $\dot{U}_a$ 滞后 30°，因此，$\dot{U}_A$ 的过零点对应自然换相点 b（见图 7-12），以 a 点开始根据触发导前角 α 定时，即可得到第一组触发脉冲（$+A$，$-C$），依次延时 60°可得到其他 5 组触发脉冲，如图 7-13 所示。

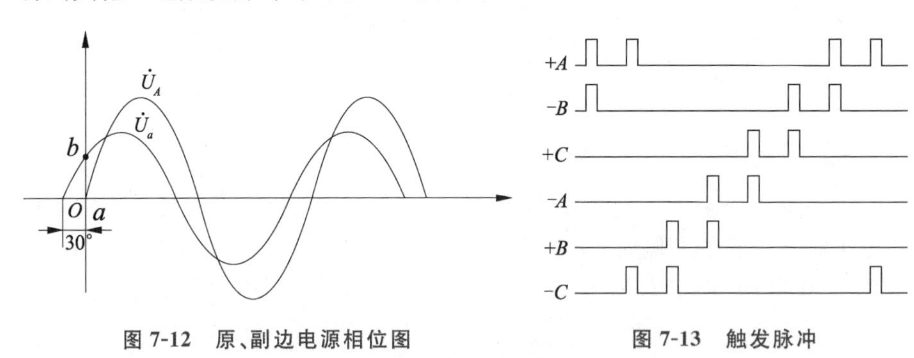

图 7-12　原、副边电源相位图

图 7-13　触发脉冲

7.6 自动化系统

泵站计算机监控系统是由I/O设备(传感器和执行器)、控制硬件、控制软件、人机接口及与信息系统的连接所组成的系统。

7.6.1 微机监控系统的结构

微机监控系统的结构大概分为三类。一是集中式计算机监控系统,它是将采集的数据全部集中到计算机来处理,然后根据计算机计算和处理的结果传递到各测控点进行控制和调节。二是分布式处理计算机监控系统,它又分为按功能分布和按对象分布两种。分布式计算系统是这样一种系统,其中包含多个相连的物理资源,它们能够在全系统范围内的统一控制下,对单一问题进行合作而最少依赖集中的处理、集中的数据和集中的硬件。一个分布数据处理系统必须同时满足下列五项条件:① 含有多个通用的资源文件,这里可以是指物理资源或逻辑资源;② 这些物理或逻辑资源是在物理上分布的,并且经过一个通信网络相互作用;③ 有一个高级操作系统,对各个分布的资源进行统一和整体的控制;④ 系统对用户是透明的,即用户发出使用请求时无须具体指明要哪些资源为其服务;⑤ 所有资源,不论是物理资源还是逻辑资源,都必须高度自治地工作,而又相互配合,即系统内部不存在层次控制。三是分散式处理计算机监控系统,其控制对象的特点是:① 地理上分散在一定的范围内;② 相互之间联系较薄弱而很少存在处理或计算上的因果关系。“分散”是相对于“集中”而言的,主要强调位置上的分散,而并不强调有关“分布”所具备的条件,这是“分散式系统”与“分布式系统”的主要区别。

泵站监控系统的典型结构如图7-14所示,可划分为三层,从下而上(依距离现场设备的远近)依次为测量层、现地控制层和集控层。测量层的下面是现场设备层,集控层的上面是调度层(远控层),这两层(现场设备层和调度层)因不属于泵站监控系统,所以在图中未画出。测量层直接与现场设备“打交道”,测量层主要由各类传感器构成,如水位测量仪、叶片转角变送器、闸门开度仪、压力传感器、测温电阻、流量测速仪和示流信号计等。通过这些传感器,测量层将从现场设备层采集的各类信号,如上下游水位、叶片转角、闸门开度、油压、水压、现场(设备)的温度、流量和冷却水中断信号等送往现地控制层。现地控制层收集测量层上送的各类采集信号,加工处理成数字信号,再上送集控层。集控层通过对现地控制层上送的信号进行分析、处理、统计、计算、存储,进而了解泵站的运行工况,对泵站的运行状态加以控制。例如,在泵站运行过程中，若出现严重事故，则发出紧急停机命令，这一命令下发至现地控制层后，由现地控制层完成具体操作。

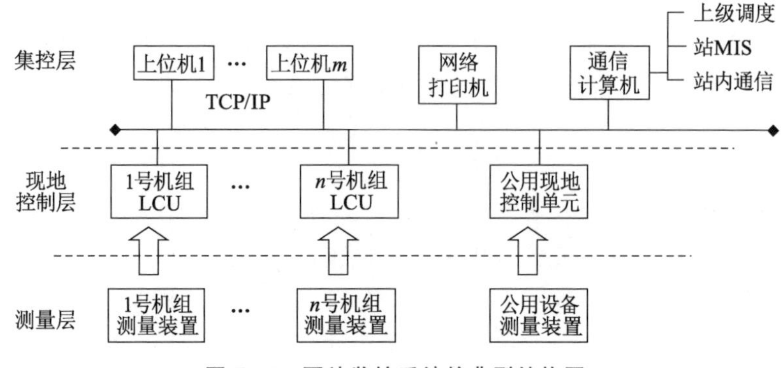

图 7-14　泵站监控系统的典型结构图

7.6.2　微机监控系统的发展

江苏省大型泵站最早开展计算机监控系统开发的是 20 世纪 80 年代初期江都水利工程管理处与上海电器科学研究所共同开发的江都水利枢纽实时数据处理系统，后来省灌溉总渠管理处、省骆运水利工程管理处等单位与上海、扬州等科研院所、大学相继开发了泵站数据处理和采集系统。由于当时计算机运行速度慢，存贮量小，通信速度慢，外围设备性能不稳定，实际使用中功能不足，故障较多，这些系统仅在短时间内正常运行。

1996 年，江苏省水利厅、南京水文自动化研究所和江都水利工程管理处通过引进国外成熟的技术与设备，共同开发了“江都抽水站机组监控关键技术”。该系统采用分层分布式结构，PLC 控制、交流采样智能仪表、INTOUCH 组态软件，达到了相当成熟的工业应用水平，为江苏大型泵站计算机监控系统建设树立了榜样。

之后，泰州引江河泵站、淮安一站、淮阴二站相继建成了泵站监控系统，这些系统都具备实际使用的阶段，通过运行管理人员的维护保养，一直保持正常使用的良好状态，标志着江苏省大型泵站微机监控系统已达到比较成熟的阶段。

7.6.3　微机监控系统的现状

目前江苏省综合自动化结构大部分采用星型光纤单网结构，少数采用环网结构。系统采用分层分布式网络结构。系统分为上级调度层、监控层和现地层三层结构：现地层为第一级，控制权限最高；监控层为第二级，控制权限次之;上级调度层为第三级,控制权限最低。

上级调度层设在上级防汛调度部门,可以实现与监控层的遥测、遥控、遥视、遥调的接口与功能。但上级调度层的设计与实践除少数泵站外,大部分泵站暂未实现。监控层通常设在泵站中央控制室,主要完成对现地控制单元进行监控、采集并汇集整理各种运行参数,形成各种报表,系统组态,上传有关泵站运行状态数据,下达上级调度指令。通常监控层主机按双冗余设计,运行值班主机可预先任意选定,双机通过以太网通信。现地层设在设备现场,完成对现地设备的自动监测和自动控制。现地单元由可编程序控制器(PLC)、多功能电表、交流采样装置、机组温度测量装置、测速仪表、电源、继电器等组成。

监控层和现地层采用快速以太网联结,传输介质多采用光纤或双绞线。网络协议多采用国际工业标准 TCP/IP 协议。

由于泵站设备较多,为减少现地控制单元 PLC 的数量和电缆数量,监控系统与闸门控制系统、继电保护系统、励磁系统、清污机系统通常采用通信方式进行联系。

目前,泵站计算机监控系统可以实现对泵站主机、辅机、公用设备、高低压配电设备进行监视、控制、保护和调度等运行管理工作,包括数据采集与处理、监视与报警、控制与调节、数据记录与存储、人机接口、数据通信、系统自诊断与恢复。具体分述如下:

数据采集与处理:监控主机可以接收现地控制单元上传的各类实时数据,包括模拟量、开关量、电度量、综合量和 SOE 事件顺序记录、越复限事件记录等。按收到的数据进行数据库刷新、报警登录。接收上级调度系统下发的命令以及接收其他系统发来的数据。现地控制单元能够自动采集被控对象的各类实时数据,并在事故或者故障情况时自动采集事故、故障发生时刻的相关数据。系统可以对采集到的模拟量数据和状态数据进行处理,包括数据滤波、有效性和合理性检查、工程单位变换、数据变化及越限检测等,并根据规定产生报警和报告。事件顺序记录处理应记录各个重要事件的动作顺序、事件发生时间(年、月、日、时、分、秒、毫秒)、事件名称、事件性质,并根据规定产生报警和报告。系统可以自动计算或统计下列数据:全站开机台数计算;单机及全站当班、当日、当月、当年的运行台时数累计;单机及全站抽水流量计算;单机抽水效率及全站效率计算;单机及全站当班、当日、当月、当年的抽水量累计;单机及全站的日、月、年用电量(有功、无功)累计。

监视与报警:系统可以通过监视器或大屏幕对主机组、公用及辅机、高低压配电等主要设备的运行工况进行监视。可以对主机组各种运行工况(开机、停机等)的转换过程、变配电系统送停电过程、辅助设备操作的过程等进行监视。在发生下列异常情况时报警:主机各类温度越限;润滑油油位过高或过低;冷却水中断、供水系统压力异常;保护装置告警、动作;变压器温度过高;励磁装置故障、励磁事故;直流系统故障;排水廊道水位过高;机组振动、摆度越限;各类控制流程中控制操作失败信息;风机故障;主机上下油缸油位过高或过低;机组开停机过程中真空破坏阀故障;贮气罐压力过高或过低;液压调节装置压力过高或过低。当发生电气保护动作、励磁事故等事件时,可以将故障发生前后的相关参数和开关位置变化按发生的时间顺序记录下来,并可显示、打印和存入历史数据库。系统可以用发出声光信息和窗口显示信息等方式进行报警。可以明显区别事故报警音响和故障报警音响,并可以手动或自动解除。报警信息包括报警对象、发生时间、报警性质、确认时间、消除时间等。可以用不同的颜色区分报警的级别、报警确认状态、当前报警状态。

控制与调节:监控系统控制与调节的对象有主机组、辅机设备、变配电设备等。对主机的控制与调节包括:主机组的开机、停机顺序控制;主机组的紧急事故停机控制;水泵叶片的调节操作;励磁系统的调节。对辅助设备的控制与调节包括:根据站内开停机情况实现技术供水系统的启停控制;根据水位监测信号实现排水系统的自动启停控制;通风系统的启停控制;气系统的启停控制;油系统的启停控制。对配电设备的控制与调节包括:站变投退控制操作;进出线开关合分操作。

数据记录与存储:对采集及处理过的实时数据进行记录,实现对系统中任何一个实时模拟量数据(原始输入信号或中间计算值)进行连续记录。记录的数据支持实时趋势曲线显示,能够在实时趋势曲线上显示任何一个点的数值和时间标签。建立历史数据库,能够存储系统中主要的输入信号(模拟量和开关量)及重要的中间计算数据。历史数据库的数据记录与存储满足用户对历史数据的多种检索方式,如历史趋势曲线、日报表、月报表、事件查询等。历史数据库存储的数据包括:电气量及非电气量;主机组及配电系统的各类电气量;主机组定子线圈、铁芯、轴承温度;主机组的叶片角度;主机油温、油位;各种事故和故障记录;主机组的振动、摆度;供水系统压力;站变温度;水箱、排水廊道水位;河道上下游、拦污栅前后水位;等等。状态输入量:断路器合分状态;手车工作位置、试验位置;配电设备、断路器及刀闸合分状态;开关电气闭锁状态;辅机设备动作状态;等等。综合计算量数据:全站开机台数;单机及全站运行台时;单机及全站抽水流量;单机抽水效率;单机及全站抽水水量;抽水耗电量统计;等等。其他各类运行、操作信息。控制操作信息:对主机组、辅机、配电设备的各类控制及调节操作信息(包括控制命令启动、控制过程记录、控制结果反馈)进行记录,记录信息包括操作时间、操作内容、操作人员信息等。定值变更信息:对所有的定值(设定值、限值等)变更情况进行记录,记录信息包括变更时间、变更后的值等。状态量变位信息:对现场设备运行过程中发生的状态量动作、复归等变位信息进行记录,记录信息包括变位发生时间、内容及特征数据等。故障和事故信息:对现场设备运行过程中发生的各类故障和事故信息进行记录,记录信息包括故障和事故的发生时间、性质及特征数据等。参数越复限信息:对现场设备运行的参数越复限情况进行记录及统计,记录信息包括越复限发生的时间、内容及特征数据等。自诊断信息:对系统运行过程中产生的各类自诊断信息进行记录,记录信息包括自诊断信息的发生时间、性质及特征数据等。

人机接口:监控系统能提供站控级和现地级人机接口,满足现场运行监视和控制操作的要求。其中,站控级人机接口能作为泵站运行人员监视、控制和调节泵站运行的主要手段,同时也为维护人员提供系统故障诊断、系统运行参数设定或修改、数据库建立和维护、监控画面编辑和修改、报表定义或修改等管理和维护工作的接口。站控级系统可以提供以下监控画面:泵站全貌图、电气主接线图;站用电接线图;全站温度运行监视图;站身剖面图;配电系统运行监控图;技术供水系统图;润滑油系统图;气系统图;单机运行监控图;单机开停机流程监视图或者操作票控制图;励磁装置运行监视图;监控系统网络结构图;PLC运行状态监视图;排水泵运行监控图;叶片调节系统监控图;直流系统图;操作指导画面;工程简介画面;巡视线路图。系统能提供下列运行报表查询和打印:机组运行日报表;机组温度日报表;泵站运行日报表;泵站运行月报表;泵站运行年报表;泵站设备动作统计日报表;泵站设备动作统计月报表;泵站设备动作统计年报表。系统能提供下列记录信息的查询:事故及故障报警记录;状态量变位记录;主机组、公用及辅机、配电设备等操作记录;定值变更记录;参数越复限信息;指定时区各参数运行曲线;运行参数的极值和时点;系统自诊断与恢复信息;运行日志。现地级人机接口能为运行人员提供在现场对被控对象进行运行监视、控制或者调节的接口。现地级人机接口具有远程控制和现地控制两种方式的切换功能,在处于现地控制方式时,远程控制操作不起作用,但不影响数据采集与上传。

数据通信:计算机监控系统的数据通信分为三类。① 站内通信:即监控系统与其他智能测控设备之间的通信。包括监控系统与励磁系统、叶片调节系统、微机保护系统、直流系统、温度巡检、交流采样设备、机组在线监测装置等进行的数据通信。② 监控系统与泵站内其他系统的通信:监控系统与机组在线监测装置的通信、监控系统与信息管理系统的通信。③ 监控系统与上级调度系统之间的通信：与泵站运行管理相关的上级调度管理系统。

系统自诊断与恢复：监控系统能实现对自身的硬件及软件进行故障自检和自诊断功能。在发生故障时应能保证故障不扩大，且能在一定程度上实现自恢复。监控系统自身的故障不应影响被控对象的安全。站控级具有计算机硬件设备、软件进程异常、通信接口、与现地控制单元的通信、与上级调度系统的通信、与其他系统的通信等故障的自检能力。当诊断出故障时，应采用语音、事件简报、模拟光字等方式自动报警。现地控制单元能在线进行硬件自诊断。在线诊断到故障后应主动报警，并闭锁相关控制操作。现地控制单元硬件诊断内容应包括 CPU 模件异常、输入/输出模件故障、输入/输出点故障、接口模件故障、通信控制模件故障、电源故障。监控系统在进行在线自诊断时不影响系统的正常监控功能。对于冗余设备，当主用设备出现故障时，系统能自动、无扰动地切换到备用设备。对于冗余的通信系统，能自动切换到备用通道。硬件系统在失电故障恢复后，应能自恢复运行；软件系统在硬件及接口故障排除后，应能自恢复运行。

7.6.4 微机监控系统存在的问题

经过多年的探索与建设，江苏现有的泵站自动化系统能够基本满足泵站日常的需求，实现生产运行的自动控制与调度，比如机组启停、闸门控制、励磁调节、继电保护等。通过制定的工作流程规范，基本能够实现泵站的稳定运行。但是，与现代化的管理要求相比，还存在下列主要问题：

① 泵站自动控制建设缺乏总体规划。部分单位和部门已做的规划没有经过专门的审查和批准，技术上没有统一标准，泵站之间的信息不能共享，形成若干信息孤岛，后期整合难度大，系统维护困难。

② 缺少针对自动控制系统的评价体系和测试软件，没有针对监控系统考核和验收的统一的量化标准。

③ 现地层的基础信息仍然是通过采用大量电缆进行模拟量和硬接点采集的传统方式，造成厂房内电缆敷设量大，接线复杂，影响了自动化系统的整体的可靠性，容易受电磁干扰和一次设备传输过电压的影响，存在二次运行异常、继电设备误动等方面的隐患。

④ 尽管已经开展了泵站群或梯级泵站的集中控制和优化调度的研究，但尚不具备实用条件，不具备工业推广的价值。

7.6.5 微机监控系统的发展方向

综观现代计算机自动监控技术的发展和大型泵站现代化管理的要求，大型泵站自动控制应当向泵站设备数字化、数据共享网络化、信息应用化的方向发展，以建设数字化、智能化泵站为目标，实现泵站管理质的飞跃。

所谓泵站数字化、智能化是指“一次设备智能化，二次设备网络化”。泵站一次设备的信号输出和控制输入均能数字化，利用网络通信技术进行传输，二次回路中常规的继电器及其逻辑回路被可编程软件代替，常规的模拟信号被数字信号代替，常规的控制电缆被光纤代替。

建设数字化、智能化泵站需要用电子式电流电压互感器、智能化开关取代传统的电磁式电流电压互感器、断路器，使得设备的二次侧不再存在模拟量，这就需要对原来泵站的设备进行更新或改造。有条件的可以直接对原有设备进行更新，用新型的智能化设备替代原来的设备。对于改造的泵站也可以采用就地数字化方式，通过传统的一次设备配置智能终端，按照一次设备不拆卸的原则，对厂房内的变压器、电机、水泵、断路器、互感器、避雷器配置状态监测功能单元，实现状态量采集与控制的数字化。

在解决了一次设备的智能化问题之后，还需解决二次系统的标准问题，否则，如果没有统一的网络和系统标准，不同厂家的设备和系统往往使用不同的网络、通信协议和信息描述方法，导致厂房自动化系统中不同厂家的设备之间无法进行互操作。必须使用种类繁多的协议转换器进行转换，才能集成为一个系统，使得系统集成周期长、费用高、可靠性降低、后期维护不方便。

IEC 于 2004 年发布了 IEC61850 标准，统一了信息模型和访问服务，使不同厂家的设备可以直接实现互操作，取消了站内协议转化器，实现了“一个世界，一种技术，一个标准”的目标，简化了系统内的信息共享。IEC61850 规范了工程数据格式 SCL，支持 IEC61850 的不同厂家都支持 SCL，使得不同厂家的工程工具可以自动处理并自由交换数据。工程实施变得简单，后期维护和扩建都比较容易。

IEC 于 2007 年颁布了 IEC61850－7－410 标准，作为 IEC61850 系列标准的一部分，它定义了 IEC61850 用于水电厂时需要的附加各类公用数据、逻辑节点及数据对象，解决了数字化水电站建设中的互联和互操作等关键技术。该部分定义的逻辑节点和数据对象属于下列应用领域：电气功能、机械功能、水文功能、传感器。由于大型泵站与水电站极为相似，完全可以采用该项标准作为数字化的基础。

可以预见，与传统的泵站自动化比较，采用智能化、数字化设备与统一规约标准建设的数字化、智能化泵站将存在三个方面的优势。

① 性能优异。采用统一通信规约的通信网络，不需要进行规约转换，加快了通信速度，降低了系统的复杂度和设计、调试、维护的难度，提高了通信

系统的性能。数字信号通过光缆传输避免了电缆带来的电磁干扰，传输过程中无信号衰减、失真。无 LC 滤波网络，不产生谐振过电压。传输和处理过程中不再产生附加误差，提升了保护计量和测量的精度。与传统的电磁互感器相比，光电互感器无磁饱和现象，精度高、暂态特性好。

② 安全可靠。由于采用了光电互感器，避免了油和 SF_6 互感器的渗漏问题，减少了运行维护的工作量。光电互感器高低压部分光电隔离，传统电磁互感器的电流互感器二次回路开路、电压互感器二次回路短路故障可能危及人身和设备等问题不再存在，大大提高了安全性。由于用光缆代替了电缆，避免了电缆端子松动、发热、开路和短路的危险，提高了泵站整体安全水平。

③ 经济效益显著。由于用光缆代替了大量的电缆，降低了成本，简化了电缆沟、电缆层和电缆防火。实现信息共享，兼容性高，便于新增功能和扩展规模，减少了投资成本。由于技术含量高，节约了大量诸如电缆之类的耗材，具有节能、环保，节约社会资源的功效。

7.7 同步电机

7.7.1 概述

交流电机中最重要的是同步电机和异步电机。同步电机最重要的特征是它的转速 n(r/min)、频率 f(Hz)和磁极对数 P 之间有严格的关系，即

$$n=60f/P \tag{7-1}$$

当极数一定时，同步电机的转速 n 和电网频率 f 之间有固定的关系。我国的电网频率为 50 Hz，因此同步电机的转速是一固定值，与负载的大小无关。而异步电机，它的转速和频率之间就没有这种固定关系，而是随着负载的大小而变化。

同步电机可以用作发电机，在现代电力工业中，无论是火力发电、水力发电、原子能发电或柴油机发电，几乎全部都是采用同步发电机。同步电机还用作电动机，同步电动机广泛应用于不要求调速和功率较大的机械设备，如轧钢机、压缩机、鼓风机、水泵和球磨机等。其功率多在 250 kW 以上，转速为 100～1 500 r/min，额定电压为 6 kV 或 10 kV，额定功率因数为 0.9(超前)。

同步电机还可作为调相机使用，调相机专门用来调节电网的无功功率，改善电网的功率因数，以提高电网的运行经济性及电压稳定性。调相机过励磁时，相当于电容元件，吸收超前的无功功率，电网供给它的是超前于电网电压 90°的电流；反之，调相机欠励磁时，相当于电感元件，吸收滞后的无功功

率,电网供给它的是滞后于电网电压90°的电流。

从原理上讲,任何一台同步电机都可作为电动机和发电机,这就是电机运行的可逆性。当电磁转矩为制动性时,同步电机运行于发电机状态;当电磁转矩为驱动性时,同步电机就运行于电动机状态。从结构上看,三种同步电机的结构基本相同,技术要求大多相似,但也有些小的区别,如对同步电动机,在设计时就要考虑它的启动方式、启动转矩、启动电流及牵入转矩等;对同步调相机,由于不带机械负载,它的轴颈可设计得细一些。通常,调相机多设计成4极、6极、8极、10极、12极、24极、34极、36极和40极等各种规格。而汽轮发电机多半为2极或4极,水轮发电机的磁极数在4～60极之间。其他在冷却方式、选用材料和几何尺寸等方面都有一些不同。

近年来,可控硅变频装置的应用,使同步电动机能够通过变频作调速运行。此外,同步电动机由于它的同步特性,不仅应用于动力装置系统,在控制领域中也获得了广泛的应用。

由于同步发电机、同步电动机和同步调相机具有相同的原理和基本相同的结构,只是运行方式有所不同,因此为对同步电机有一个全面而系统的了解,本节将主要讲述同步发电机的基本原理、基本结构和运行方式。在此基础上,从运行可逆性角度,自然可以顺理成章地导出同步电动机的运行特性和具备的特点。

7.7.2 同步电机的基本工作原理

同步发电机是根据电磁感应定律,即导体和磁通之间有相对运行或者称为导体切割磁通的原理而发电的。所以,同步发电机基本上是由产生磁通的磁极和切割磁通的导体两个主要部分组成的。一般情况下,磁极由原动机带动旋转,称为转子;导体是固定的,称为定子或电枢。在定子和转子之间有气隙,如图7-15所示。定子上装有AX,BY,CZ三相绕组(也称电枢绕组),它们在空间上彼此相差120°的电角度,每相的匝数结构完全相同。转子是一对磁极,上面装有转子绕组,由直流电励磁,使磁通从N极发出,经过气隙、定子铁芯、气隙,进入S极而构成闭合回路,如图7-15中虚线所示。当转子由原动机拖动逆时针旋转时,磁通与导体之间有相对运动,相当于磁极不动,导体以相反运动方向切割磁通,则根据右手定则,AX绕组中的感应电势为零;B导体的感应电势方向向内,Y导体的向外;C导体的感应电势方向向外,Z导体的向内。如规定A、B、C三导体中向外的感应电势为正,则三相电势的正弦波形曲线如图7-16所示。从图中可以看出,随着转子的旋转,首先使A相绕组中感应电势为最大值,当转子再转过120°和240°时,依次使B相绕组和C相绕组中感应电势最大。因此，A 相感应电势将超前 B 相感应电势 120°，B 相电势又超前 C 相电势 120°，三相电势大小相等，相位互差 120°，这就是三相同步电机的简单工作原理。如果磁极产生的磁场沿圆周作正弦分布，则绕组中的感应电势也按正弦规律变化。正弦量可用相量表示，三相电势的相量图如图 7-16 所示。

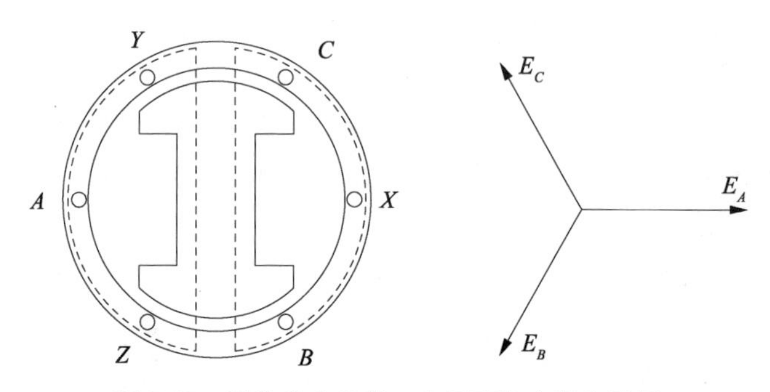

图 7-15　同步发电机的工作原理和电势向量图

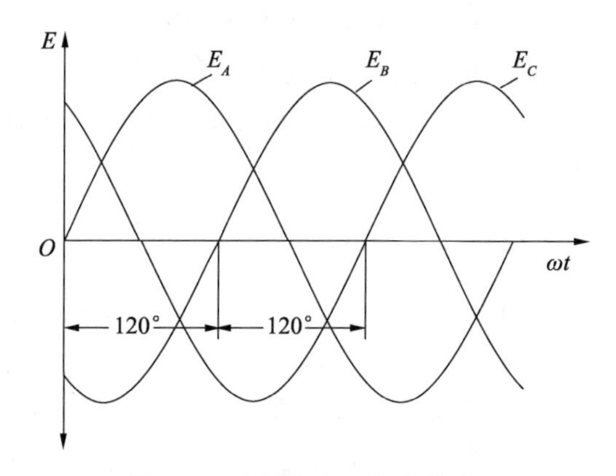

图 7-16　定子绕组三相电势波形

当转子仅有一对磁极时(见图 7-15)，转子旋转一周，绕组中的感应电势恰好完成一个循环(见图 7-16)。当转子有两对磁极时(见图 7-17)，转子旋转一周，感应电势变成了两个循环。依此类推，若转子有 P 对磁极，则转子旋转一周，感应电势变成了 P 个循环。设转子转速为 n(r/min)，则每秒钟电势的循环数，即定子绕组中电势的频率为

$$f=Pn/60$$

显然，上式即为式(7-1)。我国的电网频率为 $f=50$ Hz，因此，电机的磁极对数 P 和转速 n 成反比。例如，汽轮发电机多半为 2 极($P=1$)，转速为 3 000 r/min，因为提高转速可以提高运行效率、减小电机尺寸和降低造价；而

水轮发电机，由于转速低，故极数多，如 $P=30$，则 $n=100$ r/min。磁极对数为 P，则转子转过一周，从几何上看，相当于 360°的机械角，故电角度和机械角度之间有下列关系：

$$电角度=P\times机械角度 \tag{7-2}$$

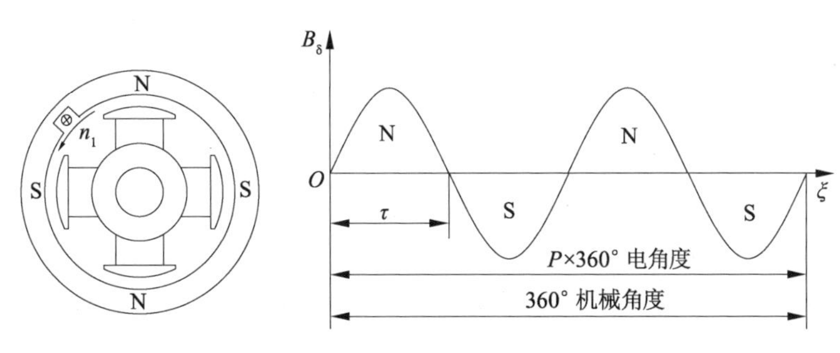

图 7-17　4 极同步发电机

如果同步电机作为电动机运行，必须在定子上加三相交流电源，使电机内产生一旋转磁场。这时转子绕组中加上直流励磁，则转子将在定子旋转磁场的带动下，沿定子磁场方向以相同的转速旋转，转子的转速仍由式(7-1)确定。这说明同步电机无论是作为发电机还是作为电动机运行，其转速和频率之间永远保持恒定关系。

前文已述，同步发电机不论是磁极转动还是电枢绕组转动，都可以产生感应电势，但实际上都采用旋转磁极式，电枢是固定的，这是因为近代同步电机电枢绕组的电压很高，输出电流很大，如果电枢转动，则电流必须通过滑环和电刷引出，这是非常困难的，但采用旋转磁极式，通过滑环和电刷的电流仅是产生磁场的励磁电流，这个电流和电压都要小得多，所以大容量的同步电机都做成旋转磁极式。只有小容量的同步电机，由于工程上的某些特殊要求才做成旋转电枢式。

在旋转磁极式的同步电机中，磁极的形状又可分为隐极式和凸极式两种。

隐极机的气隙是均匀的，凸极机的气隙不均匀。至于采用哪一种形式的转子，和电机的转速有关。对于应用汽轮机作原动机的汽轮发电机，转速较高，转子宜做成隐极式；对于应用水轮机作原动机的水轮发电机和大型水泵等用的同步电动机，由于转速较低，要求有较多的极数，转子多做成凸极式。

发电机在运行时，由于绕组中电流的铜损耗和铁芯中的铁损耗而产生热量，因此电机的冷却也非常重要。早期电机功率较小，基本上都采用空气冷却，以后发展的氢冷却，效果比空气好。更进一步的冷却方式是将冷却物质与导体相接触，称为内冷式。用水作为冷却物质为电机技术的发展开辟了一条新途径,发电机的定了和转子如果都采用水内冷方式,可大幅度地提高出力。一台发电机由空气冷改为双水内冷,其容量可提高 2～4 倍,甚至更多。

7.7.3 凸极同步电机的基本结构

凸极同步电机通常分为卧式结构和立式结构两类。绝大多数同步电动机、调相机和用内燃机或冲击式水轮机拖动的发电机都采用卧式结构。低速、大容量的水轮发电机和大型水泵用的同步电动机则采用立式结构。

(1) 卧式凸极同步电机的结构特点

卧式凸极同步电机和隐极同步电机及异步电机的定子结构都基本相同,所不同的是转子结构。它由磁极、励磁绕组、磁轭、阻尼绕组、转轴及滑环等几部分构成。在极数较多、直径较大的同步电机中,磁轭与转轴之间还有支架。

磁极一般由 1～3 mm 厚的钢板冲成冲片后叠压铆成。在速度高的电机中则采用实心磁极。磁极与磁轭之间的连接有螺杆连接、鸠尾连接和 T 尾形连接等方式。也有的将磁轭与磁极的极身铸在一起,在极身上装上转子线圈后,再装上极靴,极靴通过磁极螺钉固定在极身上。

阻尼绕组和鼠笼结构相似,它是由许多插在磁极极靴槽中的钢条或黄铜条在两端用短路环连接起来构成的。

(2) 立式凸极同步电机的结构特点

下面以立式水轮发电机和大型水泵用电动机为例来介绍其典型结构,因为这两种电机的基本结构是相同的。

大中型同步电动机按机械负载的性质可归结为 6 种系列产品,即 T,TK,TMK,TZ,TL 和 TG 系列。T 表示一般用途的凸极同步电机,TK 表示压缩机用,TMK 表示矿山球磨机用,TZ 表示轧钢机用,TL 表示立式同步电动机。TG 表示高速隐极结构,其他 5 种均为凸极同步电机系列。

与汽轮机相反,水轮机或大型水泵用的电动机的转速较低,因此极数较多。这类电机直径大而轴向长度短,两者相差甚大。整个电机呈一扁盘形,与细长圆柱形的汽轮发电机正好相反。

立式凸极同步电机的转动部分必须由一个推力轴承支撑着,它不仅要承受电机转子重量,还要承受水轮机转子重量和水流所产生的全部轴向推力,所以推力轴承是电机的一个重要部件。依照推力轴承所处的位置,立式同步电机分为悬式和伞式两种基本结构形式,如图 7-18 所示。悬式是指把推力轴承装在转子上边的上机架上,整个转子是处于一种悬吊着的状态转动。在上机架 2 中装有上导轴承 1。至于下导轴承的布置,有两种情况:图 7-18a 是将下导轴承 4 装在下机架 5 中，再连同水泵的导轴承(图中未绘出)构成由三个导轴承组成的结构系统；图 7-18b 则取消了下导轴承和下机架，而保留了上导轴承 1 和水泵或水轮机的导轴承，组成两个导轴承的结构形式。

伞式是把推力轴承安放在电机转子的下部，好像一把伞将转子撑着，推力轴承装在固定于机坑基础上的荷重下机架 5 中，除了装在不载重的上机架中的上导轴承外，一般在下机架上还装有一个下导轴承，连同水轮机或水泵上的导轴承组成三导轴承的伞式结构，见图 7-18c。如果取消下导轴承，则组成二导轴承的半伞式。图 7-18d 更为简单，它取消了上导轴承，保留了下导轴承与推力轴承，组成二导轴承的全伞式。

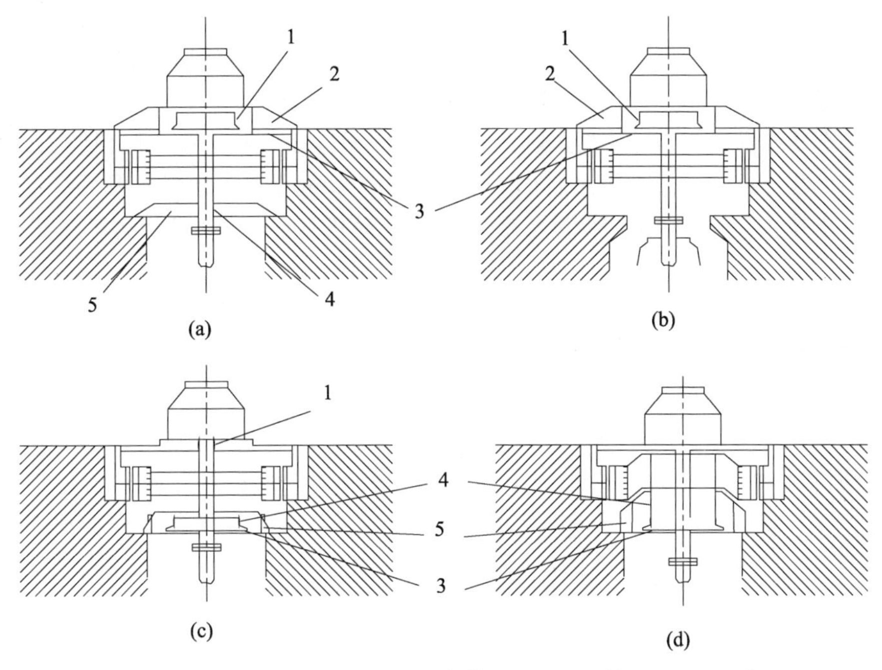

1—上导轴承；2—上机架；3—推力轴承；4—下导轴承；5—下机架

图 7-18　悬式(上)和伞式(下)同步电动机示意图

悬式机组运转时机械稳定性好，但由于上机架直径大，消耗钢材较多。因此，悬式机组适于高水头。伞式机组机械稳定性差，但由于推力轴承是装在转子下部，轴向高度小，可使厂房高度和造价降低。通常转速较高的电机(150 r/min 或以上)采用悬式；转速较低的电机(在 125 r/min 以下)采用伞式。

以下简要介绍立式凸极同步电机的结构特点。

① 定子

定子主要由定子铁芯、绕组和机座组成。如果电机直径很大，为了便于运输，常把定子分成 2，4 或 6 块，运到工地再拼装成一整体，机座仍是钢板焊接结构。定子绕组与汽轮机主要有两点不同：a. 由于极数多，为了改善电压波形，广泛采用分数槽绕组；b. 一般采用单匝波绕组，其上、下层导线用两根线棒分别制造，嵌线后再连接起来。

② 转子

转子主要由转轴、转子支架、转子磁轭和磁极等部分组成。由于转子尺寸很大，因此在转轴和转子磁极之间增加了转子支架这样一个结构。转子磁轭主要用来组成磁路，磁极固定在磁轭上，一般用 2～5 mm 厚的钢板冲成扇形片，交错叠成整圆，再用拉紧螺杆固紧，在其外沿冲有倒 T 形缺口装配磁极。磁极一般采用 1～1.5 mm 厚的钢板冲片叠成，两端加磁极压板，用螺杆拉紧。磁极上套装有励磁绕组，励磁线圈多由扁铜线绕成。在极靴上装有阻尼绕组，整个阻尼绕组由插入极靴阻尼孔内的裸铜条和端部铜环焊接而成。阻尼绕组可以减小并联运行时转子的振荡幅度，对同步电动机主要作为启动绕组用。

③ 下支架及轴承

对于悬式电机而言，上机架的材料占总材料的相当大一部分；而对伞式电机来说，上机架大为简化，从而节省了结构材料。

机架中装有推力轴承，这是立式同步电机的关键部件，因为全部旋转部分的荷重都由推力轴承承受。推力头固定在轴上一起转动，它把转动部分的负荷传递给推力轴承。推力头下面装有镜板，通过油膜同下面的轴瓦相接触。镜板与轴瓦的接触表面非常光滑，轴瓦为推力轴承的静止部件。在轴瓦的钢坯上浇有一层轴承合金，轴瓦底下有托盘。整个装置浸在润滑油槽内，由冷却器把油中的热量带走。当镜板与轴瓦相对旋转时，把润滑油带入转环与轴瓦接触面之间，形成液体摩擦，进油侧油膜较厚而出油侧较薄形成楔形油膜。由这层油膜的斜面作用产生的油膜压力把加在推力轴承上的载荷举起来，使整个转动部分在高压油膜上悬浮转动。

上、下导轴承是用来防止轴的摆动的。大中型立式机组一般都在下机架上装设制动器，其作用一是制动，二是检修时可顶起转子。当机组卸去负载停机时，由于转子的转动惯量很大，不能立刻停下来，若在较低转速下转动时间过长，则由于楔形油膜不能建立，就可能使轴瓦与镜板因干摩擦而烧毁。所以，停机后当转速下降到额定转速的 35％左右时，在制动器中即自动通入压缩空气（压力油）把制动器的活塞顶上去，上面所包的闸皮顶住磁轭下侧的制动环而迅速使机组停转。

7.7.4 额定值

同步电机的额定值(铭牌值)有以下几种:

① 额定容量 S_N 或额定功率 P_N:对同步发电机而言,额定容量 S_N 是指出线端的额定视在功率,一般以 kVA(千伏安)或 MVA(兆伏安)为单位;而额定功率 P_N 是指发电机发出的额定有功功率,一般以 kW(千瓦)或 MW(兆瓦)即百万瓦为单位。对同步电动机而言,P_N 是指轴上输出的有效机械功率,也用千瓦或兆瓦来表示。对于同步调相机,则用出线端的无功功率来表示其容量,以 kvar(千乏)为单位。

② 额定电压 U_N:是指在额定运行时电机定子三相的线电压,单位为 V(伏)或 kV(千伏)。发电机一般接成 Y 形,电动机接成 Y 形或△形。

③ 额定电流 I_N:是指电机在额定情况下运行时定子的线电流。

④ 额定频率 f_N:我国标准工频为 50 Hz。

⑤ 额定功率因数 $\cos\varphi_N$:即电机在额定运行时的功率因数。

⑥ 额定效率 η_N:即电机在额定运行时的效率。

⑦ 励磁容量 P_{fN}:励磁电压 U_{fN} 及励磁电流 I_{fN}。

⑧ 额定转速 n_N:习惯上常用 r/min(转/分)为单位。

7.7.5 同步电动机的质量控制

大型泵站广泛采用大型立式同步电动机作为原动机。大型立式同步电动机是泵站厂房内造价最贵、技术最复杂、零部件最多的设备。尽管对于现代工业来说,制造大型同步电动机是一门成熟的技术,但是如果制造商不重视质量控制,即使是知名厂家也不一定能生产出优质产品。不乏这样的例子:同一个厂家生产的电动机,有的用户反映良好,运行 30 年没有发生大的问题;有的很一般,在试运行中就出现噪声偏大等问题。因此,抓好同步电动机在厂制造的质量控制是一项重要工作。

质量的控制是一种过程的控制。大型同步电动机采购通常采用招标采购方式。因此,在标书编制、设计方案审查、生产制造、中间检查、出厂验收等各个环节都要抓好质量控制,特别要抓好重点环节、重点工艺、重要部件(比如上机架、定子、轴承)的质量控制。

在标书编制、设计方案审查阶段,重点要把握好两个方面。一是生产制造的标准,验收的标准。因为有关电机制造的标准较多,本项目引用哪些标准,必须在标书中载明。特别是有些标准不是强制性标准,如果不在标书编制阶段说明,在后期执行合同时双方有可能产生分歧,比如,转子的静平衡试验，国家标准中并没有硬性规定，如不事先约定，由于立式机组的转子的静平衡试验比较复杂，费用大，买卖双方有可能产生分歧。二是电机结构和有关参数的确定。大型泵站运行时间长，往往是在关键时候运用，对可靠性要求较高，因此，最好选用成熟的技术，切忌选用正在开发或试用的技术。在结构设计方面，要考虑到运行和维修方便，比如，油冷却器中的铜管在运行中由于机组振动而产生裂纹造成泄漏，如果结构设计考虑不周，在维修油冷却器时必须拆除电机上导瓦，如果控制不好，极易造成电机大轴偏离中心，增大检修工作量，由一般性维修演变成大修。因此，在结构设计时，应考虑到拆装油冷却器时不会影响到电机上导瓦。在参数选用方面，应采取稳妥的态度。因为设计参数的选用通常有一个范围，如果参数选用过于保守，则可能造成不必要的浪费；如果选用过高参数，则电机裕量减少，风险加大。比如，定子线负荷 AS 如果选用过大，则有可能影响电机的稳定；如果选用过小，则定子铁芯尺寸和重量加大，电机成本提高。由于泵站中的同步电动机通常都是悬式结构，上机架承载着机组的大多数重量和水推力，因此，对上机架的刚度必须认真复核，对上机架的变形量必须严格控制，曾经就出现过大型泵站因上机架的变形量超标而造成烧毁推力瓦的事故。此外，线圈之间连接线的电流密度和接触电密度，铁芯的磁通密度和叠压系数，推力轴承的 pv 值和偏心量，导瓦的接触面积，电机的失步转矩和牵入同步转矩以及这二者之间的关系等都必须认真把握。

在设备生产制造阶段，必须加强中间过程的检查，监理驻厂监造工作必须落到实处，重要的加工工艺，业主应派人到厂检查和监督。由于现在工厂制造向专业化方向发展，电机制造商把许多部件，甚至重要部件交给外协厂家制造，比如轴承、上下机架，因此，对这些外协厂也必须加强检查。如果制造商的标准低于国家标准，应严格执行国家标准。因为许多中间环节在电机组装好后是无法检查的，有的即使用试验手段也难以检查。因为有些缺陷是潜伏性的，属于内伤，短期内不会影响运行，但会缩短电机的使用寿命。比如，电机矽钢片在冲压时产生的毛刺应尽量消除，而且叠压时应同方向叠压。为了保持足够的铁芯压力，叠压系数或铁芯拉杆的拉力应严格控制。应充分考虑线棒在槽楔内切向和径向两个方向的位移，采取有效措施消除线圈表面与槽楔内壁的间隙。线圈之间接头的连接采取何种工艺、阻尼环与阻尼铜条的焊接工艺都十分重要，如果工艺掌握不好，在运行中极有可能造成电流开路或机组启动困难。

出厂验收应严格执行国家相关标准和买卖双方事先约定的条款。出厂验收应包含两个方面的内容：一是要检查电机厂提供的检查记录和试验记录;二是要对电机实体进行检查。电机厂提供的检查记录和试验记录应包括:① 定子铁芯高度和波浪度记录,铁芯中心至机座基础板高度记录;② 定子下线后整体耐压试验记录;③ 定子铁芯铁损试验记录;④ 定子测温装置的埋设位置及元件绝缘强度试验记录;⑤ 转子中心体各配合面的加工尺寸及精度检查记录;⑥ 转子中心体上下法兰面的平行度及同轴度检查记录;⑦ 磁极装配各部位尺寸检查记录,电气试验记录,重量检查记录;⑧ 主轴各部位主要尺寸检查记录;⑨ 推力头各配合面尺寸及其高度检查记录;⑩ 卡环加工尺寸检查记录;⑪ 机架与推力轴承座的同轴度记录;⑫ 镜板加工尺寸、粗糙度及硬度检查记录;⑬ 上、下机架有关标高的高度尺寸检查记录;⑭ 各部油冷却的耐压试验记录;⑮ 各重要铸锻件检查记录或合格证书;⑯ 构件的内应力消除记录;⑰ 出厂电气试验报告;⑱ 按合同规定应提供的其他检查、试验记录。如果该电机配有油压装置,电机制造商还应提供相关资料:① 回油箱的渗漏试验、焊缝质量;② 电动机出厂合格证;③ 储油气罐焊缝检查与耐压试验记录;④ 油压装置运转试验记录;⑤ 油压、油位信号整定值试验;⑥ 油压装置的密封性试验,试验压力、保压时间,油压、油位下降值。对于电机附属的自动化元件,电机制造商还应提供电气元件的绝缘电阻试验、耐压试验及液压元件、示流信号计、压力信号器等各种传感器的动作试验报告。对电机实体进行检查的项目包括:① 定子装配的铁芯内径、圆度、铁芯高度;② 定子铁芯的压紧度及压紧后的波浪度;③ 定子嵌线后线棒端部的形状位置(包括斜边距离及轴向伸出长度);④ 定子线棒的绑扎情况;⑤ 定子线棒接头间隔与焊接质量;⑥ 并头套的质量;⑦ 定子整体的试验电压和起晕电压;⑧ 定子测温引线位置标记及嵌线后测温元件的完整性及对地绝缘;⑨ 定子绕组引出线与汇流母线接头接触面平整度及接触面积,检查汇流母线的成形尺寸;⑩ 检查喷漆质量;⑪ 转子磁轭冲片表面平整、锈蚀、毛刺等情况;⑫ 转子支架中心体与上、下端轴的配合尺寸和同轴度,连接面与轴线垂直度;⑬ 转子支架中心体与支臂的合缝面间隙;⑭ 转子支架的制造和焊缝质量;⑮ 主轴长度及各配合部位的加工尺寸及粗糙度;⑯ 磁轭拉紧螺杆材质、平直度和直径公差;⑰ 磁轭装配后的绝缘耐压试验;⑱ 阻尼绕组焊接接头及磁极接头检查;⑲ 转子绕组引线在主轴上固定情况;⑳ 风扇的制造质量;㉑ 集电环同轴度、圆度、刷握与电刷的配合;㉒ 推力轴承、导轴承必须进行预装,高压油顶起装置的油管路、油冷却器水管路均应进行预装和耐压试验;㉓ 油冷却器应进行预装,并按规定进行耐压试验;㉔ 油槽应做煤油渗漏试验;㉕ 轴承合金与壳体的结合情况;㉖ 轴承合金的化学分析;㉗ 推力瓦应进行刮研;㉘ 托瓦或托盘的加工精度、硬度和粗糙度;㉙ 推力头与卡环各配合面的加工尺寸及其形位公差;㉚ 镜板锻件毛坯质量、化学成分及其热处理后的硬度;㉛ 镜板与推力头同轴度;㉜ 绝缘垫板的厚度;㉝ 机架应预装,检查各合缝面间隙,各有关配合尺寸和焊缝;㉞ 上机架与定子预装,检查同轴度和合缝面间隙;㉟ 电刷在刷堆内滑动灵活情况;㊱ 空气冷却器耐压试验。

出厂验收是电机制造的一个重要环节,也是电机在制造厂内质量控制的最后一个环节。一台质量有瑕疵的电机出厂,会给后续的安装和运行管理带来极大的麻烦。

7.7.6 直轴同步电抗(不饱和)的意义

(1) 直轴同步电抗(不饱和)与电机质量的关系

大型同步电动机是泵站中最重要的电气设备,为了管控同步电动机的质量,设计文件和招标文件通常都会列出多种质量控制指标,比如,效率、噪声、转矩倍数、短路比等参数,并在验收时进行考核,但是,往往对直轴同步电抗(不饱和)没有重视。事实上,直轴同步电抗(不饱和)是衡量电机性能的重要指标。了解直轴同步电抗(不饱和)的物理意义,掌握直轴同步电抗(不饱和)的设计和试验方法,对于管控大型同步电动机的质量有重要意义。

泵站同步电动机的功率 P 和转速 n 是由水泵决定的。当同步电动机的功率和转速一定时,电机的电负荷 A 和磁负荷 B 决定了电机的性能和尺寸。电磁负荷越高,电机的体积越小,所用的材料就越少,成本将会降低,这是生产商所希望的,但是,这会降低电机的性能。具体地说,在电机磁负荷不变的情况下,增加电负荷 A,电机的尺寸和体积将减小,可节省钢铁材料,由于铁芯重量减小,铁耗随之减小。由于电机尺寸变小,在磁负荷不变的条件下,每极磁通将变小,为了产生足够的感应电势,线圈匝数必须增多,绕组用铜量将增加,另外,电负荷增高,增大了电枢单位表面上的铜耗,使绕组温升增高。总之,随着电负荷的增大,绕组电抗的标幺值将增大,将使电机的最大转矩、启动转矩和启动电流降低,电压变化率增大,短路比、短路电流、静态和动态稳定度下降。在电负荷 A 不变的情况下,增加磁负荷 B,电机的尺寸和体积将减小,可节省钢铁材料,但会导致电枢铁耗增加,效率降低,在冷却条件不变时,温升将升高。增加磁负荷 B,将使磁路饱和程度增加,励磁磁势增加,引起励磁绕组用铜量增加与励磁损耗增加,效率降低,在冷却条件不变时,使励磁绕组温升增高,同时励磁电流增加,导致功率因素变坏。

由此可见,电负荷 A 和磁负荷 B 是电机设计中两个非常重要的参数,对电机的性能有非常重要的影响。

尽管电负荷 A 和磁负荷 B 是两个非常重要的参数,但是在电机出厂试验时，由于技术原因不能直接测量，通常的办法是测量电机的一系列特性，比如，绝缘电阻、直流电阻、堵转试验、空载试验、短路试验、牵入转矩试验等。根据这些特性曲线推算电机的主要参数，比如，效率、转矩倍数、短路比、直轴同步电抗（不饱和）。直轴同步电抗（不饱和）就是根据电机的空载特性曲线和短路特性曲线推算出来的。换句话说，直轴同步电抗（不饱和）的大小是与电机的空载特性和短路特性相关联的，直轴同步电抗（不饱和）是反映电机电磁性能的主要参数，控制好直轴同步电抗（不饱和）对管控电机质量有重要意义。

（2）稳态直轴同步电抗（不饱和）的测量与计算

同步电动机在正常运行时，三相定子电流产生旋转电枢电动势。由于凸极同步电动机的气隙是不均匀的，因此，同一电枢磁动势作用在不同位置时电枢反应是不一样的、电枢磁场分布是不对称的，其电枢反应不能像分析隐极式电动机那样直接得出。为了便于分析，把电枢磁动势分解成直轴分量和交轴分量，然后分别求出直轴和交轴磁动势的电枢反应，最后再把它们的效果叠加起来。这就是著名的勃朗德双反应理论。

根据勃朗德双反应理论，同步电机等效电路图如图 7-19 所示。

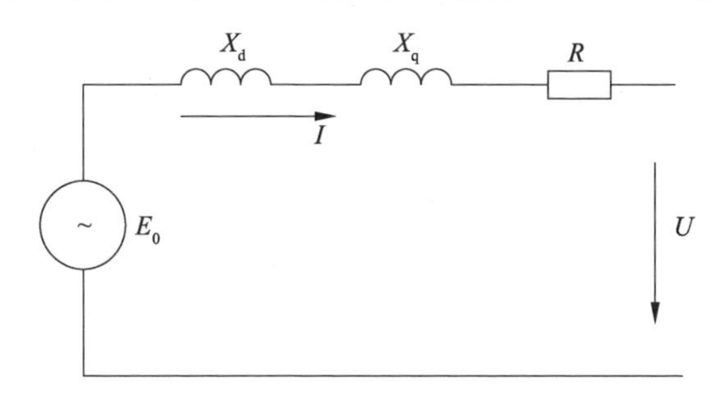

图 7-19　同步电机等效电路图

根据基尔霍夫第二定律：

$$E_0 + jIX_d + jIX_q = U + IR \tag{7-3}$$

当同步电机三相稳态短路时，$U=0$，限制电机短路电流的仅是电机的内部阻抗，而电枢电阻 R 远小于同步电抗。因此短路电流可以认为是纯感性的，即 $\psi \approx 90°$，于是短路电流的交轴分量几乎为零。因此，式(7-3)可以写成 $E_0 = -jIX_d$，由于采用标幺值计算，可直接写为

$$X_d = E_0 / I \tag{7-4}$$

由此可见，当电机稳态短路时，在磁路不饱和状态下，短路特性是一条直线。

因此，可以利用空载特性和短路特性确定电机的直轴同步电抗（不饱和）

X_d。先用试验方法测定同步电机的空载特性和短路特性，为了保证试验精度，空载特性和短路特性的试验测量点数不应少于 15，然后将空载特性和短路特性画在同一张图上，如图 7-20 所示。将空载特性曲线的直线部分延长可获得气隙线，如曲线 3 所示。这样根据任一励磁电流可在气隙线上查出励磁电势 E'_0、在短路特性曲线上查出短路电流 I_K，然后可根据式(7-4)求得直轴同步电抗(不饱和)X_d。

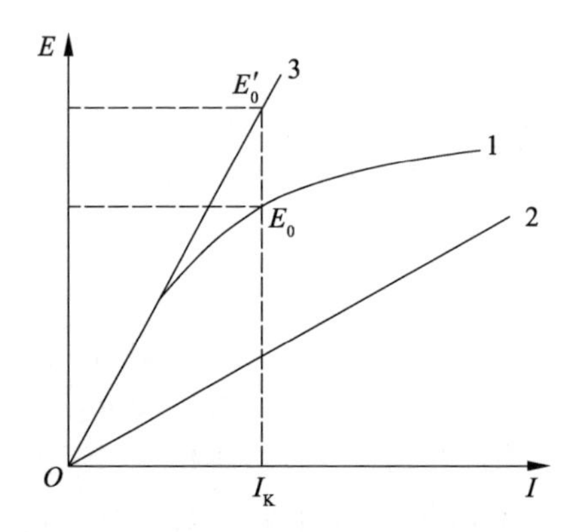

图 7-20　同步电机的空载特性和短路特性

上述是理论计算出的测量 X_d 的方法，在实际工作中，由于在测量电机的空载特性和短路特性时，其电流、电压值都是人工读取的，且由不同的人同时读取，特别是测量短路特性时，试验时间短，容易产生读数误差，仅以某一点的值作为 X_d 的数据容易产生较大误差，因此通常取多个点进行平均，为了便于计算，通常采用下列变换公式：

$$X_d = E/I_K = (E/I_f) \times (I_f/I_K) = k_2/k_1$$

这样就可以根据空载特性中气隙线的斜率 k_2 与短路特性的斜率 k_1 的比值确定 X_d 的不饱和值。

7.7.7　同步电动机噪声控制

如果同步电动机噪声明显偏大，超过国家规范和合同规定的允许值，不仅直接影响设备的质量和寿命，而且对运行人员的身心健康有很大的影响。有些运行单位在厂房墙面挂贴吸音板，但效果并不明显。只有在电机制造过程中注意控制噪声，从源头上控制和减小噪声才能达到事半功倍的效果。因此，控制同步电动机噪声十分重要。

(1) 噪声来源

产生电机噪声的原因主要有三个：一是由电机内的冷却风扇产生，称为空气动力噪声。由于泵站用的同步电机转速较低,空气动力噪声较小。二是机械振动产生噪声。比如,轴承或电刷振动、转子机械不平衡、电机安装或连接不好产生噪声等。三是由电磁力在气隙中产生的旋转力波或脉动力波,使定子振动产生噪声。它主要由电机的电气参数和机械参数及装配工艺决定。一台好的电机应当是气隙磁场谐波分量小、产生的径向力波幅值小、阶数高、电磁激振力波的频率远离定子的固有频率,并保证由铁芯传递给电机机壳的振动削弱到最小限度。

(2) 电机噪声偏大的原因分析

电机噪声是伴随电机转动而产生的,只能尽可能地减少,而不可能完全消除它。现代技术完全可以制造出低噪声的电机,比如皂河一站的同步电动机,它是江苏省内泵站中容量最大的同步电动机,改造前、改造后的电机噪声都很小。但是,有的泵站中的同步电动机容量比皂河一站的小得多,投产也比皂河一站的迟,但是噪声却很大。究其原因,是电机噪声越小,制造成本越高,如果在电机的采购和制造过程中没有重视电机噪声的控制,就为制造商偷工减料留下了空间。如果在电机采购的标书中没有针对电机噪声超标罚款的条款,制造商就没有什么动力为了减少噪声而增大成本。如果在电机出厂验收时不做转子的静平衡试验,就很难控制转子的机械平衡、控制转子的振动噪声。

(3) 噪声控制

质量的控制是一种过程的控制。在初步设计、招标设计、设备生产方案、生产制造、中间检查、出厂验收等各个环节都要抓好噪声控制,特别要抓好重点环节、重点工艺、重要部件的质量控制,控制电机的噪声在合适的范围内,而不是在验收或试运行时研究整改措施。

① 前期设计阶段的噪声控制。初步设计和招标文件应当像考核效率一样把噪声作为重要的考核指标。在初步设计中对噪声明确考核指标,电机噪声不得超过。在招标文件技术条款中对噪声参数赋分,噪声保证值低的加分,同时明确在出厂验收时,噪声高于保证值的要相应地扣款。招标文件应当明确电机噪声的测量方法、验收标准。与其他出厂试验相比,噪声测试相对比较困难。它对现场环境要求比较高,噪声测试对测试现场的几何形状有严格的要求。有的电机需要在自由声场环境中测试,有的电机需要在半自由声场环境中测试,其背景噪声应当符合规范要求。电机尺寸对被试电机的安装方式也有不同的要求。不同功率、不同转速的电机所引用的标准也不相同。噪声保证值对买卖双方的利益也有很大的影响。电机的噪声限值分 N 级、R 级、S 级和 E 级四个等级,等级越高,电机性能越好,但成本越高。因此,

电机出厂验收时噪声的测量方法和噪声保证值最好在招标文件中载明，最迟应当在设计联络会中确定。如果等到验收时商量，买卖双方容易产生歧义，双方权益难以兼顾。

② 设备设计阶段的噪声控制。水利行业制定了施工图审查的规范，有效地管控了工程的施工质量，并且由政府专门的部门管理。目前施工图审查主要是针对土建类的施工图审查，而像电机之类的设备生产的设计方案则是由业主组织的设计联络会来确定。由于每个业主的水平不同，其对设计联络会深度的把握也是不同的。为了保证电机的制造质量，对制造商提供的设计图纸，业主要像审查施工图一样组织相关人员对电机制造商的设计文件进行审查，由于噪声控制技术比较专业，必要时可以聘请专业人员参加。在审查时重点应当注意八个方面的问题：a. 定子铁芯的内表面在电机运行过程中将受到分布电磁力的作用，磁场中的谐波分量将产生一系列不同频率的电磁力，这些不同频率的电磁力是产生电磁噪声的主要原因。特别是电磁力的频率及阶次与定子的固有频率及模态阶次接近或一致时，将会发生共振效应，产生特别大的噪声，电机制造商应当在设计中避免出现这种情况。因此，在审查电机制造商提供的设计文件时，应当要求电机制造商采用有限元分析法计算电机的磁场，分析气隙中的磁通密度分布，以便确定和控制产生振动和噪声的力波。b. 选择合适的定、转子槽配合。应当要求制造商进行不同定、转子槽数的方案比较。当定子槽数一定时，不同的转子槽数对电机的振动和噪声影响较大，应尽可能采用远槽配合。由于斜槽能把电机中最主要的磁场谐波即齿谐波所产生的轴向零阶径向力波削弱到可以忽略的地步，应尽可能采用斜槽方案。为了避免单斜槽容易产生轴向窜动的缺点，可采用双斜槽式转子。c. 在招标文件中明确转子平衡试验的标准，并且把转子平衡试验作为电机出厂验收的一个必要条件，以减少振动噪声。d. 适当降低电机的设计参数。降低气隙的磁通密度可以降低径向力幅值和噪声。适当加大空气间隙可以减小谐波磁场的幅值。当然，这会增大电机的成本，是制造商所不愿意的。e. 电机的结构设计。应当要求制造商对电机主要承重部件的强度和刚度进行分析，并保证有足够的安全裕度，必要时增加定子铁芯轭的厚度和加强筋的数量，改善结构固有频率分布状态，有效地避开谐振区域。f. 尽可能降低冷却风量。由于风量越大，噪声越大，因此，应当尽可能降低冷却风量。其措施包括：采用高效率电机。因为效率越高，电机发热量越小，所需要的冷却风量也越小。以某 100 kW、2 极的 JQ293－2 电机为例，如果效率从 91.5% 提高到 95.4%，其损耗降低一半，通风损耗只有原来的 12.5%，噪声从 92 dB 降低到 76.5 dB。但这需要增加成本，多用铜 19%、多用铁 14%。采用水冷

空气冷却器，使进入电机的风的温度尽可能低。g. 设计造型合理的风扇，尽量减少风扇产生的噪声。h. 选择合适的电机轴承参数，降低轴承噪声。滚动轴承的工作游隙对轴承噪声影响较大。工作游隙过小会使轴承配合过紧，产生高频噪声；工作游隙过大会使电机振动加大，产生低频噪声。对于滑动轴承，电机主轴的旋转速度和主轴直径之比、轴承的长度和主轴直径之比都会影响轴承的噪声，因此，要选择合适的参数。

③ 设备制造阶段的噪声控制。设备制造是把设备由图纸变成实物的过程，再好的设计，也要依靠制造阶段来实现。为了保证优秀的设计成为优良的产品，应当把握两个环节。一是应当要求制造商根据设计制订质量保证计划，在每个环节、每个工序要有减少噪声的措施，控制噪声尽可能小。比如：a. 调节定子铁芯和机座连接的弹性强度。通过有弹性的连接筋把定子铁芯固定到机座上，并调节其弹性强度，可以使机座的振动比铁芯的振动小得多，从而降低噪声。b. 增加阻尼措施，减少噪声。在定子铁芯或机座上涂阻尼材料，用清漆或环氧树脂把定子叠片完全黏合在一起，并填充铁芯和机座之间的间隙，以增大电机机构的阻尼。如有可能，应当要求制造商在定子装配的每个阶段测定机械导纳，以保证在铁芯装配的过程中内部阻尼逐步增加，内部衰减也逐步增加，噪声变小。c. 控制铁芯装压的紧密度。为了减小定子铁损，定子铁芯由厚度不大于 1 mm 的硅钢片叠压而成，如果叠压不紧，由于电磁、机械振动、温度变化作用引起铁芯松动，会产生噪声，因此必须控制铁芯装压的紧密度。通常叠压系数应当控制在 0.93～0.95 范围内。二是在设备生产制造阶段，必须加强中间过程的检查，监理驻厂监造工作必须落到实处，重要的加工工艺，业主应派人到厂检查和监督。

④ 出厂验收阶段的质量控制。出厂验收是电机制造的一个重要环节，也是电机在制造厂内质量控制的最后一个环节。一台噪声偏大的电机出厂，会给后续的运行管理带来极大的麻烦。业主应当为电机出厂验收制订详细的计划。出厂验收应严格执行国家相关标准和买卖双方事先约定的条款。

7.7.8 变频同步电动机

大型泵站调节流量，除了依靠改变机组运行台数，主要是调节叶片角度。现在，随着高压变频器的广泛使用，大型泵站开始逐步使用通过高压变频器调节水泵转速的方式来调节水泵流量。由于普通电动机是按恒频恒压设计的，不可能完全适应变频器调速的要求，因此不宜作变频电机使用，与高压变频器配套的同步电动机在设计方面必须给予特别的注意。

在冷却通风方面，普通电动机用装在转子上的风扇带走电机内部的热量。变频电动机如果仍采用这种方法，在低速运行时，将产生过热现象。因此，变频电机通常采用强迫通风冷却，即主电机散热风扇采用独立的电机驱动。变频器产生的谐波和不对称磁路会给电机带来一系列影响，是电机设计中必须考虑的问题。比如：① 变频器电源中含有的各次谐波与电动机电磁部分固有空间谐波相互干涉，形成各种电磁激振力，从而加大噪声。由于电动机的工作频率范围宽，转速变化范围大，各种电磁力波的频率很难避开电动机各结构件的固有振动频率，使振动加大。因此，在设计变频电动机时，应当在防振动方面做特别的考虑。② 变频器的谐波频率从几千赫到十几千赫，使得电动机定子绕组要承受很高的电压上升率，相当于对电动机施加陡度很大的冲击电压，使电动机的匝间绝缘承受较为严峻的考验，因此，对变频电动机的匝间绝缘要求比普通电动机要求高。③ 变频器产生的谐波对泵站内部的信号电缆会产生很大的干扰，因此，在泵站自动化设计方面必须给予高度重视。

8 淮安抽水站

8.1 工程概况

淮安抽水站是江苏省淮安水利枢纽中 4 座大型泵站及其配套工程的总称。淮安一站于 1972 年 12 月开工，1974 年 3 月建成。厂房采用堤后式结构，安装 8 台套叶轮直径 1.6 m 的立式轴流泵，配套 800 kW 的立式同步电动机，单机流量 8 m^3/s，总容量为 6 400 kW，总流量 64 m^3/s。采用肘形进水流道，出水流道为逐渐扩散的平直管道，拍门断流，由液压启闭机控制的平面钢闸门作为事故门。配套的工程有镇湖闸、新河北闸及新河疏浚工程。2001 年 5 月—2005 年 5 月，淮安一站进行更新改造，改造后，单机流量 11.2 m^3/s，单机功率 1 000 kW，总容量为 8 000 kW，总流量 89.6 m^3/s。淮安二站于 1975 年 1 月开工，1979 年 2 月建成。厂房采用堤后式块基结构，安装 2 台套叶轮直径 4.5 m 的立式轴流泵，配套 5 000 kW 的立式同步电动机，单机流量 60 m^3/s，总容量为 10 000 kW，总流量 120 m^3/s。采用肘形进水流道，虹吸式出水流道。配套的工程有沙庄引江河及沙庄引江闸等工程。南水北调东线一期工程建设期间，淮安二站进行了更新改造，2010 年 12 月开工，2015 年 12 月竣工。改造后，水泵叶轮直径、电机功率、单机流量维持不变。淮安三站于 1995 年 1 月开工，1997 年 6 月建成。厂房采用堤后式块基结构，安装 2 台套叶轮直径 3.19 m 的可逆式灯泡贯流泵，配套电机 1 700 kW，单机流量 33 m^3/s，总容量 3 400 kW，总流量 66 m^3/s。当淮河有余水下泄时，采用同转速反向发电方式，单机额定发电能力 400 kW。2015 年 4 月，淮安三站开始更新改造，2020 年 5 月竣工。改造后，单机流量 30 m^3/s，单机额定功率 2 180 kW，单机最大功率 2 300 kW，额定总容量为 4 360 kW，最大总容量为 4 600 kW，总流量 60 m^3/s。当淮河有余水下泄时，采用变频反向发电方式，单机额定发电能力 400 kW。淮安四站于 2005 年 10 月 28 日开工，2008 年 9 月 9 日通过了机组试运行验收，2012 年 7 月 29 日通过了国务院南水北调办组织的完工验收。厂房采用堤身式块基型结构，安装 4 台套(3 主 1 备)叶轮直径 2.9 m 的立式全调节轴流泵，配套 2 500 kW 的立式同步电动机，单机流量 33.4 m^3/s，总容量为 10 000 kW，设计规模 100 m^3/s。采用肘形进水流道，平直管出水流道，快速闸门断流，工作门、事故门均由液压启闭机控制。配套的工程有新河东闸、白马湖补水闸等工程。淮安抽水站变电所是淮安一站、淮安二站、淮安三站、淮安四站和配套涵闸的专用变电所。自 1972 年建成以来，淮安抽水站变电所经过了 5 次更新、扩容改造。现有 110 kV/35 kV/6 kV 三圈变压器 2 台，2 台变压器的 6 kV 出线侧有联络断路器，可互为备用。110 kV 侧由双回路电源供电，35 kV 侧和 6 kV 侧各有 4 回出线。

控制运用原则：① 灌溉。打开沙庄引江闸，抽引由江都排灌站抽入大运河的长江水，向北送入苏北灌溉总渠，除供给沿岸用水外，并经过下一级站引江北上。② 排涝。当白马湖地区发生洪涝灾害不能自排时，关闭沙庄引江闸，打开镇湖闸、新河北闸、新河东闸，通过淮安抽水一站、二站、四站抽引白马湖区近 2 000 km^2 涝水入苏北灌溉总渠，或向东入海，或经运西分水闸、淮安三站向南入大运河。③ 补给航运用水。京杭大运河常年通航，该河段水位需由江水与淮水来调节，淮水不足时，由淮安抽水站引江水来补给。

淮安抽水站工程位置图如图 8-1 所示。

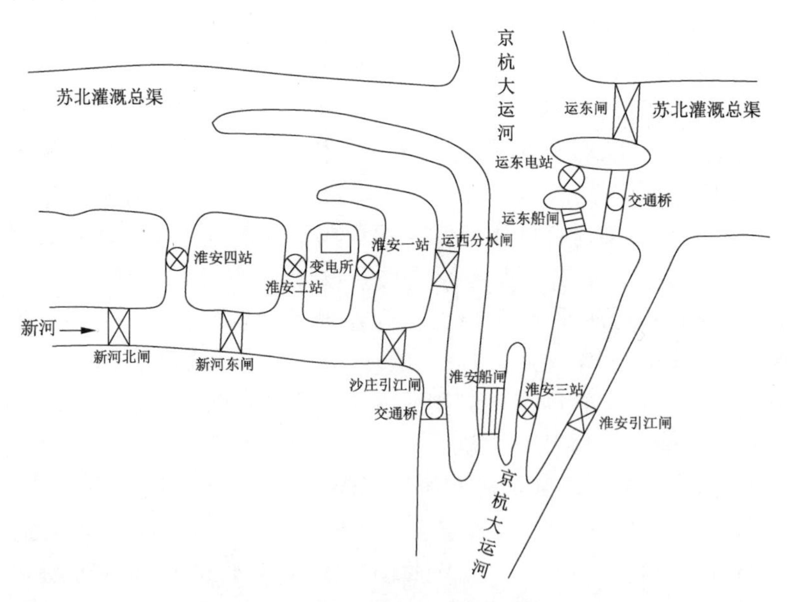

图 8-1 淮安抽水站工程位置图

8.2 工程设计

8.2.1 兴建缘由

1972年，淮阴地区(今淮安市和宿迁市)总耕地面积1 433万亩，“四五”后期至“五五”前期发展水稻800万亩。其中，属淮水灌区有577万亩。另外，经淮阴地区送灌溉水给盐城、徐海地区水稻面积188万亩，共计765万亩。洪泽湖在蓄水位13.0 m时，有效库容48亿m^3。因此，在枯水年份，农业灌溉用水缺水量很大，需要抽引长江水补充。另外，白马湖地区总面积894 km^2，耕地面积69万亩，地面高程自11.0 m到5.5 m，高程8.5 m以下的耕地占70%。白马湖地区东有京杭大运河，西有洪泽湖，南有高宝湖，北有苏北灌溉总渠，四面高水包围，排水无正常出路，内涝问题一直未得到解决。兴建淮安抽水站主要是为了加强淮阴地区农业灌溉用水，兼顾白马湖地区排涝。

8.2.2 工程规划

淮安抽水站与江都抽水站是在白马湖镇湖闸附近分界。白马湖以南(包括湖区送水工程)属江都四站规划范围，白马湖至泗阳站下属淮安抽水站规划范围。

淮安抽水站按引江结合排涝考虑，建设规模为150 m^3/s，原计划建1个站，选用10台ZL-13.5-8型水泵，配套1 600 kW电动机。但是，当时省内不生产上述型号机泵，如果新试制则短期内不能交货。1972年9月，经原水电部批准，同意改为2个站分别建设。淮安一站采用64ZLB-50型泵，配800 kW电动机，总装机6 400 kW。1972年11月20日，淮安一站开工。

根据淮安抽水站总体规划布置，总抽水能力核定为150 m^3/s，淮安一站已装机60 m^3/s，淮安二站应装机90 m^3/s。

原水电部在审批淮安一站时曾指出：“淮安抽水站今后续建工程初设中……对机组用φ2800长江牌泵或φ2000ZL-13.5-8型泵应进一步研究比较”。淮安二站在初设时曾对此进行了研究：φ2000ZL-13.5-8型泵的优点是可以抽水、发电两用，抽水扬程较高。但是，该泵在江都三站使用过程中出现了进水流道内空化噪声较大、振动、叶片工作面发生空化等问题。由于该泵存在上述问题，上海水泵厂当时已不生产这种泵。长江牌φ2800泵在实际使用中效果较好，但是，该泵扬程仅5.62 m。而淮安二站从新河引水净扬程6.57 m，加上进出水流道损失，总扬程在7.5 m左右，故长江牌φ2800泵不能在淮安二站使用。为此，原一机部大泵设计组根据长江牌 φ2800 泵叶轮进行放大和改造，设计试制直径 4.5 m 的轴流泵，设计扬程 7 m，流量 60 m^3/s。该泵的优点是设计扬程 7 m 刚好落在高效率区，该泵高效率区比较宽，在 4 m 扬程时，仍有比较高的效率，适合排涝扬程 3.5 m 的需要。原水电部于 1973 年 10 月 25 日同意“考虑 4.5 m 大泵在淮安二站使用，进行设计制造”。因此，淮安二站选用 2 台套 4.5 m 大泵，抽水能力由 90 m^3/s 改为 120 m^3/s。

淮安三站是 20 世纪 90 年代江苏省黄淮海中低产田改造“利用世界银行贷款加强农业灌溉”项目中的子项，其作用是抽引江都站送来的长江水入灌溉总渠，继续北送，为农业灌溉提供水源，当淮水丰沛时，淮安三站可逆向运行，结合向大运河送水，反向发电。淮安三站是原水电部南水北调规划办公室(以下简称部南办)确定的贯流泵试点站，原计划选用中国水利水电科学研究院(以下简称北科院)研究的开敞式灯泡贯流泵，其模型试验研究成果已于 1984 年 12 月在部南办主持下通过鉴定。后来为了提高泵站效益，充分利用灌溉用水能量，增加了发电功能，因而需要把水泵机组改为可逆式水泵水轮机组。由于开敞式灯泡贯流泵进水流道(即水轮机工况的尾水管)很短，不能有效回收水轮机工况叶轮出口水流的动能，而且还可能因出口水流紊乱而引起灯泡体振动。为此，北科院建议淮安三站改用比较适合做可逆运行的后置式灯泡贯流泵。1986 年 7 月，部南办召集科研、设计、制造和管理部门的专家会议，重新研究了淮安三站的机型问题，会议采纳了北科院的建议。会议决定淮安三站采用可逆式后置灯泡贯流泵，叶轮和导叶完全按水泵要求设计，要求北科院进行补充模型试验，以验证发电的可行性，并给出准确的运行特性。北科院根据会议决定，在已有的贯流泵研究基础上，对后置灯泡贯流泵的流道、叶轮和导叶又进行了大量的研究，取得了较为满意的成果，其中 BPⅢc－I09－G21 可逆式后置灯泡贯流泵不仅能满足淮安三站发电要求，其抽水性能还超过原开敞式灯泡贯流泵，超过了预期要求。淮安三站设计抽水能力60 m^3/s，考虑 10％的备用，共装机 2 台套，单机流量 33 m^3/s，总流量 66 m^3/s。

淮安四站是南水北调工程，于 2005 年 10 月开工建设，2012 年 7 月 29 日通过了国务院南水北调办组织的完工验收；工程选用 4 台(3 主 1 备)叶轮直径为 2.9 m 的全调节立式轴流泵机组，单机流量 33.4 m^3/s，配套电机功率 2 500 kW，设计规模为 100 m^3/s，总装机容量为 10 000 kW。泵站采用肘形流道进水、平直管出水。

站下引水线路有两个方案。一是由京杭大运河引江水北上至运南闸下，开沙庄引河进入淮安抽水站。至 1969 年，江都一、二、三站建成抽水

250 m^3/s,负责里运河、灌溉总渠200余万亩自流灌区的用水。淮安抽水站与江都四站配套建设,抽引江水150 m^3/s向北送水。经推算水位流量关系,大运河送水300 m^3/s时,江都站站上水位已接近最高设计水位8.5 m,运南闸闸下水位也不能保证7.2 m。如由大运河送水,必须切除大运河中埂。由邵伯至运南闸长约114 km,切除中埂总土方量为1 800万m^3,其中邵伯至界首为300万m^3,界首至运南闸为1 500万m^3,且大部分为水下方,限于当时的机械设备能力,非三五年所能完成。由于大运河是沟通苏、鲁、皖和上海市等地的大动脉,经邵伯至淮安段运河年运输量有四五百万吨,在未增辟备用航道前,采用打坝断流干法施工是不现实的,因此,利用大运河送水方案在当时实施难度较大。二是由南运西闸之北,另辟运西引江河,利用氾光湖、宝应湖、白马湖、新河等湖泊河道送水,在白马湖湖滨建镇湖闸利用原有新河扩大疏浚引水送至淮安抽水站,这样可以越过界首至运南闸1 500万m^3水下方,利用宝应湖、白马湖等湖泊送水,与方案一比较,工程比较简易。另外,可以兼顾白马湖地区排涝,还可打通白马湖地区对外航道,为今后切除大运河中埂创造条件。通过规划比较,选用运西引江方案。

1982年3月13日,国家计划委员会报经国务院批准,下达"对《京杭运河(济宁至杭州)续建工程计划任务书》的批复"。按照二级航道标准,拓浚航道,切除里运河中埂。里运河中埂自淮安船闸到高邮界首长58.1 km,1982年11月由淮阴、扬州、盐城3个地区26个县24万名民工筑坝抽水,突击开挖,至同年12月28日竣工,完成土方工程量1 129.43万m^3,砌石11.31万m^3,航道底宽达70 m,水深为4 m。这样,可以通过大运河经沙庄引河向淮安站送水200～250 m^3/s。

2005年淮安四站开工,为满足淮安站抽水需要,对运西河和新河进行了疏浚和整治,淮安站采用双线引水:一条是大运河输水线,江水经大运河和沙庄引河至淮安站站下;另一条是新河输水线,江水经白马湖、新河至淮安站站下。

站上送水线路:江都站北送的江水经淮安抽水站入苏北灌溉总渠后,可沿苏北灌溉总渠由淮阴抽水站送至二河,也可沿大运河、里运河送至淮阴枢纽,东与盐河灌区相接,东北与淮沭灌区相接,北至泗阳抽水站站下。

8.2.3 特征水位

站下水位:新河是淮安县(今淮安区)渠南5个社场(南闸乡、林集乡、范集乡、三堡乡、白马湖农场)300余km^2主要排涝河道,两岸地面高程7.5～5.5 m,是淮安县重要的水稻产区。利用新河抽引江水,新河设计水位应当不影响两岸地区排涝和满足大部分地区降低地下水要求。结合考虑实施江水北调工程后，白马湖湖区 110 km^2 将逐步放垦，湖区地面一般在 5.5～6.0 m，排水向北经淮安站或向南经金湖、大汕站（今金湖站）。为此确定新河设计条件为镇湖闸北水位 5.55 m，新河北闸闸上水位 4.84 m，淮安站站下水位 4.63 m，引水 150 m^3/s。当新河两岸无内涝时，可关闭两岸涵闸，打开镇湖闸引白马湖水入新河，控制新河不高于 6.5 m，以节约抽水扬程。

站上水位：淮安站上游的苏北灌溉总渠与京杭大运河连通，两淮（淮安、淮阴）之间的大运河、里运河最高防洪水位 10.8 m，运河沿线建筑物，如运东分水闸、淮安船闸在苏北灌溉总渠行洪 700 m^3/s 时，设计最高水位在 10.8～11.2 m。故确定淮安站站上设计水位 10.8 m，校核水位 11.2 m。

淮安抽水站建站之后，随着抽水规模和工程实际的变化，其特征水位也有变化。

根据江苏省水利勘测设计研究院 1979 年 4 月编制的《南水北调江苏段向北送水干线工程修正规划》报告，淮安站总设计流量为 150 m^3/s，设计水位组合灌溉为站下 4.6 m、站上 9.0 m，排涝为站下 4.6 m、站上 10.5 m，设计扬程 4.4 m，运行最大扬程 6.0 m，站下最低水位 4.6 m，站上最高水位 11.2 m。

1989 年 10 月江苏省水利勘测设计研究院编制了淮安三站的规划：淮安梯级泵站现状抽水规模 180 m^3/s，卡住了江水北调的总体能力。京杭运河南运西闸至淮安段中埂切除以后，输水能力有所提高，冬春期该段河道可以满足淮安站下设计水位 6.0 m 抽水 240 m^3/s 的要求，但在灌溉高峰季节，淮安站下水位低于 6.0 m 时，不能抽足 240 m^3/s。根据论证，淮安梯级应增容 60 m^3/s，新建淮安三站，设计水位组合为站下 6.0 m、站上 9.7 m，扬程 3.7 m。

水利部南水北调规划办公室 1990 年 11 月编制的《南水北调东线第一期工程修订设计任务书》中，规划将淮安枢纽泵站抽水流量扩建到 300 m^3/s，一、二站共为 180 m^3/s，增建淮安三站 120 m^3/s，站址在淮安二站西侧。淮安枢纽的送水线路分为一路 180 m^3/s 从里运河送到淮安站下水位 6.5 m，站上水位 11.2 m，扬程 4.7 m；另一路 120 m^3/s 从北运西闸经白马湖送到淮安三站，站下水位 4.6 m，站上水位 11.2 m，扬程 6.6 m。

至 1999 年，世界银行贷款项目淮安三站已建成投运，而南水北调东线第一期工程尚未实施，淮安一站立项加固改造，江苏省水利勘测设计研究院分析了淮安站建站 20 多年的水文资料，确定了淮安一站的特征水位。

淮安一站运行水位组合见表 8-1，特征扬程见表 8-2。

表 8-1　淮安一站运行水位组合　　m

工况		站上	站下
灌溉期	最高运行水位	9.97	6.50
	设计运行水位	9.70	5.60
	最低运行水位	8.50	4.52
排涝期	最高运行水位	11.20	6.74
	设计运行水位	9.52	4.63
	最低运行水位	8.50	4.53

表 8-2　淮安一站特征扬程　　m

名称	站上水位	站下水位	扬程
最高扬程	11.20	4.53	6.67
设计扬程	9.52	4.63	4.89
最低扬程	8.50	6.50	2.00

为满足《南水北调东线工程规划(2001 年修订)》淮安站抽水规模为 300 m^3/s 的要求,2005 年兴建淮安四站,站址在距淮安二站引河中心西侧 340 m 处。由于北运西闸以北段京杭大运河输水能力只有 200～250 m^3/s,因此,北运西闸至苏北灌溉总渠段采用双线输水。一条是里运河输水线,利用江都站和宝应站直接将江水送至淮安站站下。另一条是新河输水线,利用运西河分流江都站和宝应站输送的江水,经白马湖、新河至淮安站站下。为控制新河和沙庄引河送水水位,在淮安四站东侧距淮安四站引河中心 220 m 处新建新河东闸。

淮安四站特征水位见表 8-3,水位组合及特征扬程见表 8-4。

表 8-3　淮安四站特征水位

特征水位		单位	站下引水渠口	站上引水渠口
供水期	设计水位	m	5.10	9.13
	最低运行水位	m	4.40	8.50
	最高运行水位	m	6.15	9.58
	平均运行水位	m	5.15	9.05
排涝期	设计水位	m	5.10	9.52
	最高水位	m	5.27	11.20

表 8-4　淮安四站水位组合及特征扬程

项目			单位	站下	站上
水位	最高挡洪水位		m	6.50	11.20
	供水	设计	m	4.95	9.13
		最低	m	4.25	8.50
		最高	m	6.00	9.58
		平均	m	5.00	9.05
	排涝	设计	m	4.95	9.52
		最高	m	5.12	11.20
扬程	供水	设计	m	4.18	
		最小	m	3.13	
		最大	m	5.33	
		平均	m	4.05	
	排涝	设计	m	4.57	
		最小	m	4.40	
		最大	m	6.25	

9 淮安抽水一站

9.1 工程概况

淮安一站始建于1972年12月，1974年3月建成投运。原装有64ZLB－50型立式半调节轴流泵8台，配套TDL－215/31－24型立式同步电动机，总装机容量6 400 kW，设计扬程7.0 m，设计流量60 m^3/s，水泵进水流道为肘形弯管，出水流道为平直管，采用拍门断流方式。主机采用强电就地控制，设有低电压、过电流、零励磁三种主保护。2001年5月22日，淮安一站加固改造工程开工，2005年5月19日通过竣工验收。图9-1是淮安一站改造前厂房外景图，图9-2是淮安一站改造前电机层内景图。

图9-1　淮安一站改造前厂房外景图

图9-2　淮安一站改造前电机层内景图

9.2 工程设计

9.2.1 兴建过程

淮安抽水站是苏北引江灌溉工程的一个部分，经江都抽水站提取的江水向北送到淮安，再由本站提升一级向北经大运河送水到泗阳继续翻水向北，以补淮水、沂水不足，对于发展淮阴地区农业生产，确保稳产高产是一项重要的工程措施。根据苏北引江灌溉规划，淮安抽水站第一期工程抽水流量为150 m^3/s。曾按此编制初步设计，并于1972年8月报省审批，当时设计是用10台ZL-13.5-8型水泵，配以1 600 kW、24/48极同步电机，这些大型机泵在1973年内是难以解决的。江苏省为了使淮安站迅速上马，决定将已订货的由上海水泵厂生产的64ZLB-50水泵及配套电机(800 kW,6 kV,250 r/min)为淮安站所用。为此修改了初步设计，在1973年度内先着手建成8台64ZLB-50的抽水站一座，可获灌溉排涝流量60 m^3/s，其他不足的90 m^3/s，计划在江都四站建成后再续建淮安第二站。修改后的初步设计于1972年10月报省审批。1972年11月30日，省淮指转抄中央审批意见：同意新建修改后的淮安抽水第一站工程，本站工程除抽水站站身外，尚有由淮阴到站的约20 km长110 kV输电线路及变电所一座，疏浚新河及新河北闸等工程，核定总投资880万元。

水位及流量的确定：大运河在运南闸下的通航水位为7.2 m，故由江都抽水送到运南闸下的水位亦定为7.2 m，为此推算到淮安站进水池水位为6.92 m，向北送水运东闸上水位为11.1 m，推算到淮安站出水池水位为11.2 m，故抽引江水灌溉时的扬程为4.28 m，排涝时按新河规划进水池水位为5.86～4.63 m，出水池水位为11.2～9.0 m，故排涝抽水扬程为6.57～3.14 m。

按苏北引江灌溉规划，淮安抽水站第一期工程设计流量为150 m^3/s，分两站建成，第一站设计流量为60 m^3/s。

9.2.2 工程布局

淮安一站站址位置北距灌溉总渠南岸460 m，东距大运河西岸250 m。站东西中心线与下游引河(新河新开段)相距190 m，与一站上游弯道相距200 m。一站上游用弯道与淮安二站引河连接后再通入总渠。淮安一站与淮安二站相距220 m，与新河北闸相距1 364 m。

淮安一站的东侧已留有入运排涝引河的地址，该河与沙庄引江河相通，距淮安船闸下游闸首约 800 m 处入大运河。排白马湖涝水则利用新河疏浚，经新河北闸入站，在沙庄引江河开挖之前新河还得担负引江水的任务，为此北运西闸进行加固，上游引河进行疏浚。

站用电由淮阴电厂经 110 kV 线路输送到站，变电所布置在淮安一、二站之间的北侧，其容量如果按淮安一站需要的动力 6 400 kW 设计，只要一台 1 万 kVA 的变压器即可，但结合淮安二站及地方用电，设计容量为 2.5 万 kVA 的变电所。

9.2.3 机泵选型

淮安一站使用 64ZLB－50 轴流泵，直径 1 600 mm，转速 250 r/min，由上、下 2 只橡胶导轴承支承，并与立式电机轴相联。泵轴长 5 700 mm，水泵叶轮体重 6 200 kg，轴向力 23 000 kg。水泵外壳由出水弯管、中间接管、导叶体、动叶外壳和底座等部件组成。动叶外壳制成中开，便于装拆检修，底座及水泵支承件为预埋件。叶轮中心要求最小淹没深度为 1 250 mm，水泵叶轮直径 1 540 mm。水泵叶片常用角度的工作性能如表 9-1 所示。

表 9-1　淮安一站水泵性能

叶片安装角度/(°)	流量/(m^3/s)	扬程/m	功率/kW	配用功率/kW	效率/%	空化余量/m	备注
0	6.30	9.0	655	800	85.0	7.5	
	7.00	8.0	632		87.0	6.0	
	8.25	5.5	544		82.0	5.2	
+2	6.80	9.0	698	800	86.1	7.8	
	8.00	7.2	654		86.5	6.0	
	8.75	5.5	580		81.0	5.6	

主泵配用 800 kW、24 极、6 kV 三相同步电机，定子额定电压 6 kV，定子额定电流 92 A，250 r/min，励磁电流 193 A，由上下视顺时针转向(见表 9-2)。定子重 4 800 kg，转子重 5 400 kg，上机架重 2 500 kg，下机架重 1 150 kg，推力轴承荷重 30 t，上机架冷却油量 300 kg，下机架冷却油量 100 kg，油冷却器耗水量 10 m^3/h，水压 1.5～2.0 atm(1 atm＝101 325 Pa)。

表 9-2　淮安一站电机参数

电动机型号	TDL－215/31－24	额定频率	50 Hz	效率	94.1%
容量	800 kW	额定转速	250 r/min	额定励磁电压	
额定电压	6 000 V	飞逸转速		额定励磁电流	193 A
额定电流	92 A	相数	3	重量	
额定功率因素	0.9(超前)	接法	Y	制造厂	上海电机厂

9.2.4　站身及厂房结构设计

(1) 站身基本尺寸及高程的确定

根据上海水泵厂提供的水泵性能资料：当水泵转速为 250 r/min，水泵叶轮中心位置至少淹没在下游最低水位下 1.25 m，亦即下游允许抽水的最低水位不应低于叶轮中心高程以上 1.25 m。淮安一站下游设计排涝最低水位 4.63 m，叶轮中心位置定在高程 3 m，以保证对允许最低水位尚有 30 多 cm 的超深富裕度。

电机层高度自水泵基底算起至少应为 7.96 m，推算高程 9.96 m，扣除 2.5 cm 厚磨石子层，确定电机层混凝土面高程为 9.935 m。

由泵底高程推算得水泵混凝土支墩顶高程为 4.39 m；考虑安装方便，水泵层高程定为 3.25 m。

在水泵层与电机层中间布置中间走道平台，高程定为 7.07 m，以利检修及检查管道等需要。

上部厂房根据电机和开关柜布置的空间要求，结合检修空间，定为净宽 11.0 m(上下游向)，柱间净宽为 10.4 m，选用行车跨度 10.3 m。

根据电机高出电机层楼板面为 2.25 m，电机轴长 3.247 m，水泵轴长 5.7 m。以水泵轴长度及电机高出电机层楼板面高度控制桥式行车吊钩极限高度，并加 1 m 安全超高，得桥式行车吊钩极限高度为：电机层 9.96 m＋电机高度 2.25 m＋泵轴长 5.7 m＋安全超高 1 m＝高程 10 m＋8.95 m＝高程 18.95 m。

相应推算出行车大梁顶面高程为 19.25 m，屋架檐口平顶高程 22.15 m (已考虑行车顶安全超高)。

上下游方向布置根据厂房宽度，上游工作桥宽 4.8 m，下游公路桥宽 5.15 m，定底板长度(上下游向)为 23 m。

(2) 站身及厂房结构

在土建布置上，8 台泵分设在 2 块底板上，每块底板装设 4 台套主机泵。

底板顺水流向长 23 m，垂直水流向宽 24 m。由于采用反拱底板，挡土拱、挡水拱、桥拱等各拱作用于 2 块底板伸缩缝的推力不能平衡，使缝墩产生侧向位移，故在缝墩各拱脚处的伸缩缝处仅能作建筑缝，涂一层沥青，不留缝隙，使相互撑住起顶撑的作用，消除拱脚推力。站下游侧上部高程 10.5 m 布置汽 10 -净 5 的公路拱桥，在高程 7.2 m 拦污栅前布置便于捞水草的便桥，宽 1 m。站房内净宽 10.4 m。上游设工作桥，高程 12.0 m，宽 4.8 m。检修间及进线间布置在站西侧近变电所。

机泵控制全在现场，不专设控制室。各种电力开关柜、信号控制屏盘、硅整流器等除进线间装设部分外，其余均依次布置在电机层 3 ＃～6 ＃隔间北侧。

(3) 进出水流道

进水流道在检修门以内的断面基本采用上海水泵厂提供的断面尺寸。在长度上水泵厂提供的为 6.3 m，设计中考虑布置关系缩短为 5.26 m。经复核各断面流速基本圆滑，局部断面不均匀(如上弯起始处的 2 个断面)，将底板面略凹下 5～10 cm，修正后曲线平滑渐变尚较理想。按照该断面尺寸，水泵叶轮中心至流道底面距离应为 3.45 m，与水泵直径 1.6 m 之比约为 2.15，相应确定底板面尺寸为高程－0.45 m，相应水泵基底高程 2.0 m。

出水流道有平直管及虹吸管两种方案，分别用理论计算管道水头损失。虹吸管水头损失为 0.621 m(参照江都二站计算资料)，平直管流道断面由 1 600 mm 增至 1 800 mm，水头损失为 0.631 m，两者基本接近。实际采用流道断面由 Φ1 600 mm 渐扩至 1 800 mm×2 800 mm。出水流道用混凝土管，与水泵成直角，以 2×15°铸铁弯管作为水泵与混凝土管之间的中间连接段。因此确定出水流道底面高程为 6.7 m，出口处升高为高程 6.81 m，相当于在 5.58 m 长度范围内升高 0.11 m。出水流道侧面按 7°30′角度扩散，使其效率提高。

图 9-3 是淮安一站站身剖面图。

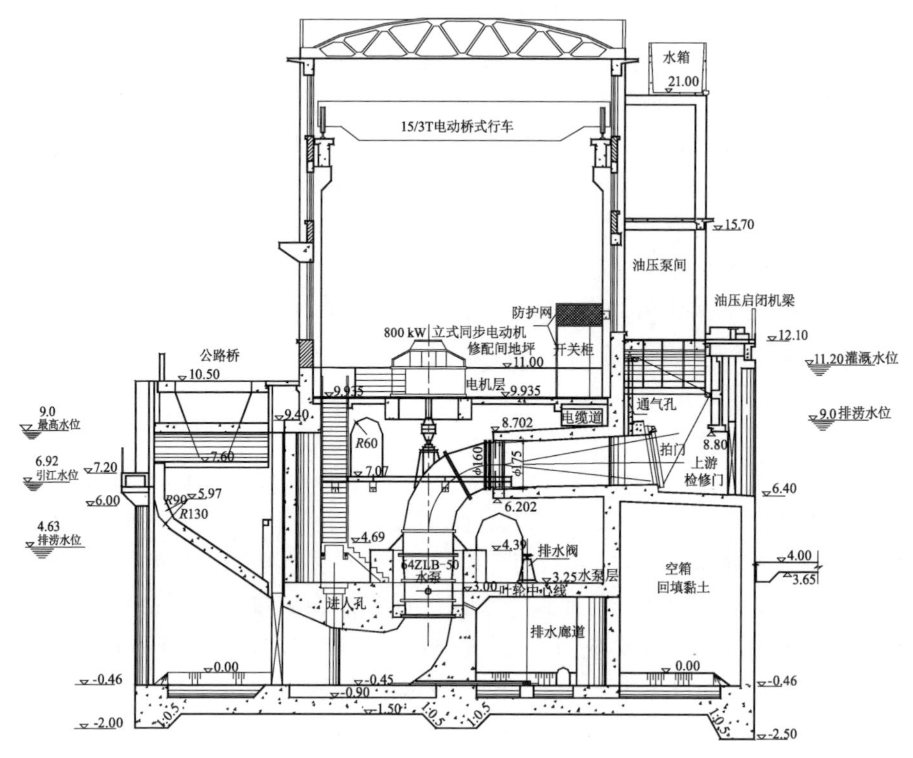

图 9-3 淮安一站站身剖面图

9.2.5 机电设计

(1) 主机及站用电设计

① 供电方式

淮安一站电源是由淮阴电厂 110 kV 母线供电，从电厂到抽水站之间架设一条全长 20 km 的 110 kV 高压输电线路，在一站和二站之间设一座 110 kV 专用变电所。变电所除向抽水站供 6 kV 电源外，在非排涝期间，还要向抽水站供 400/220 V 的电源，抽水站 220 V 直流电源也由变电所馈送。

② 站内 6 kV 系统

站内 6 kV 系统采用单母线接线，简单、清晰、操作简便、所需设备和投资少。

6 kV 配电装置选用 GG－1A 成套高压开关柜，根据 6 kV 接线，共选用 10 面 GG－1A 高压开关柜，每台主机用一组 6 kV 少油断路器，高压柜分两组对称地排列在厂房内，6 kV 母线用防护网与外界隔离。6 kV 电源从厂房西侧北面经进线间入厂房。在进线间配置避雷器柜以防感应雷侵入主机，并设电压互感器柜,6 kV 电源经穿墙套管进入厂房后变为硬母线(汇流排)馈电各主电机。

③ 站用 400 V 系统

站用 400 V 负荷有:8 台主机励磁电流约 8×20 kW,供水泵 2 台 2×20 kW,排水泵 2 台 1×28 kW+1×10 kW,行车最大功率电机 22 kW,以及通信、照明、主机干燥等电源,总负荷约 250 kW,选用 SJ - 320kVA6/0.4kV 变压器 1 台,站用 400 V 备用电源由淮安变电所 35 kV 所用变压器馈送。

站用电力变压器安装在室外,从 6 kV 组合导线终端杆处接下来,经跌落式熔断器接变压器,低压 400 V 用电缆送至低压受电屏。

④ 直流系统

励磁:采用硅整流器将 380 V 交流电变为 0～110V 直流电供同步电动机励磁用。硅整流器选用 GLA - 300A/0 - 110V 定型产品,接线为三相桥式全波整流。

控制保护直流系统:控制保护直流系统电压为 220 V,由变电所蓄电池供电,用电缆送入一站进线间直流屏,供控制、保护、事故照明等电源。直流系统装有绝缘监测装置、事故照明自动投入装置。

⑤ 继电保护和信号装置

主电机装有过负荷与短路保护、低电压保护和零励磁保护。过负荷与短路保护:用 GL - 11/10 感应型反时限电流继电器做成两相保护,过负荷保护动作电流整定为主机额定电流的 1.5 倍,速断动作电流整定为主机额定电流的 10 倍,瞬时动作于跳闸。低电压保护:全站设置母线低电压保护,用 DJ - 122/160 低电压继电器实现。当母线电压低于 70%额定电压时,低电压保护动作于跳闸,动作时间分两个阶段,第一阶段跳 1～4 号主机,动作时间为 4 s,当电压不能恢复时,第二阶段跳 5～8 号主机,动作时间为 8 s。零励磁保护:同步电动机不允许长期失去励磁运行,当励磁电源消失或小于空载励磁电流,应在 5 s 内断开主机。

站用变压器过载、短路保护也采用 GL - 11/10 感应型反时限电流继电器做成。

信号装置:分为机组事故、机组故障预告和公共预告信号三种。机组事故指继电保护装置动作,主机跳闸;机组故障预告指主机冷却水中断、主机轴瓦超温等;公共预告指排水廊道水位过高、冷却水塔缺水、6 kV 母线单相接地、直流母线接地、站变温度过高等。

淮安一站电气主接线图如图 9-4 所示。

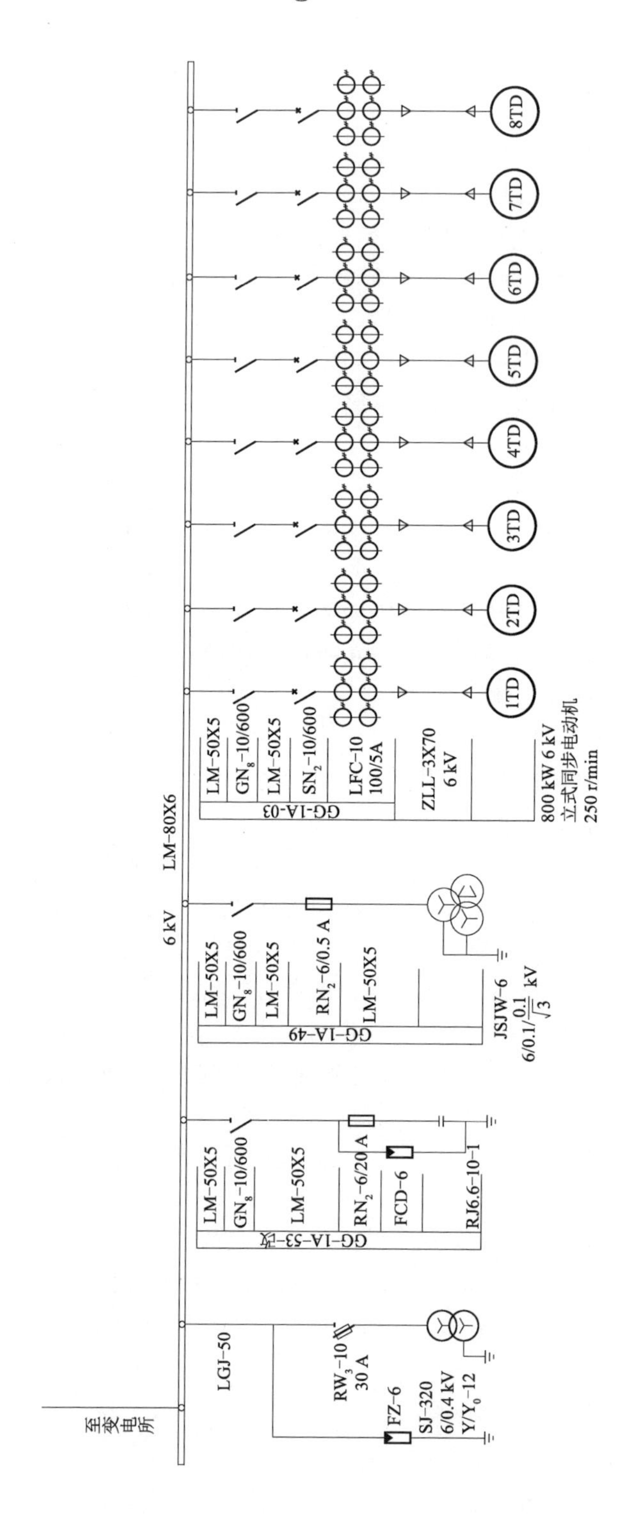

图 9-4 淮安一站电气主接线图

(2) 辅机设计

① 供水系统

供水系统的对象包括主电机上下油缸、水泵导轴承、站内清洁及消防等。全站供水约 100 m^3/h,选用 6BA－8A 离心泵 2 台,一台作正常运行时使用,一台作紧急供水时使用。为防止供水泵在运行时发生故障,能在短时间内继续供水,设置水箱 2 只,每只容量 20 m^3。供水泵取水一般情况下取上游主泵出水口的水,当排水廊道水位过高时,则可取排水廊道中的积水。

② 排水系统

淮安一站使用大、小排水泵各 1 台,小排水泵采用 6BA－12A 离心泵,扬程 12.6 m,流量 180 m^3/h;大排水泵采用 8BA－18 离心泵,扬程 12 m,流量 395 m^3/h。

③ 润滑油系统

淮安一站润滑油主要供给主电机上下机架推力轴承及导轴承润滑用,润滑油更换不频繁,新油用滤油机现场灌注,油箱内废油可通过排油母管排到水泵层废油箱中储存,油箱容积为 1.5 m^3,可供 4 台机组放油用。

9.3 工程加固与改造

9.3.1 工程存在的问题

淮安一站主辅机设备均为 20 世纪 70 年代初的产品,限于当时的技术水平和制造工艺,设备本身存在先天不足,经过近 30 年的运行,机电设备严重老化,故障频发,主电机绝缘下降,主水泵空化穿孔,大多数电气设备属淘汰产品,备品件无法购买,机组效率下降,设备的安全运行难以保证。

(1) 主水泵

淮安一站主水泵经长期水流、泥沙冲刷及间隙空化的破坏,叶片单边间隙由 1 mm 磨损到 5.8 mm 以上,最大达 7.6 mm,叶片呈锯齿状,并成片剥落凹陷,局部穿孔,叶片背面空化达 390 cm^2 至 620 cm^2 不等,深度达 3.6 cm,叶片经多次修补,自重改变,不平衡加剧。叶轮外壳因间隙空化产生蜂窝状空化破坏带,多处穿孔喷水。水导轴承配合过松,运行中机组振动加剧,加速了转动部件轴承与轴颈的磨损。

(2) 主电机

淮安一站主电机为沥青云母绝缘,因长期在高温、高压下运行,绝缘严重老化,普遍龟裂,失去弹性,线棒鼓胀扩展,矽钢片变形,电机吸湿性增强,开机前必须进行干燥处理。1990 年 7 月，在抗旱关键时期，2 号机定子 B，C 相对上端环短路击穿，大修 2 个月。1996 年 12 月 3 日，3 号机大修后进行直流泄漏试验，在直流耐压 3.4 kV 和 7 kV 时 B，C 两相分别击穿，使大修延期 1 个月。电机滑环在长期磨损及直流作用下，产生电化效应，引起电腐蚀，接触面凹凸不平，每次大修均需将滑环切削，难以保证安全运行要求。上油缸油冷却器采用盘形黄铜管，经多年运用，黄铜管腐蚀，运行中多次发生冷却器穿孔渗水现象，危及机组安全运行。

1997 年 7 月，江苏省电力试验研究所对主机定子线圈绝缘老化进行技术鉴定试验，对 4 号、6 号电机进行整相绕组局部放电和第二电流激增点等试验，测试结果三相介质损耗 $\Delta\tan\delta\%=11.1\sim13.6$，远大于 6.5 的标准要求，电流激增率 $\Delta I\%=42.2\sim43.0$，远远大于 8.5 的要求，说明定子绝缘老化严重，电气强度已经很低。

(3) 电气设备

淮安一站高压开关柜为 GFC - 10 - 010 型，配 SN10 - 10ⅡC 型少油开关，无“五防装置”，为淘汰产品。开关渗油，备品件无法购买。高压电缆为油浸纸绝缘，绝缘油蒸发，直流泄漏增加，随时都有击穿可能。

硅整流装置为 GLA - 300/0 - 100 型，配 TSJA - 50/0.5 型油浸调压器，为 20 世纪 70 年代的产品，调压器绕组绝缘脆裂，箱体漏油。

低压开关、控制、保护、测量等电气元件均为淘汰产品，柜内布局欠合理，接线老化，开关设备传动机构磨损严重，可靠性、安全性难以保障。

(4) 辅机系统

淮安一站辅机系统多为 20 世纪 70 年代的产品，制造质量差，能耗高，设备老化。油、水管道锈蚀、穿孔。

出水流道采用拍门断流，水力损失较大，为减少水力损失，采用加设平衡锤的方式增大开度，但拍门的开度仅为 44°～56°，阻水严重，效率较低。

主电机为自然通风，运行时产生的高温和噪声无法消除，夏天厂房温度高、噪声大。

9.3.2 加固改造项目

淮安一站加固改造工程等级为Ⅱ等，站身为 2 级水工建筑物，上、下游翼墙等次要建筑物为 3 级水工建筑物，泵站设计流量 89.6 m^3/s，总装机容量 8 000 kW。其主要内容如下：

(1) 土建部分

对机泵改型涉及的进出水流道与泵管连接部位及泵墩改造；在电机层上

增设强迫通风系统；接长出水流道、改拍门为快速闸门断流、拆建工作桥、增做工作门胸墙；下游第一级翼墙墙后减载处理；拆除原会议室及值班室，新建 800 m^2 二层集中控制室；主、副厂房渗漏及伸缩缝处理，室内外整修装饰；上下游引河清淤；管理设施完善工程。新建管理用房及启闭机房共 145.99 m^2，改造旧房 220.7 m^2。

(2) 机电部分

更换 8 台套主机泵及相应辅机系统；高低压开关设备、主机励磁装置及站用变压器更新；电磁式继电保护改为微机保护。

(3) 金结部分

钢筋混凝土波形事故闸门更换为平面钢闸门、增设快速平面钢闸门、配置相应的液压启闭机；更换下游拦污栅、改移动式清污机为回转式清污机、对清污机桥加宽改造。

(4) 自动化部分

增设微机监控、闭路电视监视系统，建立总渠枢纽计算机监控网络等。

淮安一站加固改造工程主要项目内容见表 9-3。

表 9-3　淮安一站加固改造工程主要项目内容

序号	工程项目	工程内容
1	主辅机系统改造	将原 64ZLB－50 轴流泵更换为 1750ZLQ11.2－5.3 立式全调节轴流泵，TDL800－24/2150 同步电机更换为 TL1000－24/2150 型电机；供排水泵更新
2	高低压电气设备改造	更新所有高低压电气设备，安装 13 台 KYN28 高压柜，配 ABB 公司生产的 VD4 真空断路器；原油浸站变更新为干式变；安装 8 台 DOMINO 低压柜及免维护直流屏一组；将原 8 台硅整流装置更换为微机励磁装置；更新供排水泵控制箱等；电磁式继电保护改为微机保护
3	微机监控系统	增设微机监控系统，对机组的运行参数进行监视、测量、控制、保护，并进行分析处理，实现优化运行；安装视频监视系统，对厂房内外主要部位进行监视；建立总渠管理处枢纽范围内的计算机局域网，实现信息共享
4	土建	对机泵改型涉及的进出水流道与泵管连接部位及泵墩改造；在电机层上增设强迫通风系统；接长出水流道、改拍门为快速闸门断流、拆建工作桥、增做工作门胸墙；下游第一级翼墙后减载处理；主、副厂房渗漏及伸缩缝处理，室内外整修装饰
5	控制室	拆除原东厂房会议室及值班室，新建 800 m^2 二层集中控制室
6	金属结构及液压启闭机系统	钢筋混凝土波形事故闸门更换为平面钢闸门、增设快速平面钢闸门；配置相应的液压启闭机；更换下游拦污栅

续表

序号	工程项目	工程内容
7	清污设备	改移动式清污机为回转式清污机、配皮带输送系统；对清污机桥加宽改造
8	站区道路维修	凿除原混凝土路面及垫层；新浇平均厚度为 16.5 cm、C20 混凝土道路面层，垫层为 10 cm 厚的石子垫层；保留部分原排水沟，新建及改建排水沟
9	上下游引河清淤	上游引河桩号 0+000～0+430，长 430 m；下游引河桩号 0+100～0+300，长 200 m；河道总清淤土方量约为 5.6 万 m^3，其中，上游引河清淤土方约 11 500 m^3，下游引河清淤土方约 44 500 m^3。排泥场距清淤区不超过 600 m，二次转运堆土区距排泥场约 3 km

改造后淮安一站剖面图如图 9-5 所示。

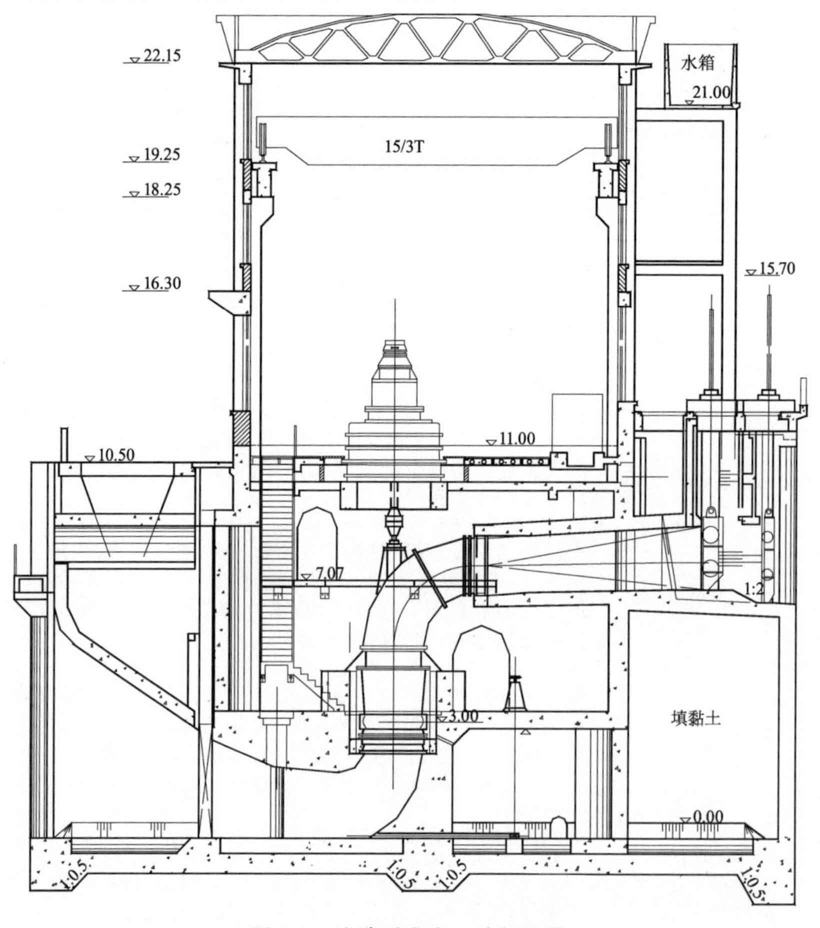

图 9-5　改造后淮安一站剖面图

9.3.3 工程改造总结

1. 水泵选型

该站改造前水泵为上海水泵厂生产的64ZLB－50型立式半调节轴流泵，比转速为500，设计扬程7.0 m，设计流量7.5 m^3/s，叶轮直径1.54 m，该泵的最优工况点扬程为8 m，流量为7 m^3/s。但该站自建成投运以来，实际运行净扬程在3.0～5.0 m之间，实际平均净扬程为3.91 m，考虑进出水流道的损失，水泵实际运行工况远远偏离高效区，水泵运行效率低、空化严重，振动大。

改造后淮安一站采用无锡水泵厂生产的1.75ZLQ11.2－5.3型立式全调节轴流泵，叶轮直径从原来的1.54 m增加到1.64 m，转速不变，设计扬程4.89 m，设计流量11.2 m^3/s。选用华中理工大学的ZMB－70型水力模型，根据扬州大学机电排灌工程研究所完成的淮安一站泵改工程水泵装置模型试验研究成果换算出淮安一站改造原型装置性能曲线如图9-6所示。

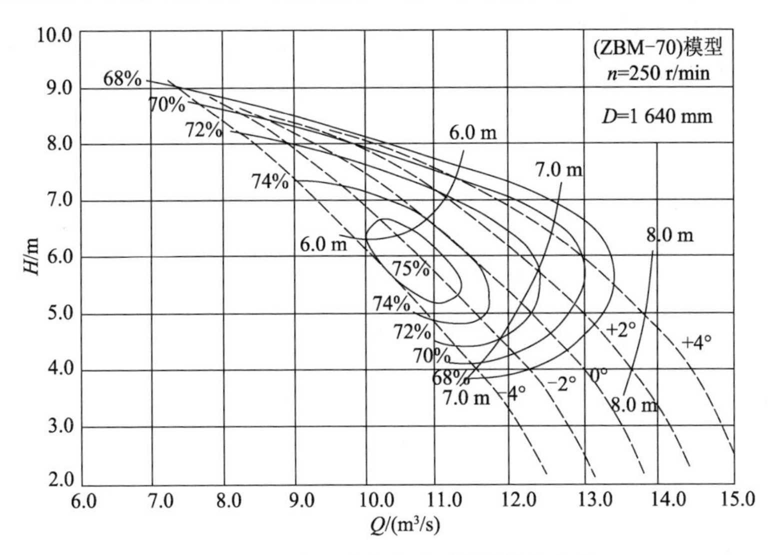

图9-6 淮安一站改造原型装置性能曲线

2. 断流方式改造

泵站为平直管出水流道，改造前采用拍门断流，设液压快速事故备用门，兼作检修门。改造前，出水流道出口流速约1.6 m/s，超过规范中出口流速宜在1.5 m/s以下的要求，采用拍门断流，出水流道水力损失较大。为减少拍门的水力损失，运行中采用加设平衡锤的方式增加拍门开度，门铰及连接平衡锤的钢丝绳磨损严重，每年都需要更换钢丝绳，维修工作量大，给运行管理带来不便。

更新改造后，单机流量由原来的 7.5 m^3/s 增加到 11.2 m^3/s，如断流方式及出水流道不变，出口流速将增加到 2.0 m/s，更加超过规范的要求。为此，改造设计过程中，对断流方式进行了充分论证分析，将拍门断流方式改为快速门断流。拆除拍门后，将出水流道按原有平面扩散角接长到原事故门槽(接长 2.7 m)，出口宽度由原来的 3.05 m 增加到 3.73 m，出口流速下降到 1.43 m/s。为改善机组的启动性能，在快速工作门上开设了小拍门，保证机组启动过程中出水顺畅。

将断流方式由拍门改为快速门，有效解决了因拍门不能完全开启而阻水、增加水力损失、维修工作量大且不便等问题，降低了出口流速，提高了装置效率。

3. 主电机推力轴承

大型立式水泵机组大多采用刚性支撑的扇形偏心推力滑动轴承，其主要由推力头、镜板、扇形推力瓦、绝缘垫、导向瓦等部件组成。在检修安装时，可以人工调整推力瓦水平和受力。

改造后，该站选用兰州电机厂生产的 TL1000－24/2150 型立式同步电动机，采用引进德国 RENK 公司技术生产的圆形推力瓦滑动轴承，其主要由推力头、导轴承座、圆形推力瓦、承载环、导向瓦等组成，没有用于调整推力瓦水平和受力的抗重螺丝。

4. 水导轴承

淮安一站主水泵水导轴承选用的是上海材料研究所研制的 F102 混杂纤维自润滑复合材料，该轴承为哈夫结构，每块由 7 只瓦衬组成。2004 年 4 月，多数机组先后出现因振动大而被迫停机的情况。经解体检查发现，机组大轴轴颈均不同程度偏磨，磨损最大处达 10 mm，水导轴承与导叶体连接螺栓全部松动，定位销全部剪断，轴承分半合缝面的螺栓全部脱落，水导轴瓦瓦衬(F102 材料)已磨平，并有近 1/3 脱落，同时叶轮外壳及叶片磨损严重。至故障发生时，运行时间最短的 2＃机组运行了 800 h，最长的 5＃机组运行了 2 000 h，远远低于厂家承诺的使用寿命大于 10 000 h。水泵水导轴承的质量有瑕疵是引起机组振动损坏的主要原因，处理措施是将 F102 水导轴承改为橡胶轴承，对损坏的轴颈、叶轮外壳、叶片等进行了返厂处理，并重新进行安装。

5. 计算机监控系统开发

淮安一站经过 2000 年的加固改造，主辅机系统和站用电系统全部实现了计算机自动控制。8 台主机组在计算机监控系统的控制下，不仅能根据调度指定的流量自动启停机组，而且还能自动调节叶片的角度至最优工况，实现泵站的经济运行。

(1) 系统结构

系统采用符合开放系统国际标准的开放式环境下全分布计算机监控系统(见图 9-7)。

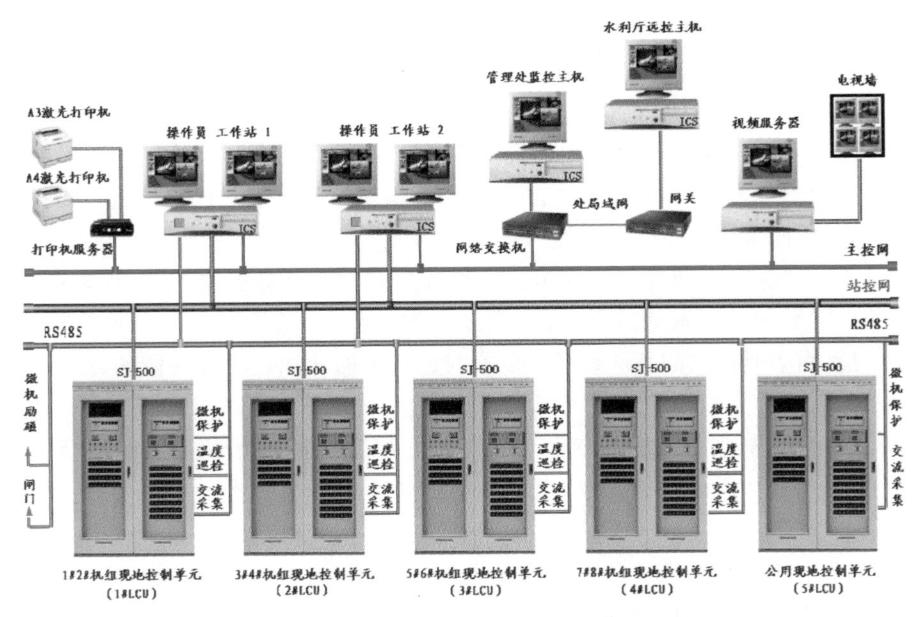

图 9-7　淮安抽水一站微机监控系统结构图

(2) 系统特点

① 采用局域网的全分布式开放系统结构,主计算机(兼操作员工作站)使用开放的操作系统,主计算机和 LCU 通过 100/10 Mbps 快速以太网联网,获得了高速通信和资源共享的能力。

② 实现了远程监控功能,水利厅和管理处在获得授权的情况下,可分别对机组进行控制操作。远程监控功能包括下列内容:

A. 远程监测:

基于广域网及管理处局域网的支撑条件,使局域网和广域网上所有被授权的用户都能够通过 IE4.0 以上浏览器以 Web 方式浏览站内设备运行主要信息。

B. 远程点对点实时监控:

a. 管理处和水利厅控制中心实现对站内主辅机及变配电设备远程点对点的计算机控制(见图 9-8)。

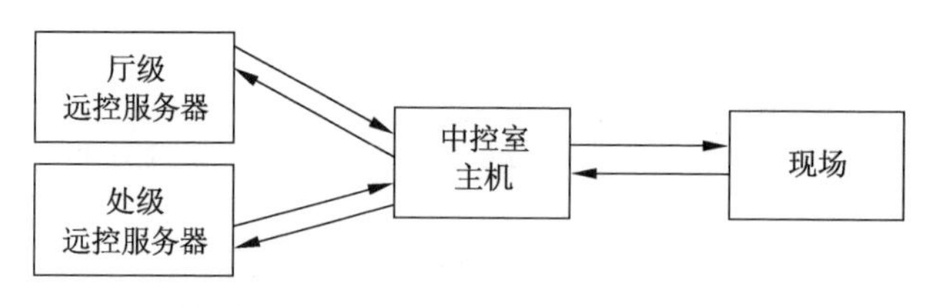

图 9-8 远程控制信息传输示意图

b. 监控数据实时写库：

写库的监测数据经格式化处理后按相应数据库格式存入管理处数据库。在管理处或水利厅远程控制时，所有监控数据实时上传满足远程控制功能。

c. 远程监控画面(表格)显示：

管理处监控主机和水利厅远控主机远程实时显示各类监控画面(表格)，画面(表格)内容同近地监控内容一致，同时满足远程监控要求。

③ 网络上接入的每一设备都具有自己特定的功能。实现功能的分布，既提供了某一设备故障只影响局部功能的优点，又利于今后功能的扩充。

④ 系统先进。冗余化的设计和开放式系统结构，使系统可靠实用、便于扩充，整个系统性能价格比高。

⑤ 系统冗余、可靠。主计算机(兼操作员工作站)为双机冗余热备用。

⑥ 系统具备 Web 服务功能，只要通过网络线连接到 EC2000 Web 服务器，经授权就可以使用 Web 浏览器查看实时画面等信息。

⑦ 具备优化经济运行的功能。能实时监测泵站的运行工况，并能自动调节水泵叶片的角度，保证水泵尽可能在最高效率区运行。

⑧ 系统安全、可靠。采用双网技术，实时监控网和远程监控网采用双网分隔，确保监控系统的安全性。

⑨ 采用一机双屏技术，极大地丰富了人机界面。

⑩ 面向对象的新一代监控软件 EC2000。EC2000 监控软件是南瑞集团公司自主开发的、具有自主知识产权的新一代监控软件。

(3) 基于微机监控系统的泵站经济运行

① 经济运行的理论模型

从淮安抽水一站运行的实际情况出发，全站的经济运行可概化为如下模型：给定全站的总抽水流量，要求将其科学、合理地分配到站内各机组，使全站的总抽水能耗最小。由于泵站的抽水能耗主要来自于机组的能耗，而机组的抽水能耗与其抽水的流量和扬程有关，当给定全站的总抽水流量时，选择在当时扬程下运行效率高的机组多抽水，运行效率低的机组少抽水或不抽水，在满足全站总抽水流量一定的前提下，使总抽水能耗最小。

② 目标函数

如上所述，理论模型的目标函数可表示如下：

$$\mathrm{Min}\sum_{i=1}^{8}N_i \tag{9-1}$$

式中：N_i 为第 i 号机组的抽水功率。

③ 约束条件

根据泵站的实际运行条件，泵站的经济运行模型中除了要考虑满足总抽水流量一定的约束外，还要满足其他各种约束。

A. 总流量约束

$$\sum_{i=1}^{8}Q_i = Q \tag{9-2}$$

式中：Q_i 为第 i 号机组的抽水流量；Q 为给定的站总抽水流量。

B. 机组过水能力约束

$$Q_{i,\min}(H)\leqslant Q_i\leqslant Q_{i,\max}(H) \tag{9-3}$$

式中：$Q_{i,\min}(H)$，$Q_{i,\max}(H)$ 分别为第 i 号机组在当前扬程 H 下允许的最小、最大抽水流量。

C. 机组抽水功率约束

$$N_i\leqslant N_{i,\max}(H) \tag{9-4}$$

式中：$N_{i,\max}(H)$ 为第 i 号机组在当前扬程 H 下允许的最大抽水功率。

采用优化方法中的动态规划技术，以机组台数 i 为阶段变量，以各机组的抽水流量 Q_i 为决策变量，以未分配的剩余流量 K_i（$K_i=K_{i+1}+Q_i$）为状态变量，可求解出模型的最优决策。

（4）经济运行的实际应用

① 经济运行中流量的自动计算

机组的流量计算是经济运行中的一个重要部分，没有流量，其他运算就无从谈起。大型泵站由于抽水流量大、进出口河道宽、流态较复杂，流量的测量较困难，一般的流量计无法测量。目前国内大型泵站流量的测算一般采用水力学的方法，即由人工在泵站上、下游进行水位、流速等参数的测量，再按水力学的计算方法来推算总流量。这种方法的人工工作量较大，操作时不方便，不能保证数据的实时性，所测流量为泵站总流量，无法测量单机流量。并且由于其为人工操作，所得到的数据不易与微机监控系统较好地结合。

A. 计算原理

根据水泵的性能曲线，水泵的总抽水扬程 $H_{总}$ 与其抽水流量 Q 之间存在一定的关系：

$$H_{总} = H_{总}(Q) \tag{9-5}$$

水泵在工作中需要把水送到某一高程，不仅需提升净扬程，还要克服管路阻力。根据水泵抽水的原理可得其需要扬程 $H_{需}$ 的表达式：

$$H_{需} = H_{净} + SQ^2 \tag{9-6}$$

式中：$H_{净}$ 为水泵抽水的净扬程；S 为进出口水流的阻力参数。

水泵需要扬程曲线与水泵扬程-流量性能曲线的交点即为水泵的实际工作点，即

$$H_{总}(Q) = H_{净} + SQ^2 \tag{9-7}$$

$H_{净}$ 也即水泵抽水时进出口的水位差，在实际中相对容易测量，可将上式转化为

$$H_{净} = H_{总}(Q) - SQ^2 \tag{9-8}$$

B. 计算方法

淮安抽水一站选用的泵型为叶片角度可调的。对于这种机组，流量计算采用了在机组性能曲线中进行双向插值的方法。

根据图 9-9[图中的水泵净扬程-流量性能曲线由式(9-8)推算出]：

$$Q^* = \frac{(A^* - A_1)(Q_b - Q_a)}{A_2 - A_1} + Q_a \tag{9-9}$$

其中：Q^* 为所求的流量；H^* 为当前的水位差；A^* 为当前的水泵叶片角度；

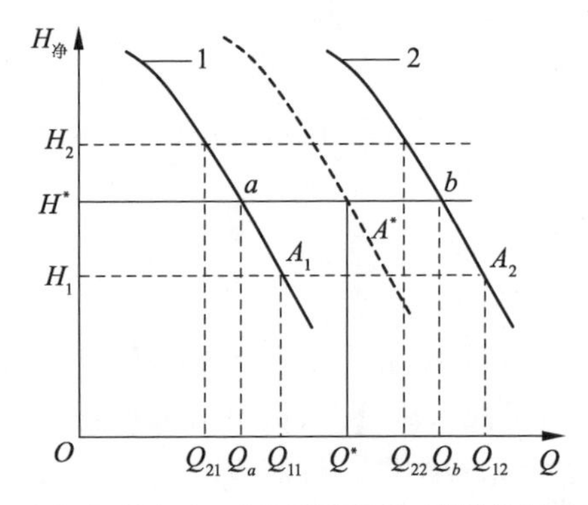

1—叶片角度为 A_1 时水泵净扬程-流量性能曲线；

2—叶片角度为 A_2 时水泵净扬程-流量性能曲线

图 9-9　机组流量计算示意图

Q_a 为已知叶片角度为 A_1，当前的水位差为 H^* 时的水泵流量，

$$Q_a = \frac{(H^* - H_1)(Q_{11} - Q_{21})}{H_2 - H_1} + Q_{21} \tag{9-10}$$

Q_b 为已知叶片角度为 A_2，当前的水位差为 H^* 时的水泵流量，

$$Q_b=\frac{(H^*-H_1)(Q_{12}-Q_{22})}{H_2-H_1}+Q_{22} \tag{9-11}$$

C. 软件流程

泵站流量为实时值，根据站上、下游水位及机组叶片角度的变化而变化。经济运行中流量的计算采用图 9-10 所示的流程(以可调叶片的机组为例)：首先从监控系统的实时数据库中读取站上、下游水位；然后对每一台机组读取叶片角度，运用式(9-9)、式(9-10)和式(9-11)进行计算，得到机组流量；最后对每一台机组的机组流量进行累加，得到站总流量。

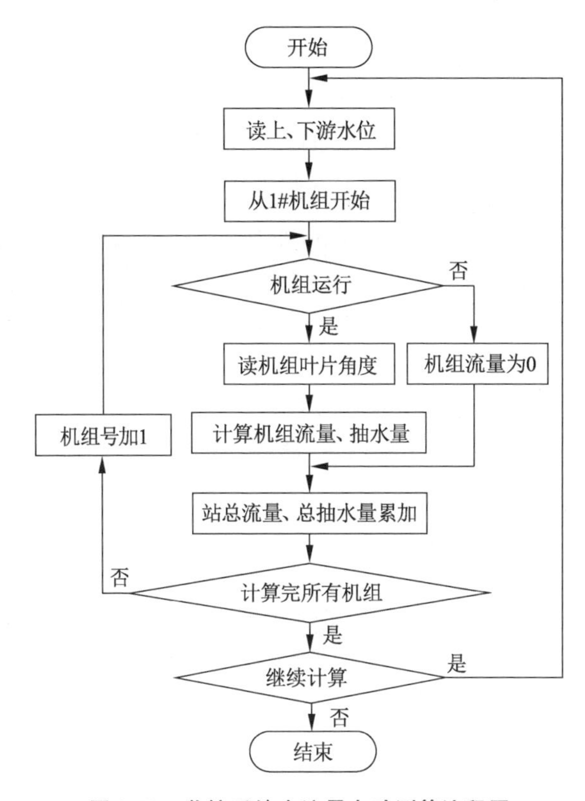

图 9-10　监控系统中流量自动测算流程图

② 理论模型在实际应用中的问题

将理论模型直接应用于实际运行中会带来以下一些问题：

A. 理论模型以各机组的性能曲线作为计算的基本依据，而大部分泵站在设计选型时都采用型号相同的机组，虽然机组在现场安装后性能各不相同，但这些差异难以定量地反映，在以往的优化计算中，对于同一个站内型号相同的机组认为其性能曲线一致，掩盖了机组实际状况的差别。另外，按照

“等微增率”的思想方法，性能曲线相同的机组，总流量分配的优化结果是各机组等流量分配。

B. 理论模型将全站的总流量约束视为主要约束，即在总抽水流量相等的前提下，寻求全站抽水能耗最少。这种约束有时会与机组高效区产生矛盾，优化的结果很可能导致各机组并不在相应的高效区运行。

以单台机组为例，如图 9-11 所示，对叶片角度可调的机组，在某一扬程下，其抽水流量 Q_i 有一个范围，介于 $Q_{i,\min}$ 和 $Q_{i,\max}$ 之间，其抽水的高效区 $Q^*_{i,\min} \sim Q^*_{i,\max}$ 是 $Q_{i,\min} \sim Q_{i,\max}$ 中的一个子区间，满足：

$$Q_{i,\min} \leqslant Q^*_{i,\min} \leqslant Q^*_{i,\max} \leqslant Q_{i,\max} \tag{9-12}$$

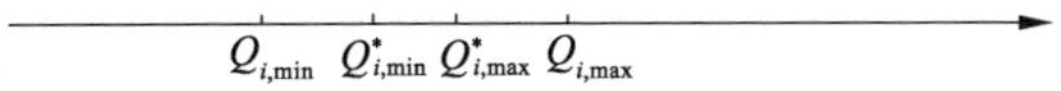

$Q_{i,\min}$ $Q^*_{i,\min}$ $Q^*_{i,\max}$ $Q_{i,\max}$

图 9-11　机组抽水范围示意图

当给定的抽水流量 Q 介于 $Q_{i,\min} \sim Q^*_{i,\min}$ 或 $Q^*_{i,\max} \sim Q_{i,\max}$ 时，机组无法在高效区运行。对于多台机组，也会产生类似情况。在中大型泵站的实际运行中，全站要求的抽水总流量一般由上级调度部门根据当地的水情状况给出，允许泵站实际运行的总流量与给定的总流量有一定的差别，例如，给定全站 50 m^3/s 的流量，实际运行流量可以为 52 或 48 m^3/s。所以在实际操作中，可以将总流量约束在一定程度上放宽，即由总流量 Q 改为 $(Q-\Delta q, Q+\Delta q)$，Δq 根据实际情况定出，一般可以取 Q 的 1%～5%，这样就有可能将各机组调节到相应扬程下的高效区运行。

③ 经济运行的实际操作方式

根据上述内容，泵站经济运行的实际操作可简化为如下两个方面：

A. 根据上级调度部门给定的总抽水流量，结合当时扬程下机组的抽水能力，确定出开机台数，同时考虑机组的投入顺序。机组投入顺序的确定主要考虑下列几个因素：

a. 当前机组状态：

若当前已有机组正在运行，机组投入顺序的计算应以此为基础。即选择机组时应优先考虑当前已运行的机组，避免重新开启机组，以减少开、停机时不必要的能量损耗。

b. 运行台时：

在未完全遵循经济运行原则的条件下进行站内机组的调度运行，机组的运行台时（以年为统计单位）往往具有一定的随机性，在机组性能差别不大的情况下，经济运行程序优先选择运行台时少的机组参加运行。

B. 根据泵站进、出口水位的变化，实时计算并调节各机组的叶片角度，在适当放宽全站总流量约束的条件下，尽量使机组在相应的高效区运行。

(5) 效益分析和应用前景

应用微机监控系统开发的泵站经济运行系统可以根据上下游水位、设定的流量及开机台数自动调节叶片角度，充分发挥微机监控系统的优点，使机组始终在最优效率下运行，从而取得良好的经济效益。以 2003 年 7 月 30 日(当时经济运行系统尚未投运)2＃机组实测资料分析，18:00 时抽水扬程为 3.97 m，流量为 11.48 m^3/s，叶片角度为 0°，实测效率为 63.3%。在该扬程下，若投入经济运行系统，机组则在 −4°下运行，对应流量为 11.3 m^3/s，效率为 69%，比经济运行系统投运前提高了 5.7%。按全站年平均抽水约 25 亿 m^3，耗电约 5 000 万 kW・h 计算，如全站 4 个泵站全部采用该系统，即使按平均效率提高 1%计算，其经济效益亦非常可观。

2004 年，“淮安一站微机远程监控和经济运行系统开发与研究”项目获江苏省水利科技优秀成果三等奖。

6. 机电设备信息化管理系统

开发了“机电设备信息化管理系统”，对整个泵站的机电设备实现动态管理和信息化管理，为生产、管理、运行提供方便。

系统基于 JAVA 三层体系结构。系统具有以下优点：① 易操作、使用，客户机不用安装任何客户端软件，用户只需通过浏览器 IE 直接进入应用系统；② 安全性强，三层架构和 JAVA 固有的安全机制保障了系统的安全；③ 易维护性，系统减少了客户机的现场维护工作量，并适应远程维护。

系统的模型逻辑结构可分为三个层次：人机接口、应用层和信息支持层。工作人员通过人机接口和应用层交互，系统应用层和信息支持层的众多分析、计算功能完成工作过程中各个阶段、各个工作环节的信息查询、统计和分析(见图 9-12)。

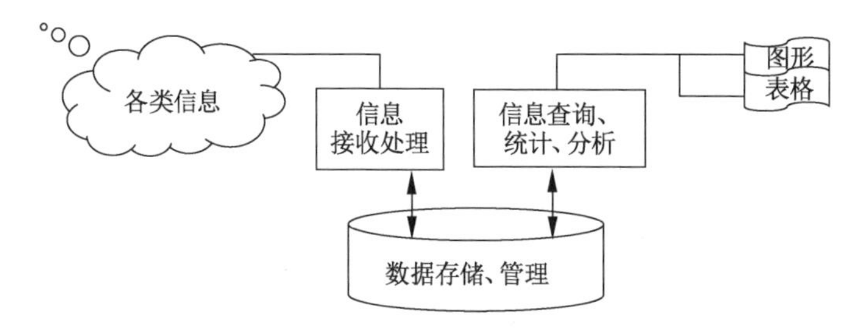

图 9-12　系统的模型逻辑结构

系统由以下几大模块组成：运行管理、档案管理、日常管理、备件管理、人员管理、安全管理和系统维护，各模块包含若干子功能。

系统主要具有以下功能：

① 实现运行状态的科学管理，包括对各类机电设备铭牌档案、运行参数、检修记录、维修记录、运行状态的输入、查询和统计，建立相应的分析模型，以文字、图表等方式形象地表现出来。工水情数据的管理，监控信息的管理，有关数据应动态地从“设备监控系统”中自动采集。

② 实现对各种资料的科学管理，包括科技新闻、图纸图片、规章制度和大事记等。

③ 实现处、站所购备品备件库存的入库、领用、预报、查询、统计和分析。

④ 实现组织机构内部人员考勤管理。

⑤ 实现安全活动信息网上发布。

2006 年，“江苏省灌溉总渠管理处机电设备信息化管理系统”项目获江苏省水利科技优秀成果三等奖。

9.4 专项技术改造

9.4.1 工程存在的问题

淮安一站改造后经过十多年的运行，主机组存在的主要问题如下：

① 部件损坏严重：a. 水泵大轴磨损严重，2017 年汛前对 6 台主机水泵大轴进行了检查，最深处磨损 3～4 mm；b. 后导叶体存在不同程度的损坏，后导叶体螺丝孔变形或变大，无法固定住水导轴承；c. 叶轮体内部出现锈蚀，铜衬套损坏，调节机构卡死，无法调节叶片角度。

② 机组检修周期缩短，大修次数频繁及台数增多，且运行周期缩短。同类型立式轴流泵大修周期为 15 000 h 左右，而淮安一站机组检修周期大多数都在 6 000 h 左右，最少的才 3 923 h，并且大修的台数也在逐年增多，基本上每年大修 3 台至 4 台主机组。

③ 机组大修工作量增加，超过正常周期性大修范围。

在机组正常周期性大修时，只需以后导叶体轴承窝止口为基准，对定子进行适当微调即可满足机组同心要求。2013 年以后，淮安一站检修时发现后导叶体轴承窝止口损坏严重，无法测量同心，后导叶体需要返厂维修。因此，需要将定子吊离，将损坏的后导叶体从水泵层经电机机坑吊出，送厂维修，待修补好的后导叶体就位后，将定子重新安装好，才能进行同心测量，其工作量大大超过正常周期性大修。由于叶轮体密封条件不好，叶轮体内部进水，导致叶轮内部小轴与上下铜套接触部分锈死，无法通过小轴的上下移动来调节叶片，有时还会将调导机构上部铜衬套拉坏，每次大修时都需要进行返厂维修。

④ 运行中电机推力轴承温度偏高，影响机组正常运行。

2002 年 1 月 26 日至 27 日 5＃～8＃机联合试运行时，由于电机推力轴承温度过高导致了烧瓦，后来通过降低挡油圈高度、扩大回油孔直径的办法降低了推力轴承温度，但是在运行中仍一直维持在 50 ℃左右，夏季运行时超过 50 ℃，有时还有上涨的趋势，为了防止发生烧瓦事故，在推力轴承温度超过 55 ℃时值班人员主动停机。而同一梯级的淮安二站 5 000 kW 同步电动机，在运行中推力轴承温度不会超过 40 ℃。过高的推力轴承温度一直是影响淮安一站运行的主要因素。

上述问题的存在，严重地影响了泵站的安全运行和效益发挥。自 2013 年以来，机组多次在主汛期因推力轴承温度过高或叶片调节机构卡死而被迫停机。

9.4.2 原因分析

① 推力轴承结构性缺陷，造成运行中机组振动大，推力瓦温度高。

淮安一站电机由兰州电机厂生产(结构见图 9-13)，采用的是“TYG”轴承，轴承由推力头、径向可调导向轴瓦、导轴承座、球面支撑圆形推力瓦、承载环等部分组成。该轴承引进国外公司技术生产，推力头与镜板是整体结构。这种结构的特点是有助于消除组合部件加工和组装时出现的误差积累。但是，由于推力头与镜板之间没有绝缘垫，无法通过研磨绝缘垫调整电机摆度，电机摆度只能依靠出厂时机加工的精度保证。机组安装时只能通过调整上机架与定子之间的垫片找电机水平。即使电机水平符合要求，由于电机推力瓦下面没有抗重螺丝，没有通过推力瓦找水平，也不能保证 12 块推力瓦在同一水平面上且受力均匀。由于上机架与定子没有紧密接触，会导致上机架在运行时不稳定。机组在首次安装时，发现电机摆度超标，由于没有镜板绝缘垫，只好通过研磨卡环来校正摆度，这种做法是违反规范的。因为卡环、推力头与电机轴为紧密配合，且间隙不应大于 2 丝(1 丝＝0.01 mm)，研磨卡环就会导致盘车时电机的摆度存在假象，即调整时电机摆度好像符合要求，等机组组装结束运行时，电机摆度就会变化，造成运行不稳定，所以规范规定卡环间隙不大于 2 丝，且禁止研磨卡环。

因此，这种电机推力轴承结构性缺陷，导致电机水平和摆度无法满足规范要求，造成运行中机组振动加大，推力瓦受力不均匀，温度偏高。

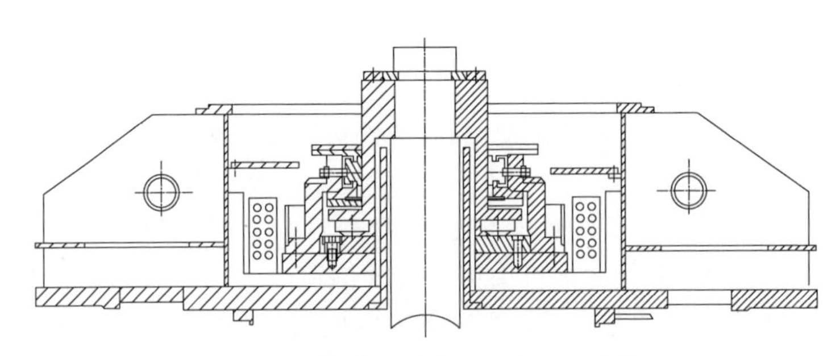

图 9-13 采用"TYG"轴承的上机架示意图

② 现场切割叶片，造成叶轮体不平衡，水泵振动大。

由于在首次安装时没有控制好机组高程，导致导水帽无法安装。正确的做法是重新调整定子高程，当时为了赶工期没有这样做，而是在现场对 4 个叶片的出水边进行了切割，这必然导致叶轮体不平衡，水泵振动大。水泵出厂时没有做叶轮体密封试验，叶轮体密封性能不好，运行中叶轮体内部容易进水，导致调导小轴锈死。

③ 水力模型不合适，机组长期偏离最优工况点运行。

2000 年淮安一站改造时，中标单位无锡水泵厂选用了华中理工大学的 ZMB－70 型水力模型，并根据扬州大学机电排灌工程研究所完成的淮安一站泵改工程水泵装置模型试验研究成果换算出淮安一站改造原型装置性能曲线如图 9-6 所示。

根据淮安一站的特征参数，从图 9-6 可以看出，水泵的设计工况点在叶片角度－4°，效率 74%，而该水力模型装置的最优工况点应该在叶片角度－2°，扬程 5.9 m，两者相差较大。分析水流速度三角形可知，在设计工况下，水泵实际是在低扬程下运行，水流将对叶片进口边背面产生冲击，在正面产生脱流。

从图 9-6 还可以看出，在泵站最低扬程工况下，在 ZMB－70 型水力模型的性能曲线图上查不到相关的参数，但是可以预测其效率已经相当低。

综上所述，尽管 ZMB－70 型水力模型在当时还是比较优秀的，但是用于淮安一站，其扬程偏高，因此该模型并不适合于本泵站。一个不适合的水力模型装置必然会带来效率低、振动大等问题。

9.4.3 解决问题的对策

(1) 更换上机架

根据上述分析，推力轴承结构性缺陷是造成运行中机组振动大、推力瓦温度高的重要原因，因此有必要更换推力轴承。由于悬式电机的推力轴承是固定在电机上机架里面的，上机架的结构是与推力轴承的结构相适应的。因此，只有整体更换上机架，新的上机架如图 9-14 所示。

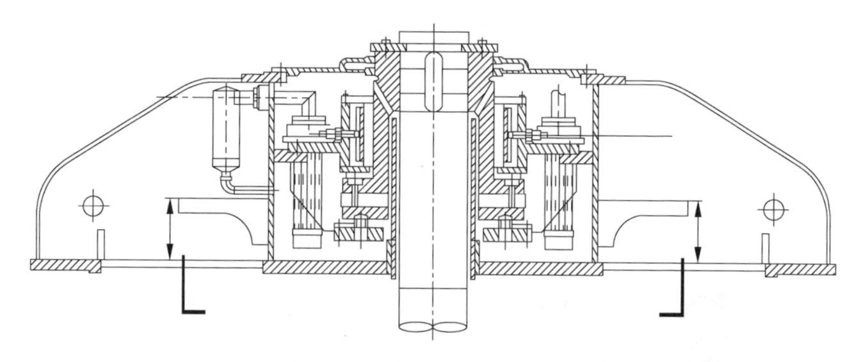

图 9-14　更换后的上机架示意图

新的上机架按刚性支撑、抗重螺丝调节的推力轴承进行设计，采用 Q235B 钢板焊接成整体，承受最大负荷时的挠度不超过 1.5 mm。推力头采用 35＃锻钢，镜板、卡环均采用 45＃锻钢，推力瓦和导向瓦采用巴氏合金瓦面，推力瓦为 8 块扇形瓦，采用抗重螺丝调节高度，抗重螺丝与底环紧密配合，晃动量不大于 0.01 mm。上油缸油冷却器也进行了改进，由原来的整圆式改造成由 4 个独立部分组装而成，不仅缩短了管道距离，而且能够在不拆装上导瓦的情况下方便地拆装。推力头和镜板之间的绝缘垫材料为环氧酚醛布板。

更换后的推力轴承的推力头和镜板之间增加了绝缘垫，推力瓦下面有用于调节推力瓦高度的抗重螺丝，这样就解决了调整电机水平和摆度的问题。

由于仅更换上机架、叶轮体和叶轮室，其他部件没有更换，必须保证改造后的叶轮安装高程维持不变。因此，在设计阶段，必须仔细测量电机转子轴的外径、卡环槽的宽度和高程、原推力轴承高度等尺寸，这些尺寸只能通过实测获取，不能引用原来厂家的竣工图。

(2) 更换泵装置

现有的叶轮体不仅存在漏水问题，而且其水力性能不适合本站，因此，有必要重新制作新的叶轮体。为了使得新的叶轮体充分适合本站的特征参数，采用 CFD 技术和模型试验相结合的方法开发了新的水力模型装置并在此基础上制作新的叶轮体。为了保证新的泵装置与没有改造的部件能很好地结合，新的泵装置的后导叶体、叶轮室的高度和直径必须维持不变。

9.4.4　水泵装置优化设计

应用 CFD 技术，在进出水流道不变的条件下（由于改造进出水流道的成本太高，且优化的余地不大，故没有进行进出水流道优化设计），对叶轮叶片翼型设计、轮毂比、叶片数、导叶数、导叶高度、导叶翼型设计进行优化与选择，确定最优水力模型装置：叶轮叶片数 4、最优安放角 0°、轮毂比 0.40、导叶数 5，导叶高度 774 mm。其三维透视图如图 9-15 所示。最优模型的水力性能如图 9-16～图 9-18 所示。

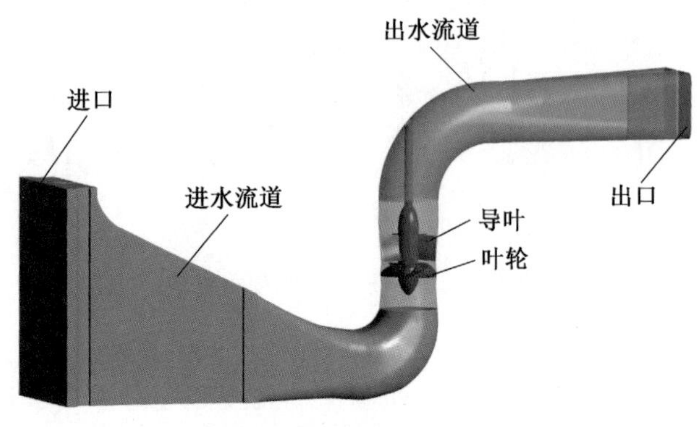

图 9-15　最优模型三维图

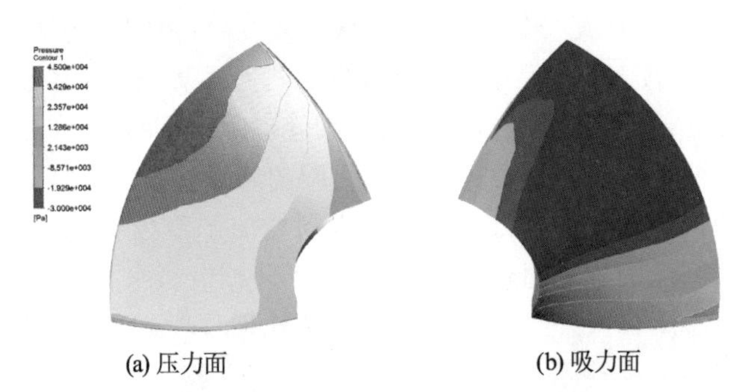

(a) 压力面　　(b) 吸力面

图 9-16　最优模型叶片表面静压分布

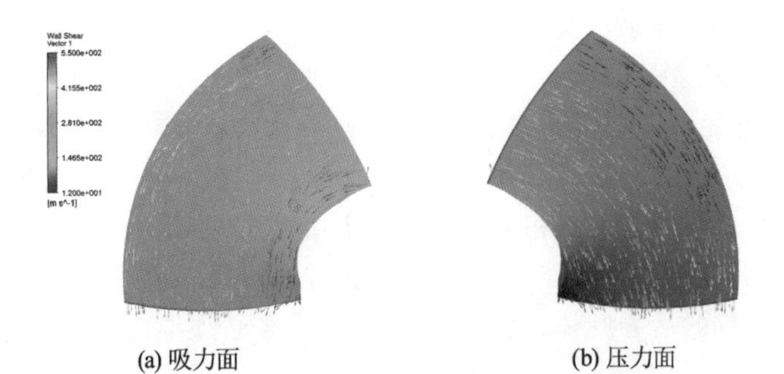

(a) 吸力面　　(b) 压力面

图 9-17　最优模型叶片表面相对流速分布

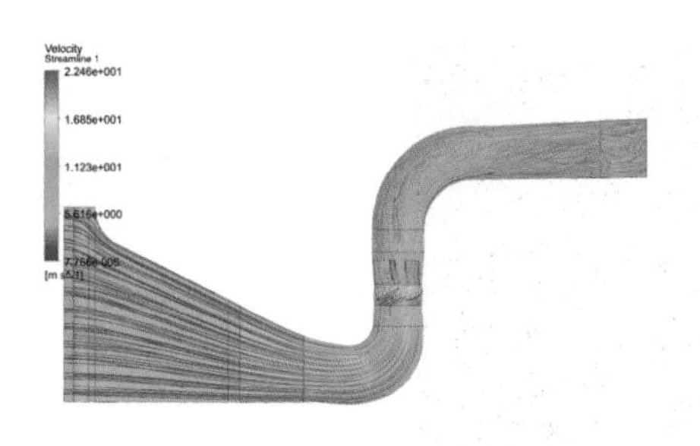

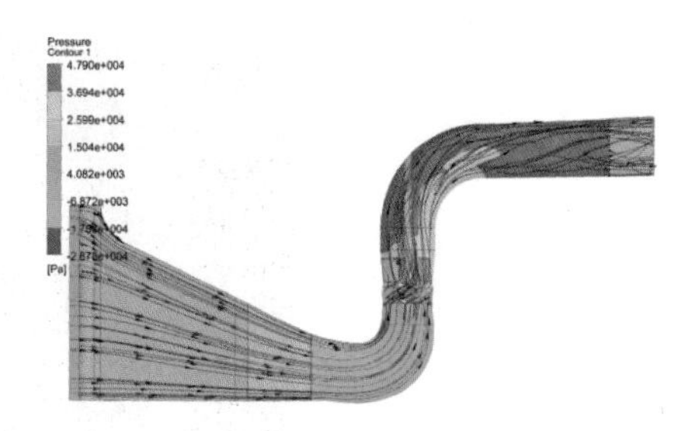

图 9-18　最优模型水流迹线及水平剖面压力分布

最优模型设计工况各部件水力损失见表 9-4。

表 9-4　最优模型设计工况各部件水力损失

部件	水力损失/m
进水流道	0.032
后导叶体	0.393
出水流道	0.138

9.4.5　模型泵装置试验

根据 CFD 计算结果制作水力模型装置，在河海大学水利水电工程学院水力机械多功能试验台上进行了能量、空化、飞逸、压力脉动的试验研究。原型泵叶轮直径 1.64 m，模型泵叶轮直径 0.30 m，模型比 5.47。模型泵装置由进水流道、叶轮、后导叶和出水流道装配而成。进、出水流道用钢板焊接制作；为满足粗糙度相似，钢制流道内壁加涂层。模型部件和装置分别如图 9-19 和图 9-20 所示。

图 9-19　淮安一站水泵模型零部件图

图 9-20 淮安一站水泵模型试验装置

(1) 能量特性试验

① 泵装置全流道能量特性试验

水泵模型装置在最高、最低和设计净扬程下的能量试验数据见表 9-5。

表 9-5 水泵模型装置能量试验数据

叶片角度/(°)	参数	最低扬程(2.00 m)	设计扬程(4.89 m)	最高扬程(6.67 m)	最高效率点参数
−6	模型流量/(L/s)	367.1	288.4	225.1	299.3
	原型流量/(m^3/s)	10.968	8.617	6.725	8.942
	效率/%	67.66	77.36	67.00	78.12
−4	模型流量/(L/s)	396.3	317.3	254.0	317.3
	原型流量/(m^3/s)	11.84	9.48	7.59	9.48
	效率/%	65.13	79.98	70.98	79.98
−2	模型流量/(L/s)	428.3	343.4	277.5	340.0
	原型流量/(m^3/s)	12.80	10.26	8.29	10.16
	效率/%	63.26	79.71	72.30	79.77
0	模型流量/(L/s)	460.1	376.3	304.2	386.4
	原型流量/(m^3/s)	13.75	11.24	9.09	11.54
	效率/%	61.72	78.39	72.27	78.72
+2	模型流量/(L/s)	499.7	404.0	329.7	418.3
	原型流量/(m^3/s)	14.93	12.07	9.85	12.50
	效率/%	58.81	77.98	71.07	78.34

续表

叶片角度/(°)	参数	最低扬程(2.00 m)	设计扬程(4.89 m)	最高扬程(6.67 m)	最高效率点参数
+4	模型流量/(L/s)	539.0	439.9	356.8	439.9
	原型流量/(m^3/s)	16.10	13.14	10.66	13.14
	效率/%	56.12	77.49	70.89	77.49

由表 9-5 可以看出：

a. 模型最高装置效率为 79.98%，对应的叶片安放角 φ 为$-4°$，对应的扬程为 $H=4.89$ m，模型流量为 0.317 m^3/s，对应原型流量为 9.48 m^3/s。

b. 叶片安放角在$-6°$，$-4°$，$-2°$，$0°$，$+2°$和$+4°$时，即使水泵在最高扬程(6.67 m)下运行，配套电动机功率也完全满足要求。

c. 根据不同叶片角度下的水泵装置性能参数，叶片安放角为 0°时，设计扬程为 4.89 m，效率为 78.39%，模型流量为 0.376 m^3/s，原型流量为 11.24 m^3/s，满足工程要求。

d. 在叶片安放角为 0°时，最低扬程(2.00 m)、设计扬程(4.89 m)及最高扬程(6.67 m)对应的装置效率分别为 61.72%，78.39%，72.27%。

② 泵段能量特性试验

泵段模型在最高、最低和设计净扬程下的能量试验数据见表 9-6。

表 9-6　泵段模型能量试验数据

叶片角度/(°)	参数	最低扬程(2.00 m)	设计扬程(4.89 m)	最高扬程(6.67 m)	最高效率点参数
−6	模型流量/(L/s)	354.6	287.2	228.7	297.3
	原型流量/(m^3/s)	10.59	8.58	6.83	8.88
	效率/%	72.57	84.85	76.81	85.46
−4	模型流量/(L/s)	385.5	310.2	250.3	322.7
	原型流量/(m^3/s)	11.52	9.27	7.48	9.64
	效率/%	71.95	84.48	77.50	85.63
−2	模型流量/(L/s)	419.5	336.2	269.4	350.6
	原型流量/(m^3/s)	12.53	10.04	8.05	10.47
	效率/%	70.55	85.42	77.62	86.04

续表

叶片角度/(°)	参数	最低扬程(2.00 m)	设计扬程(4.89 m)	最高扬程(6.67 m)	最高效率点参数
0	模型流量/(L/s)	454.3	376.4	286.4	376.4
	原型流量/(m^3/s)	13.57	11.25	8.56	11.25
	效率/%	70.13	86.53	76.99	86.53
+2	模型流量/(L/s)	491.4	404.9	300.2	404.9
	原型流量/(m^3/s)	14.68	12.10	8.97	12.10
	效率/%	68.38	86.37	76.88	86.37
+4	模型流量/(L/s)	530.1	439.5	320.3	439.5
	原型流量/(m^3/s)	15.84	13.13	9.57	13.13
	效率/%	66.93	86.09	74.48	86.09

由表 9-6 可以看出：

a. 模型最高泵段效率为 86.53%，对应的叶片安放角 φ 为 0°，对应的扬程为 H=4.89 m，模型流量为 0.376 m^3/s，对应原型流量为 11.25 m^3/s。

b. 叶片安放角在−6°，−4°，−2°，0°，+2°和+4°时，即使水泵在最高扬程(6.67 m)下运行，配套电动机功率也完全满足要求。

c. 根据不同叶片角度下的水泵泵段性能参数，叶片安放角为 0°时，设计扬程为 4.89 m，效率为 86.53%，模型流量为 0.376 m^3/s，原型流量为 11.25 m^3/s，满足工程要求。

d. 在叶片安放角为 0°时，最低扬程(2.00 m)、设计扬程(4.89 m)及最高扬程(6.67 m)对应的泵段效率分别为 70.13%，86.53%，76.99%。

(2) 空化特性试验

水泵模型装置的主要空化性能参数如表 9-7 所示。泵段装置的主要空化性能参数如表 9-8 所示。

表 9-7　水泵模型装置的主要性能参数

叶片角度/(°)	设计扬程(4.89 m)			最高扬程(6.67 m)		
	流量/(L/s)	效率/%	临界空化余量/m	流量/(L/s)	效率/%	临界空化余量/m
−4	317.3	79.98	6.92	254.0	70.98	8.56
−2	343.4	79.71	7.09	277.5	72.30	8.70
0	376.3	78.39	7.20	304.2	72.27	8.57

续表

叶片角度/(°)	设计扬程(4.89 m)			最高扬程(6.67 m)		
	流量/(L/s)	效率/%	临界空化余量/m	流量/(L/s)	效率/%	临界空化余量/m
+2	404.0	77.98	7.33	329.7	71.07	8.37
+4	439.9	77.49	7.36	356.8	70.89	8.46

表 9-8　泵段装置的主要性能参数

叶片角度/(°)	设计扬程(4.89 m)			最高扬程(6.67 m)		
	流量/(L/s)	效率/%	临界空化余量/m	流量/(L/s)	效率/%	临界空化余量/m
−4	310.2	84.48	6.02	250.3	77.50	7.60
−2	336.2	85.42	6.14	269.4	77.62	7.72
0	376.4	86.53	6.21	286.4	76.99	7.80
+2	404.9	86.37	6.36	300.2	76.88	7.84
+4	439.5	85.84	6.54	320.3	74.48	7.91

水泵模型装置最小空化余量发生在叶片安放角为−2°时，临界空化余量为4.70 m，对应扬程为 $H=2$ m。在叶片安放角为0°、设计工况点扬程4.89 m处，水泵装置临界空化余量为7.20 m，泵段装置临界空化余量为6.21 m。

(3) 飞逸特性试验

根据相似理论，原、模型泵单位飞逸转速相等，由此可计算出原型机组在不同扬程下各叶片安放角的飞逸转速。不同叶片安放角下模型单位飞逸转速计算结果见表9-9，不同水头下的原型水泵飞逸转速计算结果见表9-10。

表 9-9　不同叶片安放角下模型单位飞逸转速

叶片角度/(°)	+4	+2	0	−2	−4
n_{f11}/(r/min)	282.972 7	267.665 3	265.921 6	260.076 4	241.319 9

表 9-10　不同水头下原型水泵飞逸转速

(原型水泵转速 $n=250$ r/min，叶轮直径 $D=1\ 640$ mm)

叶片角度/(°)	飞逸转速/(r/min)							
	1.0 m	2.0 m	3.0 m	4.0 m	4.89 m	5.0 m	6.0 m	7.0 m
−4	172.54	244.01	298.86	345.09	381.55	385.82	422.65	456.51

续表

叶片角度/(°)	飞逸转速/(r/min)							
	1.0 m	2.0 m	3.0 m	4.0 m	4.89 m	5.0 m	6.0 m	7.0 m
−2	163.21	230.81	282.69	326.42	360.91	364.95	399.78	431.81
0	162.15	229.31	280.85	324.29	358.56	362.57	397.18	429.00
+2	158.58	224.27	274.67	317.17	350.68	354.60	388.45	419.57
+4	147.15	208.10	254.86	294.29	325.39	329.03	360.43	389.31

从表 9-10 可知：叶片安放角为−4°、扬程为 7.0 m 时，原型泵最大飞逸转速为 456.51 r/min(1.83 倍额定转速)。叶片安放角为 0°、扬程为 4.89 m 时，原型泵飞逸转速为 358.56 r/min(1.43 倍额定转速)，在设计扬程时飞逸转速未超过额定转速的 1.5 倍。

鉴于试验测试系统限制，模型试验进行飞逸测试时，没有考虑实际工程中的闸门开闭随时间的变化，且模型试验时是测定模型泵作水轮机工况反转且输出功率为零时的转速，而不是工程中实际突然出现的断电过渡过程水泵飞逸转速，故模型试验所得飞逸转速相比实际工程中出现的飞逸转速偏大。

9.4.6 数值模拟与模型试验对比

当叶片安放角为 0°时，将淮安一站原型数值模拟结果与换算后的原型试验参数进行比较，流量-扬程曲线和流量-效率曲线如图 9-21 所示。

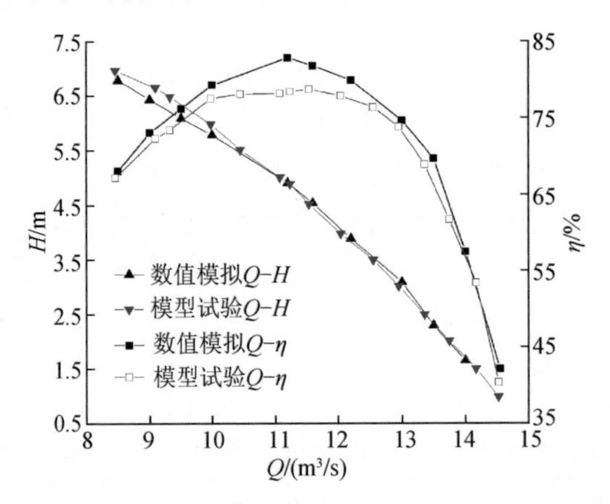

图 9-21　叶片安放角为 0°时数值模拟与模型试验性能曲线对比

从图 9-21 中可以看出：数值模拟和模型试验结果曲线变化规律一致。流量-扬程曲线基本吻合，流量-效率曲线在大扬程段存在一定误差。模型试验效率比数值模拟结果偏低，这与由轴承摩擦及密封、流道和叶轮之间的摩擦造成的轴功率损失有关，同时叶片安放角摆放也无法保证完全一致，造成两者存在偏差。此外，水泵运行在小流量工况下时，流动本身不稳定，湍流特性明显，模型试验在此工况下测量参数波动较大，这也将造成该工况下误差偏大。总体来说，模型试验和数值模拟结果较为吻合。

图 9-22 和图 9-23 分别为模型和原型装置综合特性曲线。图 9-24 和图 9-25 分别为泵段模型和原型综合特性曲线。图 9-26 为飞逸特性曲线。

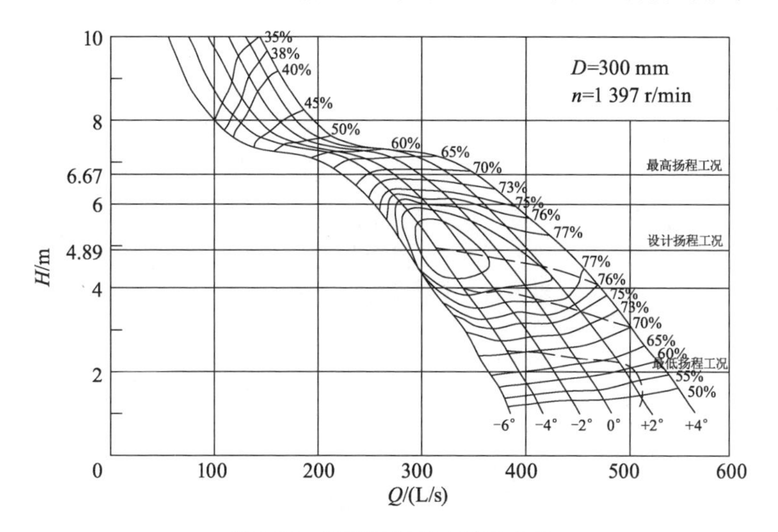

图 9-22 模型装置综合特性曲线

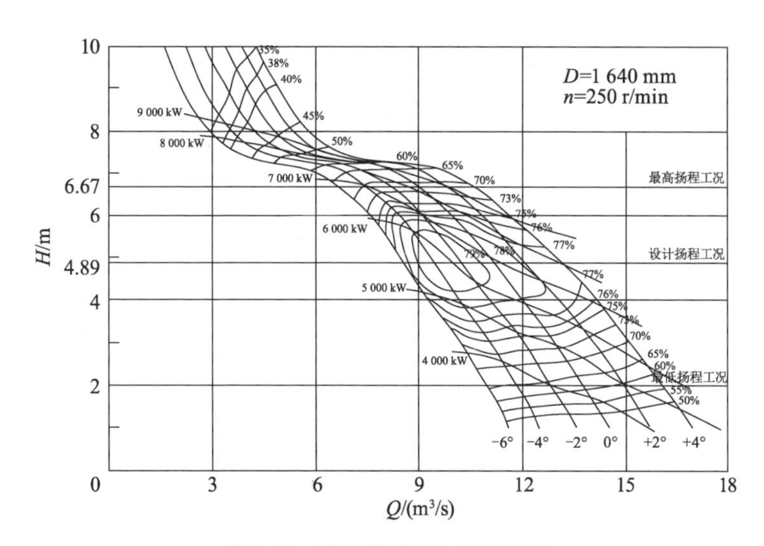

图 9-23 原型装置综合特性曲线

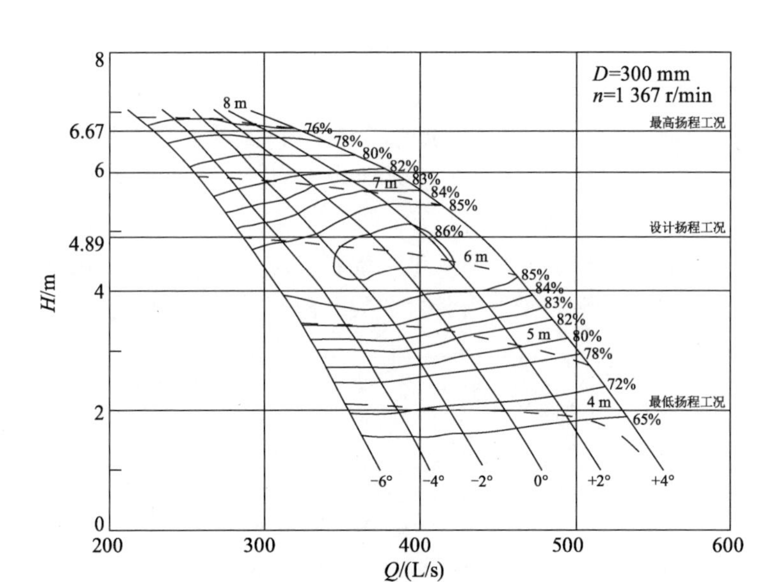

图 9-24　泵段模型综合特性曲线

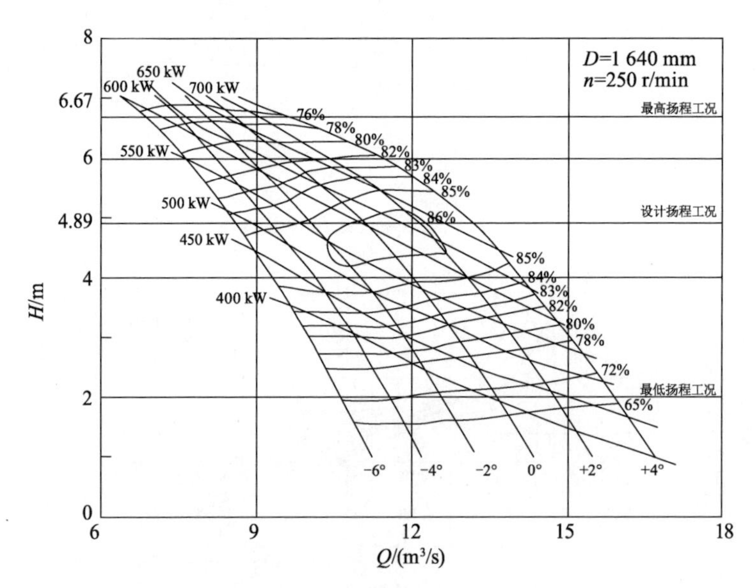

图 9-25　泵段原型综合特性曲线

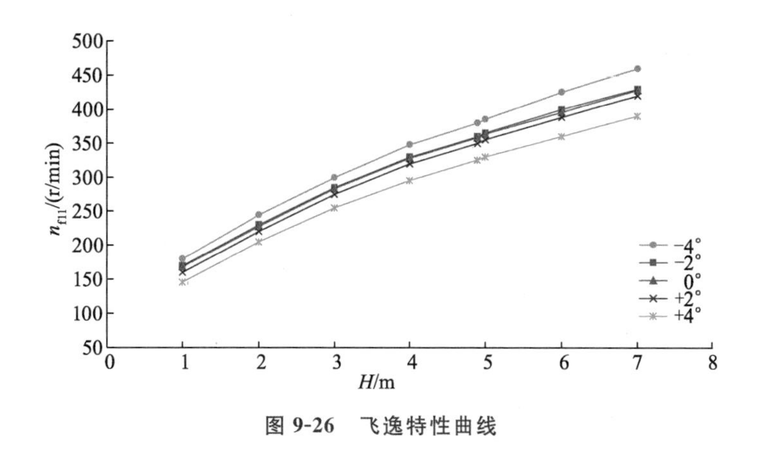

图 9-26 飞逸特性曲线

9.4.7 制作水泵叶轮体

叶片采用抗空化性能及抗磨性能良好且在常温下具有良好可焊性的ZG0Cr13Ni4Mo不锈钢材料。叶片型面采用五轴联动数控机床加工，并用数显三坐标测量仪检查，保证叶片的几何形状符合设计要求。轮毂体为整铸结构，材料为ZG310－570。轮毂体外球面与叶片内球面间隙均匀，最大正角度时非球面部分间隙控制在1～2 mm，保证叶片转动灵活，尽量减少叶片与轮毂之间的间隙，以降低通过此间隙的漏水量。叶轮加工完成后，进行密封性能检查和动作试验、静平衡试验。在0.36 MPa压力下历时30 min无渗漏、冒汗等现象。整体装配后进行动作试验，保证叶片能灵活转动，无卡阻现象。按ISO 1940标准进行静平衡试验，精度不低于G6.3级，保证残留不平衡重量不超过标准规定的数值，残留不平衡重量产生的离心力不大于叶轮重量的0.2%。叶轮室采用ZG0Cr13Ni4Mo材料铸造，为分半结构，在叶轮室的外侧布置适当数量的环筋和直筋，加强其强度和刚度，防止在安装、拆卸、运输过程中产生变形。导叶体采用铸焊结构，导叶片材料为ZG270－500，单片铸造，法兰、壳体和内毂采用Q235优质碳素钢板制作。

9.4.8 安装

改造的第一台机组是8＃机。尽管已经实测了有关尺寸，但是加工产生的累积误差还是有影响的。因此，首先进行了机组转动部分的预组装，结果发现，在保证磁场中心的情况下，叶轮中心的高程向下偏移了10 mm。采取的办法是在定子基础板上增加一块面积相同、厚度10 mm的钢板，以维持叶轮中心的高程不变。经过安装调整，机组的同心度、垂直度、间隙等均满足规范要求。

9.4.9 现场测验结果与分析

为了验证 8＃机改造的效果，2018 年 7 月 9 日在泵站现场进行了对比试验。在相同的上下游水位条件下，采用水流条件相近的 1＃机与 8＃机对比，进行了流量和效率测试，同时测量了电机推力瓦、上下导向瓦的温度和上下油缸温度。流量采用声学多普勒流速剖面仪测量，上下游水位从固定在上下游翼墙的水位尺上读取，功率由每台机控制柜上的 0.2S 级的功率表测量，电机效率从生产厂家提供的特性曲线上查得。测量结果如图 9-27 所示。

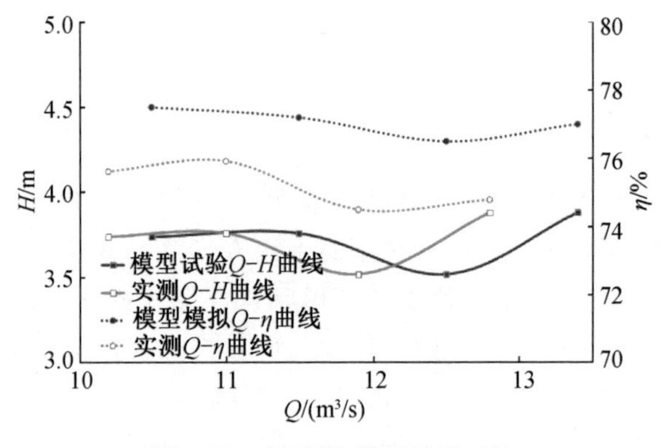

图 9-27 机组原、模型性能对比

从真机试验结果来看，在相同的扬程和角度下，改造后的 8＃机电机推力轴承温度比没有改造的 1＃机电机推力轴承温度下降 5～7 ℃，效果明显。原、模型机组的性能曲线存在一定的差异，这是由原、模型机组间测试条件不同造成的，特别是原型机组流量测量存在误差，以及河道淤积影响机组效率。但特性曲线总体趋势是一致的。

10 淮安抽水二站

10.1 工程概况

淮安抽水二站于1975年1月动工兴建，1978年12月竣工，装机2台套，主水泵为无锡水泵厂生产的45CJ－70大型立式全调节轴流泵，叶轮直径4.5 m，单泵流量60 m^3/s，总流量120 m^3/s，设计扬程7 m。配套电机为南京汽轮电机厂产的TDL550/45－60型同步电机，单机容量5 000 kW，总容量10 000 kW，单台电机总重150 t，外径6.5 m，高6 m，电机转速100 r/min，采用液压减载启动装置；辅机系统有供排水系统、润滑油系统、压力油系统、液压减载系统、压缩空气系统及抽真空系统。2010年12月28日，淮安二站加固改造工程开工，2015年12月18日通过竣工验收。图10-1是淮安二站改造前厂房外景图，图10-2是淮安二站改造前电机层内景图。

图 10-1　淮安二站改造前厂房外景图

图 10-2　淮安二站改造前电机层内景图

10.2 工程设计

10.2.1 兴建过程

淮安第二抽水站是淮安抽水工程的续建工程，主体工程的初步设计曾于1972年9月报送国家计委并水电部，水电部于1972年11月“同意淮安抽水站的规模按抽水能力为150 m³/s考虑，并同意将原设计一个站分为两个站”。1974年7月报经省治淮指挥部批示，“同意采用试制产品直径4.5 m的大泵两台，每台设计60 m³/s流量，配5 000 kW电机，连同一站灌排能力达180 m³/s，总装机容量16 400 kW”。

原规划淮安站抽引江水、抽排白马湖地区涝水均是150 m³/s流量。已建成的淮安一站抽水能力为64 m³/s，淮安二站设计应只需约90 m³/s流量，但淮安二站采用2台45CJ70大泵，可抽110～120 m³/s流量。故淮安一站和二站总的抽水流量为180 m³/s。

设计水位组合如表10-1所示。

表10-1 设计水位组合 m

工况	设计水位		校核水位	
	引江	排涝	最高	最低
上游	10.8	10.8	11.2	8.5
下游	6.92	4.63	6.92	4.13

10.2.2 机泵选型

原计划使用φ2800长江牌泵或φ2000ZL/3.5－8型泵。但φ2000ZL/3.5－8型泵在江都三站使用效率较差。

一机部根据φ2800长江牌水泵的叶轮进行放大和改进，在无锡水泵厂试制了一种45CJ70立式全调节轴流泵。淮安二站可使用45CJ70水泵，优点是：① 淮安站的抽水总扬程约7.0 m，刚好落在高效区；② 这种泵的高效区宽度较大，扬程4 m时仍落在87%的效率区，适应于淮安站排涝时的3.5 m扬程；③ 对抽引大流量而言，大泵应该是比较经济的，但淮安二站仅使用2台大泵，一切辅助机电设备都要按大机泵配套，可能经费要增加一些，但由于这2台大泵是为南水北调做准备的试制泵，其意义重大。缺点是：① 根据已建的φ2800长江牌水泵运行情况，这种泵的空化性能较差；② 当时淮海盐电网总容量 14 万 kW，最大机组 2.5 万 kW，对于大泵配用 5 000 kW 电机启动时，对电网可能有些影响；③ 大泵的泵室底高 −5.57 m，施工时站塘要开挖到 −7.07 m，较下游河底低 7.07 m，正好落在有承压水的粉砂地层上，土建施工困难；④ 泵室比河床低 5.57 m，将来进水流道和流道外的进水池可能有局部淤积。

45CJ70 配用的电机，由南京汽轮电机厂设计制造，为立式三相同步电机，额定功率 5 000 kW，额定电压 6 kV，电机总重量 150 t，其中电机转子重 60 t，定子重 40 t，采用具有空气冷却器的闭路循环空气冷却方式。电动机具有推力轴承及上下导轴承，推力轴承承受轴向推力 250 t(其中水泵叶轮重量及水推力 180 t)。电动机的转子外径 5.139 m，定子外径 6.5 m，分成三瓣，运到工地后再组装成整体。

主电机参数和主水泵参数分别如表 10-2 和表 10-3 所示。

表 10-2　主电机参数

电动机型号	TDL550/45 - 60	额定频率	50 Hz	效率	94%
容量	5 000 kW	额定转速	100 r/min	额定励磁电压	199 V
额定电压	6 000 V	飞逸转速	150 r/min	额定励磁电流	283 A
额定电流	563 A	相数	3	重量	180 t
额定功率因素	0.9(超前)	接法	Y	制造厂	南京汽轮电机厂

表 10-3　主水泵参数

水泵型号	45CJ70	转速	100 r/min	泵效率范围	85%～90%
设计流量	60 m^3/s	泵效率	90%	叶片角度调节范围	+8°～−8°
设计扬程	7 m	流量范围	40～80 m^3/s	重量	
配用功率	5 000 kW	扬程范围	3.5～9.5 m	制造厂	无锡水泵厂

10.2.3　站身及厂房结构设计

(1) 站身基本尺寸和高程的确定

根据下游设计最低水位 4.63 m，校核水位 4.13 m，水泵叶轮中心淹没深度不小于 2.5 m，叶轮中心高程为 4.13−2.5=1.63 m，相应推算得泵室底高 −5.57 m，则吸水室高 H=1.63+5.57=7.20 m，H/D=7.2/4.5=1.6，满足水泵设计的要求。

按上游最高水位设计 10.8 m，校核 11.2 m，超高 30 cm，确定虹吸出水管

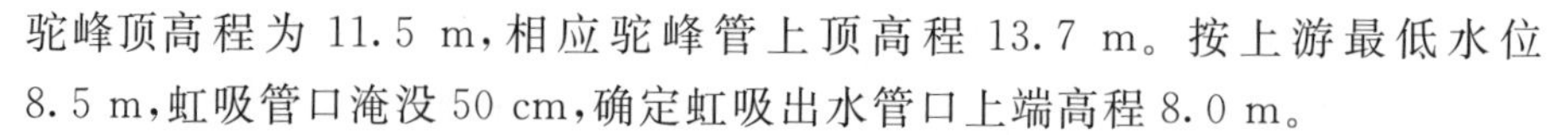

驼峰顶高程为 11.5 m，相应驼峰管上顶高程 13.7 m。按上游最低水位 8.5 m，虹吸管口淹没 50 cm，确定虹吸出水管口上端高程 8.0 m。

(2) 站身及厂房结构

站身由主厂房、副厂房、公路桥三部分组成，下游两岸翼墙为重力式挡土墙，上游翼墙为板桩式挡土墙(见图 10-3)。主厂房自上而下可分为电机层、中间层、工作桥层、水泵检修孔层、水泵层、进水流道(排水廊道)层。检修间设在主厂房西侧，东副厂房为集中控制室、高压室、办公场所。控制室内设控制台、模拟屏(返回屏)、各弱电系统开关柜。高压室内布置主机及站变高压开关柜、强电继电器屏和信号屏、励磁柜、低压开关柜。北副厂房(位于真空破坏阀层上层)放辅机和辅机开关柜及继电控制屏。辅机包括中、低压气系统及管路，高压油系统。北副厂房下面布置真空破坏阀、主机电缆架，东副厂房高压配电室下面为站变室，放置站用变压器，中间层放置液压减载装置，液压启闭机油箱、油泵、控制阀及管路。下游工作桥层为液压启闭机及闸门操作。供水泵房位于上游西岸翼墙北侧，泵房内上层布置 1 台供水泵控制柜，下层安放 2 台立式供水泵及管路闸阀。

主厂房安装 2 台套 45CJ70 水泵及 5 000 kW 电机，机组中心距定为 12.7 m，系根据进水流道总宽 11.5 m，另加中墩宽 1.2 m 确定，电机转子外径 5.139 m，定子外壳直径 6.5 m，定子外的冷却器内径 8.8 m。在冷却器的南侧(下游侧)布置 3.8 m×6.2 m 的吊物孔，控制吊物孔大小的水泵最大部件是后导叶，外径 5.0 m，高 2.15 m，根据行车起吊水泵后导叶体的边缘极限距离控制主厂房南墙柱内边线，行车轮距 13.5 m，按此推算主厂房柱间净宽最小需要 13.5 m。主厂房全长 26.26 m，另加西侧检修间 13.2 m，东副厂房 13.0 m，总长 52.46 m。

站身设计采用“山”形连底式底板，长 22.7 m，宽 26.6 m。底板面下游进水处高程－3.96 m。底板上游侧有排水廊道底部高程－6.07 m，排水廊道设计体积 250 m^3，以满足检修排水入排水廊道时的容量。

(3) 进出水流道

进水流道采用肘形渐收弯管，钢筋混凝土结构，进口底部抬高，流道底板与水平面成 $8^\circ 31' 50''$ 进入泵室。进水流道宽度 11.5 m，流道中间有一 0.8 m 宽的小中墩。进水管进口高度 7.2 m，从进口到机组中心长 15 m，流道断面形状由 7.2 m×11.5 m 的矩形逐渐收缩为直径 4.5 m 的圆形，进口流速约 1 m/s，进水流道末端流速近 4 m/s。

出水流道采用虹吸管，断流使用装在驼峰处的真空破坏阀破坏真空，使虹吸管断流，保证机组安全停机。开机时抽吸虹吸管驼峰处真空，协助启动。

虹吸管中布置厚 0.5 m 的小中墩，出水流道断面形状由直径 4.5 m 的圆形逐渐扩大为 11.5 m×5 m 的矩形，其中包括 0.5 m 厚的小中墩在内，出口处流速为 1 m/s。

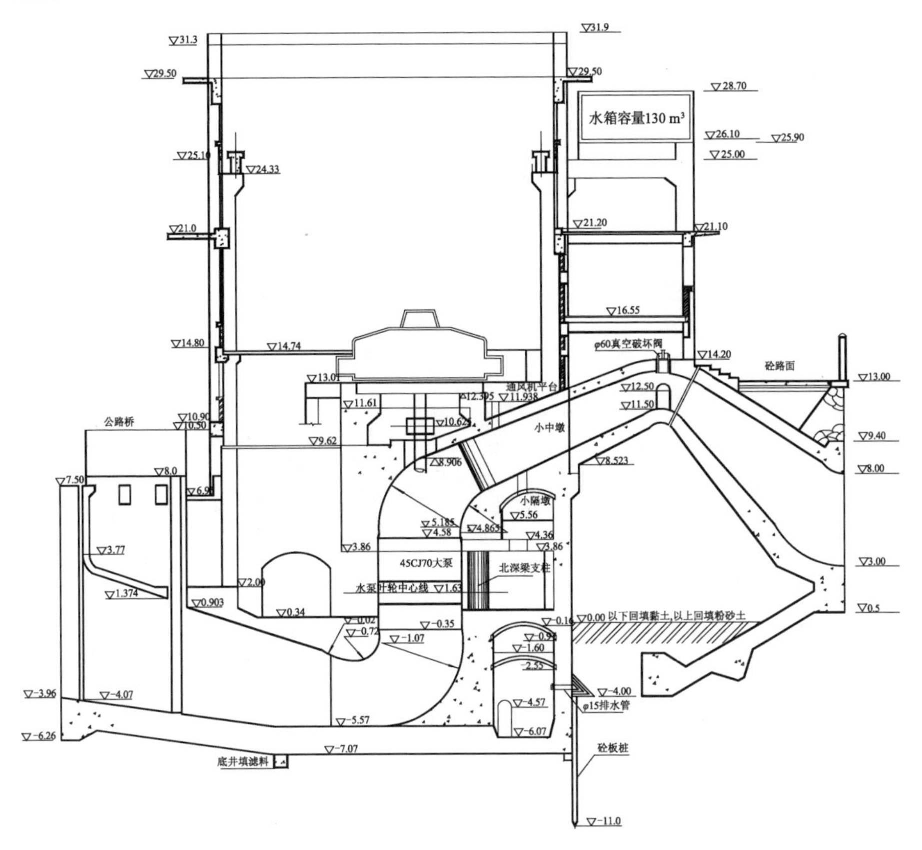

图 10-3　淮安二站站身剖面图

进出水流道总的计算水头损失为 0.511 m，其中进水管弯头和出水管弯头的水头损失为 0.383 m，约占 75%。

10.2.4　机电设计

(1) 主机及站用电设计

淮安二站用 45CJ70 大泵配以 5 000 kW 同步电动机 2 台。电源由变电所经 6 kV 组合母线送到二站厂房的东北角外侧，通过穿墙套管接一付 2 000 A 隔离开关，再引到室内 10×120 铝硬母线，分别送到电动机高压开关柜，再由柜内开关使用 2×240 cm^2 铝芯电缆引至电动机。

淮安二站电气主接线图如图 10-4 所示。

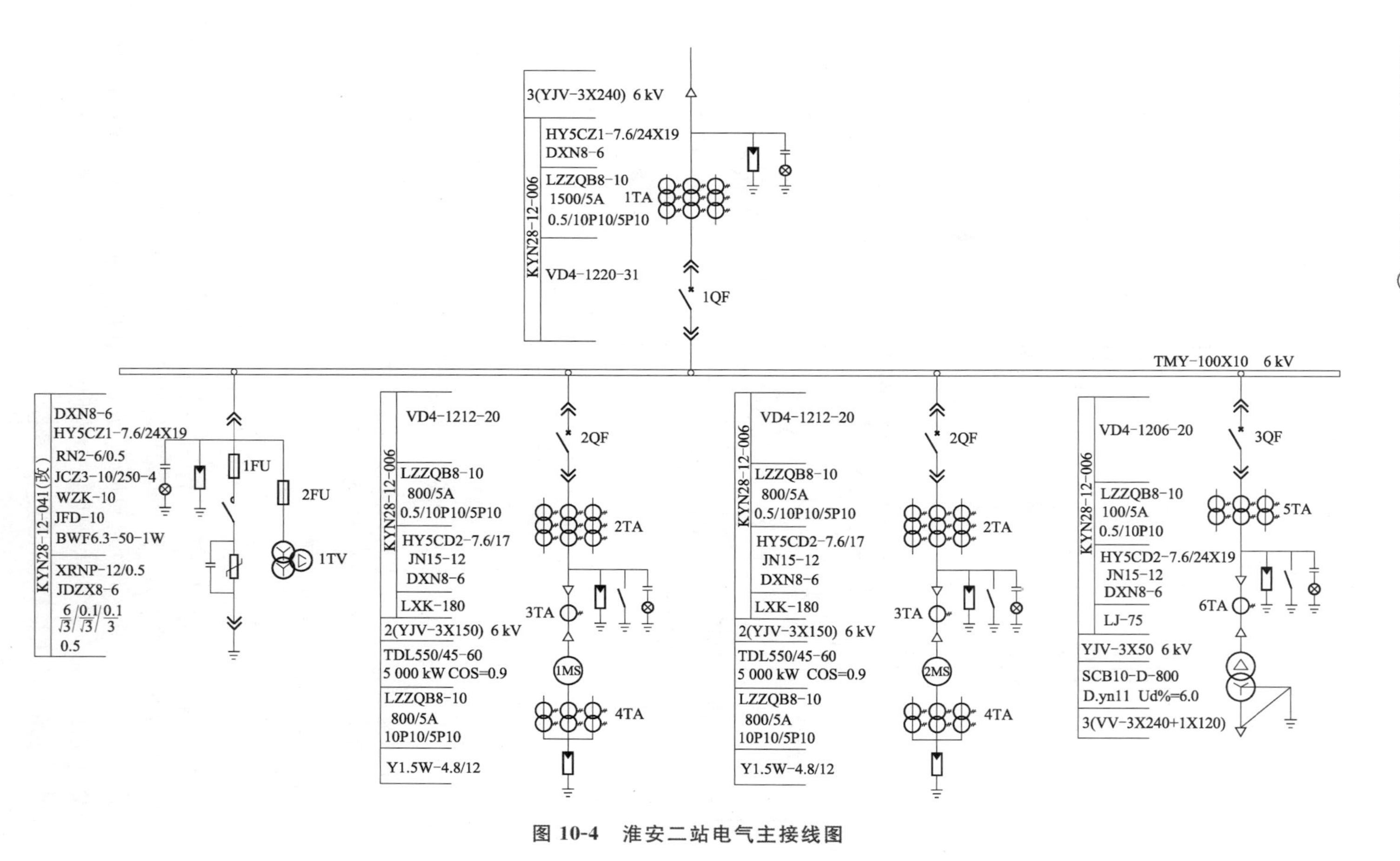

图 10-4 淮安二站电气主接线图

淮安二站2台主电机的控制方式:电动机由装在高压开关室的GG-1A型高压开关柜控制,除了在高压开关室作就地控制外,还有弱电控制和程序控制。

弱电控制:在紧靠电机房东侧,建一集中控制室放置弱电控制返回屏、继电器柜及远方控制台,弱电控制室装有常测表计和选测表计,并有必要的信号。

程序控制:2台主机的开机、停机、调相运行均可由程序控制装置来控制。此外,还装有一台200点巡回检测仪,对电机的各种电量、温度量、压力量等进行定时检测,并配有打字机定时将这些量自动记录下来。

过电压保护采用阀型避雷器和静电电容器保护。继电保护装有差动保护、反时限过流保护及定时低电压保护等。在6 kV进线外侧装有站用电专用变压器1台,容量800 kVA,供二站站用电。

(2) 辅机设计

设有供排水系统、抽真空系统、压缩空气系统、润滑油系统、压力油系统,以及通风、液压减载、水力监测、起重等设备。

① 供水系统

供水对象:a. 主机上、下油缸油冷却器的冷却用水;b. 主机空气冷却器的冷却用水;c. 主泵填料的润滑用水;d. 空压机、真空泵等辅助机械的冷却用水;e. 站内外清洁卫生用水;f. 消防用水。上述几种水,以主机空气冷却器与油冷却器用水量为最大,每台机组约200 m^3/h,全站2台机组共需400 m^3/h,主泵导轴承润滑水按7 m^3/h,辅机冷却水约25 m^3/h,其他用水15 m^3/h,全站总用水量约450 m^3/h。

供水方法:设水箱一座,容量130 m^3,水箱底到废水排出口高差约有20 m,供水压力达到1.5~2.0 kg/cm^2。选用10Sh-9A单级双吸离心泵2台,一台备用。供水设计:当空气温度低于28 ℃,采用水箱供水方式;当空气温度等于或高于28 ℃,则由供水泵直接提水到供水母管供水。主机空气冷却器是并联供水,也可以接成2个或3个冷却器串联供水,当水温高时用并联,低时按情况接成几组串联以节约水量。

② 排水系统

排水的目的是:a. 在检修时排除检修闸门的漏水和主泵进水管内的积水,以及生活用水的废水等;b. 在调相运行时排除检修闸门的漏水,使进水管内水位在叶轮以下,以利于调相的正常运行。在排水廊道与主泵进水管之间设液压传动明杆双闸板闸阀作为排水阀,以控制主泵进水管与排水廊道的通闭。排水廊道顶板上设置BA-18单级单吸离心泵2台作为排水泵,当扬程为 14 m 时，流量 Q＝360 m^3/h，排除排水廊道的积水。主机泵冷却润滑用水另设排水母管自流排入下游。由于排水廊道较小，故检修或开始调相时，排水廊道先预降水位至－5 m，再打开排水阀，但 2 台排水阀不能同时打开，排水廊道起抽水位－0.5 m，备用排水泵起抽水位－4.3 m，排水泵的启动和停止用 FQ－Ⅱ型浮标液面计控制，液压阀排水阀采用蓄能器压力油通过减压阀降压后控制。系统投入程序控制，用 34E－64B 电磁阀和浮标液面计控制。

③ 抽真空系统

抽真空系统的作用是主泵启动以前，在虹吸式出水管抽气，从而减少启动扬程，缩短虹吸形成时间。

采用 2 台 W3 型真空泵和 1 只真空罐，配 5.5 kW 电动机，抽气速率 264 m^3/h，当上游水位在 10.5 m 以下时采用 2 台真空泵同时抽气；10.5 m 以上时采用 1 台真空泵抽气，当上游水位抽至 11.3 m 时，真空泵停止，液压信号发送器发出信号，停止真空泵运行，为避免液压发送器发生故障，在控制室设远传真空表，根据上游水位，以观测真空表读数来监视真空泵的运行。

④ 气系统

压缩空气系统分中压和低压两部分。中压压缩空气采用 2 台 1－0.433/60 空压机，一台运行，一台备用，正常工作压力为 1.8～2.3 MPa，中压主要供给压力油储能器充气，同时用于进水流道检修闸门门槽底部的吹扫，以便在调相运行和检修时，减少闸门漏水量；低压压缩空气采用 3W－1.6/90 空压机，正常工作压力 0.6～0.8 MPa，主要供给开启真空破坏阀、主机制动和风动工具。

⑤ 油系统

润滑油系统主要供给主机上下导轴承和推力轴承润滑用。设置净油箱、废油箱各一只，油箱位于水泵层上层，用 2CY－5.0/3.3 油泵为两箱输油，供油母管采用塑料软管与各机组相连，排油管则采用钢管相连。

为了保证主泵叶片随上下游水位的不同调整叶片的角度，使水泵在高效区运行，设压力油系统。压力油系统采用 2CY7.5/2.5－1 齿轮油泵 2 台，一台工作，一台备用，向储能器供油，储能器高压油用于运行中主机调节叶片角度，同时进水流道排水阀采用液压传动，压力油亦由储能器经降压阀降压后供给。

⑥ 液压启闭机

液压启闭机，下游检修闸门采用 4 台 QPY/WS 型液压启闭机单吊点升降控制，启闭机采用位于中间层的 1 台齿轮油泵和 4 台电液换向阀进行控制。

⑦ 液压减载

液压减载装置采用一台 CB－FA40C－FL 齿轮油泵和节流阀，用于主电机启动时润滑推力轴承，减少阻力，通过齿轮油泵、节流阀进行恒压减载。

⑧ 通风

水泵层湿度较大，在联轴器层处设 2 台 A－72－11N3.6 离心通风机，进行水泵层通风换气工作。

10.3 工程加固与改造

10.3.1 工程存在的问题

2002 年 12 月 2 日，江苏省水利厅对淮安二站进行安全鉴定，形成安全鉴定意见：① 站身混凝土结构经长期运用，经检测有局部构件破损，部分构件如排水廊道隔墙、电机梁混凝土等强度偏低。部分构件碳化深度超标并存在局部裂缝。闸墩、电机梁碳化深度超过保护层厚度。下游公路桥拱圈梁裂缝严重。厂房检修间有数条较长裂缝。下游工作桥面板有多处混凝土破损。② 主水泵系 1976 年产品，自 1979 年投入运行以来，已经 3 次大修，主要部件均未更换过。泵叶片、叶轮室等过流部件的空化、磨损严重，空化侵蚀指数均超过严重空化标准。主要部件磨蚀、锈蚀严重。叶片调节机构调节不可靠。各部分间隙超标。泵效率严重下降，且呈逐年下降趋势，低于《泵站技术管理规程》中规定的要求。③ 主电机绝缘老化严重，上下油缸及冷却器渗漏，难以保证安全运行。④ 主变压器、高低压开关柜、控制保护及测量系统等设备严重老化，安全性能差。⑤ 拦污栅堵塞严重，无捞草设备，严重影响安全运行。检修闸门混凝土碳化严重，预埋螺栓、压板锈蚀，止水老化，难以正常使用。⑥ 供排水系统、低压空气系统、液压减载装置、叶片调节压力油装置及下游启闭机油系统等经长期运用，老化严重，零部件损坏。

综上所述，淮安二站混凝土结构部分构件强度偏低和破损、碳化；主机泵、主要电气设备等已严重老化，存在严重安全隐患，难以保证安全运行。

10.3.2 加固改造项目

2009 年 10 月 14 日，国务院南水北调办批准淮安二站改造工程初步设计。工程总投资 5 323 万元，批复工期 12 个月。淮安二站改造工程主要内容有：更换机组及配套辅助设备、电缆、检修闸门及启闭系统、拦污栅，行车更新改造，增设微机监控系统，厂房加固处理，开关室改造，接长控制楼、拆建交通桥，下游引河清淤和上下游护坡整修。

(1) 工程任务与规模

根据《南水北调东线工程规划》要求，东线第一期工程淮安梯级设计流量 300 m^3/s，淮安二站维持原规模，装机流量为 120 m^3/s。原设计泵站工程等别为Ⅱ等，泵站站房和出水流道等主要建筑物等级为 2 级，进、出水侧翼墙等次要建筑物等级为 3 级。本次加固改造拟维持原建筑物级别。拆除重建的站下交通桥按折减后的公路-Ⅱ级荷载标准设计。

淮安二站运行水位组合表如表 10-4 所示。

表 10-4　淮安二站运行水位组合表

<table>
<tr><th colspan="3" rowspan="2">项目</th><th rowspan="2">单位</th><th colspan="2">参数</th></tr>
<tr><th>站下</th><th>站上</th></tr>
<tr><td rowspan="7">水位</td><td rowspan="4">供水</td><td>设计</td><td>m</td><td>5.23</td><td>9.13</td></tr>
<tr><td>最低</td><td>m</td><td>4.52</td><td>8.50</td></tr>
<tr><td>最高</td><td>m</td><td>6.50</td><td>9.58</td></tr>
<tr><td>平均</td><td>m</td><td>5.32</td><td>9.05</td></tr>
<tr><td rowspan="3">排涝</td><td>设计</td><td>m</td><td>4.63</td><td>9.52</td></tr>
<tr><td>最低</td><td>m</td><td>4.53</td><td>8.50</td></tr>
<tr><td>最高</td><td>m</td><td>5.04</td><td>11.23</td></tr>
<tr><td rowspan="6">净扬程</td><td rowspan="4">供水</td><td>设计</td><td>m</td><td colspan="2">3.90</td></tr>
<tr><td>最小</td><td>m</td><td colspan="2">2.00</td></tr>
<tr><td>最大</td><td>m</td><td colspan="2">5.06</td></tr>
<tr><td>平均</td><td>m</td><td colspan="2">3.73</td></tr>
<tr><td rowspan="2">排涝</td><td>设计</td><td>m</td><td colspan="2">4.89</td></tr>
<tr><td>最大</td><td>m</td><td colspan="2">6.70</td></tr>
<tr><td>流量</td><td colspan="2">供水</td><td>m^3/s</td><td colspan="2">120</td></tr>
</table>

(2) 水泵模型设计

根据水利部水利水电规划设计总院《南水北调东线第一期工程淮安二站改造工程可行性研究报告预审意见》，"基本同意更新二台主水泵，主泵仍采用立式轴流泵。基本同意本阶段暂按推荐的 ZBM791－100 泵段水力模型换算真机主要参数。初设阶段应进一步研究降低水泵转速，采用 93.8 r/min 的可行性；考虑泵段与装置性能的偏移，可取流量系数 $K'=1.12$，并优选同台对比试验模型泵段成果或其他性能曲线较完整的水力模型换算真机主要参数。"根据淮安二站的主要技术参数以及类似工程泵型比选的经验，对淮安二站选择水泵转速 100 r/min，93.8 r/min 进行初步筛选，选取 TJ05－ZL－02 水力模型，经计算取叶轮直径 $D=4.5$ m，转速 $n=93.8$ r/min。水泵叶轮直径保持不变，水泵转速相对较低，有利于提高水泵的空化性能和运行稳定性，水泵进、出水流道维持不变。

(3) 水泵模型试验

① 模型试验装置

水泵模型装置叶轮段如图 10-5 所示。

图 10-5 水泵模型装置叶轮段

② 流道尺寸

a. 进水流道模型实际尺寸与设计尺寸对比(见表 10-5)

表 10-5 进水流道模型实际尺寸与设计尺寸对比

序号	名称	设计尺寸/mm	实际尺寸/mm	尺寸偏差/%
1	进口流道垂直高度	512.0	518	1.17
2	$A-A$ 面高度	459.3	459	−0.07
3	$G-G$ 面高度	273.3	273	−0.12
4	$H-H$ 面高度	251.3	251	−0.13
5	$P-P$ 面高度	304.3	304	−0.11
6	$A-H$ 高度	96.7	97	0.31
7	$H-P$ 高度	348.0	350	0.57
8	$A-P$ 中心长度	999.1	1 001	0.19
9	$A-A$ 面宽度	820.0	820	0.00
10	$F-F$ 面宽度	820.0	820	0.00
11	$G-G$ 面宽度	816.0	816	0.00
12	$H-H$ 面宽度	759.5	755	−0.59
13	$L-L$ 面宽度	376.0	378	0.53

肘形进水流道图如图 10-6 所示。

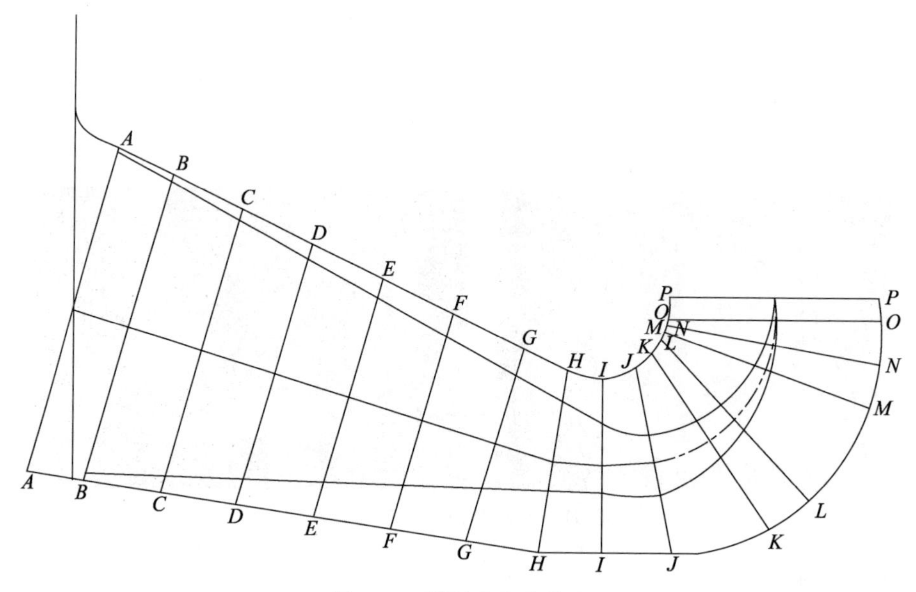

图 10-6 肘形进水流道图

b. 出水流道模型实际尺寸与设计尺寸对比(见表 10-6)

表 10-6 出水流道模型实际尺寸与设计尺寸对比

序号	名称	设计尺寸/mm	实际尺寸/mm	尺寸偏差/%
1	*G*-*J* 中心长度	540.2	540	−0.04
2	*L*-*N* 中心长度	388.2	390	0.46
3	*G*-*G* 面高度	219.3	220	0.30
4	*J*-*J* 面高度	147.3	147	−0.23
5	*L*-*L* 面高度	148.7	150	0.90
6	*N*-*N* 面高度	270.0	270	0.00
7	*R*-*R* 面高度	333.3	333	−0.10
8	*G*-*R* 水平长度	1 076.0	1 075	−0.09
9	*G*-*G* 面宽度	434.7	435	0.08
10	*J*-*J* 面宽度	736.0	740	0.54
11	*L*-*L* 面宽度	766.7	767	0.04
12	*N*-*N* 面宽度	766.7	767	0.04
13	*R*-*R* 面宽度	766.7	767	0.04

出水流道图如图 10-7 所示。

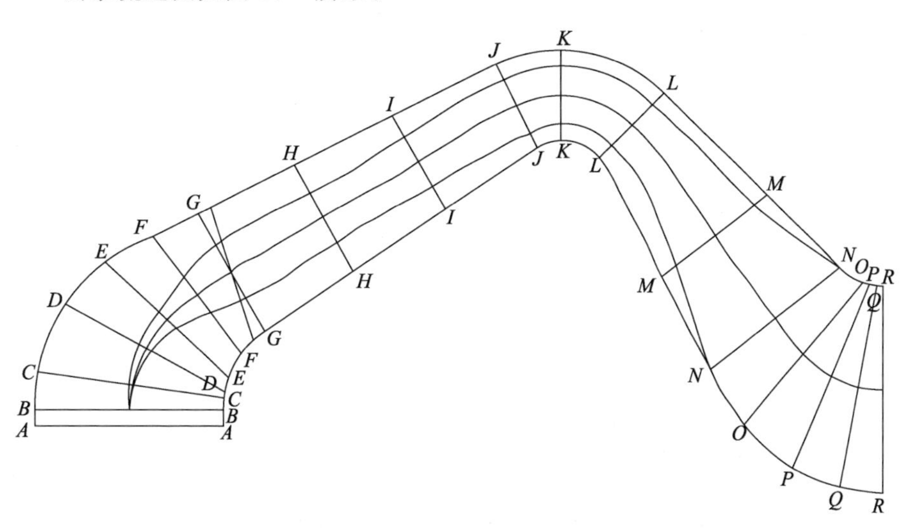

图 10-7　出水流道图

③ 能量特性试验成果

水泵能量特性见图 10-8、图 10-9、图 10-10。

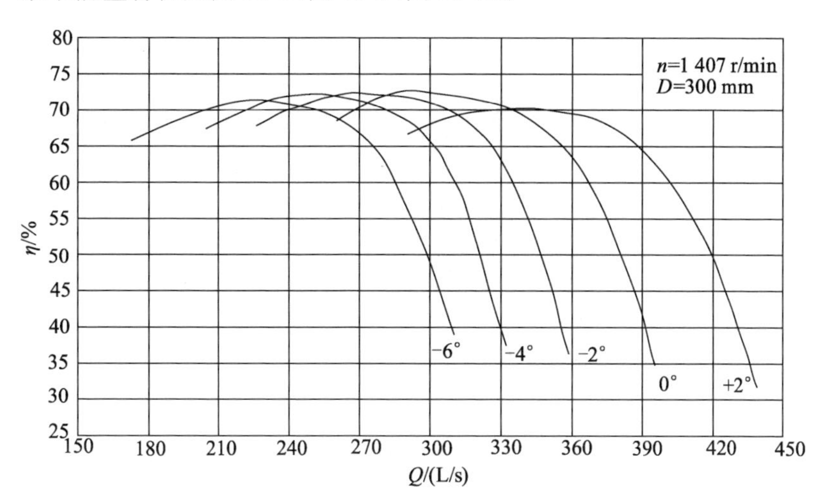

图 10-8　泵站模型装置特性曲线

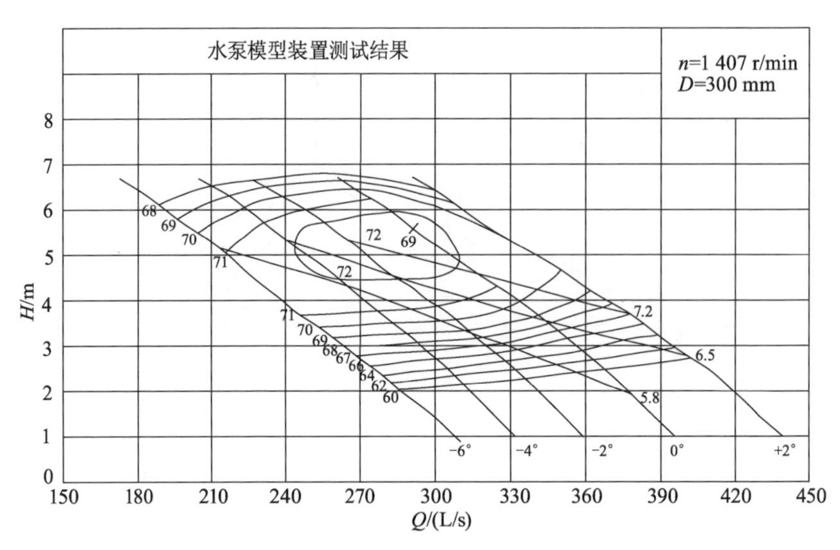

图 10-9 泵站模型装置综合特性曲线

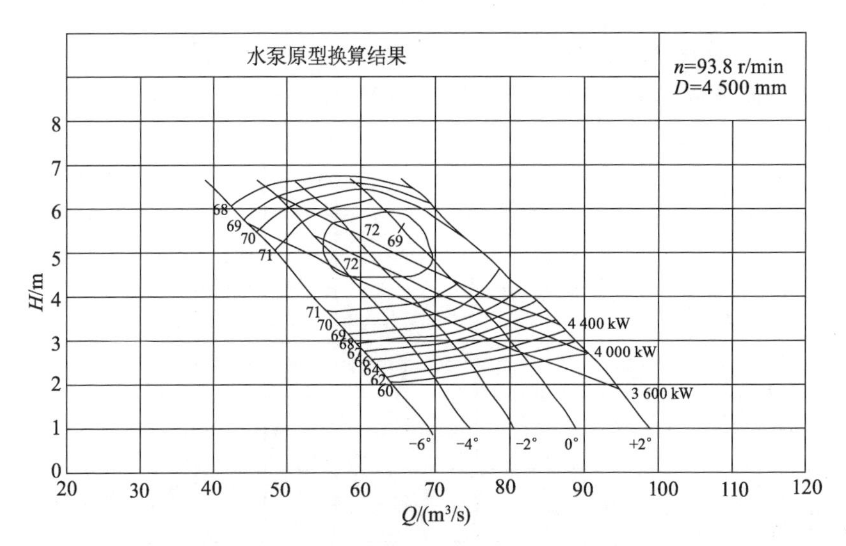

图 10-10 泵站原型装置综合特性曲线

④ 空化特性试验

淮安二站水泵模型装置的主要空化参数如表 10-7 所示。

表 10-7　淮安二站水泵模型装置的主要空化参数

叶片角度/(°)	设计扬程(4.89 m)			最高扬程(5.06 m)		
	流量/(L/s)	效率/%	临界空化余量/m	流量/(L/s)	效率/%	临界空化余量/m
+2	343.0	70.15	8.01	337.5	70.11	8.10
0	308.9	72.01	7.35	303.9	72.20	7.44
−2	274.8	72.24	6.90	271.1	72.25	7.01
−4	252.2	72.18	6.24	248.1	72.13	6.35
−6	218.8	71.17	5.75	214.9	70.88	5.80

⑤ 飞逸特性试验

不同叶片安放角下模型单位飞逸转速见表 10-8，不同水头下原型水泵飞逸转速见表 10-9，飞逸特性曲线见图 10-11。

表 10-8　不同叶片安放角下模型单位飞逸转速

叶片角度/(°)	+2	0	−2	−4	−6
n_{f11}/(r/min)	256.54	263.30	269.87	276.55	283.29

表 10-9　不同水头下原型水泵飞逸转速

(原型水泵转速 n=93.8 r/min，叶轮直径 D=4 500 mm)

叶片角度/(°)	飞逸转速/(r/min)								
	1.5 m	2.1 m	2.7 m	3.3 m	3.9 m	4.5 m	5.1 m	5.7 m	6.3 m
+2	69.82	82.61	93.68	103.56	112.58	120.93	128.74	136.11	143.09
0	71.66	84.79	96.14	106.29	115.55	124.12	132.14	139.69	146.86
−2	73.45	86.91	98.54	108.94	118.43	127.22	135.43	143.18	150.53
−4	75.27	89.06	100.98	111.64	121.36	130.37	138.79	146.72	154.25
−6	77.10	91.23	103.44	114.36	124.33	133.55	142.17	150.30	158.01

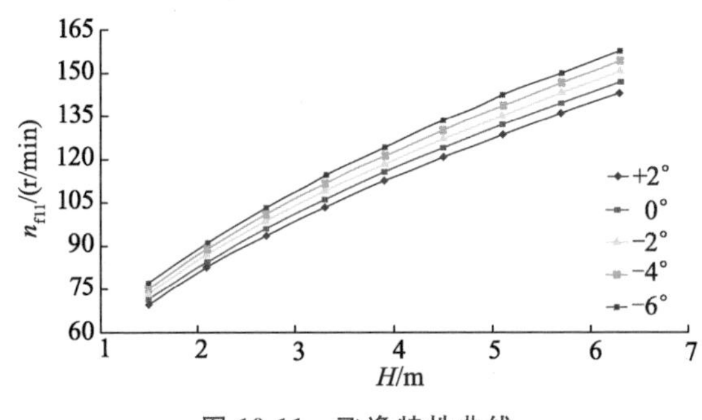

图 10-11　飞逸特性曲线

(4) 主机泵更新改造

淮安二站采用 4500ZLQ60－4.89 型立式全调节轴流泵，叶轮直径4.5 m，由上海凯泉泵业(集团)有限公司生产，叶片调节机构采用天津市天骄水电成套设备有限公司 68SQ－0 型水泵叶片调节机构及油压控制装置。配套上海电机厂有限公司生产的 TL5000－64 型立式同步电机，电机功率为 5 000 kW，电机转速 93.8 r/min。电机励磁采用北京前锋科技有限公司 WKLF－102 型微机全控励磁装置。断流仍采用真空破坏阀断流方式。增设微机监控系统和机组在线监测装置，实现主电机温度、绝缘、主水泵摆度、振动等在线监测。

(5) 工程改造工程量

淮安二站改造工程量：土方开挖 2.97 万 m^3，土方填筑 0.88 万 m^3，砌石 0.16 万 m^3，砼及钢筋砼 0.05 万 m^3，主机泵 2 台套，金属结构 70 t，高压开关柜 7 台，低压开关柜 6 台，电缆采购 3 km，以及全站的自动控制系统、微机保护系统、视频监视系统、办公自动化系统和调度管理系统各 1 套。

改造后淮安二站厂房外形图如图 10-12 所示，电机层内景图如图 10-13 所示。

图 10-12　改造后淮安二站厂房外形图

图 10-13　改造后淮安二站电机层内景图

10.3.3 工程改造总结

淮安二站改造汲取江苏泵站改造的经验教训，采取了积极稳妥的方针。淮安二站原来的设计、施工都是比较成功的，运行30多年，主机组没有发生大的结构性问题，建筑物沉降在设计范围内，之所以需要改造，是因为多年运行老化所致。所以本次改造没有对主机泵的结构做大的改变，只是对原来局部不合理的地方进行了改进。

(1) 在结构方面进行改进，便于维修

淮安二站主机泵是国内单机流量最大的立式轴流泵，如果本次改造增加流量，有可能造成进出口流速偏大，带来效率低、振动大等问题，故维持原设计流量不变。主机泵的结构也没有大的改动，只是做了局部的改动：① 原来上油缸油冷却器是整圆式，在上导瓦下面，如果更换上油缸油冷却器，就要动上导瓦，重新定大轴中心，调整瓦间隙，这次改造成插入式，由4个独立部分组装而成，不仅缩短了管道距离，而且能够在不拆装上导瓦的情况下方便地拆装。② 原有水泵是没有进水伸缩管的，只是在导叶体和叶轮外壳中间有一块20 mm厚的配制金属垫板，是利用导叶体和叶轮外壳法兰的金属弹性，实现泵的连接和密封。这种连接方式存在一定的缺陷：a. 配制垫板塞进导叶体和叶轮外壳法兰之间后，还是会有一定的间隙存在，而且它们之间的接触都是刚性接触，当用螺栓拧紧金属法兰后，在螺栓的作用力下，导叶体和叶轮外壳法兰需要承受很大的预应力。同样，水泵层和底板层也会有很大的预应力。b. 这种结构主要是轴向连接，对径向的压缩力作用不大，所以，对导叶体和叶轮外壳之间的密封不是很有效，在导叶体和叶轮外壳之间还有漏水现象。在本次泵改过程中，参照了淮阴站水泵伸缩节的结构设计，在水泵的叶轮外壳和进水锥管之间增加了一节伸缩管，将伸缩节的位置设计在位于叶轮室的下面，具体结构如图10-14所示。c. 导叶体内的导轴承的润滑进水管的改进设计：原有水泵的润滑水进水系统是通过一个外加的单独进水管接到橡胶轴瓦的，如图10-15所示，进水管置于2个导叶片中间，会影响导叶体内进水的流畅，甚至会影响水泵的装置效率(在模型泵装置试验时没有该进水管装置)。该进水管装好后，经过水泵常年运行出水的强烈冲击和进水管本身的锈蚀，进水管有可能受到损坏，会影响泵的正常使用。本次改造时，在导叶片的表面预置一条进水沟，将该沟在铸造时就铸成，在机加工时将铸件的进水沟打磨光滑，然后在进水沟的上面焊接一块盖板，焊接好后，再将焊接表面清理干净，如图10-16所示。改进后的进水管路优点是：导叶片表面型线光顺，对水泵的出水流没有任何影响，也避免了水流对润滑水管的冲力，产品的外观也比较好。在铸造生产中，没有任何麻烦，比在导叶片中预埋金属管更容易实现。此结构简单，密封性强，便于水泵的安装、拆卸和维修。

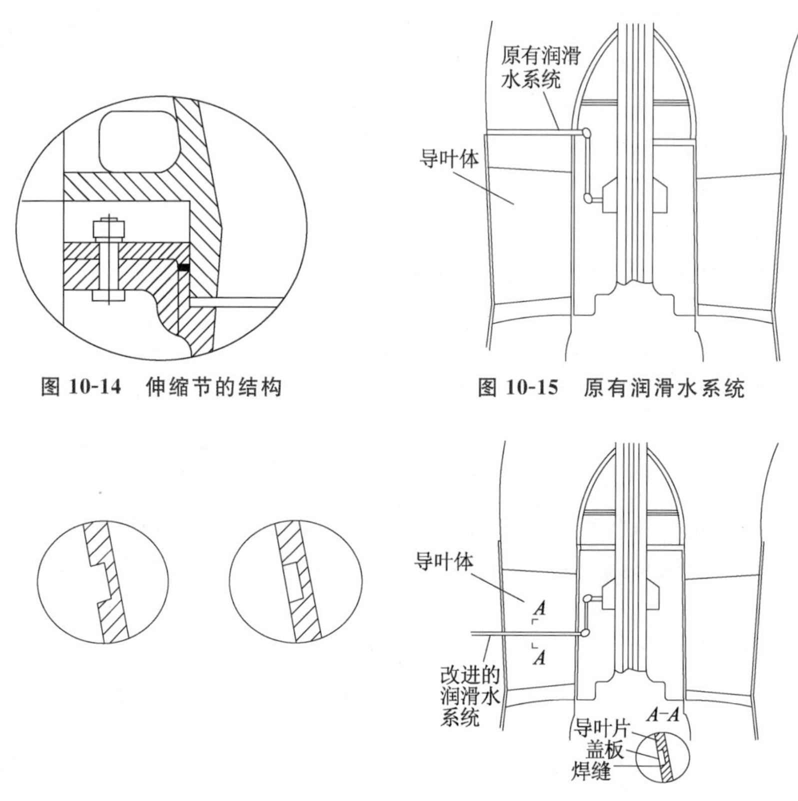

图 10-14 伸缩节的结构

图 10-15 原有润滑水系统

图 10-16 改进的润滑水系统

(2) TJ05－ZL－02 水力模型在淮安二站的适用性

淮安二站泵改选用了 TJ05－ZL－02 水力模型。该模型的主要特点是流量大、叶片厚，由于模型泵的叶片比较厚，在设计大泵后，叶片的强度就会好很多，水泵在运行中不容易产生叶片振动、断裂等现象，叶片的生产工艺性也比较好。采用该模型的最主要的原因是，该叶片的水力性能比较好，能满足淮安二站最高排涝扬程在 6.7 m 时和最低扬程运行的要求。但是，在水泵招标结束后，生产商上海凯泉泵业(集团)有限公司在进行水泵结构设计时，发现该模型的轮毂比是 0.4，原来水泵的轮毂比是 0.466 7。由于淮安二站有前导叶体，如果将 TJ05－ZL－02 水力模型按相似换算去设计，就会产生与原来的导流锥衔接不上或在进水锥管处产生突然收缩的问题，这样对机组的装置效率就会产生严重的影响甚至导致模型泵装置试验失败。如果更换前导叶体，就要改造土建结构，工程量大且存在安全隐患，这应当是前期水泵选型设计方面的失误。由于生产商上海凯泉泵业(集团)有限公司已经与扬州大学签订了模型转让协议,难以重新选择水力模型,只好由扬州大学通过对水力模型采用数值模拟的手段进行改型设计。改型设计要达到以下两个主要目的:① 改型设计的水泵性能(轮毂比为 0.466 7)和选型的 TJ05 - ZL - 02 水力模型性能(轮毂比为 0.4)相似,以满足淮安二站的工程要求;② 鉴于 TJ05 - ZL - 02 水力模型流量系数大,远高于改型要求,水泵改进时,应适当减小流量系数,同时适当降低高效区扬程。

由于水泵轮毂比已经限定,不可更改,需要将 TJ05 - ZL - 02 水力模型轮毂比由 0.4 改为 0.466 7。由于轮毂比由小变大,流速增加,水力损失增大,过流断面减小,抗空化性能变差,效率降低。因此必须通过改变其他设计参数,以保证改型后的水泵水力性能相似。改型设计修改了叶栅稠密度和翼型安放角两项参数。叶栅稠密度是轴流泵叶轮的重要几何参数,它直接影响泵的效率,也是决定水泵空化性能的重要参数。叶栅稠密度是根据在叶栅中能量损失最小以及具有较好空化性能的条件确定的。叶栅稠密度减小,水泵叶片总面积减小,叶片工作面和背面的压差增加,空化性能变差。但是叶片总面积减小,相应地减小了水力摩擦损失,叶片效率可以提高。本次改型设计时,保持叶根叶栅稠密度倍数不变,在叶尖叶栅稠密度的可变范围内,适当降低叶尖叶栅稠密度,增加叶根叶栅稠密度,以减小内外翼型的长度差,均衡叶片出口扬程,扩大高效区范围,提高效率,提升运行稳定性。叶片的翼型安放角对轴流泵的性能同样具有重要的影响。通常轴流泵叶轮叶片的外缘翼型很薄,近乎平直,并且叶片的冲角很小,做功能力不强。反之,轮毂侧的翼型较厚,拱度较大,且冲角较大,导致叶片扭曲严重。本次改型设计时应适当减小轮毂处翼型安放角,降低轮毂侧的轴面速度与圆周分速度,同时适当增大外缘翼型的安放角,增大外缘叶片的冲角,提高叶片的做功能力。这样不仅可以减小叶片扭曲,改善翼型工作条件,增加过流量,而且可以提高效率、扩大高效区和提高叶片的抗空化性能。

改型后的淮安二站模型泵在河海大学做了装置模型试验,试验的主要成果如下:① 模型最高装置效率为 72.69%,对应的叶片安放角为 0°,扬程为 5.58 m,模型流量为 0.29 m^3/s,换算至原型流量为 65.31 m^3/s。② 当叶片安放角度为−2°时,模型最高装置效率为 72.31%,扬程为 5.30 m,模型流量为 0.256 m^3/s,换算至原型流量为 59.77 m^3/s;在设计工况点扬程 4.89 m 时,模型装置效率为 72.20%,流量为 0.275 m^3/s,换算至原型流量为 61.86 m^3/s;在平均扬程 3.82 m 时,模型装置效率为 70.92%,流量为 0.302 1 m^3/s 换算至原型流量为 67.89 m^3/s。③ 当叶片安放角度为−2.5°

时，调水最高扬程为 5.06 m，模型装置效率为 72.20%，换算至原型流量为 59.50 m^3/s；设计扬程为 4.89 m，模型装置效率为 72.20%，换算至原型流量为 60.3 m^3/s；平均扬程为 3.82 m，模型装置效率为 71.00%，换算至原型流量为 66.40 m^3/s。泵站改造后的试运行结果与泵装置模型试验结果基本一致，结果表明，TJ05－ZL－02 水力模型用于淮安二站，效率并不高，流量偏大，导致淮安二站长期在负角度下运行，影响了泵站的调节能力。

(3) 电机的质量问题

淮安二站原来的电机总重 150 t，转子 50 t，极对数 30。改造后电机总重 120 t，转子 38.3 t，极对数 32。电机功率不变、极对数增加，而重量却明显减少。直轴同步电抗的设计值是 1.020 8，而试验值是 1.045 6。定子直流电阻设计值是 0.086 46 Ω(75 ℃)，而试验值是 0.140 5 Ω(23 ℃)。这些都说明厂家在设计电机时参数值偏高，节约材料，影响电机的性能。在运行中，电机的噪声明显比原来的电机噪声大。1 号电机转子绝缘不合格，经厂家现场处理后才勉强合格，比 2 号电机低许多。

1 号电机在安装过程中发现推力头与卡环的间隙有不均匀现象，靠近键槽侧测量间隙为最小，在与键槽呈 180°位置处测量间隙为最大，间隙差达 0.07 mm(见图 10-17)。SD288—88 标准规定“在推力轴承承受转动部分重量后，用 0.03 mm 塞尺检查卡环的轴向间隙，其有间隙的长度不得超过周长的 20%，且不得集中在一处。间隙过大时，应当处理，不得加垫”。

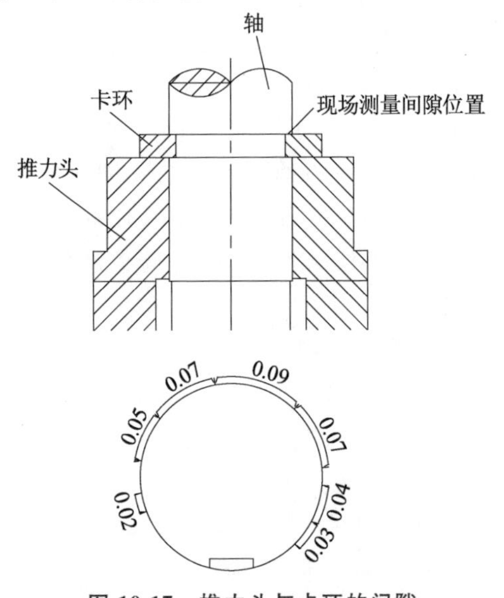

图 10-17　推力头与卡环的间隙

为了查明情况，分析原因，在现场测量了推力头和轴颈尺寸，数据如表

10-10 和图 10-18 所示。

表 10-10　推力头和轴颈尺寸　mm

测量位置直径代号	A	B	C	D
推力头内孔设计值	$\phi 460_{0}^{+0.063}$		$\phi 461_{0}^{+0.063}$	
推力头内孔测量值	$\phi 460.0$	$\phi 460-0.04$	$\phi 461-0.04$	$\phi 461+0.03$
所对应轴颈设计值	$\phi 460_{+0.02}^{+0.05}$		$\phi 461_{+0.02}^{+0.05}$	
所对应轴颈实测数据	$\phi 460.10$		$\phi 461.10$	

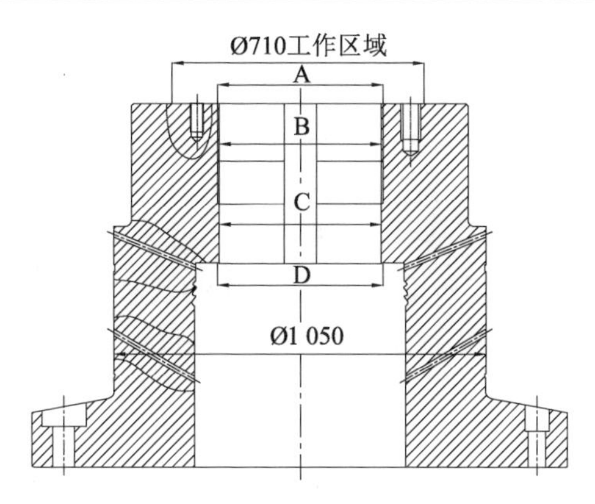

图 10-18　推力头和轴颈尺寸测量位置

根据所测尺寸分析，推力头和轴颈存在两个问题，一是推力头内孔呈喇叭口状，二是轴的过盈量偏大。按照常理，现在精密数控机床加工的部件，误差不应该有那么大，初步分析，喇叭口可能是由于轴的过盈量太大而往两边挤造成的。由于现场无法处理，只好将推力头返厂。

推力头返厂后，先将推力头上机床校验，校验步骤如下：在立车工作台上放 4 个等高块，为保证等高块等高，先将上平面光一刀，然后将推力头放置在等高块上，用百分表测量推力头下端面，旋转工件一圈，误差在 0.01 mm 以内，然后用卡盘固定推力头，用百分表拉推力头外圆（直径为ϕ 1 050 mm 这一段）直线，误差在 0.01 mm 以内。

用同样的方法拉内孔直线也在测量范围之内（从上到下，ϕ 460 mm 这一段误差为 0.02 mm，ϕ 461 mm 这一段为 0.03 mm 左右），说明此时放置的推力头中心与底面是垂直的。

然后用百分表检测上端面，首先将百分表放置在不同直径上几个点，旋转工件一圈，误差都在 0.02 mm 以内，然后再从外圆往内圆方向拉直线，外圆到ϕ 710 mm 工作区域附近误差为 0.05 mm，从ϕ 710 mm 到内圆为 0.01 mm

左右。说明推力头上端面工作区域与内外圆的垂直度及与底平面的平行度都在 0.02 mm 以内。

通过上面的检测,可以认定造成问题的主要原因就是推力头配合过盈量太大导致推力头材料往外挤压。

根据要求,应当保证推力头与轴最大过盈量不超过 0.02 mm,须将推力头内孔加工至$\phi\,460^{+0.12}_{+0.08}$ mm 和$\phi\,461^{+0.12}_{+0.08}$ mm,见表 10-11。

表 10-11 推力头内孔和轴颈的装配 mm

推力头内孔	轴颈	配合值
$\phi\,460^{+0.12}_{+0.08}$	$\phi\,460.10$	+0.02～−0.02
$\phi\,461^{+0.12}_{+0.08}$	$\phi\,461.10$	+0.02～−0.02

检测结果:加工后的内孔通过百分表检测与底面垂直度为 0.01 mm。内孔加工后实际尺寸为$\phi\,460.095$ mm 和$\phi\,461.09$ mm,满足加工要求。将处理后的推力头运回现场,重新组装后测量推力头上端面工作区域与卡环间隙,0.02 mm 塞尺不能塞进,满足规范要求。

11

淮安抽水三站

11.1 工程概况

淮安三站自1995年1月25日开工，1996年12月主体工程安装结束，具备试运行条件，1997年6月投入使用，安装2台套灯泡贯流式水泵/水轮机组。水泵和电机均由天津发电设备厂生产。水泵型号为32GWN－42，叶轮直径3.19 m，单泵流量为33 m^3/s，总流量66 m^3/s，设计扬程4.2 m。配套电机型号为TDWG1700－44/3250，电机功率1 700 kW，电机转速为136.4 r/min。辅机系统有供排水系统、润滑油系统、高压油系统、水力管路监测仪表系统。

11.2 工程设计

11.2.1 兴建过程

淮安三站是20世纪90年代江苏省黄淮海中低产田改造"利用世界银行贷款加强农业灌溉"项目中的子项，其作用为抽引江都站送来的长江水入灌溉总渠，继续北送，为农业灌溉提供水源，当淮水丰沛时，淮安三站可反向运行，结合向里运河送水，反向发电。工程初步设计于1990年10月报送江苏省建设委员会。1991年4月水利厅组织专家进行了预审，设计单位根据预审意见进行了补充论证和修改，1992年12月24日至26日组织专家进行了审查，1993年1月江苏省建委"同意按照抽水流量60 m^3/s 设计，另加10%备用"。"同意站址放在原运南闸以下，选用两台贯流泵机组。该站以抽水为主，在不降低抽水效率的前提下，利用淮河余水进行发电。"

水位和抽水流量：根据黄淮海地区农业灌溉缺水的情况，经供水平衡分析计算和泵站改造工程可行性研究报告论证，淮安抽水梯级应达到 240 m^3/s 的抽水能力，淮安一、二站总的抽水能力已达 180 m^3/s，为此需要兴建的淮安抽水三站抽水能力需达到 60 m^3/s。

设计水位组合如表 11-1 所示。

表 11-1　设计水位组合　　m

工况	设计水位		校核水位	
	抽水	发电	最高	最低
上游	9.7	10.0	11.2	9.0
下游	6.0	7.0		6.0

11.2.2　机泵选型

水泵设计扬程取泵站正常抽水运行期上下游水位差及流道损失，淮安三站水泵设计扬程按照设计水位差 3.7 m 加上流道损失 10%～15%的净扬程计算为 4.07～4.26 m。由于设计扬程较低，选用比转速较高的轴流泵，直径可相对减小，同时效率可相对提高，所以淮安三站泵型选用轴流泵。

轴流泵结构形式较多，有立式、斜轴式、卧轴式、贯流式等，淮安一、二、四站均为立式泵站，该型泵结构相对简单，维修较为方便，可靠性高，有较为丰富的使用维护经验。淮安三站选用灯泡式贯流泵主要考虑到以下几个方面：一是使用贯流泵在基础开挖上相对立式泵挖深较浅，经测算与同规模的立式泵相比挖浅 0.8～1.0 m，同时厂房建筑高度减小，能减少土建投资。二是当时设计要求淮安三站机组具有反向发电功能，而灯泡贯流式机组在发电站有较多运用，有一定的使用经验。三是灯泡贯流式机组在当时国内已开展多方面研究，并且已有 3.1 m 直径的贯流泵机组试制投产，套用现有机组可以缩短制造周期，节省设备试制费用。综合以上考虑，在初步设计时，初定采用 GDN-WP-310 型后置灯泡贯流式机组。

1994 年 6 月淮安三站机泵及配套设备承包商中国江苏国家经济技术合作公司根据招标文件要求，就机组结构形式提供一个主选方案、两个备选方案供业主方选择。主选方案为直联定桨贯流泵，采用此方案机组结构简单（无需油压装置、调节器等），可靠性高，检修方便，造价低，同时在水泵工作区域内，水泵流量与设计流量相差较小，效率较高，按照水力模型装置试验结果，水泵效率可达 88%，空化也在工况较佳区域，同时土建工程设置了胸墙，定桨泵启动时可能造成的功率、扬程过高情况得以解决，但该方案在发电工况下具有不可控性，并且较转桨方案发电量要少。备选方案一为直联转桨贯流泵方案，该方案是结构最完善的机型，水泵叶片会根据上下游水位变化调整到机组运行最佳区域，在启动时机组叶片角度调至－27°，停机时调至－23°，发电时调至－3°～10°，这样不仅使得机组可靠平稳而且经济，此种贯流泵采用手调或机调均可，比定桨贯流泵在发电时更为节水高效，作为水泵运行启动时可有效降低启动电流，缩短启动时间，节约用电，同时停机时将叶片调至－23°，可以避免机组产生飞逸转速，但转桨式贯流泵由于机组结构比较复杂，造价相对较高。备选方案二为齿轮变速型贯流泵机组，此方案可选用标准高转速电机，加装适用的轴承和多轴组合的轴系，机组结构简单，节省空间，但该型机组由于国内生产的变速齿轮箱制造工艺不高，噪声强度高，使用寿命短，即使采用优质钢高精度加工方法价格仍较高，如采用进口配套，价格更为昂贵。经过综合比选，最终采用直联定桨方案。

淮安三站贯流泵配套电动机是经过专门设计的低速电机，电机结构、电磁、通风冷却、轴承都是在科研成果中通过试验验证的，定转子支架及泡头等主要部件采用有限元在大型计算机上完成强度、刚度、振动计算。电机制造上采用独具特色的工艺（如粘接铁芯、F 级绝缘、整体固化），运用已获专利的液压嵌线工具精心制造，电机装有可随正反向推力的静压轴承，启动运行平稳，能充分满足抽水和发电双转向的要求。励磁采用无刷励磁系统，无刷励磁系统为当时国内先进技术的新产品。

电机采用与水泵共轴的形式，电机整体结构与水泵有良好的结合，电机与水泵的传动效率几乎可达到 100％。并且在一根轴上布置转动部件，各部件安装维修较为方便。机组主轴一端与叶轮相连接，另一端与电机转子相连，采用双点支撑，一支点为水泵侧的水导轴承，另一支点为转子处的组合轴承。水导轴承为具有承担正反转向的动、静压结合自位筒式油轴承，动压运行时由重力油箱供油，静压运行时由高压油泵供油，通过节流器进入主轴下方，将主轴浮起形成油膜，水导轴承采用自位结构，使轴瓦随主轴的变形作相应位置调整。组合轴承由径向轴承、正向推力轴承及反向推力轴承三部分构成，径向轴承为动静压工作模式，正、反向推力轴承为液体润滑动压摆动瓦轴承，正向推力轴承轴瓦采用悬挂瓦刚性支柱支撑方式，反向推力轴承轴瓦采用弹性支撑方式。

主电机参数和主水泵参数分别如表 11-2 和表 11-3 所示。

表 11-2 主电机参数

电机型号	TDFWG1700－44/3250	额定频率	50 Hz	效率	
容量	1 700 kW	额定转速	136.4 r/min	额定励磁电压	129.5 V
额定电压	6 kV	相数	3	额定励磁电流	239.8 A
额定电流	193.3 A	接法	Y	重量	
额定功率因素	0.9	飞逸转速	258.2 r/min	制造厂	天津发电设备厂

表 11-3 主水泵参数

水泵型号	32GWN－42	转速	136.4 r/min	泵效率范围	88.0%～88.4%
设计流量	33 m^3/s	泵效率	88.4%	转速调节范围	
设计扬程	4.2 m	流量范围	32.0～33.2 m^3/s	重量	
配套功率	1 700 kW	扬程范围		制造厂	天津发电设备厂

淮安三站原水泵结构图如图 11-1 所示。

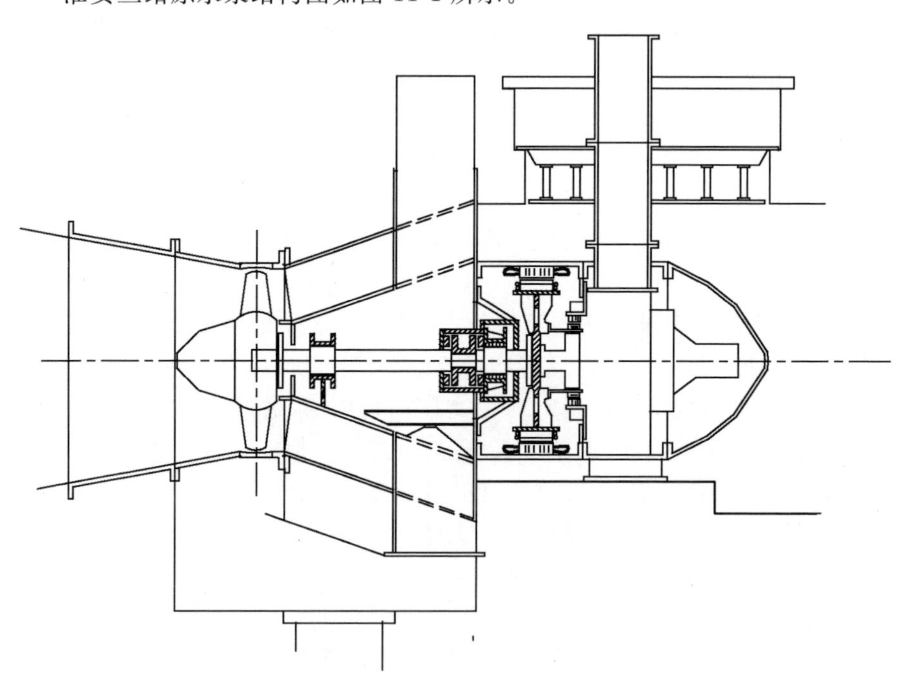

图 11-1 淮安三站原水泵结构图

11.2.3 水力模型

淮安三站是原水电部南水北调规划办公室(以下简称部南办)确定的贯流泵试点站,原计划选用中国水利水电科学研究院(以下简称北科院)研究的开敞式灯泡贯流泵,其模型试验研究成果已于1984年12月在部南办主持下通过鉴定。后来为了提高泵站效益,充分利用灌溉用水能量,增加了发电功能,因而需要把水泵机组改为可逆式水泵水轮机组。由于开敞式灯泡贯流泵进水流道(即水轮机工况的尾水管)很短,不能有效回收水轮机工况叶轮出口水流的动能,而且还可能因出口水流紊乱而引起灯泡体振动。为此,北科院建议淮安三站改用比较适合做可逆运行的后置式灯泡贯流泵。1986年7月,部南办召集科研、设计、制造和管理部门的专家会议,重新研究了淮安三站的机型问题,会议采纳了北科院的建议。会议决定淮安三站采用可逆式后置灯泡贯流泵,叶轮和导叶完全按水泵要求设计,要求北科院进行补充模型试验,以验证发电的可行性,并给出准确的运行特性。北科院根据会议决定在已有的贯流泵研究基础上,对后置灯泡贯流泵的流道、叶轮和导叶又进行了大量的研究,取得了较为满意的成果,其中BPⅢc-I09-G21可逆式后置灯泡贯流泵不仅能满足淮安三站发电要求,其抽水性能还超过原开敞式灯泡贯流泵,超过了预期要求。图11-2是BPⅢc-I09-G21作为水泵运行的装置模型特性曲线,图11-3是作为水轮机运行的装置模型特性曲线,从图中可以看出,模型装置水力性能比较优良。

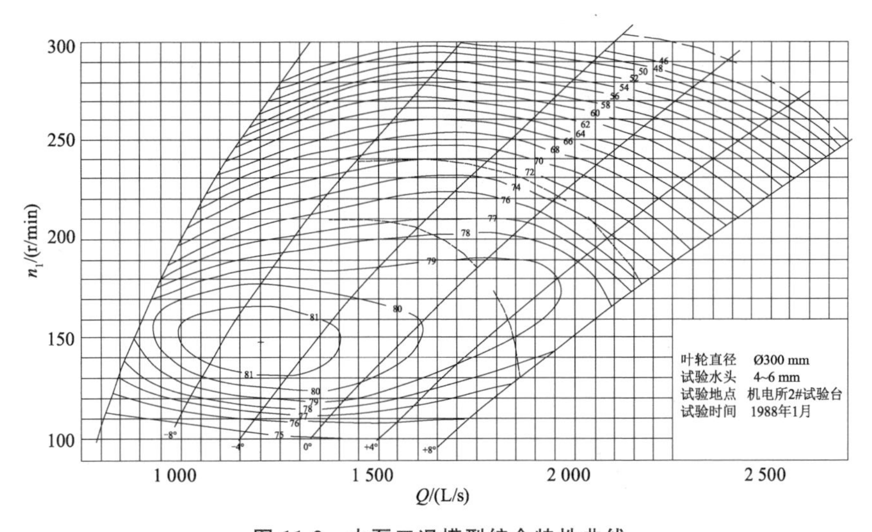

图 11-2 水泵工况模型综合特性曲线

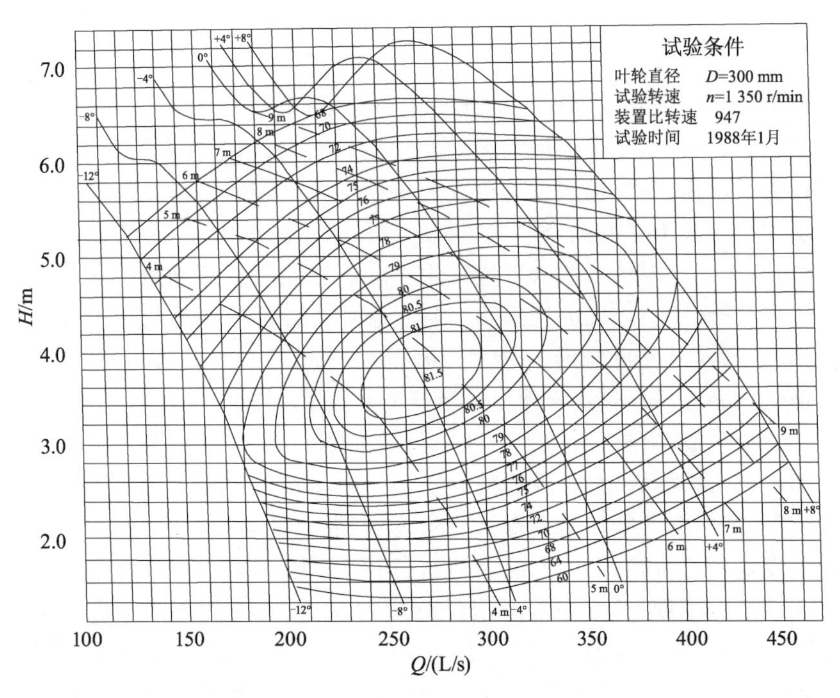

图 11-3 水轮机工况模型综合特性曲线

11.2.4 站身及厂房结构设计

(1) 站址选择和总体布置

淮安三站在站址选择上进行了两个方案的比较,一是站址选在运南闸闸下的方案,二是站址选在淮安二站以西 15 km 处总渠南堤上的方案。第一个方案的特点是基本上利用原有河道,挖开原运南闸,输水路线短且顺直;工程位置在总渠管理处管辖范围内,为废弃荒地,不需征用土地和拆迁房屋,工程容易实施;同时抽水扬程基本稳定,适合采用高效率机组;该站址靠近总渠管理处,便于今后运行管理和维修;此外,该站还可以利用多余淮水进行发电,提高经济效益;但此方案存在施工场地较狭窄、施工干扰大,土方多且弃土堆放困难等问题;同时需对淮安站变电所进行增容。第二个方案的特点是既能向北输水,又能结合白马湖地区排涝;但此方案经北运西闸从大运河引水,引河长,土方开挖量大,北运西闸还需要加固,特别是需要大量征地和拆迁,投资很大;同时由于抽水站扬程变化较大,机组效率降低;此外,由于位置较小,站下为侧向引水,流态较差。经综合比较,淮安三站站址选择采取第一个方案。

(2) 站身基本尺寸和高程的确定

淮安三站站身采用堤身式块基型结构，根据富春江水工机械厂提供的资料，要求叶轮中心在最低水位以下 4.0 m，结合目前站下水位最低不足高程 6.0 m，加上拦污栅损失，确定叶轮中心高程为 1.5 m，流道底高程为 −0.98 m。

为满足流道布置要求，以及闸门布置，确定底板顺水流方向长度为 31.5 m。流道最宽处为 6.51 m，确定机组中心距为 7.8 m，底板宽度为 16.4 m。

主厂房地坪高程为 10.5 m，根据最大起吊高度、起重机高度和安全超高要求，确定吊车梁顶高程为 18.8 m，屋盖梁底高程为 22.2 m，屋顶高程为 23.9 m。

(3) 站身及厂房结构

站身分为三层，高程 10.8 m 以上为主厂房，高程 4.75 m 以下为流道层，高程 4.75 m 至 10.8 m 之间为中间层。中间层下游侧为辅机间，放置供水系统及消防系统设备。中间层上游为电缆间。为方便管道、电缆敷设，在中间层高程 6.4 m 以下设管道电缆层，层高 0.8 m。在底板高程 −2.8 m 处设置低位油箱、排水系统设备。由高程 6.4 m 通过检修间一侧楼梯孔可进入地下室。地下室采用楼梯进风、管道排风，保证地下室换气及干湿度要求。

站身主厂房东侧为控制室，西侧为检修间，高程均在 10.8 m 以上。主厂房净跨 13.4 m，立柱为二阶梯，上设吊车梁。控制室分为两层，底层为室内变电所、低压室、办公室，顶层为开关柜室和中控室。

(4) 进出水流道

进出水流道为卧式双向直锥扩散形流道。进水流道底板高程为 −0.98 m，流道进水口高度为 6.51 m，进水口由 6.51 m×4.96 m 的矩形断面逐渐收缩为直径 4.96 m 的圆形断面，进口流速约为 1.023 m/s，进口流道末端流速约为 3.4 m/s。

出水流道底部高程为 −1.13 m，出水口高度为 5.89 m，出水口由直径 4.96 m 的圆形断面逐渐扩散为 5.89 m×6.51 m 的矩形断面，出口流道末端流速约为 0.86 m/s。

上游流道采用卷扬式启闭机快速闸门断流方式，上下游均设有一道检修门，采用快速门断流。

淮安三站剖面图如图 11-4 所示。

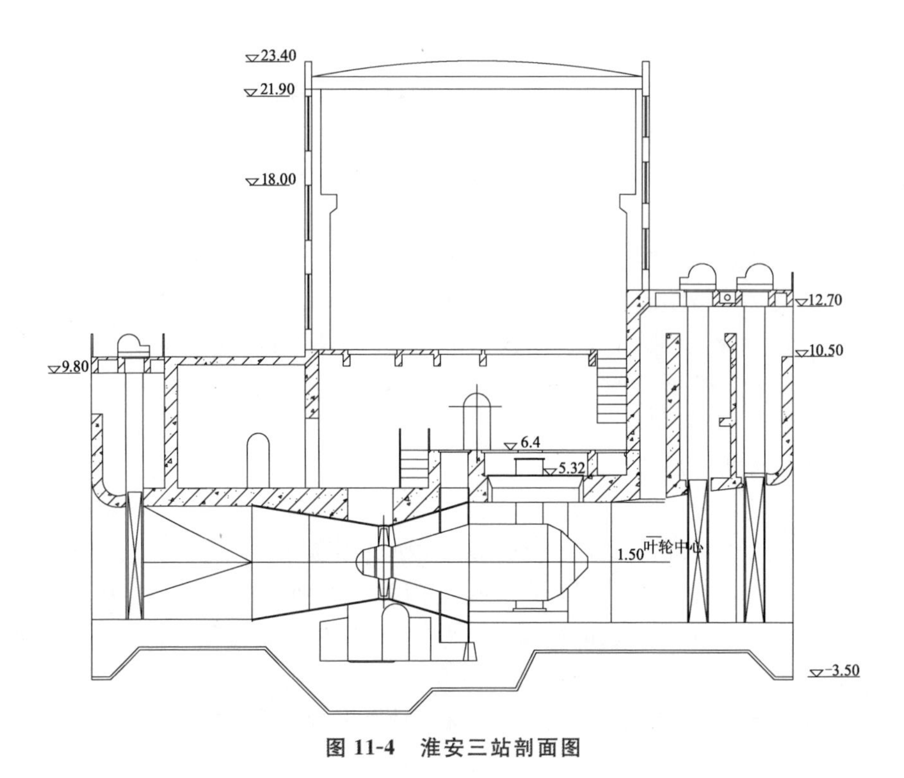

图 11-4　淮安三站剖面图

(5) 电气和辅助设备设计

① 电气设计

为了满足淮安三站供电要求，对淮安站变电所进行改扩建，将 1# 主变由原 10 000 kVA 增容至 20 000 kVA，以满足淮安一站和淮安三站同时开机的要求，增加 311 开关、翻三线间隔和 1.7 km 的 35 kV 架空线路。抽水运行时由淮安站变电所 35 kV 母线送电至淮安三站，经降压后供主电动机用电，发电时经 35 kV 架空线路送至淮安地方电网。

电气主接线采用单母线接线，一台变压器供两台主机。35 kV 架空线由淮安站变电所到淮安三站，通过穿墙套管接入 35 kV 高压进线柜，由主变压器降压至 6 kV 供主电机用电。

淮安三站采用 35 kV 户内变电所和泵站采用强电集中控制。

主变保护有差动保护、复合电压过电流保护、过负荷保护。同步电机保护有速断保护、过负荷保护、低电压保护、失步保护、过电压保护。35 kV 线路保护有速断保护、过电流保护。

② 辅助设备设计

a. 技术供水、排水系统

32GZN－42 灯泡贯流泵的主要用水对象有水导轴承的润滑水、密封用水和电机冷却水等。每台机的用水量约为 30 m^3/h，用水设备进口水压为 0.10～0.15 MPa。考虑到全站用水量较小，采用供水泵直接供水的方式较为合适，因此选用 IS66－40－200 离心泵 2 台，互为备用。并且留有引自深水泵(或水塔)的备用水管接口，每台机组的供水回路中由示流信号计和电磁阀等自动化元件实现自动控制。

电机用高压水灭火，水压力为 0.5～0.7 MPa，因此选用 IS50－32－200 消防泵 2 台，并兼顾厂房灭火。

在厂房底部设一排水廊道，与端部的集水井相通，在非检修期，由 2 台 IS65－50－125 离心泵排渗漏水，2 台泵互为备用，并由液位信号计实现自动控制。在机组检修时，由排水阀排水至排水廊道，再经 IS200－150－250 离心泵排出。由于下游水位较低，而且为缩短出水管路，降低排水泵扬程，减小配套功率，所以排水泵排水至下游。

b. 透平油系统

根据灯泡贯流式机组卧式轴承的特点，推力轴承和导轴承的润滑油系统采用外循环自冷却的方式，每台机设高位(重力)油箱和低位油箱各 1 台。正常运行后由高位油箱给轴承供油，并自流至低位油箱，在低位油箱冷却后，经螺杆油泵和滤油器打入高位油箱，形成循环。在机组启动时，为保证启动摩擦力矩较小，并在轴承下半部形成油膜，采用高压油泵轻轻托起轴承的运行方式。

淮安三站改造前主厂房外景图如图 11-5 所示。

图 11-5　淮安三站改造前主厂房外景图

11.3 工程加固与改造

11.3.1 工程存在的问题

(1) 启动困难和超功率

1996 年 12 月 18 日,淮安三站空载试运行一次成功,1996 年 12 月 31 日重载试运行时,机组在几次启动过程中,有时主机过负荷保护动作,有时主机速断保护动作,未能启动成功,试运行失败。

主电机保护定值如下:(电流互感器变比 200/5)

过负荷:5.91 A　　10 s

速　断:29 A

为了查清原因,1997 年 3 月 26 日、27 日用 16 线示波器拍摄了 2# 机组在启动过程中的电流电压变化情况:

1997 年 3 月 26 日启动 2# 机:开关合闸后,启动电流约为 1 030 A,6 kV 母线电压降至 81%后,在 0～8 s 时间内,主机电流基本不衰减,至 9 s 时衰减至 600 A,9 s 以后,主机电流在 720～480 A 之间振荡,周期约 0.5 s。至 12.35 s 时,过负荷动作跳闸。

1997 年 3 月 27 日 10:12 启动 2# 机,开关合闸后,启动电流约 1 100 A,6 kV 母线电压降至 81%,之后,在 0～8 s 时间内,主机电流维持在 1 000 A,至 9 s 衰减至 910 A,至 10 s 衰减至 480 A,此时转速约为 123 r/min,由于机组未投励,处于异步状态运行,主机电流不再衰减,至 10.5 s 时,过负荷动作跳闸。

应该指出的是:如果考虑电流互感器的饱和因素,主机实际启动电流应该比实测值还要大些,已经超出了通常 4～6 倍额定电流的概念。从示波器拍摄的电流波形图中可以看出,由于电机启动后未能迅速牵入同步,始终在异步状态下运行,主机电流不衰减,最终导致了过负荷保护动作跳闸。从记录的结果可以看出,机组启动 10 s 后,转速只达到 123 r/min,还没有达到投励所必需的亚同步转速。

根据对试运行情况的分析,尤其是对主电机绝缘情况和波形图的分析,现场采取了以下几条措施:

① 调整主变的分节开关,将 6 kV 电源电压调高至 6.6 kV;

② 将原设计额定投励电流(二次电流)由 7 A 增至 12 A;

③ 将保护定值改为

过负荷：6.2 A　　12.5 s

速　断：31 A

采取上述措施后，1＃，2＃机组相继启动成功，并在不同的工况下多次进行试运行。其主要参数见表 11-4。表中的水位差是通过读取固定在上下翼墙上的水位尺得到的，电机功率直接读取控制台上的功率表，流量是用 ADCP 多普勒流速剖面仪在下游引河中测量的。

表 11-4　淮安三站试运行参数记录

序号	运行时段				水位差/m	电机功率/kW	开机台数	实测流量/(m^3/s)	实测效率/%	模型效率/%	备注
	月	日	起时分	止时分							
1	3	25	11:00	16:42	2.40	1 300	1	37.0	67	74	1＃机 抽水
2	3	26			3.30	1 500	1	33.5	72	80.5	2＃机 抽水
3	3	26			3.70	1 650	1	33.0	73	81.5	2＃机 抽水
4	3	26	16:00	16:42	3.70	1 650	1	33.0	73	81.5	1＃机 抽水
5	6	11	10:40	11:20	3.98	1 800	1	33.1	72	80	抽水
6	6	11	15:38	16:10	4.06	3 600	2	67.1	74	80.5	抽水
7	6	13	9:20	9:54	4.07	1 760	1	30.5	69	81.5	抽水
8	7	3	17:07	17:48	3.79	1 750	1	34.2	73	79	抽水
9	7	4	8:50	9:31	4.13	3 700	2	62.0	68	81	抽水
10	6	13	16:23	16:45	3.87	820	1	34.8	62	76	发电
11	7	21	16:30	17:10	2.73	450	1	30.4	55	63	发电
12	7	22	17:10	17:46	2.40	400	1	32.9	52	55	发电
13	7	23	8:40	9:17	2.23	330	1	29.7	51	48	发电
14	7	24	17:02	17:44	2.14	300	1	31.1	46	46	发电
15	5	30	9:40	10:30	2.54	800	2	61.9	52	57	发电
16	5	30	14:20	15:00	2.85	1 000	2	62.4	57	64	发电

淮安三站投运以后，一直存在启动困难和超功率问题。1997 年 6 月投运至 1999 年 9 月，在设计工况下，机组启动时站上游水位在 9.7 m 以内，站下游水位在 6.0 m 以上，电网电压调整在 6.4～6.9 kV，1＃机抽水启动 38 次，成功 13 次；2＃机抽水启动 30 次，成功 19 次。由于经常启动失败，启动过程中亚同步时间过长，导致转子启动绕组端部联接片开焊，为此，于 1999 年 10 月

将铜焊改为联接效果更好的银焊，同时增大联接片的尺寸，在2000—2003年间机组的启动性能有明显改善。但自进入2004年度以来，机组启动成功率迅速下降，与以往相比，在同样的水头下经常启动失败。2004年6—7月，站下游水位在6.0 m以上，站上游水位仅9.5 m，1#，2#机抽水工况均不能正常启动。

淮安三站主机在抽水状态下，超功率现象十分严重。据统计，在2001—2012年间，1#机抽水超功率台时占到总运行台时的75.3%，2#机抽水超功率台时占到总运行台时的94.03%。在2008—2012年间，1#机和2#机抽水超功率台时与总运行台时比均超过99%，在抗旱紧张时刻，下游水位常会低于5.5 m(设计水位为6.0 m)，严重偏离设计工况，超功率情况更加严重，但为服从抗旱大局，仍然坚持运行，但是为了保证机组安全，当电机功率超过2 200 kW时，便停止运行。这就造成了一个非常尴尬的局面，作为一个调水的泵站，越是抗旱紧张用水的时候，越是开不了机。另外，长时间的超功率运行，使得机组振动加大，性能迅速下降。

(2) 机组振动大

为了掌握泵站的实际振动情况，河海大学于2005年采用CRAS振动信号采集和分析处理系统测试了淮安三站机组的振动情况。CRAS主要由两大部分组成：软件系统和硬件系统。CRAS的软件系统采用Turbo C语言源程序及汇编语言目标模块编写，用于满足采集、FFT、数据转换的要求。硬件系统由传感器、适调放大器、A/D用微机组成。在水导轴承座和推力轴承座处布置5只测振传感器，分别测量泵站发电工况、抽水工况下的水导轴承处的水平振动、垂直振动，推力轴承座处的水平、垂直、轴向振动，测量记录见表11-5、表11-6，主要结论如下：

① 发电工况下的机组振动大于抽水工况下的机组振动，两者振动加速度相差一倍多。2#机经大修后发电工况下的振动加速度值平均减少近20%。

② 振动较大值发生在发电工况下两台机组同时运行时，2#机水导处加速度值(平均值)达到最大，为0.17 m/s^2，径向振幅值为0.710 mm(规范允许值为0.12 mm)，振动主频为64.5 Hz。

③ 不同的运行工况振动主频集中在60 Hz左右，60 Hz的振动与机组的固有频率有关。引起机组振动的主要原因是水力振动。

由于主机运行中振动较大，导致主机组合轴承和水泵水导轴承合缝面处均出现多处渗漏油现象，平均每月需补油100 kg左右。2#主机大轴铜套磨损严重，最深凹槽达到4 mm，更换填料处理后漏水情况仍然严重，直接导致水导轴承回油进水，使得润滑油油质变差，影响了机组的安全运行。

表 11-5　淮安三站发电工况下各测点的振动测试结果

测试机组	测点 1 水导轴承水平振动			测点 2 水导轴承垂直振动			测点 3 推力轴承水平振动			测点 4 推力轴承垂直振动			测点 5 推力轴承轴向振动			运行工况					噪声/dB
	加速度（有效值）/(m/s²)	主频率/Hz	峰值/mm	加速度（有效值）/(m/s²)	主频率/Hz	峰值/mm	加速度（有效值）/(m/s²)	主频率/Hz	峰值/mm	加速度（有效值）/(m/s²)	主频率/Hz	峰值/mm	加速度（有效值）/(m/s²)	主频率/Hz	峰值/mm	上、下游水位/m	水头/m	机组出力/kW	过水流量/(m³/s)	效率/%	
检修前单开1＃机	0.120	—	0.401	0.019	—	0.466	0.014	—	0.286	0.018	—	0.339	0.009	19.6	0.309	9.60 7.21	2.39	270	30.8	37.4	90
检修前单开2＃机	0.106	64.5	0.420	0.126	64.5	0.476	0.071	64.5	0.269	0.087	64.5	0.352	0.103	60.0 64.5	0.444	9.56 7.26	2.30	300 200	61.7	35.9	96
检修前两台同时开时2＃机	0.170	64.5	0.710	0.180	64.5	0.709	0.071	64.5	0.245	0.057	64.5	0.321	0.077	62.5	0.332	9.78 7.33	2.45	250	31.2	33.3	103
检修后单开2＃机	0.084	64.7	0.308	0.090	64.7	0.381	0.061	64.7	0.244	0.066	64.7	0.291	0.076	64.7	0.281	9.26 6.44	2.82	450	32.1	50.7	91

表 11-6　淮安三站抽水工况下各测点的振动测试结果

测试机组	测点 1 水导轴承水平振动			测点 2 水导轴承垂直振动			测点 3 推力轴承水平振动			测点 4 推力轴承垂直振动			测点 5 推力轴承轴向振动			运行工况					噪声/dB	摆度/mm
	加速度（有效值）/(m/s²)	主频率/Hz	峰值/mm	加速度（有效值）/(m/s²)	主频率/Hz	峰值/mm	加速度（有效值）/(m/s²)	主频率/Hz	峰值/mm	加速度（有效值）/(m/s²)	主频率/Hz	峰值/mm	加速度（有效值）/(m/s²)	主频率/Hz	峰值/mm	上、下游水位/m	水头/m	机组出力/kW	过水流量/(m³/s)	效率/%		
检修前单开1＃机	0.068	60 64.5	0.229	0.073	60 64.5	0.238	0.022	60 64.5	0.137	0.027	60 64.5	0.176	0.064	60 64.5	0.233	9.60 6.10	3.5	1 670	30.3	61.4	98	0.13
检修前单开2＃机	0.061	60.5	0.194	0.062	60.5	0.197	0.045	65	0.286	0.082	65	0.339	0.044	60.5	0.173	9.50 5.70	3.8	1 860	30.2	60.5	105	0.16
检修后单开2＃机	0.043	60	0.156	0.041	60	0.159	0.028	60	0.095	0.037	59.5	0.173	0.032	60	0.149	9.70 6.20	3.5	1 620	33.2	70.3	102	0.17
检修后单开1＃机	0.029	66	0.198	0.027	60.5	0.231	0.013	65	0.123	0.015	65	0.148	0.021	60	0.226	9.39 7.69						0.10

(3) 效率达不到设计值

2008年,河海大学通过现场综合试验对2#机上下游水位、扬程、流量、功率等技术指标进行了复核。

测量方法:上下游水位测量采用的是合肥森特传感仪器公司生产的投入式水位传感器。将水位传感器布置在1#机进出水池,使1#机进出水池起到测井的作用,把传感器的电缆分别连接到采集卡相应的通道上,使得计算机可以实时采集上下游水位信号。传感器在使用前已进行标定。在利用计算机自动采集水位的同时,工作人员也利用水位尺对水位进行记录。流量测量设备是美国ACCUSONIC公司的Model7510型超声波流量计。由于淮安三站进水流道结构较为特殊,不符合Model7510型超声波流量计测量要求,事先开发了通过数模和物模研究淮安三站的超声波流速仪法测流模型,然后再利用测试台模型和Model7510型超声波流量计测量淮安三站的流量,该模型研究成果于2007年10月22日通过了专家评审。电机功率采用绵阳市维博电子有限责任公司生产的WBP214P71无极性有功功率传感器测量。

在现场测试中,采用自动采集和人工采集两种方式进行数据采集。测试系统本身具有全自动采集功能,但是为了可靠和比较两者的差异,增加了人工采集。人工采集的数据:上下游水位由三站工作人员读取固定在上下翼墙上的水位尺,瞬时流量为超声波流量计上直读数据,功率由三站工作人员直接读取控制台上的功率表。

现场测试于2008年5月17日进行,测量结果见表11-7。在测量范围内,人工采集数据计算得到淮安三站2#机组最高效率为66.23%,对应流量为35.925 5 m^3/s,扬程为3.7 m;最低效率为63.30%,对应流量为36.265 5 m^3/s,扬程为3.42 m。自动采集数据计算得到淮安三站2#机组最高效率为66.33%,对应流量为35.807 4 m^3/s,扬程为3.65 m;最低效率为65.34%,对应流量为36.105 5 m^3/s,扬程为3.48 m。在试验范围内,主机均超功率。

表11-7 现场测试数据汇总

测次	时间	人工采集				自动采集			
		扬程/m	流量/(m^3/s)	功率/kW	效率/%	扬程/m	流量/(m^3/s)	功率/kW	效率/%
1	9:30	3.60	36.069 5	1 942	65.61	3.54	36.001 1	1 911	65.40
2	9:40	3.42	36.265 5	1 922	63.30	3.49	36.173 8	1 884	65.78
3	9:50	3.52	36.222 5	1 929	64.84	3.48	36.105 5	1 885	65.34
4	10:00	3.64	36.330 0	1 964	66.05	3.54	36.232 7	1 920	65.47

续表

测次	时间	人工采集				自动采集			
		扬程/m	流量/(m^3/s)	功率/kW	效率/%	扬程/m	流量/(m^3/s)	功率/kW	效率/%
5	10:10	3.72	35.876 5	1 979	66.16	3.64	35.763 3	1 931	66.16
6	10:20	3.66	35.883 0	1 963	65.65	3.58	35.778 7	1 932	65.00
7	10:30	3.72	35.760 0	1 988	65.66	3.69	35.667 7	1 953	66.14
8	10:40	3.70	35.925 5	1 969	66.23	3.65	35.807 4	1 934	66.33

(4) 流道水力损失大

2008年,扬州大学以模型装置作为计算装置(其中叶轮直径300 mm,转速1 450 r/min,Q=340 L/s),采用Fluent软件进行数值模拟,分析了机组内部的水流运行状态,以及机组过流部件水力损失的构成,进水流道收缩段损失0.116 m,叶轮扬程5.581 m,导叶损失0.284 m,灯泡体加出水流道损失0.717 m。

(5) 设备制造存在缺陷

淮安三站机组制造时正处于天津发电设备总厂改制时期,设备在厂制造时就存在许多缺陷,主机组设备存在先天不足,1996年11月在机组安装过程中出现了叶轮外壳变形失圆、叶轮外壳与座环螺孔错位、扇形板与水导轴承支撑螺孔错位、导流盖板开孔错位等一系列问题。2#机大轴在进行组装时,发现水导轴颈处有几处2～3 mm直径的麻点,经工地现场处理仍无法清除,于1996年10月至11月9日返厂处理后再次安装。1997年7月2日,泵站投入抗旱运行,7月25日发现2#机低位油箱内存有大量金属碎片,经过检查,是水泵导轴承轴颈原喷锌层脱落所致,随即进行了大修。

11.3.2 存在问题的原因分析

① 真机效率修正值过大,电机配套功率偏小,导致机组启动困难,运行中超功率。模型泵设计点的效率是81.4%,厂家给出的真机效率为88.4%,设计院的设计说明书中的水泵效率也是88.4%,按照这个效率推算的电动机功率1 600 kW就够了。从理论上说,因为边界层效应,原型泵的效率应当高于模型泵的效率,并且有很多效率修正公式。但事实上,由于模型泵和原型泵不能做到真正的几何相似,比如真机进出水口处的拦污栅、闸门门槽在模型装置中并没有体现,通常真机效率修正值按2%考虑,保险的做法是不修正。无论如何,真机效率修正值7%太大了。从淮安三站建成到南水北调东线工

程建设，十几年的时间，尽管技术在进步，但是贯流泵效率达到88%还是不容易的，更何况淮安三站流道还有一些问题，因此，真机效率修正值过大是一个问题。淮安三站实测的效率在65%～70%之间，由此推算配套的电机功率应该在2 000 kW左右，选用1 700 kW电机，超功率是必然的。

② nD值偏高。淮安三站的平均扬程3.3 m，nD值为435。而同一级的淮安一站的平均扬程4.1 m，nD值为410；淮安二站的平均扬程3.82 m，nD值为422.1。由此看出，淮安三站的nD值偏高，实际运行扬程偏低，偏离高效区较远，抽水效率必然会有较大幅度的下降。偏高的nD值，对发电工况的负面影响更大。最大发电水头2.2 m时的单位转速为293 r/min，设计水头1.8 m时的单位转速为324 r/min，从表11-5可以看出，最大发电水头时的模型效率仅为45%，设计水头时的参数已位于特性曲线以外，估计模型效率不到35%。所以偏高的nD值对发电工况的负面影响远远超过水泵工况。由于三站的发电时间比抽水时间长，长期在恶劣工况下运行，使机组性能迅速下降。

③ 没有考虑水泵水轮机双向运行的特殊性。由于淮安三站的叶轮是完全按水泵工况设计的，对水泵的出水边，即水轮机的进水边没有作任何修形，所以水轮机工况的叶型很差（进水边头部很小，且没有叶型；出水边，即水泵工况的进水边又太厚）。并且由于单位转速比较高，远远超出贯流式水轮机的正常运行范围，特别是机组在水轮机工况的正常空化部位（叶片出水边背面外缘三角区）与水泵工况的空化部位（叶片进水边背面外缘三角区）是相同的，所以淮安三站叶轮叶片的空化破坏程度较一般轴流泵要严重，这是正常的。此外，三站泵叶片的空化破坏区较轴流泵还多一个，发生在水轮机工况的叶片进水边背面的外缘部位。正常情况下，该部位不应该产生较严重的空化破坏，因为该处是水泵和水轮机两个工况的高压区。但由于水轮机工况的叶片头部叶型不好，单位转速n'_1过大，运行工况恶劣，所以才造成该处产生较为严重的空化破坏。

④ 存在结构方面的缺陷。一是转子鼠笼条是按发电机设计的，没有考虑电动机异步启动的特点。由于三站配套电机功率偏小，电机从启动到牵入同步要十几秒的时间，转子鼠笼条在长时间大电流的作用下，接头熔化，电阻加大，启动更加困难。二是用于轴承冷却润滑的油系统没有封闭，空气中的水通过热胀冷缩的作用进入油系统，另外，水泵导轴承前没有检修密封装置，流道中的水通过水泵填料也进入油系统，使得油迅速劣化，不得不经常滤油或者更换新油。三是进水断面偏小，在设计工况下，进水流速已大于1 m/s。出口流道长度偏短，灯泡体尾部距出口工作闸门只有1.45 m，水流动能尚未充

分回收就已损失，与同类泵站相比，淮安三站的进出口水力损失偏大。水泵电机的 2 个进人孔和灯泡体底座与侧向支撑对水流流态影响较大。

2009 年，江苏省水利厅组织对淮安三站进行了安全鉴定，认为淮安三站存在的主要问题有：机组启动困难，电机运行超功率情况严重，主水泵空化严重，机组运行振动严重；S7 系列变压器为淘汰产品，存在局部渗油现象，吸收比不符合要求；高压开关柜真空断路器操作不灵活，机械部分有卡阻，存在安全隐患，高压开关柜设备老化严重，励磁保护系统容量不足，运行不稳定，且不能与上位机通信，自动化系统经过多次部分改造比较混乱，故障率较高；泵站进水口闸墩、出水口闸墩、机墩、进水口胸墙、出水口胸墙的混凝土强度不能满足规范有关混凝土最低强度等级要求，各构件碳化深度均较大，混凝土保护层厚度小于设计保护层厚度和规范规定的最小保护层厚度，部分构件最小保护层厚度小于该构件碳化深度。经安全鉴定综合分析评价，淮安三站工程存在较大安全隐患，技术状态差，无法满足安全运行的要求，不能满足主要设计指标及规范要求。按照《泵站技术管理规程》(SL 255—2000)和《泵站安全鉴定规程》(SL 316—2004)的相关规定，建议综合评定泵站安全类别为三类，建议加固改造。

11.3.3 加固改造项目

2015 年 1 月 21 日，江苏省发展和改革委员会批复了淮安三站改造工程初步设计。概算总投资为 6 702 万元。施工总工期为 22 个月。改造按原规划设计流量进行更新改造，改造后泵站设计流量为 60 m^3/s，单机设计流量 30 m^3/s。主水泵叶轮直径为 3 100 mm，转速 125 r/min，单机配套电机功率为 2 180 kW，总装机功率 4 360 kW。电机与水泵直联，机组采用变频器组调节。具体内容为：更换主水泵、主电机设备；更换主变、站变、所变，更换原 35 kV，6 kV，0.4 kV 配电设备；增加变频器组、视频监视系统，更新升级监控系统；更换卷扬启闭机为液压启闭机，并将上游工作闸门增加小拍门；改造上游清污机抓斗，改造下游清污机桥，对下游清污机进行更换；凿除导叶体周圈砼及导叶体支墩，改造出水胸墙、增加进出水口导流墩，改造、扩建控制楼，新建启闭机房，新建防汛(设备)仓库，对上、下游河道清淤，更换拦船设施等。

(1) 工程任务与规模

淮安三站工程是 20 世纪 90 年代初江苏省黄淮海中低产田改造“利用世界银行贷款加强农业灌溉”项目中的子项，其主要任务是为江苏省总渠以北广大农田提供灌溉水源，是江苏省江水北调送水第二梯级泵站之一，本次工程的主要任务是解决机组启动困难、电机超功率运行等安全运行问题，以充分发挥淮安三站抽水、发电功能。本次改造按原设计规模进行更新改造，改造后泵站设计流量仍为 60 m^3/s，装机 2 台套，单机设计流量 30 m^3/s。根据《泵站设计规范》(GB 50265—2010)，该泵站为大(2)型泵站，泵站等别为Ⅱ等，本次按大(2)型泵站加固改造。

淮安三站改造后特征水位如表 11-8 所示。

表 11-8　淮安三站改造后特征水位

组合情况	设计水位/m	
	站下	站上
设计水位	5.8	9.13
最低水位	5.0	8.50
最高水位	7.4	9.58
平均水位	5.8	9.05
设计挡洪水位	8.7	10.80
设计校核水位	9.0	11.20

(2) 工程改造工程量

主要工程量为：土方开挖 5 486 m^3，土方填筑 4 564 m^3，砌体 680 m^3，砼及钢筋砼 2 113 m^3，主机泵 2 台套，金属结构 140 t，高压开关柜 14 台，低压开关柜 19 台，电缆采购 10.87 km，变压器 3 台，液压启闭机 4 组，变频器 2 套，以及全站的自动控制系统、微机保护系统、视频监视系统、信息管理系统各 1 套。

(3) 机组结构

改进后的水泵结构如图 11-6 所示，与原来的水泵机组相比，作了六个方面的改进：① 将原来的电机与水泵共用一根主轴，改为电机与水泵各用一根轴，每根轴各有两点支撑，既增加了机组的稳定性，也便于检修；② 水泵进人孔布置在下部，这样避免了水流连续绕过水泵进人孔和电机进人孔，形成"8"字形绕流，并在电机进人孔前后增加导流板，以改善电机进人孔前后的水流流态；③ 在电机尾部增加了导流锥，以改善出口水流流态；④ 选用了 ZM42 - L 水力模型装置；⑤ 在上游工作门上设置了 8 块小拍门，将原来的绳股式启闭机更换为启门速度更快的油压启闭机，以减小启动过程中的水流阻力；⑥ 增加了变频调速装置，用于调节流量和改善启动性能。改进后的水泵结构三维图如图 11-7 所示。

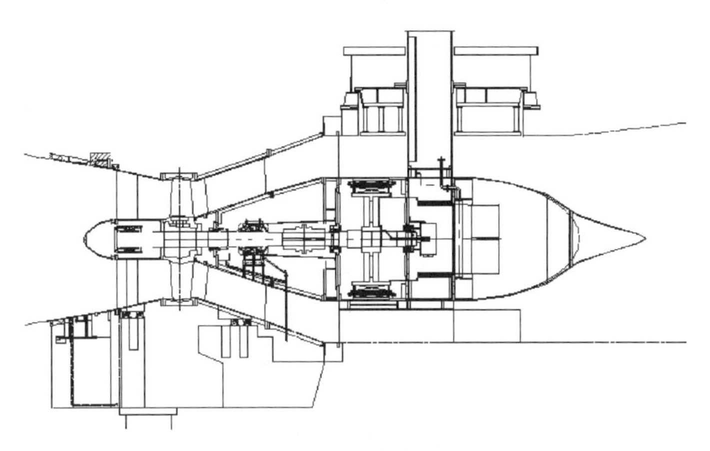

图 11-6　改进后的水泵结构图

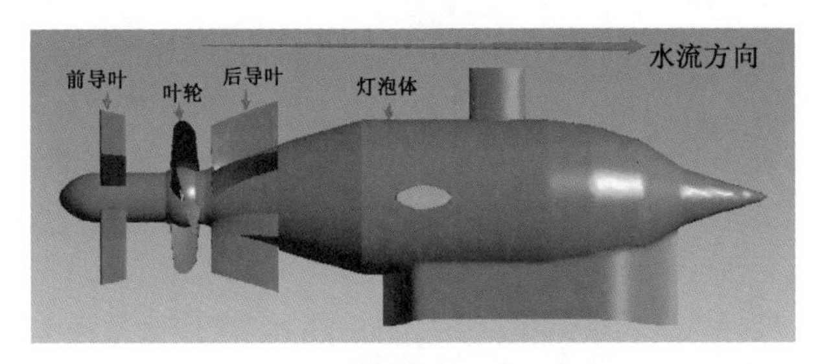

图 11-7　改进后的水泵结构三维图

改造后的淮安三站主厂房外景图如图 11-8 所示。

图 11-8　改造后的淮安三站主厂房外景图

(4) 工程改造总结

大多数泵站加固改造的原因是泵站运行时间长，设备老化，已经到了更新改造的年限。而淮安三站自 1997 年建成，至 2013 年加固改造，仅 16 年的时间，远没有到更新改造的年限。究其原因是淮安三站存在的问题已经使得淮安三站不能正常运行。因此，淮安三站改造的目的主要是解决原机组存在的若干问题。在工程改造方面做的工作如下：

① 通过大量的数值分析、模型试验和现场测试，分析机组存在问题的原因，提出解决问题的方案。

② 将原有的电机与水泵共用一根主轴共两个支撑点，改为电机与水泵各用一根轴，每根轴各有两点支撑，电机与水泵采用弹性直连。这样既增加了机组的稳定性，也便于吊装检修。

③ 将原来布置在上部的水泵进人孔改为布置在下部，这样避免了水流连续绕过水泵进人孔和电机进人孔，形成“8”字形绕流，并在电机进人孔前后增加导流板，以改善电机进出口水流流态。

④ 在电机尾部增加导流锥，侧向支撑由圆柱形改为扁平状，改善了水流流态。

⑤ 研发了新的水力模型装置。

⑥ 在上游工作门上增设了 8 块小拍门，将原来的绳股式启闭机更换为启门速度更快的油压启闭机，以减少启动过程中的水流阻力。

⑦ 增加了四象限变频调速装置，用于调节流量和改善启动性能。

⑧ 在进出水池增加了进出水池钢制导流墩以改善进出水流态。

⑨ 改造后水泵设计流量为 30 m^3/s，配套电机功率为 2 180 kW，最大功率 2 300 kW，转速为 125 r/min。与原机组相比，设计流量降低，电机功率加大，这些措施使得机组安全运行的可靠性得到了提高。

⑩ 水泵叶轮和叶轮室均采用不锈钢材料，提高了机组的抗空化能力。机组 nD 值由原先的 435.5 降低为 387.5，改善了机组的空化性能。水泵在进水侧设置了前导叶，使得机组进水流态得到了改善，这些措施都极大地改善了水泵的运行状况。

⑪ 水泵的水导轴承选用油润滑轴承，轴承体材料为巴氏合金，供油采用高位油箱供油方式，油压高于下游最高水位时的水压，以防止水进入轴承内。水泵推力轴承采用 SKF 球面滚子推力轴承，其与球面滚子轴承组合在一起形成的组合轴承，用于承担水推力及水泵轴的径向力，该组合轴承采用稀油润滑，由冷却供水泵提供循环冷却水进行冷却。主电机的径向轴承采用 SKF 轴承，采用脂润滑。这些措施都提高了机组的运行稳定性。

2017 年，“淮安三站可逆式灯泡贯流泵装置优化研究”项目获江苏省水利科技进步二等奖。2020 年，淮安三站改造工程获江苏省水利勘测设计协会优秀设计二等奖。

淮安三站改造后安装新的机组，水泵效率得到了提高，但是在进出水流道上并没有变化，进水前池容量余量不大，流道进水口门较小，运行时流速较大，使得流道损失加大等现象没有改变，这些情况对机组运行效率及运行状态的影响暂时还没有消除。

(5) 改造后泵站的现场试验

改造后的水泵机组由日立泵制造（无锡）有限公司制造，2016 年 6 月安装完成。2016 年 6 月 10 日至 15 日，2＃机进行了试运行，各种参数的测量方法与 1997 年试运行时的测量方法相同。受现场水文条件限制，泵站扬程变化较小，所测量的工况点较少，但总体趋势与 CFD 计算和模型试验一致，见图 11-9。从微机励磁装置中的录波模块可以看到，机组第一次启动时（扬程 2.63 m)，仅 4.2 s 就牵入同步，电机功率 1 310 kW，机组效率 74%，电流、电压、温度、振动均在设计范围内，与原机组相比，性能显著改善。

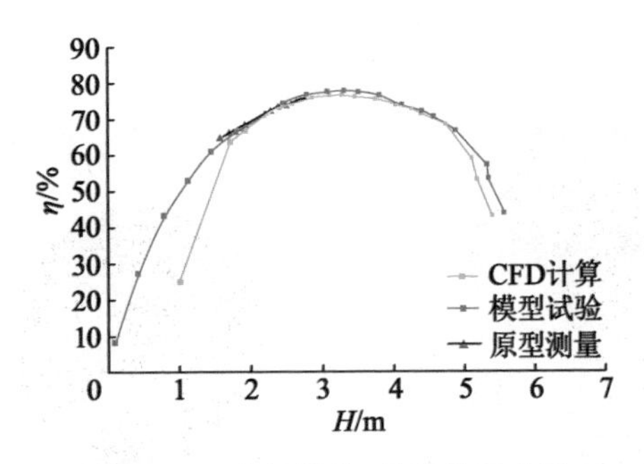

图 11-9　2＃机扬程-效率关系曲线

淮安三站机组现场实测结果如表 11-9 所示。

表 11-9　淮安三站机组现场实测结果

水位差/m	流量/(m^3/s)	开机台数(机组编号/转速)	各机功率/kW		总功率/kW	效率/%	备注
			1＃机组	2＃机组			
2.84	21.5	1(2＃/ 100)		980	980	64.7	抽水
2.84	30.1	1(2＃/ 112)		1 150	1 150	77.2	抽水
3.15	30.2	1(2＃/ 112)		1 220	1 220	76.4	抽水
3.07	28.5	1(1＃/ 112)	1 200		1 200	71.5	抽水
3.10	27.9	1(1＃/ 112)	1 230		1 230	68.9	抽水
3.17	34.2	1(1＃/ 125)	1 540		1 540	69.0	抽水

11.3.4　水泵模型试验

2015 年在江苏大学国家水泵及系统工程技术研究中心水力试验台上对

淮安三站泵装置进行了能量、空化、飞逸、压力脉动、反转发电的试验研究。原型泵叶轮直径 3.1 m，模型泵叶轮直径 0.30 m，模型比 10.33。水力模型特征参数如表 11-10 所示。

表 11-10　水力模型特征参数

参数	数值
叶轮直径/mm	300
叶轮叶片数	4
导叶叶片数	7
叶轮叶片叶顶间隙/mm	0.20

模型泵叶轮和导叶如图 11-10 所示。

图 11-10　模型泵叶轮和导叶

试验结果如图 11-11、图 11-12 所示。

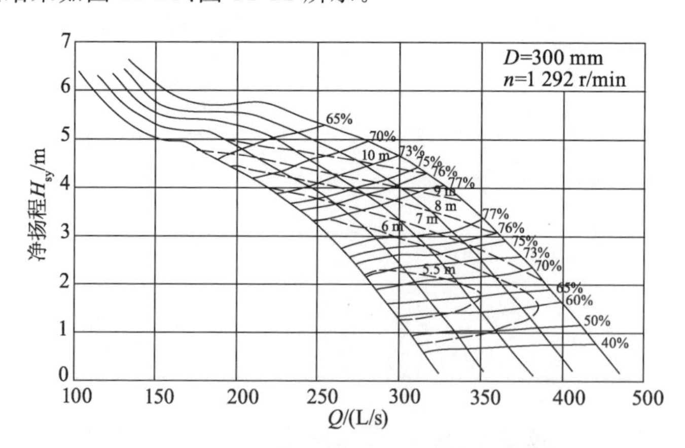

图 11-11　模型装置泵工况能量特性曲线

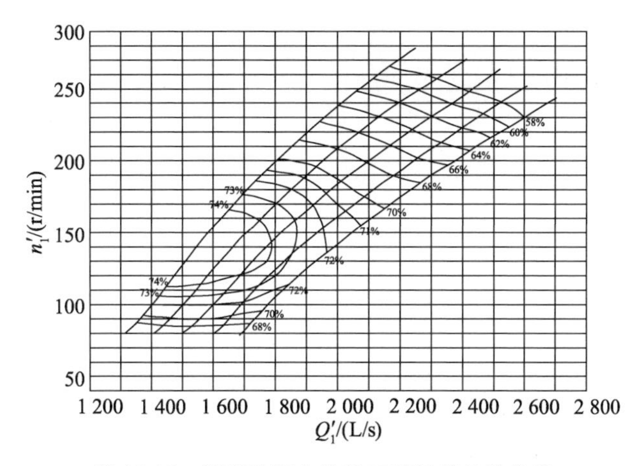

图 11-12　模型装置水轮机工况能量特性曲线

0°飞逸转速试验数据如表 11-11 所示。

表 11-11　0°飞逸转速试验数据

序号	试验水头 H_m/m	飞逸转速 n_f/(r/min)	单位飞逸转速 N_0
1	0.54	799.67	327.52
2	0.63	872.60	328.66
3	0.70	918.00	329.23
4	0.75	954.00	331.44
5	0.82	998.40	330.75
6	0.87	1 035.80	332.55
7	0.93	1 072.33	333.00
8	1.04	1 129.80	331.97
9	1.10	1 160.47	332.01
10	1.19	1 209.33	333.10
11	1.25	1 245.53	334.55
12	1.31	1 279.93	335.52
13	1.42	1 324.53	333.96
14	1.49	1 365.73	335.63
15	1.59	1 407.87	335.47
平均			332.36

飞逸转速与扬程有关，根据模型试验结果，考虑最不利情况，计算叶片角0°最大运行水头情况下的原型泵飞逸转速。

原型泵飞逸转速可按 $n_f=N_0\sqrt{H}/D$ 计算，$N_0=332.36$ r/min，则

$H=4.58$ m（最大）时，$n_f=229.45$ r/min，为水泵额定转速的1.84倍。

$H_{sy}=3.33$ m（设计）时，$n_f=195.65$ r/min，为水泵额定转速的1.57倍。

12 淮安抽水四站

12.1 工程概况

淮安四站于 2005 年 10 月开工建设，2012 年 7 月 29 日通过了国务院南水北调办组织的完工验收；工程选用 4 台(3 主 1 备)叶轮直径为 2.9 m 的全调节立式轴流泵机组，单机流量 33.4 m^3/s，配套电机功率 2 500 kW，设计规模为 100 m^3/s，总装机容量为 10 000 kW。淮安四站工程引接淮安站变电所 2# 变压器电源，采用 6 kV 电压侧单母线接线方式，高压电缆供电。泵站采用肘形流道进水、平直管出水，快速闸门断流，相应防洪标准为 100 a 一遇，300 a 一遇校核。图 12-1 是淮安四站厂房外景图，图 12-2 是淮安四站电机层内景图。

图 12-1 淮安四站厂房外景图

图 12-2 淮安四站电机层内景图

12.2 工程设计

12.2.1 兴建过程

南水北调工程是解决我国北方地区水资源严重短缺的重大战略性举措，

也是关系到我国经济社会可持续发展的特大型基础设施。原国家计划发展委员会、水利部于2002年9月编制的《南水北调工程总体规划》，提出东线工程分三期实施：第一期工程抽江规模在现状基础上增加100 m^3/s，设计抽江总规模达到500 m^3/s，过黄河50 m^3/s，送山东半岛50 m^3/s，2007年完成；第二期工程抽江规模扩大到600 m^3/s，过黄河100 m^3/s，到天津50 m^3/s，送山东半岛50 m^3/s，与第一期工程大体连续实施，供水范围延伸到河北省、天津市；第三期工程抽江规模800 m^3/s，过黄河200 m^3/s，到天津100 m^3/s，送山东半岛90 m^3/s，2030年前完成。

南水北调东线工程是利用江苏省江水北调工程进行的扩大和延伸。拟建的淮安四站，主要作用是通过兴建规模为100 m^3/s的泵站，扩大淮安站总规模至300 m^3/s，从北运西闸穿越运西白马湖地区，经新河送至淮安四站站下，开辟新河输水专线，与里运河、沙庄引江河形成淮安梯级两线送水的格局，从而为尽快实现东线规划所确定的第一期工程供水目标提供重要保证，同时可以结合提高白马湖地区、新河两岸的排涝能力。

12.2.2 机泵选型

(1) 泵型选择

根据淮安四站运行的特点和要求，其泵型选择原则如下：

① 机组运行效率高、高效区范围宽、运行费用低，降低供水成本；

② 机组结构成熟、可靠，提高供水保证率；

③ 机组调节灵活、方便，适应流量变化的需要；

④ 机组空化(空蚀)性能好，保证机组在设计寿命期内检修次数少，性能退化慢；

⑤ 与土建、电气等工程结合，综合方案在技术经济上合理；

⑥ 符合《南水北调东线工程总体设计》原则和《南水北调东线一期项目建议书审查意见》要求及现行的规程、规范要求。

(2) 机组台数和单机流量的确定

淮安四站的设计流量为100 m^3/s，设计扬程4.18 m，泵站的水位组合及特征扬程如表12-1所示。

根据《泵站设计规范》要求，结合淮安四站工程实际情况，初步拟定安装3台套机组，单机流量为33.4 m^3/s。按照《南水北调东线工程总体设计》的建议，考虑20%的备用流量，增设1台备用机组。因此，淮安四站拟定共装机4台，其中工作机组3台，备用机组1台。

表 12-1　泵站设计主要参数表

<table>
<tr><td colspan="3" rowspan="2">项目</td><td rowspan="2">单位</td><td colspan="2">参数</td></tr>
<tr><td>站下</td><td>站上</td></tr>
<tr><td rowspan="8">水位</td><td colspan="2">100 a一遇挡洪水位</td><td>m</td><td>6.91</td><td>10.80</td></tr>
<tr><td colspan="2">300 a一遇挡洪水位</td><td>m</td><td>8.00</td><td>11.20</td></tr>
<tr><td rowspan="4">供水</td><td>设计</td><td>m</td><td>4.95</td><td>9.13</td></tr>
<tr><td>最低</td><td>m</td><td>4.25</td><td>8.50</td></tr>
<tr><td>最高</td><td>m</td><td>6.00</td><td>9.58</td></tr>
<tr><td>平均</td><td>m</td><td>5.00</td><td>9.05</td></tr>
<tr><td rowspan="2">排涝</td><td>设计</td><td>m</td><td>4.95</td><td>9.52</td></tr>
<tr><td>最高</td><td>m</td><td>5.12</td><td>11.20</td></tr>
<tr><td rowspan="7">扬程</td><td rowspan="4">供水</td><td>设计</td><td>m</td><td colspan="2">4.18</td></tr>
<tr><td>最低</td><td>m</td><td colspan="2">3.13</td></tr>
<tr><td>最高</td><td>m</td><td colspan="2">5.33</td></tr>
<tr><td>平均</td><td>m</td><td colspan="2">4.05</td></tr>
<tr><td rowspan="3">排涝</td><td>设计</td><td>m</td><td colspan="2">4.57</td></tr>
<tr><td>最低</td><td>m</td><td colspan="2">4.40</td></tr>
<tr><td>最高</td><td>m</td><td colspan="2">6.25</td></tr>
<tr><td rowspan="2">流量</td><td colspan="2">供水</td><td>m³/s</td><td colspan="2">100</td></tr>
<tr><td colspan="2">排水</td><td>m³/s</td><td colspan="2">100</td></tr>
</table>

(3) 比选方案的拟定

根据上述选型原则和水位组合,淮安四站宜选用比转速为 1 050 左右的轴流泵水力模型。根据淮安四站的设计参数特点,为了更充分、合理地选择最佳方案,对已建成的类似泵站的优点和存在的问题进行了调查和分析,并在此基础上提出两种比选方案对泵型进行进一步的比选。

方案一:采用平直管式进出水流道的前置式灯泡贯流泵

方案二:立式轴流泵机组型式

2004 年 10 月 18—20 日,水利部水利水电规划设计总院在北京组织召开了《淮安四站、淮阴三站泵型选择专题论证报告》讨论会,经认真讨论,专家组认为淮安四站平均净扬程为 4.05 m,最低净扬程为 3.55 m,特征扬程相对较高,推荐采用立式轴流泵方案。根据讨论会专家组意见,修正初步设计确定采用立式轴流泵机组型式,配用肘形进水流道、平直管出水流道,采用快速闸门断流。

主水泵采用无锡锡泵有限公司生产的立式全调节轴流泵,机组立式布置,叶片采用油压调节,采用竖井筒体式结构。水泵与电动机直接连接。旋转方向为俯视顺时针旋转,具体参数如表 12-2 所示。

表 12-2 水泵参数

水泵型号	2900ZLQ34-4 全调节轴流泵
叶轮直径	2 900 mm
水泵转速	150 r/min
设计扬程	4.18 m
设计流量	33.4 m^3/s
水泵叶片调节角度范围	$-6°\sim+6°$
配套电机功率	2 500 kW

主电机采用南京汽轮电机有限公司生产的 TL2500-40/3250 型立式同步电机，具体参数见表 12-3。

表 12-3 电机参数

电动机型号	TL2500-40/3250
单机容量	2 500 kW
定子额定电压	6 kV
定子额定电流	281.3 A
功率因数	0.9(超前)
励磁电压	135 V
励磁电流	279 A
每台重量	51.7 t

12.2.3 站身及厂房结构设计

淮安四站采用堤身式块基型结构，肘形进水流道，平直管出水流道，快速闸门断流。站身由主厂房、检修间、控制室、公路桥四部分组成。上下游两岸翼墙为重力式挡土墙。主厂房自上而下分为主机层、联轴层、检修层、水泵层、进水流道层。

(1) 叶轮中心线安装高程确定

根据规范要求和立式轴流泵机组的特点，并结合进、出水流道模型试验成果，最终确定叶轮中心线安装高程为 0.8 m。

(2) 进、出水流道设计

泵站采用叶轮直径为 2.9 m 的全调节立式轴流泵，肘形流道进水、平直管出水，出口处采用快速闸门断流，另设事故闸门，并在下游侧设检修闸门备用，确保机组安全运行。根据淮安四站进水流道控制尺寸的具体要求，用三维流动数值模拟对流道进行了进一步优化，根据进出水流态数值模拟计算，得出了出水流道初步优化方案，又通过模型试验进行了验证。经优化后进、出水流道具体如下：

① 肘形进水流道

根据《泵站设计规范》的要求和模型试验成果，确定进水流道底部高程为－4.60 m，为使进口和进水前池底部适当抬高，减少两岸翼墙的高度，将流道进口直段的底部向上翘，根据模型试验成果确定其上翘角为 7.89°，进口断面的底高程为－3.4 m，进口上缘高程为 1.85 m，进水流道中心线水平投影长度为 11.70 m，流道直段顶板的仰角 α 为 23.20°。

② 平直管出水流道

初步设计阶段确定泵站出水流道出口顶部高程为 8.0 m，出水流道出口宽度为 7.5 m、出口高度为 3.5 m，水泵轴中心线至出水流道出口的距离为 19.2 m，控制尺寸基本合理。招标和施工图设计阶段，根据优化水力计算和模型试验成果，对 90°弯管作了较大改进，中心线转弯半径及各断面的半径在转向过程中均逐步加大，流道型线在转向时适当向上弯曲，既加大了转弯半径，也可使水流在做 90°转向的同时开始扩散，以最大限度地减小流道损失。经优化后的出水流道在平面方向为连续变化，其中心线展开长度为 21.463 m、当量扩散角为 11.44°，满足《泵站设计规范》的要求。

(3) 站身上、下游挡水高程确定

根据《泵站设计规范》的要求，通过计算站身上、下游挡水部位顶部高程分别为 9.35 m，12.56 m。由于站身下游侧需布置站内公路桥，根据泵站四周地形和淮安二站公路桥桥面高程确定淮安四站公路桥桥面高程为 11 m，站身下游侧墩顶高程为 10.5 m；站身上游侧需布置快速闸门工作桥，根据闸门开启高度和电机层布置确定站身上游侧墩顶高程为 13.0 m。

(4) 站身结构布置

根据进出水流道尺寸确定泵房底板顺水流向长 32.0 m，底板厚 1.3 m。为减少泵房上游侧土方开挖，降低地下连续墙挡土高度，将上游侧泵房底板以 1∶4 的斜坡上翘。

泵站自上而下为电机层、联轴层、水泵层、进水流道层。水泵层设计平面高程为－0.2 m，电机层平面高程为 13.0 m，泵房中部设跨度为 12.40 m 的主厂房，厂房内布置一台主钩 320 kN、副钩 50 kN 的桥式起重机。泵房下游侧布置站内交通桥，桥面高程为 11.0 m，桥下进水流道设检修闸门，采用电动葫芦起吊。泵站上游侧布置工作桥，桥面高程 14.0 m，宽 6.1 m，布置 8 台 2×160 kN 油压启闭机，分别控制上游快速工作闸门和事故闸门。

(5) 泵房平面布置

淮安四站共设 4 台机组(含 1 台备机)，根据所选泵型、进出水流道设计断面尺寸及相邻流道间闸墩厚度，确定泵站 4 台机组分设在两块底板上，底板顺水流向长 32.0 m，每块底板平面尺寸为 18.4 m×32.0 m。

淮安四站靠近已建的淮安二站，站上用电由淮安站变电所改造后引接，为方便电源进线、工程管理，将安装检修间布置在主泵房西侧，控制室布置在主泵房东侧。安装检修间平面尺寸为 13.0 m×12.4 m；控制室平面尺寸为 44.6 m×12.4 m。

12.2.4 机电设计

(1) 主机及站用电设计

淮安四站采用无锡锡泵有限公司生产的 2900ZLQ34－4 型全调节立式轴流泵，叶片调节机构采用天津市天骄水电成套设备有限公司 BYKD 型水泵叶片及油源控制装置。配套电机为南京汽轮电机有限公司生产的 TL2500－40/3250 型立式同步电机，转子励磁采用北京前锋科技有限公司 WKLF－11D22 型微机全控励磁装置。

进线主电源引接淮安站变电所 2＃变压器，型号为 SS10－31500KVA/110KV/6.3KV，站变选用 1 台干式变压器 SCB10－630/6－0.4，绝缘等级 H，冷却方式 AN/AF。

高压开关柜采用 10KVKYN28A－12 型高压开关柜，低压开关柜采用 0.4KVMNS 型抽屉式低压开关柜。

(2) 辅机设计

淮安四站辅助设备包括润滑油系统、供排水系统、液压启闭机系统、油压装置系统、风机系统和清污机系统。润滑油系统的主要作用为检修时将主机组上、下油缸内的透平油放至水泵层的回油箱，推力轴承和导轴承在运转中产生的热量通过润滑油传给冷却器。

① 供排水系统

泵站电机冷却水常采用抽取上下游河道水直供，缺点为取水口经常被水草、杂物、水生物堵塞，造成冷却水供水量不足，危及机组安全。淮安四站的供水系统采用密闭循环供水方式，克服了上述缺点。电机油冷却器及油压装置冷却器出口的高温水进入安装于出水流道内的一组 DN50 不锈钢冷却水管，冷却后的低温水经供水泵加压后进入用水设备。

每台主机组自成一套独立循环冷却水系统，2台供水泵互为备用。4套冷却水系统使用供水母管相互连接，正常时阀门常闭，各套系统独立使用，当有1套不能正常工作时可开启阀门，由其他机组供水泵供应冷却水，大大提高了系统的可靠性。

排水系统主要是将本站无法自流排出的胸墙后的积水、工作用水等生产用水通过排水管排入泵房水泵层下设的排水廊道，再由放置于集水坑中的2台潜水泵排出，互为备用。

② 油压装置系统

泵站叶片调节操作机构采用YZ-0.4-4.0TS 4NC2油压装置系统。系统共分两套，1号油压装置控制1#和2#主机组叶片角度调节，2号油压装置控制3#和4#主机组叶片角度调节。

油压装置为分离式，即蓄能器总成与回油箱总成各为一体。每套油压装置由回油箱总成、蓄能器总成、控制柜等组成。

回油箱总成由回油箱体、仪表柜、油泵组、冷却器、冷却泵组、组合阀、双滤油器、液位变送器、油混水信号器、温度变送器等部件组成。油箱体是系统回油的汇集处，也是清洁油的储存箱，侧面设有供油口、备用回油口、系统回油口、冷却水进出水口等，箱底设有放油口，以便在需要时放油。油泵组采用的是齿轮泵，具有结构简单、体积小、效率高、寿命长、平面安装面积小、检修方便等优点。组合阀是由一个插装单元及两个先导控制阀组成的，包括了电磁卸荷阀、安全阀的功能。回油箱侧装有冷却器，当油泵连续运行或因环境温度过高而使油箱内的温度升至规定值时控制系统发出指令，打开冷却器的供水和回水阀门，关闭放水阀，使冷却器投入工作；同时启动冷却泵，将油箱里的油送入冷却器，后再排至回油箱，使油箱中的油温保持在规定的范围内。

蓄能器总成主要由皮囊式蓄能器、蓄能器专用截止阀、蓄能器支架组成。皮囊式蓄能器由皮囊将壳体内腔分为两个部分，囊内装氮气，囊外充液压油。当液压油充入蓄能器时，充满设定压力氮气的皮囊就受压变形，气体体积随压力增加而减小，液压油被逐渐升压储存。当液压系统需要压力油时，蓄能器将液压油排出，使系统能量得以补充。此种蓄能器将油气相互分离，油液不容易被污染。

③ 液压启闭机系统

淮安四站的液压启闭机系统用于启闭出水侧工作闸门及事故闸门，确保机组在开停机时可靠开启和关闭。系统设有一动力站，配备3台油泵电机，功率为22 kW，2用1备。系统处理单元选用Modicon TSX Premium系列PLC。可通过手动选择主泵，油泵根据实际工况投入运行，在自动工作时，当闸门在全开下滑至下滑1设定值时，机组会自动开启油泵启门，将闸门提升到全开的位置；当闸门继续下滑至下滑2设定值时，在自动工况下会自动选择备用泵启门提升至全开的位置，并实现故障报警。

④ 风机系统

淮安四站的机组冷却方式为风冷，每台机组配备2台风机，共8台。采用现地和上位机远程控制两种方式操作。

⑤ 清污机系统

清污机系统安装在引河处清污机桥上，共分16孔，每孔净宽4.1 m，下游侧布置清污机，中间12孔安装HQ4.1 m－7.5 m回转式清污机，其余孔口安装固定式拦污栅。清污机配1 m宽皮带输送机，布置在清污机出污口下，皮带输送机全长约90 m。

(3) 自动化系统

淮安四站控制系统主要包括微机监控系统、视频监视系统、直流系统及微机继电保护系统。

微机监控系统为分层分部开放式结构，由现场测控保护单元、中央控制单元和网络管理系统组成。现场控制单元由8台LCU现场控制屏组成。其中6 kV控制单元LCU柜1台，主机控制单元LCU 4台，公共控制柜LCU 1台，采用法国施耐德Modicon TSX Quantum系列PLC，通过以太网方式与主机连接，亦采用以太网方式与交换机连接，传感器等设备采用Modbus通信规约，使用RS－485口与PLC进行数据通信，不间断电源采用美国山特在线式不间断电源UPS产品。监控主机供运行值班人员使用，具有实时图形显示、报表数据打印、运行监视和控制、发布操作指令、设定与变更工作方式及语音报警等功能。

视频监视系统作为微机监控系统的补充，使运行人员能够对现场关键设备的运行状态进行直接的观察了解，帮助运行人员进行综合判断。视频监视系统由前端设备、传输控制设备、显示等部分组成，配置视频柜1台。前端设备由安装在泵站周围的5套SCC－4207P彩色一体化球机、23套彩色固定式广角摄像头组成，负责图像和数据的采集及信号处理。图像控制主机选用PR04016一体化主机配用专用键盘，负责视频信号接收、转换、录像、控制、网络传输和报警。显示设备记录显示图像。

微机直流屏采用三相三线380 V±10％交流电源供电，输出额定直流电压230 V，充电浮充装置额定直流电流30 A，蓄电池额定容量50 AH，额定电压12 V，1 min瞬时最大负荷440 A，5 s最大允可电流值1 500 A。配有485通信接口，向上级网络输送各种测量参数和信号。测量标记全部选用数字式表计。配备输出过载和短路保护、输出过电压保护、输出欠电压保护、输入过电压保护、电池过放电保护、防雷击保护。

微机继电保护系统选用法国 MICOM 系列保护单元，主机保护设置差动保护、三相过流保护、单相接地保护、低电压保护以及测量单元，选用差动、后备两套综合保护设备。站变保护设置速断保护、二相过负荷保护、单相接地保护以及测量单元。6 kV 进线保护设置速断保护、二相过负荷保护、单相接地保护以及测量单元。

12.2.5 技术改造及总结

(1) 冷却水循环管道加固改造

淮安四站冷却水系统采用内循环方式供水，其循环管道安装于出水流道底板上，原管道使用螺栓固定不锈钢支架，每间隔 1 m 安装 1 条，共有 7 条，支架上端用 U 形卡扣固定钢管。由于长期浸泡在水中，加之水流的巨大冲击，原固定部件多数已损坏，管道受水流冲击移位，供水系统失效。

冷却水循环管道于 2012 年进行了加固改造，流道底板增加 4 条固定支架，使用 8 mm 不锈钢钢板制作卡扣，焊接在底板支架上，通过加固改造，大大加强了结构的强度和稳定度。

(2) 清污机改造

淮安四站清污机系统有 12 台套回转式清污机、1 台套平板输送机和 1 台斜坡式输送机，以及 1 台套集料斗用于存放和向运输车辆转运垃圾，由于集料斗高度达到了 6 m，与之配套的斜坡输送机高度达 6.5 m，坡度约为 20°，水草在斜坡输送机上经常打滑而无法送达集料斗。

清污机于 2012 年进行了改造，拆除了集料斗，斜坡输送机主支架底部至滚轮处全部割除，高度降低约 2 m。施工方法：采用汽车吊吊住斜坡输送机支架，固定完成后将下部支架割除，底部滚轮重新焊接在原支架上。通过改造，斜坡输送机顶部距离地面约 3 m，坡度降到约 9°，水草杂物不通过集料斗中转，直接从斜坡输送机送到车辆。

(3) 自动化系统升级改造

淮安四站原自动化系统设计、采购、安装较早，硬件设备连续运行多年，老化严重，且配件均已出替换型号，原型号均已停产，更换困难，系统在使用中也存在较多问题。

自动化系统于 2014 年进行了升级改造，更换了工控机、服务器，PLC 程序进行修改升级、Intouch 组态程序重新设计制作。

(4) 微机保护装置更新

淮安四站设有2台微机保护装置柜，分别为“主机、进线保护屏”和“主机、站变保护屏”，进线保护装置、站变保护采用的是MICOM 143，主机差动保护装置为MICOM 243，主机后备保护为MICOM 127。工程自建成后投入运行多年，进线、站变等继电保护装置多次发生故障，原继电保护装置采用施耐德进口装置，供货周期较长，一旦发生故障将对运行管理产生较大的影响。

2016年将微机保护装置整体更新为功能更加稳定可靠的南瑞继电保护装置。

(5) 直流系统更新改造

淮安四站使用的直流系统采购于2008年，经过将近10年的运行，设备已显现出退化、品质下降的趋势。由于长期运行，电子元器件的老化在所难免，故障率有所上升，影响到设备的正常运行，且原设备未配备电池巡检，不利于日常维护。

直流系统于2017年进行了更新改造，更换原来的模块，更换蓄电池，更换监控及其配套部件，增加电池巡检功能等。

参考文献

[1] 于永源，杨绮雯. 电力系统分析[M]. 中国电力出版社. 1995.
[2] 苏北引江灌溉淮安抽水枢纽工程变更总体设计及总概算[R]. 淮阴地区革命委员会治淮指挥部. 1973. 10.
[3] 淮安第一抽水站工程技术设计书[R]. 苏北引江灌溉淮安抽水枢纽工程处. 1973. 3.
[4] 苏北引江灌溉淮安第一抽水站工程施工技术总结[R]. 苏北引江灌溉淮安抽水枢纽工程处. 1979. 3.
[5] 淮安第一抽水站加固改造工程可行性研究报告[R]. 江苏省水利勘测设计研究院有限公司. 1997. 10.
[6] 淮安第一抽水站加固改造工程初步设计报告[R]. 江苏省水利勘测设计研究院有限公司. 2000. 5.
[7] 淮安第二抽水站工程技术设计简要说明书[R]. 苏北引江灌溉淮安抽水枢纽工程处. 1975. 1.
[8] 淮安第二抽水站工程技术说明书[R]. 苏北引江灌溉淮安抽水枢纽工程处. 1979. 12.
[9] 淮安第二抽水站工程技术总结[R]. 苏北引江灌溉淮安抽水枢纽工程处. 1979. 12.
[10] 淮安二站改造工程初步设计报告[R]. 江苏省水利勘测设计研究院有限公司. 2006. 10.
[11] 戴启璠. 立式同步电机卡环间隙超标原因分析及处理[J]. 江苏水利. 2013. 10.
[12] 王玉心. 南水北调淮安二站 4500ZLQ60－4.89 泵设计改进探讨[J]. 通用机械. 2012. 12.

[13] 南水北调东线工程淮安二站水泵装置模型试验研究报告[R]. 河海大学. 2011. 1.
[14] 淮安三站可逆式灯泡贯流泵装置模型试验报告[R]. 中国水利水电科学研究院机电所. 1988. 2.
[15] 江苏省世行贷款项目淮安第三抽水站工程设计说明[R]. 江苏省水利勘测设计研究院有限公司. 1995. 6.
[16] 32GWN－42 贯流定桨水泵水轮机产品安装使用维护说明书[R]. 天津发电设备厂. 1996. 10.
[17] 淮安三站改造工程初步设计报告[R]. 江苏省水利勘测设计研究院有限公司. 2014. 10.
[18] 大型贯流泵机组稳定性测试与诊断研究[R]. 河海大学水电工程学院. 2005. 12.
[19] 淮安三站 2 号机组现场综合试验报告[R]. 江苏省河道管理局. 2008. 5.
[20] 江苏省淮安三站贯流泵装置数值计算及优化研究报告[R]. 扬州大学. 2008. 3.
[21] 淮安三站可逆式灯泡贯流泵运行情况调研报告[R]. 中国水利水电科学研究院机电所. 2004. 12.
[22] 淮安三站泵装置技术开发与应用模型试验研究报告[R]. 扬州大学. 2014. 9.
[23] 淮安三站改造工程水泵装置模型试验研究报告[R]. 江苏大学. 2015. 8.
[24] 淮安三站安全鉴定报告汇编[G]. 江苏省灌溉总渠管理处. 2009. 3.
[25] 南水北调东线第一期工程长江～骆马湖段 2003 年度工程淮安四站工程可行性研究报告[R]. 江苏省水利勘测设计研究院. 2003. 9.
[26] 南水北调东线第一期工程长江～骆马湖段 2003 年度工程淮安四站工程初步设计报告[R]. 江苏省水利勘测设计研究院. 2004. 11.
[27] 南水北调东线一期工程淮安四站工程完工验收工作报告汇编[G]. 南水北调东线江苏水源有限责任公司. 2012. 7.
[28] 戴启璠，郑在洲. 大型泵站运行与维护[M]. 河海大学出版社. 2006.